AF341266

COURS

ELEMENTAIRE

DE CHIMIE.

Conformément à la loi, les exemplaires du *Cours élémentaire de Pharmacie* et ceux du *Cours élémentaire de Chimie* ont été déposés à la direction de l'imprimerie et de la librairie.

De l'imprimerie de P. N. ROUGERON, Imprimeur de S. A. S. la Duchesse Douairière d'ORLÉANS, rue de l'Hirondelle, n°. 22.

COURS

ÉLÉMENTAIRE

DE CHIMIE

APPLIQUÉE A LA MÉDECINE.

Par Laurent SALLÉ, de Brest,

Docteur en Médecine, Maître en Pharmacie, Professeur ; Membre de plusieurs Sociétés Médicales.

L'art d'instruire est d'être court, mais clair.

A PARIS,

Chez ANCELLE, Libraire, rue de la Harpe, n° 44.

1818.

AVANT-PROPOS.

Cᴇᴛ ouvrage fait suite à mon Cᴏᴜʀs ᴅ'ʜɪsᴛᴏɪʀᴇ ɴᴀᴛᴜʀᴇʟʟᴇ et à mon Cᴏᴜʀs ᴇ́ʟᴇ́ᴍᴇɴᴛᴀɪʀᴇ ᴅᴇ ᴘʜᴀʀᴍᴀᴄɪᴇ; il complète l'ensemble des matières qui font l'objet de mes leçons publiques depuis plusieurs années.

Il est donc destiné, comme les précédens, à n'offrir aux jeunes médecins que ce qui leur est plus important de connaître dans une science qui devient aujourd'hui comme universelle, tant on a perfectionné les moyens d'en faire d'utiles applications.

Je ne chercherai point ici à faire valoir les avantages de la chimie dans la pratique médicale. La brièveté de mon travail m'empêche de me livrer à traiter de cette matière. Je suppose la nécessité de son étude pour le médecin; toutefois, je pense qu'il ne faut à celui-ci que l'indication des choses certaines. Il ne doit recevoir qu'avec réserve les nouveautés, l'annonce des produits encore mal étudiés; il faut, pour les utiliser, que le temps et les travaux d'un grand nombre d'observateurs aient constaté le profit qu'on en peut attendre.

a

Je me bornerai sur ce point à mettre le lec-
teur au courant des dernières découvertes , en
lui faisant connaître le degré d'importance
qu'il doit accorder à chacune.

C'est pourquoi, dans mon Cours, après
avoir exposé les *principes de la science
qu'on appelle Chimie*, j'ai pris le soin de ne
traiter longuement que des *faits les mieux
connus, et qui ont le plus de rapport à la
médecine* ; je me suis arrêté de préférence
aux *opérations dont les résultats peuvent
être regardés comme preuves* ; enfin, je
traite comme médecin, des *produits médica-
menteux*, à mesure qu'ils se présentent.

Quant à ce qui regarde la marche à suivre,
elle a été tracée par la nature même des choses;
ainsi, *corps inorganiques* d'abord, comme
plus simples ; puis *corps organiques*, entre
lesquels sont les *végétaux* et les *animaux*.

C'est surtout dans la première partie, dite
Chimie minérale, qu'on s'est plu à changer la
disposition des objets; je ne prétends balancer aucune classification; il faudrait ici, pour vanter les
unes aux dépens des autres, faire l'énoncé d'un
trop grand nombre de matières : je dirai seulement que toutes ces divisions, avec des avan-

tages, présentent quelques inconvéniens, que peut-être moi-même je n'aurai su éviter dans celle qui me sert ; mais livré depuis long-temps à l'enseignement, j'ai dû sacrifier à l'expérience et m'attacher aux moyens qui m'ont paru plus propres à transmettre des connaissances nécessaires.

La table des matières mettra à même de suivre le plan que j'ai adopté.

TABLE SOMMAIRE.

Chimie (*de la*),   Page 1
Corps (*des*),   ibid.
Attraction d'agrégation ,   2
 — *de composition* ,   3
Analyse ,   4
Synthèse ,   5
Lois chimiques ,   6
Corps élémentaires ,   13
Corps simples non pondérables ,   15
De la lumière ,   ibid.
Du calorique ,   18
 — *libre ou sensible* ,   19
Thermomètres ,   20
Pyromètres ,   22
Thermoscopes ,   23
Calorique rayonnant ,   25
 — *latent ou combiné* ,   26
Moyens de développer le calorique ,   27
Du fluide électrique ,   31
 — *galvanique* ,   33
 — *magnétique* ,   ibid.
Corps simples pondérables ,   34
Des gaz ,   ibid.
Corps simples non métalliques ,   37
Oxigène ,   39
Hydrogène ,   44
Azote ,   48
Air atmosphérique ,   51
Carbone ,   59
Charbon ,   61
Hydrogène carboné ,   64
Phosphore ,   66
Hydrogène phosphoré ,   70
Soufre ,   72
Hydrogène sulfuré. Voyez *Acide hydro-sulfu-*
    rique ,   129

Liquide de Lampadius, 75
Phosphures de soufre, 76
Gaz azote sulfuré, ibid.
Des oxides, 77
Oxides non métalliques, 78
Oxide d'hydrogène (de l'eau), ibid.
Eau liquide, 81
— en vapeur, 84
— à l'état de glace, 85
Des usages de l'eau à ses différens états, 87
Des acides, 89
— borique, 92
Du bore, 94
Acide carbonique, 95
Gaz oxide de carbone, 100
Acide phosphorique, 101
— phosphoreux, 102
— hypo-phosphoreux, 103
— phosphatique, 104
— sulfurique, ibid.
— sulfureux, 110
— nitrique, 112
— pur précipité, 113
— vitreux, 116
Gaz nitreux (deutoxide d'azote), 117
— oxide d'azote (protoxide), 118
Acide muriatique ou hydro-chlorique, ibid.
Du chlore, 123
Acide chlorique, 128
— chloreux, 129
— hydro-sulfurique, ibid.
— fluorique ou hydro-phtorique, 132
Du phtore, 134
Acide iodique, 135
— hydriodique, ibid.
Des bases salifiables, ibid.
Des bases terreuses, 136
Silice, 137
Alumine, 138
Zircone, 140

Glucine,   140
Yttria ou gadolinite,   141
Magnésie,   ibid.
Bases alcalines,   143
Des bases dites terres alcalines,   144
Chaux,   ibid.
Strontiane,   148
Baryte,   149
Des alcalis,   ibid.
De la potasse,   151
Du potassium,   154
De la soude,   156
Du sodium,   157
De l'iode,   158
Acide iodique,   159
   — hydriodique,   160
De l'ammoniaque,   ibid.
Des phosphures,   165
Des sulfures,   167
Sulfure de potasse ou foie de soufre,   168
Des chlorures,   170
Des sels,   171
Des borates,   176
Borate de magnésie,   ibid.
Sous-borate de soude,   177
   — d'ammoniaque,   178
Des carbonates,   ibid.
Sous-carbonate de magnésie,   179
   — de chaux,   180
Carbonate de strontiane,   181
   — de baryte,   182
   — de potasse,   183
   — de soude,   184
   — d'ammoniaque,   185
Des phosphates,   186
   — de chaux,   187
   — de chaux acide   ibid.
   — de strontiane,   188
   — de baryte,   ibid.
   — de potasse,   ibid.

Phosphate de soude , 189
— ammoniaco - magnésien , 190
Des phosphites , ibid.
— hypo-phosphites , 191
Des sulfates , ibid.
Sulfates d'alumine , 192
De l'alun , 193
Sulfate de magnésie , 197
— de chaux , 199
— de strontiane , 200
— de baryte , ibid.
— de potasse , 201
— de soude , 202
— d'ammoniaque , 204
Des sulfites , 205
— sulfites sulfurés , 206
Des nitrates , 207
Nitrate de magnésie , 208
— de chaux , ibid.
— de strontiane , 209
— de baryte , 210
— de potasse , ibid.
— de soude , 217
— d'ammoniaque , ibid.
Des nitrites , 218
Des hydro-chlorates , 219
Hydro-chlorates de magnésie , 220
Hydro-chlorate de chaux , ibid.
— de strontiane , 221
— de baryte , 222
— de potasse , 223
— de soude , 224
— d'ammoniaque , 226
Des chlorates , 229
Chlorate de potasse , 231
Des hydro-sulfates , 233
Hydro-sulfates sulfurés , 234
Liqueur fumante de Boyle , 235
Des hydro-phtorates , 236
Hydro-phtorate de chaux , 237

Des iodates, 237
Hydriodates iodurés, ibid.
Des métaux, 238
De l'arsenic, 244
Hydrogène arsenié, 246
Sulfure d'arsenic, 247
Arsenic blanc ou acide arsenieux, 248
Des arsenites, 249
Muriate ou hydro-chlorate d'arsenic, 250
Chlorure ou beurre d'arsenic, ibid.
Acide arsenique, 251
Des arseniates, 252
Arseniates de potasse, ibid.
Tungstène, 253
Acide tungstique, 254
Des tungstates, 255
Du molybdène, ibid.
Sulfure de molybdène, 256
Acide molybdique, 257
Des molybdates, ibid.
Du chrôme, 258
Acide chromique, ibid.
Des chromates, 259
Du columbium, 260
Acide columbique, ibid.
Du titane, 261
Sels de titane, 262
De l'urane, ibid.
Sels d'urane, 263
Du tellure, ibid.
Sels de tellure, ibid.
Du cérium, 264
Sels de cérium, ibid.
Du bismuth, ibid.
Sels de bismuth, 266
Sulfate de bismuth, ibid.
Nitrate de id., ibid.
Magistère, 267
Chlorure ou beurre de bismuth, 268
Du manganèse, 269

Des oxides, 271
Sels de manganèse, 273
Sulfate de manganèse, 274
Muriate de magnésie, ibid.
De l'antimoine, 275
Sulfure de id., 277
Oxides de id., 278
Oxides sulfurés de id., 282
Foie d'antimoine, 283
Verre de id., ibid.
Sels d'antimoine, 284
Chlorure ou *beurre d'antimoine*, 285
Poudre d'algaroth, 287
Kermès, ibid.
Soufre doré d'antimoine, 291
Cobalt, 293
Oxides de cobalt, 294
Azur, ibid.
Sels de cobalt, 295
Carbonate de id., ibid.
Phosphate de id., 296
Sulfate de id., ibid.
Nitrate de id., ibid.
Muriate de id., ibid.
Arseniate de id., 297
Du nikel, ibid.
Oxides de id., 298
Sels de id., ibid.
Du mercure, 299
Sulfure de id., 302
Oxides de id., 303
Précipité rouge, 304
Sels de mercure, 305
Sulfate de id., ibid.
Nitrates de id., 306
Chlorates de id., 307
Chlorures de id., 308
Mercure doux, ibid.
Sublimé corrosif, 309
Hydro-chlorate de mercure, 312

Etain, 314
Sulfures d'étain, 318
Des oxides d'étain, 319
Sels d'étain, 321
Nitrates d'étain, ibid.
Chlorures d'étain, 322
Liqueur fumante de Libavius, 323
Hydro-chlorate d'étain, ibid.
Antihectique de Potérius, 324
Du plomb, 325
Sulfure de id., 328
Oxides de plomb, 329
Sels de plomb, 331
Carbonate de id., 332
Phosphate de id., 333
Sulfate de id., ibid.
Nitrate de id., ibid.
Chromate de id., 334
Du fer, ibid.
Sulfure de fer, 340
Oxides de fer, 341
Sels de fer, 345
Sulfate de id., 346
Hydro-chlorate de id., 347
Du cuivre, 349
Sulfure de id., 351
Oxides de id., 352
Sels de id., 353
Carbonate de id., 354
Sulfate de id., ibid.
Nitrate de id., 356
Hydro-chlorate de id., 357
Arséniate de id., ibid.
Arsenite de id., ou vert de Schéèle, ibid.
Zinc, 258
Sulfure de id., 359
Oxide de zinc, ibid.
Tuthie, 361
Sels de zinc, 362
Sulfate de zinc, ibid.
Nitrate de zinc, 363

Argent,   364
Phosphorure d'argent,   368
Sulfure de id.,   369
Oxide de id.   ibid.
Argent fulminant,   370
Sels d'argent,   ibid.
Sulfate de id.,   ibid.
Nitrate de id.,   ibid.
Or,   372
Sulfure d'or,   375
Oxide de id.,   ibid.
Sels de id.,   376
Hydro-chlorate de id.,   ibid.
Poudre de Cassius,   377
Platine,   378
Oxide de platine,   380
Sels de id.,   381
Hydro-chlorate de id.,   ibid.
Osmium,   ibid.
Palladium,   382
Oxide de palladium,   ibid.
Sels de palladium,   ibid.
Hydro-chlorate de id.,   ibid.
Iridium,   383
Rhodium,   ibid.
Eaux minérales,   384
   — *d'Enghein*,   389
   — *de Cotterets*,   ibid.
   — *de Bonnes*,   ibid.
   — *de Baréges*,   ibid.
   — *d'Aix-la-Chapelle*,   ibid.
   — *de Bagnères*,   390
   — *de Balaruc*,   ibid.
   — *de Bourbonne*,   391
   — *de Chateldon*,   ibid.
   — *de Forges*,   ibid.
   — *de Sells*,   ibid.
   — *du Mont d'or*,   392
   — *de Spa*,   ibid.
   — *de Sedlitz*,   ibid.

— de Passy,   ibid.
— de Pyrmont,   393
— de Vichi,   ibid.
— de Plombières,   394
Corps organiques,   ibid.
Chimie végétale,   396
Séve,   403
Suc des végétaux,   405
Extraits,   406
Fermentation,   407
— id. alcoolique,   408
Ferment,   411
Vins,   412
Alcool,   416
Eau-de-vie,   420
Poudre fulminante de Howard,   424
— id. — de Brugnatelli,   ibid.
Ethers,   425
— sulfurique,   426
Liqueur d'Hoffmann,   432
Ether nitrique,   435
— hydro-chlorique,   437
Acides dulcifiés,   438
Alcool sulfurique,   439
— nitrique,   ibid.
— muriatique,   ibid.
Acides végétaux,   440
— tartarique,   441
Tartrates,   443
— acidule de potasse (créme de tartre),   ibid.
Tartre neutre de potasse (sel végétal),   445
Tartrate de potasse et de soude (sel de seignette), ib.
— de potasse et de fer,   446
Boules de Nancy,   ibid.
Emétique,   447
Acide nitrique,   450
— benzoïque,   452
— gallique,   453
— quinique,   457
— morique,   ibid.

— mellitique, ibid.
— succinique, 458
— fungique, 459
— de la laque en bâton, ibid.
— méconique, ibid.
— sorbique, 460
Acides végétaux qui peuvent être naturels ou produits de l'art, ibid.
Acides acétiques, ibid.
Fermentation acide, 461
Vinaigre radical, 465
Acétates, 466
— d'alumine, ibid.
— de chaux, 467
— de potasse, ibid.
— de soude, 468
— de zinc, 469
— de fer, ibid.
— de cuivre, 470
— de plomb, 471
— de mercure, 474
Acide oxalique, 475
Oxalates, 476
— de potasse acidule, 477
— d'ammoniaque neutre, 478
Acide malique, ibid.
Acides végétaux qui sont toujours produits de l'art, 479
— camphorique, ibid.
— mucique, 480
— pyro-tartarique, 481
— subérique, ibid.
— nancéique, 482
Produits immédiats des végétaux, dans lesquels l'oxigène et l'hydrogène sont dans un rapport convenable pour faire l'eau, ibid.
Sucre, 483
Miel, 486
Manne et mannite, 487
Principe doux des huiles, 488

Fécule, ibid.
Amidon, 490
Inuline, 492
Gomme, ibid.
Ligneux, 495
Subérine, ibid.
Produits immédiats des végétaux, contenant une surabondance d'hydrogène par rapport à l'oxigène pour faire l'eau, ibid.
Huiles, 500
Savons, 504
Cire, 509
Résines, 511
Camphre, 513
Substances non encore bien connues, mais non azotées, 515
Emétine, ibid.
Picrotoxine, 516
Tanin, 517
Gelée végétale, 519
Extractif, ibid.
Ulmine, 520
Matières colorantes végétales, ibid.
Hématine, ibid.
Rouge de carthame, 521
Indigo, ibid.
Pastel guède, 523
Polycroïte, ibid.
Orcanette, 524
Des mordans, 526
Produits végétaux azotés, 528
Gomme élastique, ibid.
Albumine végétale, 529
Asparagine, 530
Morphine, ibid.
Substance cristallisable de l'opium, 531
Gluten, 532
Tourbe, 535
Lignite, ibid.
Houille, ibid.

Bitumes,   536
Chimie animale,   538
Putréfaction,   540
Sang,   541
Acide prussique ou *hydro-cyanique*,   548
Cyanogène,   550
Acide prussique oxigéné ou *chloro-cyanique*,   553
Cyanures,   ibid.
— de potassium,   ibid.
Hydro cyanate de potasse,   ibid.
Bleu de Prusse,   554
Cyanure de mercure,   555
Chyme,   556
Chyle,   557
Gélatine,   ibid.
Albumine,   559
Humeurs de l'œil,   561
Larmes, mucus animal, salive, lymphe,   ibid.
Eau de l'amnios, sperme, sucs pancréatique
   et gastrique, matière de la transpiration et
   eau des hydropiques,   562
Lait,   563
Beurre,   567
Caséum,   568
Sérum,   570
Sel ou *sucre de lait*,   ibid.
Bile,   571
Picromel,   574
Matière jaune de la bile,   575
Résine de la bile,   ibid.
Calculs biliaires,   ibid.
Urine,   576
Urée,   579
Acide urique,   580
— rosacique,   581
Calculs urinaires,   ibid.
Graisse,   583
Stéarine,   ibid.
Elaïne,   ibid.
Adipocyre ou *cholestérine*,   584

Cétine ou *blanc de baleine*, 585
Muscles, ibid.
Osmazone, 586
Derme, *tissu réticulaire et peau*, 587
Poils, *cheveux*, ongles, cornes, etc. 588
Matière cérébrale, 589
Cérumen, ibid.
Os, ibid.
Dents, ibid.
oncrétions arthritiques, ossifications et be-
zoards, 591

COURS

COURS

ÉLÉMENTAIRE

DE CHIMIE

APPLIQUÉE A LA MÉDECINE.

La Chimie est une science qui nous apprend quelle est l'*action des corps les uns sur les autres*, et quels sont les *résultats de cette action*.

On appelle *corps* tout ce qui frappe nos sens. Tous les corps peuvent être causes et effets des réactions chimiques.

Les corps peuvent être *simples*, c'est quand ils sont formés d'une seule chose, comme le *mercure:* ou ils sont *composés*, comme le *sulfure de mercure*, formé de ce métal uni au soufre.

Les corps résultent toujours de l'assemblage de petites masses, lesquelles sont supposées pouvoir être encore divisées en d'autres masses beaucoup plus petites qu'on est convenu d'appeler *molécules*, si elles proviennent de corps simples, et *particules*, si elles viennent de corps composés.

Les *molécules* ou *particules* peuvent être si petites, si ténues, qu'elles échappent à plusieurs de nos sens, mais si l'œil les perd, le goût ou l'odorat les retrouve, etc. On peut avoir une grande idée de leur extrême division ou petitesse, en observant combien peu il faut de rouge ou de bleu pour colorer une grande quantité d'eau ; il en est de même pour l'arome des fleurs, dont une petite portion peut embaumer une immense quantité d'air.

La réunion plus ou moins grande, plus ou moins parfaite des molécules ou des particules, suppose l'existence d'une force, dont l'exercice nous explique les nombreuses variétés que nous offrent les corps. On a donné à cette force le nom d'*attraction* ou d'*affinité ;* mais on distingue l'*attraction*, 1°, en celle d'*agrégation ;* 2°, en celle de *composition*.

De l'*Attraction d'agrégation*.

C'est la *force qui tend à réunir ensemble les corps de même nature*, ce qui ne doit donner qu'une augmentation de volume. Elle peut avoir lieu entre des molécules ou entre des particules ; dans le premier cas, c'est un corps simple qui grossit ; dans le second, c'est un composé ; mais il n'y a toujours eu attraction qu'entre des masses de même nature.

Le produit de cette agrégation prend le nom d'*a-grégé*.

Les *agrégés* sont le plus souvent *irréguliers ;* exemple : *les pierres brutes*. Il en est d'autres qui sont *réguliers* ou *cristallisés*, c'est-à-dire, qu'ils résultent de l'arrangement symétrique des parties, effet qui est souvent naturel, mais que l'art peut produire ou faire varier, comme nous le dirons plus à propos sous le titre de Cristallisation, en traitant des sels. Enfin, il est des *agrégés organiques ;* telles sont les substances végétales ou animales.

L'*attraction d'agrégation* agit toujours en raison contraire de l'*attraction de composition*, dont nous allons parler; c'est ce qui porte à la combattre pour la vaincre dans certaines circonstances. Entre tous les moyens employés pour cela, il faut signaler la *pulvérisation*, opération mécanique, dont l'objet est de réduire les masses plus grosses en masses infiniment plus petites. Mais c'est surtout le *calorique* ou la matière de la chaleur qui s'oppose plus puissamment à l'agrégation; son action est dite *répulsive*, en raison de ce qu'elle tend toujours à éloigner les unes des autres les parties qui se touchent. Si cette force contraire n'existait pas, la première étant livrée à elle-même donnerait lieu sans doute à l'agglomération de tous les corps; l'univers ne formerait qu'une seule masse, et nous serions dans le chaos.

C'est du rapport différent de ces forces *attractive* et *répulsive* dans les masses, que résultent les variétés de formes et de densités; ce qui sera plus expliqué en faisant l'histoire du calorique. Qu'il nous suffise de dire maintenant, qu'en vertu de ces causes, les agrégés peuvent être *durs*, *mous*, *liquides* ou *gazeux*, et que l'on peut, pour le plus grand nombre, les faire passer de l'un de ces états dans les autres.

De l'*Attraction* de composition.

C'est la *force qui tend à réunir des corps de nature différente*; il en résulte toujours des produits nouveaux. Cette attraction est la cause de tous les phénomènes chimiques, tandis que les effets de l'autre appartiennent davantage à la physique. Newton et Laplace regardent l'*attraction de composition* comme la même que celle qu'exercent les planètes les unes sur les autres, et qui les maintient dans leur orbite; elle a toujours lieu en raison directe des masses et inverse des distances.

Voilà donc deux sortes de forces dites *attractives*, qui donnent raison de l'existence des corps simples et composés.

Voyons par quels moyens on parvient à connaître la nature des corps; ces moyens sont :

1° L'analyse.

2° La synthèse.

De l'Analyse.

Elle consiste dans l'*isolement* ou la *séparation des parties qui forment un tout*.

Quand l'*analyse* est impraticable sur un corps, on en peut conclure qu'il est simple.

L'*analyse* est distinguée avec raison en *simple* ou *vraie*, en *compliquée* ou *fausse*.

L'*analyse vraie* suppose que les parties isolées sont telles qu'elles existaient dans le composé ; on en trouve la preuve dans la possibilité de refaire le corps détruit par la réunion directe de ces mêmes parties.

C'est surtout dans la chimie minérale que cette sorte d'*analyse* est fréquente; elle est la plus facile, la plus fructueuse, la plus instructive : il serait à désirer qu'on pût la retrouver aussi dans les corps organiques, mais ceux-ci ayant été soumis à la puissance de la vie, et en même temps formés de plus d'élémens, ne se prêtent point aussi bien à nos opérations de recherches.

L'*analyse fausse* a lieu toutes les fois que les parties séparées d'un tout ne peuvent plus servir à le refaire. C'est un écueil pour la science que cette impossibilité de pratiquer l'analyse rigoureuse de beaucoup de corps, tels que *végétaux* et *animaux* : nous n'avons pu former pour les connaître que des conjectures, et ce n'est toujours que d'une manière approximative que nous indiquons leurs parties constituantes.

De la Synthèse.

C'est la *réunion*, la *jonction, plus ou moins intime, de plusieurs parties pour former un tout.*

La *synthèse* devient la preuve de l'*analyse*, quand elle peut être pratiquée sur l'ensemble des parties provenant d'un corps analysé.

Toutes les opérations de la chimie ne reposent que sur des *synthèses*, des *analyses*, des *compositions*, des *décompositions*. Le grand art est de *faire* et de *défaire*, mais avec mesure, et, autant que possible, en prévoyant les résultats des moindres réactions.

Les réactions que les corps exercent les uns sur les autres donnent lieu à un très-grand nombre de phé-nomènes, entre lesquels plusieurs se montrent plus souvent et plus constamment que les autres ; aussi les chimistes en ont-ils tenu un grand compte, en les considérant comme servant à expliquer ce qui les a précédés, ou à prévoir ce qui doit les suivre. Ces sortes de lois ont été généralement adoptées, mais beaucoup d'auteurs, au lieu de les réunir en groupe, ne les étudient que çà et là, d'une manière éparse, et selon que les circonstances y donnent lieu ; nous croyons devoir en traiter maintenant, pour n'avoir plus qu'à les rappeler, lorsqu'en d'autres temps il devra en être question.

Des Lois chimiques.

On nomme ainsi des phénomènes qui, se montrant fréquemment dans les opérations, sont tellement remarquables, que les opérateurs en ont fait des points de ralliement, à l'aide desquels ils peuvent se conduire et arriver plus sûrement à la connaissance des faits recherchés.

Le nombre de ces lois a varié selon les écrivains qui en ont traité; nous n'admettrons ici que les plus importantes et suffisamment accréditées.

Première loi. *L'attraction de composition ne peut avoir lieu qu'entre des corps différens.* En effet, si les corps réunis étaient de même nature, on n'aurait qu'un agrégé; ainsi, le plomb, uni au plomb, ne donne que du plomb; mais les substances variant de nature, il peut s'établir une réaction, et on en acquiert la preuve par la formation d'un corps nouveau : aussi le plomb, uni au soufre, ne donne-t-il plus du plomb; c'est du sulfure de ce métal.

Deuxième loi. *L'attraction de composition n'a lieu qu'entre les molécules des corps.* Cela tend à faire connaître que des matières différentes, très-susceptibles de se combiner, ne s'unissent pourtant point si on les rapproche l'une de l'autre en des masses trop denses; il faut les diviser, les réduire à un état plus délié; c'est pourquoi, il est ordinaire de fondre le cuivre et le zinc pour former le laiton; il faut que l'étain et le mercure soient fluides, pour s'unir, l'un au fer, l'autre à l'or, à l'argent, etc.

On sait que l'alcool étant mis à l'état liquide, à chaud comme à froid, sur le soufre, ne dissout point sensiblement de cette substance ; tandis que si on dispose un appareil convenable pour mettre en rapport l'une avec l'autre, les vapeurs de soufre et d'alcool, on a de suite un nouveau produit gazeux, lequel condensé dans un récipient, devient liquide, clair, sans couleur, et constitue l'alcool sulfuré, lequel, traité par l'eau, blanchit bientôt, et laisse précipiter beaucoup de soufre.

L'appareil employé pour cela est simple.

On dispose sur un fourneau à feu nu ou au bain de sable une cucurbite en verre, au fond de laquelle on met une once de fleur de soufre à sec ; ensuite on suspend dans ce vase, au moyen d'un fil fort, un petit bocal à large ouverture, contenant deux onces d'alcool ; on recouvre la cucurbite de son chapiteau, ajoutant à celui-ci un petit flacon pour récipient. On chauffe peu à peu jusqu'à faire fondre le soufre et le volatiliser, alors l'alcool est assez échauffé pour distiller, de sorte que les deux vapeurs se réunissant et se combinant dans le chapiteau, il en résulte le produit annoncé.

Étant posé que les corps doivent être très-divisés, pour mieux se combiner, on pourrait être conduit à porter trop loin cette division pour quelques-uns ; c'est ce qui nous oblige d'annoncer de suite qu'elle doit avoir un terme. C'est dans l'histoire de chaque substance simple ou composée que se trouve consigné le degré de ténuité nécessaire pour en favoriser, ou non, l'action chimique ; nous avons montré la règle, le principe ; nous verrons plus tard les exceptions. Qu'il nous suffise d'annoncer ici que l'oxigène, par exemple, trop dilaté, trop divisé par le calorique, se sépare du mercure, tandis qu'une chaleur modérée en favorise la fixation sur ce corps. C'est ce qui a fait dire que l'oxide de mercure se fait au feu et se détruit par le même moyen.

Troisième loi. *Quand la combinaison a lieu entre les corps, la température change.* Ce phénomène est souvent si prononcé, qu'il peut donner lieu à des accidens, mais il peut être à peine apercevable par les moyens ordinaires; il faut alors, pour en constater l'existence, employer des instrumens que nous décrirons lorsque nous devrons nous en servir.

Voulant offrir des exemples frappans à l'appui de cette loi, nous indiquerons ce qui a lieu quand on verse, quoique peu à peu et à froid, partie égale en poids d'acide sulfurique fort sur de l'alcool très-pur; il y a prompte absorption des liquides l'un par l'autre, une sorte de pénétration ou de concentration, telle que leur ensemble occupe moins d'espace qu'il en fallait d'abord pour la somme des deux corps employés; la chaleur produite est assez grande pour réduire en vapeur une portion de l'alcool qui fait bouillonner la masse en la traversant; et si le vase n'est pas grand, il peut y avoir jet des liquides au dehors; la chaleur peut être assez forte pour qu'on ne puisse la supporter au moindre toucher.

Ce que nous venons de voir dans un extrême se montre dans un autre; lorsqu'on réunit ensemble du sel marin avec de la glace pilée, il se manifeste promptement liquéfaction des corps et production d'un grand froid que l'on peut augmenter par certaines circonstances.

Il existe entre ces deux points une multitude de

nuances, dont le plus grand nombre est appréciable : nous en ferons souvent remarquer l'importance.

On peut établir en principe, que les diversités de température qui accompagnent les combinaisons, tiennent à la différence de densité qui existe entre les corps employés et ceux nouvellement formés.

Quatrième loi. *Le produit résultant de l'attraction de combinaison jouit de propriétés différentes de celles des composans.*

On croyait autrefois que le nouveau corps jouissait de propriétés moyennes à celles des substances qui l'avaient formé ; on sait aujourd'hui qu'il n'y a rien de précis, ni de régulier à cet égard ; mais toujours y a-t-il changement notable dans les qualités physiques et chimiques des produits. On en trouve des preuves dans la couleur des oxides de plomb, de cuivre, etc. La forme varie, comme dans les sels cristallisables, si différens en cela des acides et des bases qui les constituent ; la consistance diffère, car deux liquides peuvent donner subitement un solide, c'est en cela que consiste le *miraculum chimicum* des anciens. Pour le produire, il est ordinaire de verser dans un verre de l'acide sulfurique très-fort sur une solution très-chargée de muriate de chaux ; on a promptement un magma blanc assez dur, formé de sulfate de chaux ; la plus grande partie de l'acide muriatique s'est dégagée en vapeurs blanches, piquantes, qu'il faut éviter de respirer. On produit un effet non moins surprenant, en réunissant dans une cloche, placée sur la cuve à mercure, deux corps gazeux ou aériformes, *acide muriatique* et *ammoniaque* ; il en résulte aussitôt condensation, et formation de cristaux, *muriate d'ammoniaque.*

Enfin, l'odeur, la saveur et les propriétés médicinales peuvent beaucoup varier : nous en donnerons pour preuves l'action redoutable des sulfures de mercure, malgré celle beaucoup moindre des corps qui les composent ; tandis que, dans un sens opposé, les sulfate et muriate de soude peuvent être pris sans danger en quantité très-notable, bien pourtant, que la soude et les acides indiqués soient si actifs, qu'on ne les donne jamais purs à l'intérieur, même à dose très-petite.

Cinquième loi. *La force d'attraction de combinaison se mesure par la difficulté de séparer les composans.*

Autrefois on mesurait cette force par la promptitude avec laquelle les corps s'unissaient.

Nous connaissons aujourd'hui que c'est une erreur : ainsi, en suivant cet indice, on serait conduit à penser qu'il existe une grande difficulté à décomposer les nitrates, car pour la plupart ils résultent d'une prompte fixation de l'acide nitrique sur les bases ; cependant ces sortes de composés sont du nombre de ceux qui se détruisent le plus facilement.

Nous verrons dans beaucoup de cas, qu'il est mieux de mesurer l'affinité de composition par l'effort qu'il faut employer pour la vaincre, c'est ce qui justifiera l'exposé de la loi dont il est question.

Sixième loi. *L'attraction de composition varie entre tous les corps de la nature.*

C'est en raison de ce principe que l'on peut, par

un troisième corps, détruire un composé binaire, en mettant à nu et laissant libre l'un des composans.

On appelle *précipitant*, le corps employé pour produire cet effet, et *précipité*, le corps dont on opère l'isolement.

Le précipité peut être *soluble* et *invisible*, mais il est souvent *insoluble* et *visible*, soit qu'il tombe au fond du vase, ou qu'il reste suspendu dans la liqueur.

Le précipité est *vrai*, quand il offre le corps tel qu'il existait dans le composé; exemple: la magnésie, séparée de son sulfate par la potasse pure.

Le précipité est *faux* dans le cas contraire; exemple: la magnésie donnée par le même sel, en employant la potasse carbonatée, il en résulte un carbonate magnésien.

La décomposition d'un corps binaire par un troisième corps constitue ce que Bergmann appelait *attraction élective simple*. Elle a lieu quand on verse de la soude pure, dans du nitrate de mercure; il arrive que l'acide abandonne le métal pour prendre de préférence le corps ajouté; il en résulte formation de nitrate de soude, et précipitation du mercure à l'état où il se trouvait, uni à l'acide; mais il existe aussi une *attraction élective double*; elle se manifeste, lorsque deux corps binaires se décomposent par leur mélange, de manière à ce qu'il y ait échange de base, et qu'il en résulte deux nouveaux corps binaires; ainsi: prenez *nitrate de mercure* et *muriate de soude*, ces solutions étant mêlées, elles se décomposent l'une par l'autre, de sorte qu'il se forme:

1° *Muriate de mercure*, qui se précipite en blanc.

2° *Nitrate de soude*, lequel très-soluble reste invisible dans la liqueur; or, pour avoir obtenu ces nouveaux produits, il faut que l'acide nitrique ayant pris la soude ajoutée, le mercure se soit emparé de l'acide muriatique; donc, l'attraction s'est exercée dans ce cas d'une manière double, et on dit qu'il y a choix, élection, parce que dans chacun des composés primitifs il y a tendance d'un des composans à quitter son second pour en prendre un troisième.

C'est sur cette différence dans l'attraction de composition que repose l'immense quantité des opérations chimiques; aussi serons-nous souvent conduits à faire d'heureuses applications de cette loi.

Bergmann, en traitant de la différence d'attraction de composition entre les corps, n'a pas porté son attention sur l'influence des masses; mais nous devons à M. Berthollet des expériences précieuses, qui justifient la puissance de cette dernière cause.

Septième loi. *L'attraction de composition est toujours subordonnée à l'action de la lumière et du fluide électrique.* Cette connaissance conduit à de précieux résultats, comme nous le verrons ailleurs.

Huitième loi. *L'attraction de composition, qui a toujours lieu entre deux corps au moins, n'en admet que quatre au plus.* Il n'y a donc pour nous que des composés *binaires*, *ternaires* et *quaternaires*; il n'est point ici question des mélanges.

Neuvième et dernière loi. *L'attraction de composition est en raison inverse de la saturation.*

Pour bien entendre cet exposé, il faut admettre que les corps ne s'unissent ensemble que dans des proportions données par la nature, au-delà desquelles proportions l'attraction de composition devient nulle ; or, la saturation consiste dans cet état d'une substance qui est autant chargée que possible d'une seconde. Ainsi, un métal suffisamment saturé d'oxigène n'en peut plus prendre ; une base qui est saturée d'un acide quelconque n'en peut plus fixer, etc. D'une autre part, on sait que ; voulant détruire les composés, on enlève plus facilement la première moitié de l'un des composans qu'il n'est possible d'enlever l'autre ; souvent même ce qui reste offre pour cette séparation les plus grandes difficultés ; c'est ce qui conduit à penser que l'attraction est plus puissante entre les premières parties qu'entre les dernières ; donc elle agit en raison inverse de la saturation.

Voici des exemples :

L'oxide de manganèse, étant chauffé, donne de l'oxigène, mais seulement une partie de ce qu'il porte ; quant au reste, on ne peut point l'obtenir même au plus grand feu, sans l'emploi de moyens plus compliqués ; de même les solutions salines, soumises à la cristallisation, ne donnent toujours qu'une certaine quantité de leurs sels ; il reste constamment ce qu'on appelle *eau mère*, ou liquide retenant avec plus de force les parties non cristallisées.

Des Corps simples ou *élémentaires*.

On nomme ainsi les substances qui résistent à nos moyens d'analyse : elles deviennent principes des composés, parties constituantes essentielles à leur formation. Leur étude est donc ce qui doit nous occuper d'abord.

On ne comptait anciennement que quatre corps

simples ou élémens, c'était l'*air*, l'*eau*, la *terre*, le *feu*; mais ensuite la chimie poursuivant ses progrès, on a pu connaître 1°, que plusieurs de ces corps n'étaient point élémentaires, puisqu'on en a découvert la décomposition; 2°, on a trouvé que beaucoup de substances qu'on regardait comme des composés n'étaient que des principes ou élémens; de sorte que, si d'une part on a diminué le nombre des corps simples, de l'autre on l'a beaucoup augmenté, en fournissant à la masse beaucoup plus qu'on ne lui avait retiré.

C'est l'eau et l'air qui ont d'abord été décomposés; le premier en oxigène et hydrogène, l'autre en azote et oxigène; le feu lui-même résulte d'un ensemble de calorique et de lumière; et la terre, autrefois regardée comme corps unique, offre aujourd'hui des modifications nombreuses, et tellement tranchées, qu'on adopte l'existence de plusieurs substances terreuses, encore sont-elles toutes présumées formées d'un métal et de l'oxigène.

Sans doute que les nouveaux corps, considérés comme élémens, seront un jour détruits eux-mêmes, et changés en d'autres élémens; mais ce temps peut être loin de nous. Il nous suffit pour l'exercice de nos travaux, que nous présentions les matériaux revêtus des caractères que leur assigne l'état actuel de la science.

Les corps simples sont devenus si nombreux, qu'il convient d'en former des séries pour mieux en poursuivre l'étude; c'est ce qui nous porte à les distinguer,

1°, en corps non pondérables;

2°, en corps pondérables.

On a mis en question si on doit appeler *corps* ce qui n'est point pondérable; on discute encore sur ce point ; mais, en attendant une solution, les chimistes sont convenus de considérer sous le nom de *corps* tout ce qui joue un rôle dans la production des phénomènes chimiques, et tout en regardant cette acception comme une hypothèse, on continue à s'en servir, parce qu'elle facilite beaucoup la théorie ou explication des faits.

Nous plaçons les corps non pondérables en première ligne, parce qu'ils sont les plus répandus dans la nature, qu'ils ont une grande influence sur tous les autres, et que leur étude facilite beaucoup celle de tout ce qui devra suivre.

Des Corps simples non pondérables.

On leur donne le nom de *fluides*, parce qu'ils sont extrêmement déliés ; ils échappent à nos instrumens, et nous n'en pouvons apprécier l'existence qu'en observant et mesurant leur action sur les corps qu'ils touchent.

Les corps ou fluides impondérables sont au nombre de quatre, savoir : la *lumière*, le *calorique*, le *fluide électrique*, le *fluide magnétique*.

De la Lumière.

C'est un fluide qui, selon Newton, émane du soleil ; il est répandu en immense quantité dans l'espace ; il agit sur l'organe de la vue, de manière à rendre sensible pour nous les objets qui nous entourent.

La lumière marche toujours en ligne droite, et avec une telle promptitude, qu'elle parcourt plusieurs millions de lieues par minute. Sa densité est en raison inverse des distances. La lumière peut pénétrer, traverser un grand nombre de corps, lesquels sont dits *transparens*, *diaphanes*, ils prennent alors le nom de *milieu*. Le passage de la lumière d'un milieu dans un autre s'exprime par le mot *réfraction*.

La lumière est réfractée avec d'autant plus de force qu'elle passe d'un milieu plus rare (air) dans un milieu plus dense (verre), et alors elle tend à se rapprocher de la perpendiculaire; c'est le contraire quand le passage a lieu d'un corps plus dense dans un autre qui l'est moins. On a aussi remarqué que la réfraction est modifiée par la nature des corps. C'est sur la propriété de la lumière de se réfracter diversement qu'est fondée la construction des lentilles, parties essentielles des lunettes et autres instrumens d'optique.

Il y a des corps qui ont la faculté de produire une double réfraction de la lumière.

La lumière peut être arrêtée dans son trajet par des corps qui sont dits *opaques*, elle est alors repoussée ou *réfléchie* avec des variations, dont l'étude appartient surtout à la physique ; mais nous dirons qu'il est regardé comme loi, que *l'angle de réflexion est toujours semblable à celui d'incidence*.

La lumière prise en masse, et pendant son mouvement ordinaire, est pour nous sans couleur ; mais si on la dirige de manière à ce qu'elle tombe sur l'angle d'un prisme de cristal, on voit qu'elle se montre sous un nouvel aspect et comme en plusieurs parties, au nombre de sept, qui sont diversement colorées, on les nomme *rayons* ; ils se présentent dans cette succession ; savoir : *rouge*, *orangé*, *jaune*, *vert*, *bleu*, *indigo* et *violet*.

C'est la possibilité d'isoler ainsi les rayons ou faisceaux,

ceaux, qui a fait dire qu'on opère dans ce cas la décomposition de la lumière; cette sorte d'hypothèse est très-favorable à l'explication d'un grand nombre de phénomèmes, et rend facile à concevoir la coloration des corps; ainsi d'après ce qui précède, on est convenu de dire, qu'une substance réfléchissant tous les rayons lumineux, à mesure qu'elle en reçoit, doit nous paraître *blanche*, comme la lumière elle-même; celle au contraire qui absorbe tous les rayons qui la frappent, nous paraît *noire*, parce qu'il y a privation de lumière à sa surface; mais si, comme on l'admet, un corps peut absorber tous les rayons lumineux moins *un*, celui-ci étant réfléchi rend le corps visible, et lui communique sa couleur, laquelle sera *rouge*, *verte* ou *jaune*, etc., selon le rayon qui aura pu rester libre. Quant aux couleurs mixtes, elles doivent dépendre de ce que plusieurs rayons sont réfléchis à la fois.

Cette théorie des couleurs ne permet pas de dire pourquoi tel corps est bleu, jaune ou rouge; nous sommes encore réduits à dire qu'il dépend de sa nature de réfléchir tel ou tel rayon lumineux.

La lumière a des propriétés tellement semblables à celles du *calorique*, qu'on l'a regardée comme n'en étant qu'une variété : en effet, si on expose au contact de la lumière un tube de verre contenant une dissolution d'or avec du charbon pilé, mais privé d'air, il arrive que le charbon passe à l'état d'acide carbonique, aux dépens du métal qui perd ainsi son oxigène : ce phénomène a lieu par la seule action de la chaleur: de même, si on prend deux thermomètres, dont l'un ait la boule noircie, celui-ci marque deux degrés plus que l'autre; ce qui annonce qu'il porte plus de calorique, lequel doit être fourni par la lumière absorbée.

La lumière, qui détruit beaucoup de composés, peut en former d'autres; elle a une influence très-marquée sur la vie des corps organisés; en général, elle participe à leur coloration; ce qui le prouve, c'est que les végétaux et les animaux qui en sont long-temps privés tombent dans un état de pâleur, de blancheur, qu'on appelle *étiolement*.

Quoique les effets de la lumière soient souvent semblables à ceux du calorique, il n'est pas toujours indifférent de les produire par l'une ou par l'autre de ces causes; on préfère le calorique, parce que son action est plus prompte, et que nous avons plus de moyens d'en procurer le développement.

On s'accorde à reconnaître que la lumière est toujours accompagnée de calorique; on va même jusqu'à y distinguer une certaine quantité de calorique latent, et une autre plus sensible : mais il n'est point de la nature de ce Cours d'offrir des détails sur ce sujet qui est encore un objet de recherches.

Du Calorique.

On est en discussion pour savoir si le calorique est un corps duquel émane la chaleur, ou bien si la chaleur est produite par le mouvement ou le choc des molécules d'une matière quelconque. La première opinion est la plus accréditée, c'est sur elle que repose tout ce qui va suivre.

Le *calorique* est un fluide particulier très-répandu dans la nature, il est caractérisé par sa propriété de

toujours s'opposer à l'agrégation. Ce fluide est impé-
nétrable, très-élastique et si rare, que sa pesanteur
nous échappe. On constate son existence par son passage facile et fréquent d'un corps dans un autre. Le
calorique, mis en expansion, produit la chaleur;
mais quand il est soustrait, absent, il y a production de froid.

Tous les corps de la nature portent une certaine
quantité de calorique, mais on admet que le calorique s'y trouve répandu en deux portions bien distinctes ou à deux états différens; 1° *combiné* ou *latent*,
2° *libre* ou *sensible*.

Le premier ne varie point dans les mêmes corps, il
en fait partie essentielle; le second varie beaucoup, il
y existe accidentellement. On peut apprécier l'un et
l'autre par des moyens que nous indiquerons.

Du Calorique libre ou *sensible*.

C'est la portion de calorique qui tend à se répandre
sur tous les corps, de manière à ce que tous présentent
la même chaleur; on dit alors qu'il y a équilibre, lequel est ordinairement peu durable; il suffit des moindres causes pour le détruire, et le calorique, se déplaçant, passe toujours d'un corps dans un autre.

C'est seulement l'action du calorique libre que nous
utilisons. Cette action est constamment de produire
des dilatations ou augmentations de volume, propriété
sur laquelle est fondé le moyen de mesurer dans
quelle proportion cette sorte de calorique est répandue près de nous, et dans ce qui nous environne. Les
instrumens employés pour cet objet sont nommés

2 *

pèse-chaleur ; les principaux sont, 1° *thermomètre* ; 2° *pyromètre* ; 5° *thermoscope.*

Le *thermomètre* consiste en un tube de verre offrant une boule à l'une de ses extrémités. On en fait le vide en le faisant chauffer ; l'air se dilatant, il en sort une partie. On plonge le tube par son ouverture dans du mercure. Celui - ci monte à mesure que le refroidissement s'opère , et remplace ainsi l'air qui s'est dégagé. On chauffe encore pour porter le métal à l'ébullition, lequel, se vaporisant, chasse le peu d'air qui a pu rester ; on plonge de nouveau dans le mercure, et on continue jusqu'à ce que le tube soit tout à fait privé d'air et rempli de métal , dont on enlève le superflu , en le faisant chauffer et bouillir, jusqu'à ce qu'il n'en reste environ que plein la boule : on ferme aussitôt l'ouverture supérieure en l'exposant à la lampe, et on laisse refroidir.

Tout ce travail est simplifié par quelques physiciens qui trouvent suffisant de remplir de suite et à froid le tube avec du mercure, qu'ils font bouillir et vaporiser jusqu'à ce qu'il n'en reste que ce qui est nécessaire, après quoi ils ferment l'ouverture comme il a été dit.

Le tube étant ainsi disposé, on travaille à se procurer des termes fixes , l'un pour point de départ , et l'autre pour terme de gradation ou d'arrivée. A cet effet, on plonge la boule dans de la glace fondante ; on voit le métal se concentrer , occuper moins d'espace ; mais au bout de quelques minutes il s'arrête , il ne varie plus ; on marque ce point par *zéro.* On porte ensuite le tube au contact de l'eau bouillante en l'y laissant un temps égal ; il arrive que le mercure

échauffé se dilate, et finit par devenir stationnaire
(on suppose que pendant cette opération la pression
de l'air n'est que de vingt-huit pouces). Ce point
opposé au premier laisse libre un espace invariable, que
l'on est convenu de diviser par parties ou degrés,
mais dont on s'est plu à faire varier le nombre, ce
qui doit en changer la valeur. Ainsi, Réaumur a fait
son *thermomètre de* 80°, lequel a été divisé en 100°,
d'où il a pris le nom de *centigrade*. On conçoit que
la division de l'espace indiqué ne demande que les
soins de l'intelligence, c'est trop peu pour nous y
arrêter.

La division faite au dessus du zéro peut être également pratiquée au dessous, et servir à exprimer l'intensité du froid, ou du phénomène résultant de l'absence du calorique. C'est aussi ce qu'on a le soin de
pratiquer, mais on ne cherche point à marquer
au-delà du cinquantième degré, parce que cela n'est
d'aucune utilité pour les expériences ordinaires.

L'emploi possible du thermomètre pour mesurer
des grands froids, au dessous de celui de la glace
fondante, oblige encore à remplacer le mercure par
l'alcool, qui n'est point congelable comme lui, et
pour mieux distinguer dans le verre ce liquide, qui
est blanc, on le colore en rouge avec un peu de cochenille.

Lorsqu'on rapporte une expérience avec emploi
d'un thermomètre, il faut désigner celui qui a servi. Les
deux déjà cités sont les plus employés; il en existe
encore un qui doit aussi fixer notre attention, c'est
celui de Fahrenheit, lequel prend son zéro dans un
mélange de neige et de sel marin, ce qui donne un

très-grand froid; et son maximum, à l'eau bouillante; de sorte qu'il doit y avoir un espace plus étendu entre les deux extrêmes, et de là plus de degrés. C'est aussi ce qui a lieu, puisqu'il en marque deux cent douze.

Quant au thermomètre de Delisle, il est peu apprécié, on ne s'en sert point; il prend son zéro à l'eau bouillante. C'est au dessous de ce seul point fixe qu'on établit les divisions, lesquelles sont ordinairement de cent cinquante.

L'usage de ces instrumens consiste à les mettre en contact avec les corps dont on veut apprécier la quantité de calorique libre; et l'expression de cette quantité étant donnée par le nombre de degrés, auquel s'élève l'alcool ou le mercure, on le désigne par le mot de *température*.

Les thermomètres dont nous venons de parler ne sont point de nature à supporter toutes les températures connues, autrement dit les grandes quantités de calorique libre qui peuvent se dégager des corps; ils seraient fondus, détruits, donc il faut les remplacer; c'est ce qui a lieu par l'emploi des *pyromètres*, inventés particulièrement pour mesurer la chaleur qui peut être développée dans les fours où l'on fait cuire les porcelaines.

Les *pyromètres* sont formés de diverses substances, toutes susceptibles de résister au grand feu, sans se dilater et sans se fondre. On emploie surtout le fer et le cuivre, lesquels disposés en forme de cylindre s'allongent d'une manière mesurable, et toujours d'autant plus que la température est plus grande. Plusieurs chimistes se sont fait des pyromètres particuliers; nous n'entreprendrons point de les décrire, parce qu'ils ne servent qu'à des opérations qu'on ne pratique ordinairement que dans les arts. Voyez à ce sujet des Ouvrages ou des Cours plus étendus que celui-ci. Nous dirons seulement que les pyromètres *dits* de Wegwood, au lieu d'être formés d'une matière dilatable, métallique ou autre, se trouvent avoir pour base l'emploi d'une pâte d'argile et d'eau, mélange qui, desséché simplement au soleil, peut encore diminuer de volume, en perdant son eau, selon le degré de feu auquel on l'expose. On mesure ce retrait en faisant entrer ce moule d'argile dans des rainures ou cavités graduées. Il a été calculé que cent quatre-vingts degrés pyromètriques équivalent à huit mille degrés de Réaumur. On a reproché avec raison à ce moyen de ne pouvoir être très-régulier, par la difficulté d'avoir de l'argile très-pure; aussi s'en sert-on très-peu en France.

Si les thermomètres ont dû être remplacés pour mesurer de très-hautes températures, ils doivent l'être encore pour en apprécier de très-petites, c'est ce qui a donné lieu à la formation des *thermoscopes*, dont l'usage est surtout nécessaire dans les expériences de recherches.

Les *thermoscopes* sont dits aussi *thermomètres à air*; il y en a plusieurs, le plus remarquable porte le nom de *thermomètre différentiel* de M. Leslie. Malgré son utilité, on s'en sert peu. Voyez pour sa construction les Traités de physique; il doit nous suffire de dire que cet instrument présente un tube recourbé sur lui-même, de manière à former un U; les deux extrémités libres sont terminées en boules, dont l'une porte un peu d'acide sulfurique, teint en rouge par l'addition d'un peu de carmin. C'est ce liquide qui constitue la matière dilatable de cet instrument; et ce qui détermine ses moindres variations, est seulement la différence de chaleur d'une des deux boules par rapport à l'autre; on a évalué que dix degrés de ce thermomètre équivalent à un seul degré de celui centigrade.

Le *thermoscope* de Rumford est fait à l'imitation du précédent, seulement les branches sont plus écartées l'une de l'autre, et au lieu d'acide sulfurique, il emploie de l'alcool.

Nous avons démontré comment on peut mesurer les quantités de calorique libre, et nous avons dit que par les mêmes moyens on peut apprécier dans quelle proportion s'opère la soustraction de ce même calorique, ce qui se trouve indiqué par les degrés placés au dessous de zéro; on dit alors qu'il y a froid; donc, le même instrument sert à mesurer les contraires.

Pour concevoir cette production du froid, il n'est point nécessaire d'admettre, comme on l'a prétendu, l'existence d'un fluide particulier, dit *frigorique*. Il suffit de reconnaître que le refroidissement est toujours une propriété négative, résultant de la diminution ou de l'absence de la chaleur; en effet l'évaporation d'un corps quelconque ayant lieu par l'absorption du calorique des corps voisins, il faut bien que ces derniers en soient privés; c'est cette privation qui constitue le sentiment de froid.

C'est ce qu'on observe quand on a dans la bouche une pastille de menthe, ou quand on verse de l'éther sur la main, etc. Il arrive que l'huile essentielle de menthe et l'éther, étant très-volatils, se dégagent aussitôt en s'emparant du calorique des corps qu'ils touchent ; de là un froid très-grand , parce qu'il est instantané.

On peut expliquer de même ce qui a lieu lorsque dans les pays chauds on entretient les boissons fraîches , en les exposant au soleil dans des vases poreux , qui en laissent transsuder une partie ; celle-ci se volatilise aux dépens du calorique de ce qui reste : quand les vases présentent une trop grande densité, on les recouvre avec des linges mouillés qu'on a le soin d'arroser de temps en temps.

Le refroidissement est d'autant plus prompt et plus marqué dans les corps, que ceux-ci cèdent plus facilement leur calorique libre ; on exprime cette faculté, en disant qu'il y a de *bons* et de *mauvais conducteurs du calorique*. Les métaux sont les meilleurs, les gaz les plus mauvais, et les liquides offrent le terme moyen.

On emploie le mot *capacité* pour exprimer la contenance variable des corps pour le calorique libre.

Les solides, en s'échauffant, ne nous présentent pas de mutations sensibles dans l'arrangement des molécules; mais les liquides et surtout les gaz offrent des oscillations et des courans contraires, comme nous le verrons en traitant de ces corps.

Le calorique libre a une manière propre de se répandre dans l'espace ; il marche en rayons comme la lumière, et se comporte comme elle envers les corps qu'il rencontre ; c'est ce qui a donné lieu à traiter du *calorique rayonnant*, en le considérant comme une sorte différente des premières ; mais c'est à tort, car ce n'est qu'une manière d'être du calorique libre, dont nous poursuivons l'histoire.

La faculté qu'a le calorique de se mouvoir en rayons est mise en évidence par l'emploi de deux miroirs concaves en cuivre bien poli; on met au foyer de l'un, des charbons ardens, et à l'autre, de l'amadou; il arrive, tous soins convenables étant pris, que les rayons de calorique marchant en ligne droite vers le second miroir, et se trouvant réfléchis par lui au point central où se trouve l'amadou, celui-ci s'échauffe et brûle, tandis que d'autres corps, placés accidentellement dans le trajet des rayons, n'éprouvent point de chaleur sensible.

L'expérience a démontré que les corps lisses et brillans réfléchissent et repoussent le calorique, tandis que les corps rugueux et noircis le reçoivent et l'absorbent en très-grande quantité; c'est ce qui doit déterminer le choix des vases pour l'emploi du calorique.

Du Calorique combiné ou *latent.*

Nous avons dit que, mise à part, la quantité appréciable de calorique libre qui existe dans les corps, on a pu reconnaître qu'il en est un autre moins sensible, mais incontestable; on lui a donné le nom de *calorique combiné* ou *latent.*

Voici comment on en détermine la présence.

Il est reconnu que deux corps étant plongés pendant quelques instans dans de l'eau bouillante, ils prennent une même température; cependant, si on les plonge séparément dans de la glace, l'un peut en faire fondre une plus grande quantité que l'autre; or, on sait que la glace n'a dû se liquéfier qu'en prenant le calorique libre des corps employés, donc ceux-ci en ayant donné inégalement, on doit conclure qu'ils en ont pris des quantités diverses, et certainement celui qui en a pris le moins en contenait plus que l'autre, tandis que celui qui en a pris le plus en contenait moins; ce qui revient à dire que plus un corps contiendra de calorique combiné ou latent, moins il prendra de calorique libre pour arriver à une température donnée, et *vice versá*.

La manière de préciser la quantité de calorique combiné consiste dans l'emploi d'instrumens qu'on appelle *calorimètres*; le plus usité est celui de Lavoisier et Laplace. Il en est un autre de Rumford; leur description est longue, et leur emploi difficile, minutieux; nous n'entreprendrons point d'en traiter ici.

Moyens de développer ou de se procurer le calorique.

Ces moyens sont en apparence très-variés; mais ils peuvent être tous rapportés à la combinaison des corps, et à la compression forte ou subite de quelques-uns; en effet, puisque tous les corps ont une capacité différente pour le calorique, il est facile de concevoir qu'un composé en contienne beaucoup moins que n'en contenaient en somme ses composans; donc, le surplus devenant libre, doit ou peut devenir sensible pour nous; c'est aussi ce qui arrive. Il se peut encore que le nouveau produit en contienne davantage, auquel cas il en prend aux corps qui l'environnent : ce qui produit le froid.

Le dégagement de calorique se manifeste d'une manière plus ou moins appréciable dans la combustion, comme nous le verrons : il a lieu par la fixation des gaz, ou leur passage à un état plus dense; enfin les liquides, susceptibles de concentration, peuvent en laisser dégager en abondance, de même qu'ils en prennent aux corps voisins, quand ils passent à l'état de vapeurs.

Quant à la compression, elle suppose le rapprochement des molécules, elle s'exerce ordinairement sur les corps solides; elle peut aussi avoir lieu sur les gaz, sur l'air; il en résulte toujours productions de chaleur, souvent même avec lumière, d'où peut s'ensuivre inflammation; c'est ce qui arrive quand il résulte du feu par le seul frottement du bois très-sec, ou par le choc du briquet sur les pierres dures, etc.

Enfin, nous devons dire que le calorique accompagnant toujours la lumière, il suffit d'accumuler ce dernier corps sur un point par la lentille, pour avoir une si haute température, qu'elle suffit pour faire détourner la poudre à canon, et même à réduire ou à fondre des métaux réfractaires, etc.

La connaissance des moyens de produire la *chaleur*, conduit à celle des moyens de produire le *froid*. C'est toujours en appliquant contre un corps moins chaud un autre corps qui l'est davantage, de manière à ce que le premier enlève du calorique au second; c'est alors que celui-ci est dit se refroidir; mais ce procédé ne donne que de faibles abaissemens de température; il faut, pour en avoir de plus considérables, recourir à des combinaisons telles, que de la réunion de certains corps, il en résulte un produit très-liquide: nous parlerons avec soin de ces mélanges nécessaires, à mesure que nous devrons les utiliser. Les plus employés sont formés de glace et de sel marin, de neige, et d'acide nitrique, etc., etc.

Quant aux moyens de conserver le calorique dans les corps, ils se bornent à les entourer de ceux qui sont mauvais conducteurs; ainsi on se couvre de laine pendant l'hiver; on garantit les fruits, les plantes d'un grand froid, en les entourant de nattes en paille. On agit de même pour empêcher que le calorique extérieur ne vienne frapper les corps qu'on veut maintenir frais, comme liquides alimentaires, glaces et divers produits qu'on a soin de maintenir dans des caves ou souterrains, favorablement disposés pour cet objet.

Dans les applications que nous devrons faire de ce qui a été dit du calorique, nous ne comprendrons pas la transformation possible des corps en des densités très-variées, parce qu'il nous faudrait particulariser et entamer l'histoire de ces mêmes corps; nous en parlerons en d'autres temps avec plus d'avantage.

Le *calorique* produit sur les corps vivans des effets différens, selon qu'il est plus ou moins abondant, libre ou mêlé aux substances qui peuvent le recevoir.

Quand il est peu concentré, il agit comme adoucissant et émollient, soit seul, soit uni à des liquides; mais s'il est plus concentré, il devient stimulant; et enfin, plus accumulé sur nos parties, il peut être caustique, désorganisateur.

Le calorique peut être employé accompagné ou non de lumière; pour ce dernier cas, on a recours au sable chaud, à diverses semences grillées, à des briques ou linges fortement chauffés, pour produire la rubéfaction, ou simplement exciter des surfaces d'une grande étendue dans les cas d'atonie, d'anasarque, etc., tandis que pour l'autre cas on a recours à l'insolation et à l'approche du fer rouge ou du charbon ardent, pour stimuler davantage, ou même cautériser les parties malades; c'est ce qui a souvent lieu dans le traitement des vieux ulcères, et pour arrêter les progrès des morsures d'animaux venimeux. On y a aussi recours pour arrêter certaines hémorrhagies, surtout celles qui ont lieu à la suite d'excisions, ou celles des petits vaisseaux avoisinant les petits os cariés : l'usage des moxas se rapporte encore à l'emploi du calorique, comme puissant stimulant. Nous saisirons cette occasion de signaler la préférence que l'on donne aux *moxas japonais,* dont parle M. le docteur Sarlandière, dans son Mémoire sur la Médecine des Chinois, et dans lequel il en indique la préparation et l'usage. Ces nouveaux moxas offrent le double avantage de permettre en peu de temps une grande multiplication des points excités, et la possibilité de modérer à volonté l'excitation, ce qui rassure beaucoup les malades et leur fait mieux supporter l'emploi de ce moyen. L'auteur en conseille surtout l'usage près des points douloureux dans la maladie de Pott, ou contre les douleurs chroniques des articulations dans le cas de rhumatismes, etc.

Le calorique est employé comme agent dans un grand nombre d'opérations en chimie, soit pour former ou pour détruire des combinaisons, ayant le soin de l'employer en des quantités variables, selon les matières que l'on traite; c'est celui surtout, qui, se développant dans nos fourneaux et dans nos foyers, sert si utilement à rendre favorable pour nous l'air trop froid dans les saisons rigoureuses ; mais l'art de développer alors le calorique a dû se perfectionner à mesure que la physique aidée de la chimie a fait de si

rapides progrès. Nous ne croyons pas devoir en traiter ici ; qu'il nous suffise de dire , que les nouveaux
moyens employés pour la construction des cheminées
tendent à renvoyer dans l'appartement le plus possible de calorique, à mesure qu'il se dégage, tandis
qu'autrefois il s'en perdait la plus grande partie : ce
qui obligeait à une plus grande consommation du
combustible.

Quant aux moyens d'empêcher les cheminées de
fumer, ils doivent tendre à consumer entièrement ce
qui se dégage des corps qui brûlent. C'est pourquoi
on a cherché à faire passer ces vapeurs une seconde
fois au foyer même de la combustion , et aussi en
diminuant le diamètre des conduits qui doivent les
laisser se dégager au dehors.

Du Fluide électrique.

On appelle ainsi un fluide qu'on suppose exister
dans tous les corps, et auquel on attribue la propriété qu'ils ont dans certaines circonstances d'attirer d'abord et de repousser ensuite les corps légers.
On admet deux genres de ce fluide ; l'un , qui est dit
vitreux ou *positif;* l'autre , qui est *résineux* ou *né-
gatif.* Quand ils sont réunis et combinés, leur action
devient nulle pour nous , ou du moins peu sensible;
mais quand on les désunit par un moyen quelconque ,
le plus souvent par le frottement, on les rend sensibles
l'un ou l'autre , ou tous les deux , et ils se manifestent
par des phénomènes très-curieux ; entre tous, nous
signalerons celui-ci, qu'un même fluide repousse toujours son semblable , tandis qu'il attire l'autre avec
beaucoup de force.

Sans chercher à traiter longuement de l'électricité, dont l'étude appartient plutôt à la physique, nous dirons qu'on appelle *conducteurs*, les corps qui sont plus propres que d'autres à nous transmettre ces fluides. Tels sont les métaux; quant aux corps qui sont dans le cas contraire, on les nomme *idioélectriques*, ou non conducteurs, tels que les résines, le verre, les huiles, etc. On peut accumuler le fluide électrique pour le déplacer ensuite en masse, et opérer ce qu'on appelle *décharge*; il peut y avoir alors production d'une haute température, commotion violente et destruction des corps électrisés. C'est à l'accumulation de ce fluide qu'est attribuée la foudre, dont on connaît assez les terribles effets.

Il est un grand nombre d'instrumens propres à développer le fluide électrique ; ils portent en général le nom d'*appareil*, parce qu'ils sont formés de plusieurs pièces réunies; entre tous, ils faut distinguer la *machine* et la *pile électrique* ; voyez-en la description dans les ouvrages de physique.

On peut regarder le fluide électrique comme un très-bon stimulant; c'est dans ce sens qu'on l'emploie pour augmenter l'action vitale dans les parties où elle pourrait s'éteindre. On y a surtout recours dans les cas de paralysie, de surdité accidentelle, d'amaurose, etc., etc. Mais il faut observer qu'on en obtient des effets très-variés selon qu'on s'y prend d'une manière ou d'une autre, pour en faire l'application ; c'est ce qui porte à électriser les malades par bains, par pointes, par décharge, etc. Il existe de très-bons traités de l'électrisation.

Le fluide électrique est l'un des agens les plus
puissans

puissans que nous ayons en chimie, soit pour déterminer la combinaison des corps, soit au contraire pour
opérer des décompositions. C'est surtout par cette
dernière manière d'agir qu'il a contribué aux progrès
de la science, puisque par son moyen on est parvenu
à réduire en des élémens différens des corps que l'on
croyait simples ou élémentaires. Nous pouvons dire
ici en thèse générale, que le fluide électrique opère
la décomposition de tous les corps qui sont susceptibles eux-mêmes de se partager en les deux élémens
électriques, résineux et vitreux, dont chacun évitant
son semblable va chercher son opposé dans les corps
employés.

Ce qu'on appelle *fluide galvanique* n'est autre
chose que le fluide précédent, développé au moyen
d'une colonne portant le nom de son auteur, et laquelle est formée de plaques de zinc et de cuivre,
qu'on doit isoler par de mauvais conducteurs et arroser
avec de l'eau acidulée.

Du Fluide magnétique.

C'est encore une question de savoir s'il existe un
fluide particulier de ce nom ; mais on est convenu d'appeler ainsi la force qui fait que le fer, pris dans un
état qu'on appelle *aimant*, a la propriété d'attirer
à lui l'acier. On assure que le nickel et le cobalt
jouissent également de cette propriété ; mais ce qu'il
y a de bien curieux c'est qu'il offre, comme le fluide
électrique, deux variétés, l'une qui est dite *boréale*, elle
est *répulsive* ; et l'autre *australe*, elle est *attractive*.
Voyez encore à ce sujet les livres de physique.

On a cherché à utiliser le fluide magnétique en

médecine : rien ne montre qu'il ait d'autres effets que ceux du fluide électrique, seulement il n'agit point par secousses et ne peut être dégagé qu'en de très-petites masses.

La plus grande utilité des corps aimantés, est de servir à l'astronomie et à la navigation.

Je ne chercherai point à discuter pour savoir s'il existe ou non un *magnétisme animal,* et par suite quel parti on en peut retirer ; on a traité cette question si diversement, qu'on est souvent passé du sérieux à la plaisanterie, de la raison au ridicule, ce qui vient probablement de l'exagération avec laquelle chacun a rapporté ses recherches sur cet objet, et encore plus, des mauvaises applications qu'on en a voulu faire.

Les corps simples non pondérables étant étudiés, nous allons passer en revue les autres corps élémentaires, mais plus réels pour nous, ou moins contestables, parce qu'ils frappent nos sens. On peut les voir, les toucher, les peser ; ce sont à proprement parler des substances.

Des Corps simples pondérables.

Entre ces corps, les premiers qui vont nous occuper sont très-divisés et difficiles à saisir ; quelques-uns sont peu visibles, ils sont rares et prennent le nom de *gaz.* Leur état particulier nous porte à présenter quelques considérations sur les gaz en général, ce qui servira beaucoup à l'histoire de chacun d'eux.

Des Gaz.

On nomme ainsi l'état de division extrême sous lequel peuvent se présenter un grand nombre de corps, qu'ils soient simples ou composés. Cet état est tel, que la forme des molécules nous échappe, et que leur masse est répandue ou tend à se répandre dans l'espace où le moindre obstacle les divise à l'infini ; on donne aussi aux gaz le nom de *fluides élastiques*, ce qui exprime leur ténuité, ainsi que le ressort dont ils jouissent ; faculté qui leur permet de se retirer un moment sur eux-mêmes, pour se développer ensuite avec violence ; phénomène qui peut être accompagné de funestes événemens, s'il y a subite expansion de fortes masses.

Comme on compare avec raison l'état gazeux des corps à celui de l'*air atmosphérique*, il est fréquent de les signaler comme étant *aériformes*.

Tous les gaz ont la propriété de se dilater en prenant du calorique, de même qu'ils se concentrent par le refroidissement ; mais quelques-uns, quoique plus denses, restent gazeux au plus grand froid ; ils sont dits *gaz permanens*, pour les distinguer de plusieurs autres, qui, suffisamment refroidis, peuvent passer à l'état liquide, ou même solide ; ces derniers sont dits par opposition *gaz non permanens*, on les nomme aussi *vapeurs*.

Les gaz peuvent être avec ou sans couleur, sapides, odorans, solubles ou insolubles dans l'eau, bienfaisans ou délétères, etc.

Pour obtenir ou déplacer les gaz, et réagir facilement sur eux, on a des appareils qui sont dits *pneumatiques* : ce sont des sortes de cuves, ordinairement en bois garni de plomb, elles doivent être remplies d'eau, et alors on les nomme *hydro-pneumatiques* ; on en fait aussi, mais de plus petites, en marbre, pour les remplir de mercure, c'est alors *hydrargyro-*

pneumatiques. Dans tous les cas la cuve doit être plus profonde que large; il doit y avoir, à deux pouces au dessous du liquide employé, une petite tablette, servant de support pour les vases dont on fait usage; elle peut être percée d'un trou pour y passer un tube courbe, qui doit ainsi communiquer avec l'extérieur.

On reçoit par la cuve à mercure les gaz qui sont solubles dans l'eau.

Pour isoler un gaz, on s'y prend diversement, selon la source qui nous le fournit : s'il est répandu dans l'atmosphère ou dans un grand espace, il suffit de vider dans ce lieu une bouteille pleine d'eau, le gaz environnant remplace le liquide; on bouche le vase pour le transporter où il est besoin.

Si le gaz doit provenir d'une réaction de corps les uns sur les autres, on adapte à l'appareil un tube à plusieurs courbures, pour le faire arriver au trou de la planchette de la cuve pneumatique, directement sous l'ouverture d'un vase plein d'eau ou de mercure ; le gaz s'élevant par sa légèreté dans le flacon en déplace le liquide : quand le vase est plein, on le bouche, ou bien on le place sur une assiette qui lui sert d'obturateur.

Quand enfin un gaz est contenu dans un flacon et qu'on veut le déplacer en tout ou en partie, on doit encore agir dans la cuve, et pour cela on a un premier vase plein d'eau ou de mercure; on tient son orifice plongée sens dessus-dessous dans le liquide que la cuve contient, on y plonge également le vase rempli de gaz, mais de manière à mettre son ouverture immédiatement en rapport avec celle déjà citée; il arrive aussitôt que la portion gazeuse monte par sa moindre pesanteur dans le vase supérieur dont l'eau tombe à mesure dans celui de dessous; c'est un simple déplacement, nécessité par la différence de gravité des corps employés.

La cuve pneumatique peut être de grandeur très-variable; il en est de portatives, qui consistent en une terrine ordinaire, dans le fond de laquelle on place pour support une soucoupe, à laquelle on a fait un trou dans son fond et une échancrure sur le côté, pour faciliter le placement du tube et le passage du gaz dans les récipiens.

Connaissant suffisamment ce qu'on doit entendre par gaz ou fluides élastiques, quelles en sont les variétés, et par quels moyens on les met en jeu, nous pouvons en faire plus utilement l'histoire particulière, mais sans former à part une série de ces corps; ils seront placés, chacun selon sa nature, entre les divers objets qui devront être étudiés.

Les corps simples qui vont nous occuper sont au nombre de *quarante-sept*, lesquels joints aux *quatre* déjà connus, forment un total de *cinquante* et *un*.

Les corps simples pondérables peuvent être distingués en deux classes.

1° corps simples non métalliques.

2° corps simples métalliques.

C'est dans cette dernière que se trouvent placées les *substances* dites *terreuses*, à l'occasion desquelles nous dirons quels motifs les font ranger entre les métaux.

Des Corps simples non métalliques.

On en compte maintenant neuf; leur classification pourrait être fondée sur le degré d'affinité de ces corps pour l'oxigène; mais comme tous les chimistes

ne s'accordent point sur le rang que doivent tenir à
cet égard plusieurs de ces corps, il en est résulté qu'on
a beaucoup fait varier l'ordre dans lequel on les a pré-
sentés; en outre, si on considère l'utilité de la connaissance des uns pour arriver à celle des autres, on
est conduit à faire des déplacemens volontaires, de
sorte que l'on ne doit point apporter trop d'importance à chacune de ces classifications, si ce n'est dans
le sens de celle qu'y apporte l'auteur lui-même. Or,
voici la succession de ces corps par rapport à leur plus
facile oxigénation bien reconnue :

   1° *Oxigène.*
   2° *Hydrogène.*
   3° *Carbone.*
   4° *Phosphore.*
   5° *Soufre.*
   6° *Azote.*

Viennent ensuite les corps simples nouvellement dé-
couverts, qui sont encore loin d'être bien connus.

   7° *Bore.*
   8° *Iode.*
   9° *Chlore.*

Mais l'utilité que l'on trouve à traiter le plutôt possible de l'air atmosphérique, comme simple mélange
d'azote et d'oxigène, a fait traiter par anticipation du
premier de ces corps, en le plaçant entre l'hydrogène
et le carbone, de sorte qu'il en résulte pour l'étude
l'ordre suivant : *oxigène, hydrogène, azote, carbone, phosphore, soufre, bore, iode* et *chlore.*

Avant d'entamer l'étude des corps en particulier,
nous devons annoncer que notre intention est de
réunir, autant que possible, en un même point tout

ce qui constitue l'histoire de chaque substance, et que les ayant définies, nous indiquerons quelles en sont les sources, comment on se les procure, et que nous terminerons par l'examen de leurs propriétés et de leur usage.

Cette marche, qui est encore la plus suivie, a reçu des modifications que nous ne laisserons point d'adopter, lorsque l'expérience en aura consacré les avantages.

De l'Oxigène.

C'est un corps simple, presqu'en même temps découvert par Schéèle, Priestley et Lavoisier, en 1774. Il est très-répandu dans la nature ; il fait partie de tous les corps organiques ; il est fixé à l'état de combinaison sur un très-grand nombre de minéraux ; enfin il fait partie constituante de l'air, de l'eau et de beaucoup d'acides.

De quelque part qu'on le retire, on ne peut l'obtenir que fondu, délayé dans le calorique, et ainsi à l'état de gaz, lequel même est permanent ; c'est ce qui fait dire plus souvent, *gaz oxigène*.

Le gaz oxigène a porté différens noms, tels que, *air empiréal*, *déphlogistiqué* ou *respirable*. Condorcet l'appelait *air vital* : c'est Fourcroy qui l'a nommé *oxigène*, en raison de ce qu'il passait alors pour être le seul corps acidifiant ; mais on croit pouvoir assurer aujourd'hui que l'hydrogène jouit de la même faculté.

Il existe plusieurs procédés par lesquels on peut se procurer du *gaz oxigène* ; il devra nous suffire d'indiquer ceux qui sont le plus usités : il ne sera question des autres qu'à l'occasion des corps auxquels ces opérations se rapportent.

1°. Pour avoir ce gaz autant pur que possible, on fait chauffer doucement dans une petite cornue en verre du chlorate de potasse, autrefois dit *muriate oxigéné*; ce sel se décompose et laisse dégager le gaz qu'on recherche; on peut en obtenir o, 40.

Pour opérer, il suffit d'agir à feu nu : on adapte à la cornue un tube courbe qui va se rendre dans la cuve pneumatique; on peut agir sous l'eau, parce que l'oxigène est insoluble dans ce liquide. Cette opération est coûteuse, elle est rarement pratiquée, on lui préfère les suivantes.

2°. On fait chauffer fortement de l'oxide de manganèse, lequel peut par ce moyen perdre diverses quantités de son oxigène et rester ainsi oxidé en de nouvelles proportions; pour cela on met cette substance en poudre dans une cornue de grès lutée, c'est-à-dire, recouverte d'avance d'une couche de terre-glaise, réduite en pâte avec de l'eau. Ce lut étant sec, fait que le vase résiste mieux à l'action d'un grand feu. On place la cornue, ainsi apprêtée, dans un fourneau dit *à réverbère*, lequel est terminé par un dôme qu'on peut enlever à volonté; ce dôme fait reverbérer ou réfléchir la chaleur et la flamme sur la cornue, ce qui hâte beaucoup l'opération. Il faut aussi adapter à la cornue un tube qui puisse conduire le gaz sous les récipiens.

Cette opération qui est simple est aussi la plus usitée; elle fournit une grande quantité de gaz (vingt litres par livre d'oxide); mais il n'est point très-pur, ce qui n'empêche pas cependant qu'il ne serve au plus grand nombre des usages auxquels on le destine; l'opération est finie quand il ne se dégage plus rien. Ce qui reste dans la cornue est une poudre brune, deutoxide de manganèse.

3°. Pour obtenir une plus grande quantité d'oxigène, il est préférable de mettre dans la cornue de l'acide sulfurique avec l'oxide : on conduit l'opération comme dessus. Il arrive que l'oxide pour s'unir à l'acide redescend au premier degré d'oxidation (protoxide); donc il doit perdre plus d'oxigène que dans le cas précédent, où par la seule chaleur , il n'a pu descendre du troisième degré (tritoxide), qu'au second déjà indiqué.

Ce dernier procédé n'est guère employé en grand, parce qu'alors devant agir dans des cornues à un grand feu, il devient suffisant de prendre l'oxide seul ; mais si on agit sur de petites masses, et qu'on soit pressé, il faut le préférer. On peut alors avoir une fiole à médecine, lutée ou non ; il faut chauffer d'abord très-doucement pour porter ensuite le mélange à l'ébullition.

Dans tous les cas , les premières portions de gaz qu'on obtient par la manganèse contiennent de l'air , de l'acide carbonique, ou seulement de l'azote ; c'est pourquoi il est d'usage de ne point recueillir la première pinte de gaz qui passe.

On a proposé de purifier l'oxide de manganèse par son lavage, au moyen de l'acide muriatique, très-étendu d'eau pour le faire dessécher ensuite; mais ce moyen qui est long, n'est que rarement usité, par la raison qu'il suffit le plus souvent de l'oxigène , tel que le fournit l'oxide de manganèse dans son état ordinaire.

Le gaz oxigène est permanent, absolument incolore, sans odeur ni saveur, un peu plus pesant que
l'air; il est compressible, et susceptible de laisser dégager beaucoup de lumière et de calorique; il est insoluble dans l'eau. L'oxigène tend à se fixer sur un
grand nombre de corps avec des phénomènes très-
divers, mais on dit dans tous les cas, qu'il y a *combustion* en lui donnant le nom de *corps comburant*,
et on appelle *corps combustibles* tous ceux qui ont
la propriété de le fixer.

C'est une oxigénation qui a lieu, quand on fait
brûler une bougie, des allumettes, etc. La respiration
des animaux paraît n'être elle-même que le résultat
ou l'acte d'une combustion; car, comme nous le verrons ailleurs, il y a dans ce cas formation d'un produit oxigéné : quelle que soit l'explication qu'on en
donne, il est incontestable que ce gaz est indispensable à la vie. L'air n'est respirable qu'en raison de
l'oxigène qu'il contient; cependant il serait nuisible de
ne respirer que de l'oxigène pur, parce que son action
serait trop grande sur nos organes; il doit être mêlé
d'azote, comme il sera dit plus tard.

Si on plonge dans du gaz oxigène une bougie allumée, sa flamme s'agrandit, et sa lumière devient plus
vive. Si la bougie est nouvellement éteinte, elle se
rallume tout à coup dans ce gaz. Quand on maintient
dans du gaz oxigène un fil de fer, au bout duquel
est un peu d'amadou allumé, on voit bientôt le feu
se communiquer au métal, et en opérer la fusion avec
dégagement de lumière.

Le gaz oxigène est de tous les gaz celui qui réfracte
le plus fortement la lumière.

L'oxigène se comporte d'une manière constante avec la pile galvanique, et se fixe au pôle vitré ou positif.

La combustion ou fixation de l'oxigène peut, avons-nous dit, donner lieu à des phénomènes très-remarquables : voici les principaux.

1° *Dégagement de chaleur plus ou moins sensible.* C'est quand le produit formé est plus dense que les corps employés.

2° *Dégagement de lumière.* C'est quand le nouveau corps doit en contenir moins qu'il s'en trouvait en somme dans les deux élémens séparés l'un de l'autre.

3° *Dégagement simultané de chaleur et de lumière.* C'est quand le produit de l'oxigénation est de nature à être plus dense que ses composans, comme à porter moins de lumière qu'ils n'en contenaient.

4° Il est naturel d'admettre aussi la possibilité, que *l'oxigène s'unisse à un corps sans dégagement appréciable de chaleur, ni de lumière ;* ce doit être quand le produit est gazeux et susceptible de conserver la quantité de lumière qu'ont dû lui fournir ses composans.

Maintenant nous devons faire observer que le dégagement de calorique et de lumière n'est pas seulement subordonné à la quantité qu'en peuvent fournir les corps ; mais de plus, il dépend de la promptitude avec laquelle a lieu la combustion : ainsi, la même somme d'oxigène se fixant en un temps plus court, se comportera bien différemment à cet égard que si elle n'était fixé qu'en un temps très-long.

Dès la connaissance de l'oxigène, on a cherché à

l'utiliser en médecine ; on l'a conseillé dans les cas de phthisies ; mais on a bientôt reconnu qu'il devenait funeste en excitant beaucoup trop les organes de la respiration : aussi l'a-t-on négligé sous ce rapport ; on se borne à le rechercher en quantité variable dans l'air, comme nous le dirons. S'il peut convenir de l'employer pur, c'est seulement dans les cas d'asphyxie, par les gaz non respirables, mais qui sont sans action spéciale sur le sang. L'oxigène peut servir à former un grand nombre de composés très-importans, *oxides* et *acides*, lesquels nous sont, en grande partie, fournis par la nature. Enfin l'oxigène, mitigé par l'azote, est l'aliment de la vie.

De l'Hydrogène.

Corps simple, combustible, faisant, comme l'oxigène, partie de tous les corps organisés ; il est encore l'un des élémens de l'eau, de quelques acides et de l'ammoniaque, etc.

L'hydrogène est toujours obtenu sous l'état de gaz, et prend le nom d'air inflammable.

On peut se procurer du gaz hydrogène par différens moyens ; le plus usité consiste à décomposer l'eau, qui le contient fixé par l'oxigène ; pour cela, on fait passer ce liquide en vapeur dans un canon de fusil, ou de porcelaine, contenant de la tournure de fer, et maintenu chauffé au rouge dans un fourneau de réverbère ; il arrive que l'eau se décompose, l'oxigène est pris par le métal, et l'hydrogène devenu libre, se dégage. Nous décrirons plus particulièrement cette opération en traitant de l'eau.

Ce procédé, pour avoir l'hydrogène, étant long et

dispendieux, il est fréquent d'agir comme il suit : on verse dans une fiole une partie en poids d'acide sulfurique, et six d'eau sur trois de limaille de fer ou de zinc. Il peut suffire d'opérer à froid, quelquefois on aide l'action par une douce chaleur; il y a peu après le mélange une grande effervescence qui oblige même à prendre de grands vases par rapport à la quantité des corps employés, sans quoi le boursouflement de la masse donnerait lieu à la rupture de l'appareil avec danger pour l'opérateur : en outre, les tubes ajoutés doivent être larges, pour livrer facilement passage au gaz; il arrive encore dans cette opération que l'eau est décomposée en raison de ce que le métal en prend l'oxigène pour s'unir ensuite à l'acide; il en résulte isolement et dégagement de l'hydrogène.

Le gaz obtenu, comme il a été dit, n'est pas très-pur ; il peut contenir de l'air , de l'acide sulfurique ou carbonique, etc. ; mais on rejette les premières portions qui passent, et au besoin on lave ce qui vient ensuite, en forçant le gaz à passer, au moyen d'un tube, dans un flacon où se trouve une grande quantité d'eau de chaux. Il est alors dans un état convenable pour les usages qu'on a coutume d'en faire, et il est beaucoup d'expériences pour lesquelles il n'a besoin d'aucune purification.

Le gaz hydrogène est un gaz permanent, invisible, incolore, sans odeur ni saveur, à moins qu'il soit impur. Il est de six à treize fois plus léger que l'air , ce qui permet de le conserver pendant quelques minutes dans un vase ouvert, tourné sens dessus-dessous; cette grande légèreté le rend propre à la formation des aérostats : l'hydrogène est insoluble dans l'eau, impropre à la combustion, mais s'enflammant à l'air par l'approche d'un corps incandescent ou d'une bougie allumée, laquelle s'éteint si on l'enfonce dans ce gaz, et se rallume dès qu'elle remonte aux couches supérieures. L'hydrogène réfracte la lumière avec une force quatre à six fois plus grande que celle de l'air, le fluide électrique ne l'altère point, le calorique le dilate.

Il paraît certain qu'il se dégage de l'hydrogène à la surface de la terre et qu'il s'élève aux régions supérieures de l'atmosphère : il peut s'y enflammer par diverses causes, d'où résultent, dit-on, certains météores lumineux, comme les éclairs, les aurores boréales, les globes de feu, les étoiles tombantes, et même la foudre. Cependant depuis le fréquent usage des ballons il s'élève des doutes sur l'existence de l'hydrogène dans les hautes régions. (*Voyez* les journaux de physique).

On peut entretenir l'hydrogène en combustion à l'ouverture du flacon dans lequel on le dégage ; on adapte alors au vase un tube droit, tiré à la lampe et terminé à une ouverture très-petite. On laisse d'abord sortir l'air des vaisseaux et même les premières portions d'hydrogène, après quoi on approche du tube une bougie allumée ; le gaz s'enflamme et continue de brûler à mesure qu'il se reproduit, ce qui peut durer indéfiniment si on trouve un moyen d'alimenter la source ; on a ainsi la *chandelle philosophique de Polinière.* C'est elle qui a donné lieu au nouvel éclairage par le gaz hydrogène, moyen qui se perfectionne de jour en jour, et dont probablement on ne tardera point à tirer un très - grand avantage.

Si on enflamme l'hydrogène mêlé d'oxigène, il y a détonation qui varie selon les quantités des corps employés. Cet effet se montre en petit quand on fait brûler ce gaz pur en simple contact avec l'air, il y a toujours un léger bruit, lequel devient plus fort si on a d'abord mêlé ces gaz à parties égales. C'est plus remarquable encore, si au lieu d'air, on mêle à l'hydrogène le double d'oxigène ; enfin le bruit est de beaucoup plus fort si on mêle ensemble une égale quantité de ces deux derniers gaz ; il faut toujours par prudence n'agir que sur de petites masses et employer des flacons très-forts, à petite ouverture ; il est bien de les envelopper le plus possible d'un gros linge pour se garantir des effets de leur rupture, qui est très-fréquente : si on opère dans des vases de six à huit onces, le bruit peut égaler celui d'un fort coup de pistolet ; ce qui a fait désigner cette expérience sous le nom de *pistolet de Volta*, en rappelant ainsi le chimiste qui en a parlé le premier. On peut avec plus d'assurance faire passer un mélange d'oxigène et d'hydrogène, au moyen d'un tube ou d'une vessie, sous de l'eau de savon; il se forme de grosses boules qu'on brûle avec une bougie allumée, il en résulte autant de petites détonations qui n'entraînent à aucun danger.

Dans tous ces cas de combustion d'hydrogène, il y a de l'eau de formée. Le produit nouveau étant liquide tient moins de place que les gaz ; il y a donc un vide, lequel est promptement rempli par l'air ; c'est ce qui donne le bruit.

L'hydrogène, comme nous l'avons dit, contribue à la formation d'un grand nombre de composés, dont quelques-uns peuvent être formés par l'art.

On a reconnu depuis peu que ce gaz était, comme l'oxigène, capable d'acidifier des corps ; c'est ce qui sera démontré en traitant des acides *hydro-sulfurique*, *hydriodique* et *hydro-chlorique*.

Le gaz hydrogène est nul en médecine, on n'y a jamais recours ; son action est plutôt nuisible qu'utile aux corps vivans, surtout aux animaux, car il asphyxie en empêchant le contact de nos organes avec l'air, mais c'est seulement d'une manière négative, et non point, comme on l'a cru, en agissant spécialement sur nous. Il est même possible d'en respirer un peu sans aucun danger, ce n'est que l'excès qui peut nuire.

Les asphyxiés, par ce gaz, reviennent facilement à la vie, comme on l'a pu voir sur divers animaux, autres que l'homme, car il est extrêmement rare que celui-ci se trouve exposé à cette cause de mort apparente.

Dans tous les cas, les soins à porter sont le renouvellement de l'air et l'emploi des stimulans ordinaires.

De l'Azote.

Corps simple, combustible, moins répandu que les précédens, mais les accompagnant dans les corps animaux, et aussi dans quelques substances végétales. Il en existe aussi dans l'air, dans l'acide nitrique et dans l'ammoniaque.

Les vessies natatoires des carpes contiennent de l'azote pur (Fourcroy).

Il y a plusieurs procédés pour se le procurer, voici les plus suivis.

1° En décomposant l'air atmosphérique, selon Schéèle, par le sulfure de potasse : pour cela, on fait une solution de ce sulfure dans de l'eau, on en remplit au huitième un grand flacon, dont on bouche bien l'ouverture, pour la renverser ensuite et la maintenir dans un vase plein d'eau; il arrive qu'au bout de quelques jours le sulfure a pris tout l'oxigène de l'air, et l'azote reste libre.

2° On fait brûler du phosphore dans l'air sous une cloche; il y a dégagement subit de beaucoup de lumière et de chaleur; il se forme des nuages blancs, épais, floconneux, c'est de l'acide phosphorique; il disparaît ensuite, parce qu'il se dissout dans l'eau à mesure que celle-ci monte dans la cloche pour remplir le vide qui s'est formé; ce qui reste clair, transparent, est du gaz azote qu'il faut encore agiter dans l'eau pour en séparer le peu d'acide qu'il retient et aussi en précipiter le phosphore qui a pu s'y dissoudre.

3° On fait passer du gaz muriatique oxigéné ou chlore dans de l'ammoniaque liquide; on opère sur la cuve à mercure : ce qui se dégage à l'état gazeux est encore de l'azote.

4° Enfin, on agit le plus souvent comme il suit, à la manière de Berthollet. On prend de la chair bien fraîche, privée de graisse, on la coupe en très-petits morceaux; on la met dans un flacon ou cornue de verre, on y ajoute partie égale en poids d'acide nitrique de 15 à 20°. On aide l'action par une douce chaleur; bientôt l'acide se décompose, son oxigène se porte sur les principes de la chair, et son azote, de-

4

venu libre, se dégage. Cette opinion est combattue par quelques chimistes qui pensent que tout l'azote obtenu vient de la substance animale. Ce n'est point ici le lieu de discuter sur cet objet; nous en parlerons en d'autres temps, il nous suffit maintenant de savoir comment on a de l'azote.

L'azote obtenu par l'un ou l'autre des moyens indiqués, est un gaz permanent, invisible, sans odeur ni saveur, insoluble dans l'eau; il est un peu plus léger que l'air. Il est impropre à la combustion, et par cela même impropre à la vie; les animaux qu'on y plonge sont bientôt asphyxiés; il éteint les bougies allumées; il n'est point inflammable comme l'hydrogène; il peut dissoudre le phosphore, et donne ainsi de l'azote phosphoré. L'azote est sans action sensible sur les couleurs bleues végétales, et sur l'eau de chaux qui sert à le distinguer du gaz acide carbonique avec lequel on peut le confondre sous plusieurs rapports. L'azote, comme on vient de le voir, n'est reconnaissable que par des propriétés négatives. M. Davy pense que ce gaz est un composé.

Les usages de l'azote sont peu remarquables, à part le rôle qu'il joue dans les composés dont il fait partie; ainsi dans l'air, il tempère l'action trop stimulante de l'oxigène, etc. On croit que l'azote peut être utilisé en médecine, comme un modérateur des trop grandes excitations. L'azote est recherché pour conserver le potassium et le sodium, comme nous le dirons. Dans ces derniers temps, M. Gay-Lussac, a fait connaître la possibilité d'unir l'azote au carbone; il en résulte ce qu'il appelle *cyanogène*; il en sera question en faisant l'histoire de *l'acide prussique*, nouvellement nommé *acide hydro-cyanique*.

L'azote et l'oxigène étant connus, nous passerons de suite à l'examen de l'air atmosphérique, résultant du simple mélange de ces corps, et lequel abondamment répandu autour de nous, joue un si grand rôle dans la production des phénomènes chimiques, que sa connaissance nous facilitera singulièrement l'étude des corps qui devront suivre.

De l'Air atmosphérique.

On appelle *atmosphère*, la masse d'air qui entoure le globe.

L'*air atmosphérique* est formé d'azote et d'oxigène; il est répandu en immense quantité autour de nous, et s'élève jusqu'à la hauteur de quinze à seize lieues, si on en croit le calcul des physiciens. L'air est toujours gazeux, quel que soit l'abaissement de la température; il est invisible, si ce n'est quand il est en masse aux régions célestes où il est bleu. L'air pur nous paraît être sans odeur, ni saveur, il est peu soluble dans l'eau, et pouvant offrir des variations de composition, quand il est uni à ce liquide; ce gaz est compressible, ce qu'on peut vérifier en le refoulant fortement avec un piston dans un cylindre en verre très-épais; il peut y avoir dans ce cas dégagement de lumière et de calorique, ce qui donne lieu à la combustion de l'amadou; c'est pourquoi, on a nommé cet instrument *briquet à air*. C'est sur la compressibilité, comme sur l'élasticité de l'air qu'est fondée la formation des fusils à vent.

L'air est pesant, on peut s'en assurer en comparant le poids d'une vessie vide, avec celui qu'elle offre quand elle est remplie d'air. C'est en raison de la pesanteur de l'air, que l'ascension des liquides a des bornes, ce qui a été constaté par les belles expériences de Toricelli et de Pascal, d'après ce qu'en avait fait prévoir Galilée; ainsi l'eau dans les pompes aspirantes ne peut s'élever qu'à trente-deux pieds, et le mercure dans le baromètre, ne monte qu'à vingt-huit pouces au-dessus de son niveau.

Lorsque par le moyen de la machine pneumatique, espèce de pompe aspirante, on a enlevé l'air de dessous une cloche, qu'on y a fait le vide plus ou moins parfait, il devient très-difficile, pour ne pas dire impossible, d'enlever d'aplomb cette cloche, parce qu'elle est entièrement livrée à la pression d'une énorme quantité d'air, sans qu'il y ait rien qui puisse en contre-balancer l'action; tandis que pleine d'air, cette cloche tend à s'élever par l'effort du gaz qu'elle contient, qui cherche toujours à se porter aux régions supérieures.

La pesanteur de l'air est encore démontrée par la difficulté que l'on trouve à séparer l'une de l'autre, deux plaques de verre bien polies, immédiatement jointes par le simple contact.

On évalue la densité de l'air, par la manière dont il presse les masses, mais surtout les liquides; ainsi, l'air est-il plus pesant, le mercure monte de quelques lignes dans le baromètre, il descend dans le cas contraire. En variant la pression atmosphérique, on varie aussi la facilité de faire bouillir ou de vaporiser les liquides; ce fait explique pourquoi l'eau bout à 40° dans le vide, à 70° sur le sommet des hautes montagnes, et seulement à 80° dans les lieux bas, à de grandes profondeur; de même, les divers degrés de pression ou de pesanteur de l'air nous montrent pourquoi le sang demeure plus constamment dans nos vaisseaux lorsque nous habitons le globe, tandis que nous élevant dans des ballons à de très-grandes hauteurs, il nous arrive d'avoir des congestions cérébrales, des hémorragies, des sortes d'exsudations sanguines, qui cessent à mesure que revenant dans notre sphère, nous recevons l'influence d'une plus grande masse d'air.

La pesanteur de l'air a lieu en tous sens, comme le démontre la stagnation des fluides dans nos parties, quelle que soit la position naturelle de ces dernières; mais ce fait se reproduit assez bien dans cette expérience : Mettez une carte sur un verre plein d'eau, retournez avec précaution le vase sens dessus-dessous, le liquide ne tombe point, ce qui est dû à la pression de l'air sur la carte.

L'air jouit d'une grande élasticité quand il est mû avec vitesse; il constitue les vents dont les premières causes remontent à l'attraction des corps célestes, à la variation de la température, et autres probables, mais moins accréditées. Les phénomènes produits par les changemens dont l'air est susceptible sont nombreux, il faut y rapporter les météores aqueux, comme il sera dit en traitant de l'eau.

Le mouvement et les vibrations de l'air sont les seules causes du *son*, ce qui est démontré, en faisant jouer un carillon alternativement dans l'air et dans le vide.

L'air est susceptible d'une grande dilatation par le calorique, il prend alors une plus grande quantité des corps qui peuvent l'accompagner, mais il en perd ensuite une partie à mesure qu'il se refroidit.

L'air, tel qu'il existe dans l'atmosphère, contient du *calorique*, de la *lumière*, de l'*eau*, de l'*acide carbonique*, du *fluide électrique*, des *miasmes* ou *corpuscules* émanés des substances organisées, plus, dans certains cas, des *effluves odorans*.

L'emploi des *briquets à air* suffit pour démontrer l'existence du calorique et de la lumière dans ce gaz; quant à l'*eau* qu'il contient, elle est appréciée par des instrumens qu'on appelle *hygromètres*; lesquels portent, comme partie essentielle, un cheveu ou une corde à boyau, qui ont la faculté de s'étendre ou de se raccourcir, selon que l'air est plus ou moins humide; on peut encore se borner à laisser à découvert des *sels très-déliquescens*, comme *acétate de potasse*, *muriate de chaux*, etc., qui se liquéfient si facilement, qu'on les emploie pour dessécher les gaz.

Quand on agite de l'eau de chaux dans de l'air, on en précipite aussitôt l'*acide carbonique*; l'eau se trouble et donne une poudre blanche insoluble, qui est du carbonate calcaire.

Le *fluide électrique* est démontré dans l'air par des instrumens de physique; nous ne chercherons point à les décrire, nous dirons seulement que l'air sec livre difficilement passage à ce fluide, tandis que l'air humide en permet davantage la circulation et le divise à l'infini.

Les *miasmes* et les *effluves odorans* communiquent souvent à l'air des qualités malfaisantes, c'est pourquoi on s'applique à les détruire par le moyen des fumigations de Guyton-Morveau.

Les recherches de Bayen et de Lavoisier ont montré que l'air n'est point un corps simple élémentaire;

comme on l'a cru pendant long-temps; mais bien un composé, formé, comme il a été dit, d'oxigène et d'azote. En effet, si on renverse une cloche sur une capsule pleine d'eau, dans laquelle on aura fixé d'avance une bougie allumée, on verra bientôt la flamme se rétrécir et s'éteindre; l'eau montera dans la cloche jusqu'au quart de sa hauteur. Cette expérience deviendra plus frappante si on place sous la cloche diverses bougies de grandeur différente; il arrive dans ce cas que l'extinction des bougies a lieu successivement en commençant par la plus élevée.

Dans cette expérience, il y a fixation de l'oxigène de l'air sur les bougies, d'où résulte l'acide carbonique; ce qui reste est de l'azote, que l'on sait déjà être impropre à la combustion.

Etant une fois connu, que l'air était composé de deux choses, on a dû s'appliquer à connaître la proportion de ses parties constituantes; les instrumens employés pour cela sont dits *eudiomètres*; les procédés, *eudiométriques* ; et l'art d'opérer, *eudiométrie*.

Entre tout ce qui peut servir à l'analyse de l'air, il faut distinguer, 1°, *le gaz nitreux*, (Halès, Priestley, Fontana, Gay-Lussac); 2°, *l'hydrogène* (Volta); 3°, les *sulfures alcalins* (Schéèle); 4°, le *phosphore* (Lavoisier, Vauquelin); 5°, les *sels de fer*, (Davy), etc.

Entre ces corps, deux seuls, *phosphore* et *gaz nitreux*, doivent être indiqués comme plus usités ; parce qu'ils n'entraînent point à des travaux compliqués, et que les résultats obtenus sont assez réguliers pour qu'on en tienne un grand compte. Quant à l'emploi des autres, nous ne ferons que l'indiquer.

Nous avons déjà dit ce qui a lieu quand on fait brûler du *phosphore* dans de l'air; on sait que le gaz restant et bien lavé par l'eau est de l'*azote*, donc, appréciant la quantité de celui-ci par rapport à ce qu'on avait d'air, on peut connaître la proportion des composans.

Le *gax nitreux* (deutoxide d'azote) est un des corps qui ont le plus de tendance à s'emparer de l'oxigène partout où il en trouve; il devient alors *acide nitreux* de couleur rouge, et très-soluble dans l'eau; c'est en raison de cela qu'on y a recours pour analyser l'air : en effet, sachant que trois parties de *gaz nitreux* absorbent une partie d'*oxigène*, pour former de l'*acide nitreux*, il doit devenir facile de préciser combien l'air contient d'oxigène par la quantité d'acide nitreux qu'il aura pu donner, en le réunissant en proportions connues avec le gaz nitreux. Pour opérer, on a un tube gradué, rempli d'eau, on y fait passer cinquante parties d'air et autant de gaz nitreux ; il se forme aussitôt du gaz acide nitreux rouge, qui ne tarde point à se dissoudre dans l'eau ; le résidu gazeux est l'azote de l'air; plus, l'excès du gaz nitreux employé. Je suppose qu'il reste 60 ; donc, il y a eu 40 de perte en acide nitreux, ce qui représente dix parties d'oxigène, et trente de gaz nitreux, équivalant à un du premier corps sur trois du second. Cela étant, on peut voir que les soixante parties, encore contenues dans le tube, sont formées du restant des cinquante de gaz nitreux, ce qui donne vingt; donc, les quarante qui sont en sus représentent la portion d'azote qui formait l'air conjointement avec les dix d'oxigène déjà énoncées.

En d'autres termes, si on mêle parties égales d'air et de gaz nitreux, il se forme aussitôt de l'*acide nitreux*, dont le quart en volume exprime la quantité d'oxigène que l'air contenait.

L'emploi de l'*hydrogène*, pour analyser l'air, tend aussi à fixer l'*oxigène*; il faut recourir à un instrument compliqué, toujours coûteux et difficile à manier, c'est l'*eudiomètre* de Volta. Il exige encore le concours du fluide électrique.

Quant aux *sulfures*, on sait qu'ils peuvent mettre à nu l'azote de l'air, mais avec certaines imperfections qui font négliger ce moyen, d'ailleurs très-long.

Enfin les *sels de fer*, nouvellement indiqués comme très-propres à décomposer l'air, ne valent point à beaucoup près le gaz nitreux, de sorte que ce dernier agent est maintenant plus recherché, comme offrant une analyse prompte, simple, facile et précise.

Les moyens employés jusqu'à ce jour, pour analyser l'air, ont fait connaître que l'oxigène peut s'y trouver dans les proportions de 19 à 0,21 : le reste est de l'azote, moins un centième d'acide carbonique.

L'air paraît être à peu de chose près le même dans des régions très-diverses du globe; mais il devient plus pur dans l'eau, et peut contenir alors jusqu'à 0,51 d'oxigène.

C'est surtout dans l'acte de la respiration que la composition de l'air se fait connaître, puisque chaque expiration donne un produit différent de l'air qui a été respiré; le gaz rendu est évidemment un mélange d'azote et d'acide carbonique.

L'air donne au sang une couleur vermeille, ce qui est dû, d'après Lavoisier, à ce que dans les poumons, où se fait le travail de la respiration, l'oxigène de l'air se combine au carbone du sang, d'où résulte production d'acide carbonique. Mais suivant d'autres l'acide carbonique serait tout formé dans le sang, et n'en serait séparé qu'au moment où ce liquide recevrait de l'air, ce qui est peu probable; ceci nous porte à faire observer que les phénomènes de la respiration, sous le rapport des altérations de l'air, sont encore l'objet de recherches très-curieuses, qui devront conduire à de grandes conséquences; car ce qui est connu à cet égard n'est point universellement adopté.

Les effets de l'air, comme causes des maladies, tiennent moins à la variété dans la préparation de ses composans qu'à la présence de quelques corps étrangers qui s'y trouvent en trop grande abondance, comme un grand excès d'*eau*, de *calorique*, de *fluide électrique*, de *miasmes putrides*, etc.

Dans tous les cas possibles, le renouvellement de l'air est salutaire pour tout ce qui respire, particulièrement dans les lieux où se trouvent beaucoup d'hommes réunis, dont l'ensemble épuise la partie vitale de l'air qui l'entoure, et de plus y répand un reflux d'acide carbonique, dont l'action nuisible porte à l'asphyxie. C'est pour ces raisons que l'on doit ouvrir de temps en temps des issues contraires dans les salles de spectacle, et aussi dans les petits appartemens où l'on brûle beaucoup de combustible au poêle, à la cheminée ou par les lampes, les quinquets, etc. Toutefois le courant d'air ne doit pas être indéterminé, car il peut en résulter, pour certains individus, des impressions trop vives, avec des nuances qui dépendent des masses d'air mises en mouvement, et des états possibles de l'air; c'est ce qui fait que l'on ne vit point également dans les vallées ou sur les hautes montagnes , dans l'intérieur des terres ou dans les ports de mer , etc.

En général, pour l'entretien de la santé , il faut que l'air contienne, mais modérément, de tous les corps que nous avons dit pouvoir y exister, moins les miasmes qu'il serait bien de n'y jamais trouver.

L'oxigène se mêle en toutes proportions à l'air , sans phénomènes remarquables , ces mélanges ne sont d'aucun usage , ils ne sont point recherchés.

Il en est absolument de même pour l'azote.

Quant à l'hydrogène, son mélange avec l'air qui ne donne rien de remarquable à froid, produit à chaud des détonations en raison de ce qu'il s'empare de l'oxigène. Il faut rapporter ces combustions, inflammations, déto-nations, à ce qui a été dit de l'action de l'oxigène sur l'hy-drogène : dans tous ces cas il y a de l'eau de formée.

Du Carbone.

C'est un corps simple, combustible, considéré comme pur dans le diamant qui paraît en être entièrement formé.

Le *carbone* fait partie constituante de tous les corps organisés, lesquels ne peuvent le donner qu'à l'état d'oxide, sous le nom de *charbon.*

Le *diamant* est une pierre précieuse, dure , sans couleur, diaphane, très-brillante; sa grosseur n'excède guère celle d'un gros pois. Sa cristallisation peut être octaédrique ou cubique; sa cassure est la-melleuse. On en trouve surtout en Asie. Newton a deviné la combustibilité du diamant, en considérant la force avec laquelle il réfracte la lumière; en effet, cette réfraction est à celle de l'air comme trois est à un.

Les expériences de Lavoisier, Laplace et Guyton-Morveau, nous ont fait connaître que le diamant brûlé sans résidu dans ce gaz oxigène, donne pour produit de l'acide carbonique, dont la masse représente exactement le poids des deux corps employés; mais pour opérer, il faut une grande chaleur qu'on ne peut obtenir que par la concentration des rayons solaires, à l'aide d'une forte lentille. Cependant il paraît que dans ces derniers temps on est parvenu à former le même produit, en faisant passer à diverses reprises, et au moyen de deux vessies, du gaz oxigène sur de la poudre de diamant dans un tube de porcelaine chauffé au rouge blanc pendant plusieurs heures.

Le diamant s'électrise d'une manière vitrée ou positive par le frottement. Il peut servir à désoxigéner les acides fixes, susceptibles de supporter une haute température; il peut aussi, selon Hatchett et Clouet, s'unir au fer pour former de l'acier.

Le diamant n'est employé que comme objet de luxe et pour rayer ou couper le verre.

Il y a des substances qui semblent tenir un état intermédiaire entre le diamant et le charbon, savoir : la *plombagine*, le *charbon fossile*, aussi nommé *anthracite* ou *anthracolite* de Deborn; la matière noire, unie au fer dans l'état de fonte ou d'acier; les résidus charbonneux, difficiles à incinérer, etc. : tous ces corps sont appelés *oxidules de carbone*.

On n'emploie jamais en chimie, dans les arts, dans l'économie domestique et en médecine, que les composés de carbone, et le plus souvent ceux de ces composés qui sont oxigénés sous le nom de *charbon* : c'est ce qui nous porte à traiter particulièrement de ce dernier corps.

Du Charbon.

C'est le carbone oxidé provenant des corps organisés, décomposés par le feu.

On distingue plusieurs variétés de charbon.

1° Charbon végétal ;

2°   — animal.

Nous ne parlerons ici que du premier, l'autre devant être l'objet d'une étude particulière à l'occasion des substances qui le fournissent.

Le *charbon végétal* offre lui-même des différences, dont voici les principales :

1° *Charbon* proprement dit, c'est le plus ordinairement employé, il résulte toujours des procédés de l'art ;

2° *Charbon fossile ,*

3° *Bois charboné par l'eau.*

On peut rapporter à ce dernier les diverses espèces de tourbes.

Le charbon végétal ordinaire est le seul qui nous occupera maintenant, en reportant toutefois les détails de son extraction à la chimie végétale, où nous traiterons également des variétés de ce corps.

Le charbon ordinaire s'obtient par la combustion ménagée du bois ou ligneux des végétaux ; de manière qu'on en sépare tout ce qui est volatil. On a un produit semblable en opérant en petit, et faisant chauffer très-fortement des allumettes non soufrées dans une cornue ; il passe d'abord divers

-liquides et des gaz : c'est quand il ne passe plus rien que l'opération est terminée. On trouve dans la cornue le produit recherché.

Le charbon obtenu dans tous ces cas n'est point pur, il retient toujours les sels que contenaient les végétaux employés pour le purifier. On le pulvérise et on le lave dans de l'eau aiguisée par de l'acide muriatique. On le dessèche ensuite en le chauffant de nouveau à la cornue. Il est d'usage d'agir de préférence sur du *noir de fumée*, parce qu'il est de-prime abord très-divisé. Si on opère sur du charbon plus gros et plus dur, il est bien de le porphyriser encore humide, avant de le soumettre à la dessiccation.

Le charbon traité, comme nous venons de le dire, est solide, sec, pulvérulent, couleur noire, sans odeur ni saveur, inaltérable et fixe à la plus grande chaleur, mais à l'abri du contact de l'air, sans quoi il brûle à une moindre température, et alors sans flamme; il est insoluble dans l'eau.

Si on brûle un peu de ce charbon sous une cloche pleine d'air, il en reste une poussière mêlée d'un résidu charbonneux, lequel, entouré de l'azote devenu libre, se trouve ainsi garanti de l'air non décomposé. Si l'on agit dans du gaz oxigène, la combustion est complète, elle a lieu plus rapidement, avec dégagement de plus de chaleur et de lumière; il se forme dans tous les cas de l'acide carbonique.

Le charbon absorbe les gaz, comme on peut s'en assurer, en le faisant passer sous une cloche pleine d'air, d'azote ou d'hydrogène sur la cuve à mercure : on voit le métal monter dans la cloche à mesure que l'absorption du gaz a lieu.

Les choses étant ainsi disposées peuvent servir à prouver que le charbon a encore plus d'affinité pour l'eau. A cet effet, il suffit de faire passer un peu de ce liquide sous la cloche dont il vient d'être question; il arrive que le charbon en s'humectant laisse échapper le gaz qu'il contenait, celui-ci repousse le mercure à mesure qu'il devient libre.

Le charbon pur est antiseptique, et employé en conséquence mêlé au sucre pour faire des *pastilles* dites *antiputrides*, qui portent par once un gros de cette substance; elles ont l'avantage de corriger l'haleine des personnes qui ont les dents gâtées. On mêle aussi de ce charbon au quinquina dans les poudres dentifrices pour raffermir les gencives. Enfin, on en fait prendre à l'intérieur de quelques grains à un gros contre la putridité.

Le charbon ordinaire non purifié est aussi consacré à beaucoup d'usages. On le mêle en poudre à de la graisse pour avoir une pommade antiseptique. Il jouit de la singulière propriété de s'opposer à l'altération des viandes et de bonifier les eaux croupies, en détruisant leur odeur et leur saveur infectes; il détruit le principe astringent des végétaux; il décolore les décoctions, les miels, les sirops, etc., en le faisant bouillir avec ces corps. Il sert à réduire les oxides métalliques, en s'emparant de leur oxigène. Il absorbe les graisses; le charbon sert à alimenter nos fourneaux, nos forges; mais on préfère dans quelques circonstances, pour le même usage, le charbon de terre, parce que plus hydrogéné, il brûle en donnant une chaleur plus forte. Enfin le charbon est quelquefois recherché comme un mauvais conducteur du calorique. Il entre comme combustible dans la poudre à tirer, et pour sa couleur noire dans l'encre des imprimeurs, etc.

Le charbon s'unit très-bien à l'oxigène, et donne ainsi divers produits, dont le premier est l'*oxide de carbone solide* déjà étudié; les deux autres sont, le *gaz oxide de carbone*, et l'*acide carbonique*.

Le second de ces corps ne sera étudié qu'à l'occasion du troisième, parce qu'on ne l'obtient le plus souvent qu'en décomposant ce dernier.

Hydrogène carboné, ou *gaz oléfiant*.

L'hydrogène s'unit aussi au carbone et à ce qu'il paraît en diverses proportions; il en résulte toujours de l'*hydrogène carboné*, gaz délétère, qui se forme dans beaucoup de décompositions végétales, ce qui explique pourquoi il s'en dégage des eaux stagnantes et bourbeuses des marais, des tourbières, des égouts, des latrines, etc.; mais on obtient surtout ce gaz, en le formant comme il suit :

On fait chauffer ensemble dans une fiole une partie d'alcool à 37°, et trois d'acide sulfurique à 66°. On ajoute au vase un tube courbe qui va se rendre sous une cloche dans la cuve à eau; on peut encore se contenter de faire passer de l'alcool en vapeur dans un tube qu'on a fait rougir : dans tous les cas, l'alcool est décomposé; il en résulte le gaz dont nous parlons. Nous expliquerons la théorie de ces opérations dans la chimie végétale, en traitant de l'alcool et des éthers.

L'*hydrogène carboné* est sans couleur, invisible, insoluble dans l'eau, plus lourd que l'hydrogène pur, combustible et très-inflammable; mais il brûle très-
lentement

lentement avec une flamme blanche, il laisse après avoir été brûlé un résidu noirâtre, d'une odeur de suie, et aussi de l'acide carbonique : il est impropre à la combustion, et par cela nuisible aux animaux, qu'il asphyxie promptement.

C'est du gaz hydrogène carboné qui donne une flamme bleue dans la première combustion du charbon ordinaire; ce dégagement est surtout dangereux dans les endroits clos et petits, où l'air ne circule pas librement. Plus tard, le charbon brûlant sans flamme, ne donne que de l'acide carbonique, dont les effets sont moins funestes.

Ce gaz peut être obtenu par la décomposition de l'alcool dans un tube rouge, il est alors beaucoup moins chargé de carbone que celui provenant de la première opération.

On désigne ces deux gaz à la manière des oxides dont nous parlerons; le premier sous le nom d'*hydrogène protocarboné*; le second, sous celui d'*hydrogène percarboné*.

Ce dernier contient, selon M. Théodore de Saussure, *carbone* 86, et *hydrogène* 14, en poids. La découverte de ce gaz est due aux chimistes hollandais.

On ne fait aucun usage du gaz hydrogène carboné; son surnom de *gaz oléfiant* lui vient de ce qu'on le croit indispensable à la formation des huiles.

On sait déjà que l'hydrogène est employé pour l'éclairage; il faut dire ici qu'en l'obtenant par la décomposition des végétaux, il se trouve être mêlé d'une grande quantité de *gaz hydrogène carboné*, ce qui n'en fait point varier l'usage.

Du Phosphore.

Corps simple combustible, très-répandu dans la nature, mais toujours à l'état de combinaison, le plus souvent uni à l'oxigène, donnant ainsi de l'acide phosphorique, lequel fixé par des bases, donne des phosphates. Sa découverte est attribuée à Brandt, en 1669; mais c'est Kunkel, plus connu dans les sciences, qui a donné le moyen d'en retirer de l'urine. Boyle et Margraaf ont perfectionné les moyens de retirer ce corps des matières qui le contiennent.

Depuis qu'on sait que les os d'animaux sont formés de phosphate calcaire, on y a recours pour l'extraction du phosphore. Les procédés qu'il faut employer pour cela sont plus prompts, plus faciles, moins dispendieux, mais surtout moins désagréables pour l'opérateur, que quand on a recours à l'urine. En Espagne on n'emploie point les os, on se sert du phosphate calcaire fossile et pierreux, qui existe en abondance en Estramadure, où on l'emploie pour la bâtisse. En France on préfère, entre tous, les os de mouton, et à leur défaut, ceux du bœuf. La manière dont il faut les traiter est difficile à concevoir, si on veut entrer dans tous les détails de l'opération : nous n'en parlerons ici que succinctement, nous réservant d'en traiter plus amplement, lorsqu'il sera question des phosphates acides, et de leur décomposition par certains corps combustibles.

Les os étant calcinés au blanc, et réduits en poudre, on les traite par l'acide sulfurique, pour avoir un phosphate acide, soluble, qu'on recueille par le lavage dans l'eau et la filtration; la liqueur est évaporée jus-

qu'en consistance de miel épais ; on y ajoute le quart
en poids de charbon pulvérisé ; on fait dessécher parfaitement le tout dans une bassine en fonte, pour
introduire ensuite dans une cornue de grès lutée,
qu'on place dans un fourneau à réverbère ; le col de
la cornue doit être suivi d'une alonge, dont l'extrémité
libre se rend au fond d'un flacon plein d'eau.

De ce dernier vase s'élève un tube droit d'un à
trois pieds, destiné à laisser dégager des gaz, et conséquemment ne devant point plonger dans le liquide.
On lute toutes les jointures de l'appareil, et on chauffe
graduellement jusqu'au rouge ; on entretient le feu
en ajoutant des charbons embrasés, car s'ils étaient
noirs ou froids, on pourrait casser la cornue : il arrive au bout de deux heures d'une haute température,
que la réaction a lieu entre les substances employées :
le carbone décompose l'excès d'acide phosphorique du
phosphate acide de chaux, il en prend l'*oxigène ;*
quant au *phosphore* devenu libre, il se volatilise et
vient se condenser dans l'eau du récipient ; l'opération dure plusieurs heures, et pendant tout ce temps
il se dégage des *gaz oxide de carbone, acide carbonique, hydrogène carboné, hydrogène phosphoré ;*
c'est même leur production qui assure la réussite de
l'opération, si elle n'avait pas lieu, on prendrait tous
les moyens possibles d'augmenter la température.

Outre le phosphore obtenu dans l'eau, il en reste souvent dans l'alonge ; ce dernier peut être moins pur pour
avoir entraîné avec lui un peu de charbon ; le tout doit
être mis dans une peau de chamois, on en fait un
nouet que l'on comprime sous l'eau tiède, à une chaleur
suffisante pour sa liquéfaction : il passe ainsi très-pur

à travers le tissu, ce qui reste en résidu est une matière pulvérulente rougeâtre, *oxide de phosphore* mêlé d'impuretés.

Le phosphore encore liquide est ordinairement converti en cylindres, et pour cela, on l'aspire dans un long tube en verre, qu'on ne remplit qu'à moitié pour le plonger aussitôt dans de l'eau froide : la condensation rétrécit la masse et permet qu'elle sorte facilement du tube. Il faut, dans tous ces cas, éviter que le phosphore fondu soit en rapport avec l'air, car il s'enflamme aussitôt et peut exposer l'opérateur à de grands dangers ; si, malgré ce qui vient d'être dit, le phosphore n'était point pur, on pourrait le distiller de nouveau avec de l'eau dans une cornue de verre, à un feu doux, en le recueillant avec les soins déjà indiqués.

Le phosphore pur est dense à la température ordinaire de l'atmosphère, mais tendre, flexible, et se laissant couper au couteau ; il peut être blanc, transparent, il ne tarde point à devenir opaque ; il est fusible à $30°$, il se volatilise à $80°$, il est insoluble dans l'eau et dans l'huile, soluble dans l'éther, surtout par l'addition d'un peu d'huile essentielle ; il peut cristalliser en aiguilles, il brûle à l'air libre, et répand alors une fumée blanche, avec odeur d'ail et production de lumière sensible dans l'obscurité ; cette combustion donne de l'acide phosphoreux.

Le phosphore n'est attaqué par l'oxigène qu'après avoir été dissout par un peu d'azote ; il brûle alors promptement avec lumière intense et grand dégagement de calorique ; il se forme des vapeurs blanches qui sont de l'acide phosphorique. Nous traiterons ailleurs de ces acides du phosphore.

Pour conserver ce corps, il faut le garder sous de l'eau distillée ou dans de l'huile.

Le phosphore offre toujours quelques dangers, si on le manie à sec : il est mieux de ne le toucher que sous l'eau froide et ainsi à l'état solide ; car autrement il peut s'enflammer, et les brûlures qu'il produit sont profondes, difficiles à guérir. S'il reste du phosphore aux doigts ou sur les habits, ou sur les parquets, il ne faut point frotter, parce qu'il s'échauffe et brûle davantage ; il est mieux de l'abandonner à lui-même, il s'oxigène et se consume à la longue sans causer d'accident ; il finit par disparaître.

Le phosphore sert à préparer des briquets dits *phosphoriques*. Entre tous les procédés, le plus simple consiste à faire fondre une petite quantité de phosphore dans une très-petite bouteille bien séche, on bouche ensuite : et, pour l'usage, il suffit d'y introduire une allumette, avec laquelle on frotte légèrement le fond du vase ; on la retire promptement, elle s'enflamme à l'air, ou si elle ne s'enflamme point, on la frotte contre un corps dur, elle brûle aussitôt.

Alphonse Leroy, et plusieurs autres médecins, ont conseillé le phosphore à l'intérieur, comme stimulant diffusible, dans l'épilepsie et contre les fièvres intermittentes. Pour s'en servir, on en fait d'abord la solution dans l'éther, dans la proportion d'une partie sur cent. On fait prendre par jour quelques gouttes de ce liquide dans un corps onctueux. On a aussi proposé de donner le phosphore en poudre, à la dose d'un demi-grain ; mais c'est inconvenant : cela ne se pratique plus. On obtenait du phosphore pulvérulent par sa fusion dans l'eau tiède, et son agitation avec ce liquide, dans une petite bouteille, jusqu'à parfait refroidissement.

On fait dans les arts un grand usage du phosphore pour des objets qui ne sont point encore bien connus.

Entre les composés chimiques du phosphore, le seul qu'il convient d'étudier maintenant est le suivant.

Hydrogène phosphoré.

C'est le résultat de la combinaison du phosphore avec le gaz hydrogène. Ce composé a été découvert par Gingembre en 1783.

Il ne paraît point exister dans la nature, si ce n'est, comme on l'assure, dans les lieux où il y a des substances animales en décomposition. Comme il est inflammable à l'air, on lui attribue la formation des feux follets qu'on observe dans les cimetières.

Pour avoir ce gaz, il faut le former, et voici comment on opère.

1° On peut faire passer du gaz hydrogène dans du phosphore fondu sous l'eau.

2° En exposant du phosphore à l'état ordinaire, sous une cloche pleine d'hydrogène sur la cuve à mercure.

3° Le plus souvent on fait chauffer dans une fiole à médecine une pâte très-molle, faite avec dix parties de chaux éteinte, six d'eau et une de phosphore coupé en petits morceaux ; on adapte au vase un tube courbe et propre à conduire les gaz : il est mieux d'agir sur la cuve à mercure, mais on peut se contenter de celle à eau, surtout si l'on a une petite cuve portative, et que l'on ait fait bouillir le liquide pour en séparer l'air qui tend toujours à décomposer le gaz qu'on recherche.

4° On peut, au lieu de chaux, employer une forte solution de potasse.

5° Enfin, on peut, selon M. Thompson, traiter à un feu doux une partie de phosphure de chaux, avec deux d'acide muriatique, dit *hydro-chlorique*, et six d'eau non aérée.

On obtient dans tous les cas un gaz qui est très-remarquable en ce qu'il s'enflamme à l'air, toutefois qu'il est autant chargé que possible de phosphore, auquel cas on dit qu'il est *perphosphoré*; tandis que s'il n'en est pas suffisamment chargé, il se décompose à l'air sans inflammation. C'est alors du gaz hydrogène *protophosphoré*; quand ce gaz brûle, il répand une odeur d'ail et donne des auréoles blanches ou espèces de couronnes qui s'agrandissent en s'élevant dans un air tranquille, et finissent par se rompre; elles sont dues à de l'acide phosphorique s'emparant de l'eau qu'il rencontre.

Le *gaz hydrogène phosphoré* a une odeur fétide, insupportable, il est très-nuisible à la respiration, et tue les animaux par sa seule injection dans les veines; il est un peu soluble dans l'eau distillée, qui en prend, selon M. Dalton, environ trois centièmes en volume. Cette solution est jaunâtre, d'odeur d'ail, d'une saveur amère et sans action sur le tournesol. On en sépare le gaz par une douce chaleur; parties égales de ce gaz et d'oxigène, exposées à l'air dans un tube en verre, donnent des vapeurs blanches d'acide phosphoreux; il reste de l'hydrogène pur : si l'oxigène est plus abondant, il se forme de l'acide phosphorique et de l'eau. Enfin, si on enflamme ces gaz par l'étincelle électrique ou l'approche d'un corps incandescent, il y a détonation vive avec production des mêmes corps.

L'hydrogène phosphoré contient une partie en poids de phosphore et douze d'hydrogène (Thompson); il n'est d'aucun usage.

Du Soufre.

Corps combustible simple, mais soupçonné contenir de l'hydrogène et de l'oxigène, plus une base non encore appréciée. Le soufre possède au plus haut degré l'électricité résineuse; aussi est-il rangé entre les principaux corps idioélectriques : s'il existe de l'électricité concrète, c'est le soufre (Patrin).

On croyait davantage autrefois à la composition du soufre; on le disait formé de phlogistique et d'acide sulfurique (Stalh); on le regarde aujourd'hui comme l'un des composans de cet acide.

Le soufre existe dans un grand nombre de corps; on en trouve dans les *crucifères,* dans la *racine de parelle,* etc. On peut en retirer des substances animales, surtout de l'*albumine,* mais c'est le plus souvent dans le règne minéral qu'on va le chercher. On le trouve pur et sublimé près des volcans; il peut être alors cristallisé, demi-transparent et d'une belle couleur jaune. On trouve plus abondamment le soufre mêlé aux terres, ou encore uni aux métaux formant ainsi des *sulfures métalliques.* Enfin le soufre existe dans les *eaux minérales,* et dans ce cas à l'état d'hydrogène sulfuré.

On peut obtenir le soufre de diverses manières :
1° En Saxe, en Bohème, en Illyrie, on l'obtient des

pyrites de fer ou de cuivre ; ce sont des sulfures de ces métaux. On les grille dans des fourneaux, auxquels sont adaptés des tuyaux en terre qui aboutissent à des chambres servant de récipiens où va se rendre le soufre à mesure qu'il se sublime.

2° En Italie, on obtient le soufre des terres sulfureuses ; pour cela, on les fait chauffer dans des marmites en fonte ; le soufre se liquéfie et surnage aux terres, on le décante pour le laisser refroidir ; mais comme il peut ainsi entraîner avec lui des corps étrangers, on le fait fondre de nouveau dans des vases beaucoup plus hauts que large : on laisse reposer et on décante ; on réitère la liquéfaction et la décantation, jusqu'à ce qu'on ait du soufre assez pur ; alors on le coule dans des moules en bois, ordinairement cylindriques, pour avoir ce qu'on appelle *soufre en bâton*.

Le *soufre* ainsi purifié est dense, d'une belle couleur jaune ; il est fragile et peut offrir intérieurement des cristaux aiguillés. Si on tient un bâton de soufre dans la main, il s'échauffe et se brise avec bruit, ce qui est dû à l'extrême dilatation des cristaux. Le soufre prend de l'odeur par le frottement ; il est sans saveur ; il pèse deux fois plus que l'eau, il est insoluble dans ce liquide, fusible à cent degrés de Réaumur, et alors il se volatilise en de très-petits filamens brillans, sous le nom de *fleur de soufre*, qu'on obtient en grand dans des vaisseaux distillatoires. C'est en le sublimant qu'on en sépare les moindres parties de terre qu'il peut contenir ; mais par cette opération, il prend un nouveau corps ; c'est de l'*acide sulfureux*, résultant de ce qu'une partie du soufre a été oxigénée par l'air que contenaient les vases. Le soufre sublimé peut être purifié de son acide par le lavage dans l'eau, pour le faire sécher ensuite : il en résulte le *soufre lavé*, plus recherché que l'autre, pour certains usages.

Le soufre fondu à l'abri du contact de l'air, et coulé ensuite dans l'eau, donne une masse rougeâtre, consistance de la cire, mais finissant par être d'une grande dureté ; on s'en sert pour prendre des empreintes.

Le soufre est très-employé dans les arts ; on en coule fondu, pour sceller les pierres ou le fer. On en imprègne les allumettes pour en hâter la combustion, etc., etc. Il sert à former un grand nombre de composés, desquels nous parlerons plus tard. C'est surtout son usage en médecine qui nous intéresse ; il est recherché comme antipsorique, il agit en stimulant. On le donne intérieurement lavé ou non lavé, toujours à petite dose, de quelques grains à un gros par jour, et sous plusieurs formes, pâte, pastilles, etc. On le mêle aux graisses pour onguent, dont on frictionne les parties galeuses ou dartreuses ; il entre dans ce qu'on appelle *baume de soufre*.

L'oxigène à la température ordinaire de l'atmosphère, est sans action appréciable sur le soufre ; mais si ce dernier présente un seul point en ignition, la combustion est très-rapide ; il y a une flamme bleue avec vapeurs blanches d'une odeur forte et pénétrante ; ce qui se dégage est de l'*acide sulfureux*. Si, par un moyen quelconque, on peut fixer plus d'oxigène sur le soufre, on a de l'*acide sulfurique*. Nous traiterons ailleurs de ces deux acides.

Quant aux *oxides de soufre*, on n'est point d'accord sur leur existence, et rien ne nous porte à en traiter ici particulièrement.

L'hydrogène s'unit au soufre, il en résulte ce qu'on appelle *hydrogène sulfuré*, nouvellement décrit par quelques chimistes, comme *acide*, et nommé par eux *acide hydro-sulfurique*. En effet, il jouit, quoiqu'à un faible degré, des propriétés qui appartiennent à cette série de corps; c'est ce qui porte à en renvoyer l'étude à l'article des *acides*, en adoptant ainsi ce qui a été fait dans ces derniers temps.

Le carbone pur n'a point d'action connue sur le soufre, mais l'oxide de carbone calciné agit sur lui à chaud, de manière à fournir un produit très-remarquable; c'est le *liquide de Lampadius*, découvert par l'auteur de ce nom, en 1795. Messieurs Berthollet et Vauquelin, en ont parlé nouvellement; et ce dernier l'ayant analysé, y a trouvé seulement, soufre 86 à 87 parties, carbone 15 à 14; ce qui combat l'opinion d'abord émise, que ce corps était un *sulfure hydrogéné*; il est mieux de le nommer *carbure de soufre*.

On obtient ce liquide en faisant passer du soufre en vapeur à travers un tube de porcelaine, contenant du charbon chauffé au rouge; il passe une vapeur que l'on recueille dans des flacons à moitié remplis d'eau froide, elle s'y condense et occupe le fond des vases, comme plus pesante; si le produit est coloré, on le purifie par une distillation lente, en ayant soin de recevoir encore le produit dans de l'eau pure.

La *liqueur de Lampadius* est blanche, transparente, pesant une fois et demie plus que l'eau, d'une odeur fétide, soluble dans l'alcool et dans l'éther, décomposable par les acides nitrique et muriatique (hydro-chlorique). Elle est volatile à 35° (Réaumur), indécomposable à la plus grande chaleur, mais très-altérable par l'oxigène, qui par l'étincelle électrique la change en *acide carbonique*, et en *acide sulfureux*. Ce produit n'est d'aucun usage.

Il peut exister des *phosphures de soufre*, mais leur peu d'importance nous dispense d'en parler long-temps; on les obtient en jetant peu à peu quelques grains de soufre dans du phosphore fondu : il y a toujours inflammation, souvent même détonation, avec dégagement d'hydrogène sulfuré.

Les phosphures de soufre peuvent être avec diverses proportions de phosphore, ils sont tous plus fusibles que le soufre; on n'en fait aucun usage.

Quelques chimistes ont parlé de *gaz azote sulfuré*, comme existant dans plusieurs eaux minérales du Hâvre et d'Aix-la-Chapelle; il faut attendre, pour en parler plus longuement, qu'il y ait eu de nouvelles expériences propres à constater ce fait : ce qu'il y a de certain, c'est qu'on ne peut point unir artificiellement le soufre à l'azote.

D'après l'ordre que nous avons adopté, c'est maintenant qu'il devrait être question du *bore*, de l'*hyode* et du *chlore*; mais ces corps nouvellement connus, seront étudiés avec plus de fruit à mesure qu'il sera question des matières qui nous les fournissent.

En conséquence, nous regardons comme étudiées les substances simples, moins celles qu'il nous importe peu de connaître maintenant, et nous passons aux produits résultant de la combinaison de ces corps entre eux.

Les premiers de ces produits sont ceux oxigénés : ils nous donnent deux séries : 1°, les *oxides* : 2°, les *acides*.

Des Oxides.

On appelle ainsi, des composés résultant de la fixation de l'oxigène sur un corps quelconque, mais de manière à ce que le produit ne soit point assez oxigéné pour prendre les caractères des acides dont nous parlerons.

Une même substance peut être oxidée à différens degrés, en raison des diverses quantités d'oxigène qu'elle peut fixer ; on est convenu d'admettre pour ces cas, trois termes d'oxidation qu'on a pendant long-temps désignés par ces mots, *minimum, medium, maximum :* ces mots sont remplacés maintenant par ceux plus courts, *proto, deuto* et *trito*, qu'il est d'ailleurs facile de placer immédiatement avant le nom de l'oxide indiqué ; ainsi, on dit *protoxide, deutoxide* ou *tritoxide* de *manganèse*, de *plomb*, etc. On est aussi convenu de dire *peroxide*, pour exprimer la plus haute oxidation possible d'un corps.

Cette manière d'exprimer les diversités d'oxides a été par suite employée pour faire connaître les différentes proportions des composans dans certains composés ; ainsi, comme on l'a déjà pu voir dans ce qui a précédé, on dit *gaz hydrogène protophosphoré, perphosphoré*, etc.

Tous les oxides sont divisés en deux classes.

1° *Oxides métalliques.*

2° *Oxides non métalliques.*

Les premiers ne devront nous occuper qu'après avoir traité des corps qui les forment. Voyons les seconds.

De *Des Oxides non métalliques.*

Leur caractère est de ne point rougir la teinture de tournesol; ils sont sans saveur, et ne forment point de sels avec les acides.

Ces oxides sont au nombre de cinq; savoir :

1° *L'oxide d'hydrogène,* c'est l'eau.

2° Le *gaz oxide de carbone.*

3° *L'oxide rouge de phosphore.*

4° Le *protoxide d'azote.*

5° Le *deutoxide d'azote.*

Nous devons dire de suite, qu'il ne sera ici question que du premier de ces corps : l'étude des autres, étant essentiellement liée à celle des acides carbonique et nitrique, nous la reportons à l'histoire de ceux-ci; il ne reste que l'*oxide rouge de phosphore,* mais-de si peu d'importance, qu'il ne mérite point de nous occuper; on ne l'obtient qu'artificiellement, et il n'est d'aucun usage.

De l'*Eau,* ou *Oxide d'hydrogène.*

C'est l'un des principaux agens de la nature, il est répandu en immense quantité sur la surface du globe, et aussi à son intérieur.

L'eau se présente à trois états : 1°, *liquide,* c'est le plus ordinaire pour nous : 2°, *solide* ou *glace* : 3°, en *vapeurs.*

C'est Cavendish, qui le premier a démontré que l'eau n'est point un élément, comme le pensaient les anciens : il a fait plus , en faisant connaître que ce corps est un composé d'hydrogène et d'oxigène.

On peut décomposer l'eau par différens moyens : 1°, en la faisant passer en vapeurs entre des charbons rouges, dans un tube de porcelaine ; il se forme alors de l'hydrogène carboné, plus de l'acide carbonique ; mais si la température est peu élevée, on n'obtient que peu ou point de ces gaz : 2°, en plongeant des charbons ardens sous une cloche pleine d'eau : ce qui se dégage alors, est un mélange des gaz que nous venons de citer : 3°, en mettant de la limaille de fer ou de zinc dans un flacon à deux tubulures, versant par l'une, de l'acide sulfurique étendu d'eau, et recevant par l'autre , au moyen d'un tube, l'hydrogène qui se dégage : il arrive dans ce dernier cas, que l'oxigène de l'eau s'est fixé sur le métal employé. Cette opération a été indiquée en traitant de l'hydrogène, comme moyen d'obtenir ce gaz : 4°, on décompose encore l'eau en portant un fer rouge sous ce liquide : 5°, en y faisant séjourner de la limaille de fer, même à froid : 6° enfin , on fait passer de l'eau en vapeurs sur de la limaille de fer chauffée au rouge , dans un tube en porcelaine. Pour cela , le tube devant être placé en travers dans un fourneau à réverbère, ne doit contenir de limaille que dans la portion destinée à être fortement chauffée : les extrémités libres et hors du foyer de chaleur doivent être au moins d'un pied ; à l'une d'elles on adapte une petite cornue, contenant de l'eau et placée de manière à ce qu'on puisse mettre au dessous d'elle et retirer à volonté des charbons allumés ; à l'autre extrémité doit être un tube en verre pour conduire dans une cuve les gaz qu'on obtient. Il est important de faire d'abord chauffer au rouge le canon de porcelaine, c'est ensuite qu'on fait bouillir l'eau pour la faire passer en vapeur sur le fer, qui alors la décompose, en s'emparant de son oxigène ; quant à l'hydrogène, il se dégage à mesure qu'il devient libre.

Cette opération, pratiquée par Fourcroy et M. Vauquelin en 1790, nous a montré que l'eau est formée d'oxigène 0,85, et hydrogène 0,15. Cette connaissance est affermie par la possibilité de récomposer l'eau. Il y a pour cela plusieurs procédés ; le plus rigoureux n'est point à beaucoup près le plus facile ; à peine peut-on, avec succès et sans danger, le mettre en pratique dans les grands laboratoires, aussi est-il rare qu'on en recherche l'exécution : c'est pourquoi nous croyons devoir nous borner à en indiquer l'objet. Voyez, pour de plus longs détails, des ouvrages plus étendus que celui-ci. Cette recomposition de l'eau exige l'emploi d'un appareil compliqué, dans lequel on réunit, en des quantités convenables, l'hydrogène et l'oxigène pour les combiner ensuite à l'aide d'étincelles électriques.

La récomposition de l'eau est suffisamment constatée pour les cas ordinaires par l'opération suivante. On place la *chandelle philosophique de Polinière* sous une cloche pleine d'air ; il arrive que la combustion de l'hydrogène donne une vapeur aqueuse, qui se change ensuite en gouttes d'eau très-prononcées. Il est bien de faire passer le gaz hydrogène par un long tube, contenant du muriate de chaux bien sec pour lui enlever toute l'humidité qui pourrait venir du flacon. De cette manière, on est plus sûr que l'eau

formée

formée dans la cloche est due à la combinaison de l'oxigène de l'air avec l'hydrogène brûlé.

De l'Eau liquide.

L'eau, avons-nous dit, est le plus souvent liquide ; elle est ainsi plus propre aux usages auxquels on la destine. A cet état, ses molécules peuvent se mouvoir indépendamment les unes des autres, on en divise plus aisément la masse, et on en dirige mieux l'action. L'eau liquide roule sur des terrains divers; elle se charge alors de plusieurs des matières qu'elle rencontre ; il en résulte des produits nouveaux , diversement employés; mais la chaleur de l'atmosphère en vaporise une partie, que l'air dissout et retient, jusqu'à ce que, la chaleur cessant, l'eau reprenne son premier état de liquidité; elle tombe alors par son propre poids, et forme, selon certaines circonstances, les *brouillards*, la *rosée*, la *pluie;* si la température est devenue très-basse, l'eau peut se congeler en traversant l'atmosphère; il en résulte la *neige*, le *grésil*, la *gréle.*

On est convenu de distinguer les eaux liquides : 1°. en *eaux célestes*, ce sont les eaux de pluies ; 2° en *eaux terrestres*, ce sont les eaux des lacs , de la mer , des rivières , fontaines, etc. : mais les eaux terrestres peuvent beaucoup varier entre elles ; on les a subdivisées , 1° en celles qui sont *potables;* 2° en celles qui ne le sont point, on les dit *crues.* Les premières peuvent être prises comme boisson ordinaire, ou pour préparer les alimens : elles dissolvent très-bien le savon, et cuisent très-bien les légumes ; elles peuvent contenir quelques corps étrangers, qu'on y décèle par l'emploi des réactifs, mais ils n'y sont jamais en assez grande quantité pour nuire à l'économie animale. Les *eaux crues*, au contraire, sont nuisibles, au moins pour l'usage habituel qu'on peut être forcé d'en faire ; elles contiennent plus de corps actifs, et si on y a recours, ce ne peut être que dans des cas choisis, en les administrant à des doses limitées. Elles sont usitées sous le nom d'*eaux minérales*, nous en ferons plus tard l'objet d'une étude particulière.

Entre les eaux potables, on a toujours préféré les eaux courantes et les eaux de pluies, parce qu'elles sont plus aérées, par cela plus légères et aussi plus propres à la digestion, ce qu'on attribue à ce que, d'après les expériences de M. Thénard, l'air contenu dans l'eau porte de 0,21 à 0,32 d'oxigène.

Cette différence tient évidemment à ce que l'eau dissout beaucoup plus d'oxigène que d'azote.

Quand on recueille dans les citernes les eaux de pluies pour boissons, il faut laisser tomber et perdre les premières portions qui lavent l'air, et en séparent ce qui s'y trouve de malfaisant ; c'est ce qui vient ensuite qu'on recherche et qu'on utilise.

Il faut aussi rapporter aux eaux potables certaines eaux de puits pour les pays où le sol ne fournit presque rien à l'eau, comme dans les environs de St.-Germain ; mais dans beaucoup d'autres, surtout à Paris, les eaux de puits sont très-impures, non salubres, en raison des sels calcaires qui s'y trouvent en solution.

Toutes les eaux liquides traitées au feu, absorbent le calorique, elles se dilatent, perdent les gaz qu'elles contiennent, et ensuite chauffées davantage, elles se volatilisent ; elles peuvent bouillir à 80° de Réaumur étant supposée la pression de l'air à 28 pouces. Cette vaporisation de l'eau est une véritable distillation, laquelle ayant lieu dans des vases convenables (alambics), il arrive que l'eau vaporisée peut se refroidir et devenir liquide de nouveau; elle se trouve ainsi purifiée des corps fixes qui s'y trouvaient en solution et convient mieux à certaines opérations chimiques, qui exigent, comme nous le verrons, que l'eau soit distillée. On reconnaît qu'elle se trouve à cet état, à ce qu'elle est sans couleur, qu'elle n'a ni odeur ni saveur, qu'elle ne donne lieu à aucun précipité par l'addition des sels solubles de baryte. Mais cette eau si pure en apparence ne convient point aux usages ordinaires de la vie, par cela même qu'elle ne contient point d'air, ni aucune autre substance; elle n'est plus un stimulant suffisant des voies digestives, elle est lourde sur l'estomac, etc. On la rend plus favorable en l'agitant avec force dans un grand vase à l'air libre; il n'est pas rare que l'eau des rivières soit aussi pure que l'eau distillée, si ce n'est qu'elle contient toujours une grande quantité d'air.

L'eau liquide dans son état ordinaire, supposée potable, réfracte puissamment la lumière et en réfléchit une partie, ce qui fait qu'elle peut dans certains cas servir de miroir. Elle paraît être compressible, malgré qu'on lui ait contesté cette propriété. Elle est plus certainement élastique. On a depuis long-temps regardé l'eau comme le plus puissant dissolvant de la nature; il ne faut point prendre ces expressions à la lettre; mais il est remarquable que l'on trouve dans l'eau des substances qui sont regardées comme insolubles par la difficulté que nous éprouvons à en opé-

rer la solution : tels la silice, le sulfate de chaux, etc.
L'eau pure n'est point conducteur du fluide électrique, elle ne le devient qu'en raison des sels qu'elle
contient. L'eau peut être même décomposée par la
pile voltaïque en oxigène et hydrogène.

De l'Eau en vapeur.

Nous avons dit que l'eau s'empare facilement du
calorique, et qu'elle entre en ébullition à 80°; elle se
réduit alors en vapeurs sans se décomposer, puisque,
comme on l'a vu, la condensation ayant lieu, on retrouve à l'état liquide la quantité d'eau employée.

L'eau, en passant ainsi à l'état de vapeurs, prend
dix-sept cents fois plus de volume, de sorte qu'il devient très-difficile de la maintenir bouillante dans des
vases clos ; elle tend à en écarter les parois avec
une explosion d'autant plus forte, que la résistance
a été plus grande, ce qui peut dans quelques cas donner lieu à de terribles accidens ; mais si par une compression convenable, on parvient à maintenir l'eau
très-chaude, sans qu'elle s'évapore, il arrive qu'elle
prend une immense quantité de calorique, et qu'elle
exerce une action beaucoup plus grande sur les substances avec lesquelles on la met en contact ; c'est ce
qui a lieu par l'emploi de la *machine à Papin*, espèce de marmite en fonte ou en cuivre, dont les parois
ont un pouce d'épaisseur, et dont le couvercle, aussi
très-épais, est à vis et fixé par un fort écrou : ayant
mis dans le vase l'eau et les matières qu'on veut qu'elle
altère, on couvre avec soin, pour jeter le tout au milieu d'un brâsier ardent, et l'y abandonner pendant
plusieurs heures, après quoi on laisse refroidir ; car

si on ouvre trop tôt, il arrive ce que nous avons dit être tant à craindre.

L'eau en vapeurs réfracte plus fortement la lumière, elle est plus élastique et acquiert plus de force dissolvante, c'est par elle qu'on réduit les os en pulpe, de même que les cuirs, etc. ; c'est en dirigeant l'eau en vapeurs contre des ailes de moulins, contre des roues, etc., qu'on fait mouvoir des leviers dans des usines, ateliers, ou dans des bateaux destinés à remonter le cours des rivières, etc. Les pompes, *dites* à feu, sont mises en jeu par la vapeur de l'eau en ébullition.

De l'Eau à l'état de glace.

L'eau, qui peut prendre du calorique, peut aussi en perdre, et alors prenant plus de densité, elle constitue ce qu'on appelle *glace*.

On sait déjà qu'en réunissant ensemble deux corps solides, qui peuvent par leur combinaison donner un liquide, il y a production de froid : nous avons pris pour exemple le mélange de sel marin et de la glace ordinaire. Or, si on place près de lui une fiole pleine d'eau, ce liquide fournissant du calorique au corps froid qui l'avoisine, finit par n'en plus retenir; il se congèle alors et nous donne artificiellement la glace dont il est question, ce qui nous conduit à connaître comment se forme toute celle que nous fournit la nature; il ne faut point s'attacher ici à l'espèce des moyens employés, il ne faut porter son attention que sur la possibilité de soustraire le calorique de l'eau liquide.

La congélation de l'eau est subordonnée à cer-

taines circonstances et accompagnée de plusieurs phénomènes qu'il nous faut étudier.

L'expérience a démontré que le repos était favorable
à la formation de la glace, et que l'eau pure, distillée se congèle plus difficilement que les eaux aérées,
ou impures, limoneuses; dans tous les cas, si on recouvre le liquide d'une couche d'huile, la glace est
plus lente à se former. S'il arrive que toutes choses
étant égales d'ailleurs, le repos soit absolu, il se peut
que la congélation n'ait pas lieu; mais alors il suffit
d'un léger mouvement, d'une sorte de vibration des
parties liquides, par le choc ou par le frottement du
vase, avec un morceau de cire, pour qu'aussitôt il
y ait condensation partielle ou totale de la masse avec
arrangement subit des molécules, de manière à produire une véritable cristallisation.

La glace occupe toujours un volume plus grand
que celui de l'eau qui l'a formée; la différence est d'un
septième; elle est due à ce que les parties se croisent
pour se réunir par les surfaces qui leur conviennent le
mieux; cette cristallisation de l'eau a toujours lieu
des couches supérieures à celles inférieures; elle peut
être brusque ou lente. Dans le premier cas, l'air est
enchaîné dans la masse et se rencontre en un grand
nombre de bulles, dont l'ensemble rend la glace
opaque; mais dans l'autre cas, l'air devenant plus libre
à mesure que l'eau se solidifie, il se dégage peu à peu,
de sorte que la glace n'en contenant point, est claire,
transparente, sans bulles, on dirait du cristal de roche.
C'est à l'augmentation du volume de l'eau pendant
sa congélation que l'on doit attribuer la rupture des
vases, des pierres, etc.; ou quand les corps résistent,

la glace est bombée à sa partie supérieure, souvent même rompue ; c'est pour éviter ces accidens que pendant l'hiver on recouvre de paille les pierres de taille dans les édifices non achevés, ou que vers les bords des bassins on casse la glace à mesure qu'elle se forme. M. Biot ayant très-bien bouché un tube en fer très-épais, rempli d'eau, l'exposa brusquement à un froid très-vif ; il arriva bientôt que ce tube se rom-pit en deux endroits ; il ne faut donc point s'éton-ner que les vases en verre, en terre, etc., résistent si difficilement à cette force expansive de l'eau qui passe pourtant d'un état plus dilaté à un autre qui l'est moins.

La glace peut être très-dure, et résister à de puis-sans efforts ; on en a fait des canons qui ont servi à tirer plusieurs coups ; mais bientôt la chaleur en fond une partie, les dimensions changent, et l'usage indiqué ne peut plus avoir lieu. La glace peut être pulvérisée ; elle est toujours plus légère que l'eau : la neige et la grêle n'ent sont que des modifications. La glace jouit toujours d'une grande élasticité.

Des usages de l'Eau sous ses différens états.

Entre les nombreux usages de l'eau, il en est de si connus, qu'il nous paraît inutile d'en parler ici : nous devons seulement indiquer les autres.

L'eau liquide est employée en chimie, en phar-macie, pour opérer beaucoup de solutions sa-lines, extractives, muqueuses, gommeuses, gélati-neuses, acides, alcooliques, aromatiques, etc. ; et par suite, des tisanes, potions, apozèmes, etc. L'eau employée froide, mais avec ménagement, est tonique ; les boissons froides agissent aussi à la ma-

nière des astringens. Quant aux bains froids, ils peuvent être salutaires, s'ils sont de courte durée; leur premier effet est le resserrement spasmodique de la peau,
laquelle se colore et laisse voir alors les bulbes des poils,
petites aspérités, dont l'ensemble simule assez bien
la chair de poule; la respiration, d'abord plus active
se ralentit ensuite, etc. Mais si le bain froid est trop
prolongé, il devient nuisible et peut causer la mort en
diminuant de plus en plus l'influence du système ner-
veux, et ralentissant ainsi l'activité de la circulation.
Le bain froid bien administré a été très-utile contre
les typhus, les spasmes, l'hypocondrie, la manie,
certaines céphalalgies sans inflammations apparentes;
on le remplace fréquemment par l'emploi de l'eau
froide, seulement sur quelques parties du corps, ce qui
donne lieu aux aspersions, aux douches, aux lotions,
ou simplement à l'application de glace qu'on peut alors
mettre dans une vessie qu'on promène ou qu'on maintient sur le front, sur le ventre, etc.

L'emploi des glaces à l'intérieur est utile comme
tonique; mais si on en abuse, il y a trouble des di-
gestions et souvent des accidens funestes; en général
il est bien de n'en prendre qu'aux heures éloignées des
repas.

L'eau chargée de calorique peut être tiède de 15
à 25°; elle est chaude au dessus de ce terme. L'eau
tiède en buisson ou en bains est émolliente; on en
varie l'action par l'addition de certaines substances.
On a recours aux boissons et aux bains tièdes pour
augmenter l'action de la peau, et favoriser ainsi les
éruptions. Les bains tièdes sont surtout conseillés pour
diminuer l'intensité des phlegmasies; on y a auss

recours contre les affections nerveuses, prises en général.

L'eau chaude au dessus de 30° est quelquefois
utilisée à l'extérieur pour produire une forte excitation, même la rubéfaction. C'est ainsi qu'on s'en
sert en pédiluves, qu'on peut rendre plus actifs par
l'addition du sel marin, de la moutarde ou de quelques acides. On y a recours dans tous les cas pour
produire de fortes révulsions.

Si on prend l'eau plus chaude, il peut y avoir vésication. On ne recherche que rarement ce dernier effet,
et seulement dans des cas pressés et désespérés, comme
dans l'apoplexie, la paralysie, l'asphyxie, etc.

Enfin, l'eau en vapeurs est encore un médicament,
dont on se sert sous le nom de fumigations; et alors
on les dirige par un moyen quelconque vers le siége
ou vers toute autre partie malade, comme les yeux,
les oreilles, les narines, etc. On prend aussi des bains
de vapeurs, de nature très-variable; il n'est ici question que des vapeurs aqueuses, leur action est incontestable; elle est sudorifique et convient contre
la sécheresse de la peau. Aussi les emploie-t-on avec
succès dans les cas de rhumatismes chroniques, de
gales invétérées, de suppression d'écoulemens périodiques, de dartres anciennes, etc., etc.

Des Acides.

On appelle ainsi des corps jouissant des propriétés
suivantes : *saveur aigre* si les acides sont faibles,
mais *saveur âcre brûlante* s'ils sont forts ou concentrés ; ils *rougissent* toujours les *couleurs bleues végétales*, et se combinent aux bases pour former des

sels : les acides peuvent être solides, liquides ou gazeux, fixes ou volatils ; ils sont tous des composés.

On a cru pendant long-temps que tous les acides participaient de l'oxigène, qui a été nommé pour cela le seul principe acidifiant : mais on sait aujourd'hui que l'hydrogène peut remplir le même office. Il en résulte pour nous deux sortes d'acides ; 1°, formés d'oxigène, ce sont les acides proprement dits ; 2°, formés d'hydrogène, on les appelle *hydracides ;* ils sont moins nombreux que les précédens.

Il est des chimistes qui admettent une troisième substance comme pouvant acidifier les corps, mais cela n'est point assez bien démontré pour adopter sans réserve ce qui est dit à cet égard ; nous parlerons de ce troisième corps en traitant de l'acide fluorique.

Il y a des acides seulement formés de deux substances, il en est d'autres formés de trois ; les premiers sont dit minéraux, les autres sont végétaux ou animaux.

Une même substance peut se combiner en diverses proportions avec l'oxigène ou l'hydrogène, et donner ainsi deux acides : on les distingue alors par la terminaison du nom sous lequel on les désigne ; ainsi cette terminaison est en *ique*, pour les acides plus chargés du principe acidifiant, et elle est en *eux*, pour les autres : de là vient que l'on dit acide sulfu*rique* et acide sulfur*eux*, pour exprimer que le soufre peut donner deux acides : il en est de même pour les acides du phosphore, de l'azote, etc.

Quand il arrive que la base acidifiée ne peut donner qu'une espèce d'acide, le nom de celui-ci est toujours terminé en *ique*, malgré qu'il ne puisse être mis en comparaison avec un plus faible que lui ; ainsi, on dit acide carbon*ique* pour le seul acide que peut donner le carbone, etc.

Quand les acides sont formés par l'hydrogène, on les distingue des autres en faisant précéder leur nom du mot *hydro*, dont l'absence seule indique assez que les acides sont oxigénés. Ainsi, pour le premier cas, acide *hydro-chlorique*, et pour le second, *acide borique*.

Les acides oxigénés sont décomposés par la pile galvanique, leur oxigène se porte au pole vitré.

Les acides sont très-variables par leur nature et par leur action, ce qui nous dispense d'en parler ici d'une manière générale. Il sera plus utile de dire pour chacun, quels sont les usages qu'on a coutume d'en faire, soit dans les arts, soit en médecine.

L'ordre dans lequel nous allons étudier les acides n'est point rigoureusement basé sur la plus grande attraction des corps pour l'oxigène d'abord, ensuite pour l'hydrogène : la première raison en est, qu'on ne s'accorde pas sur le rang qu'il faudrait alors donner au plus grand nombre : la seconde, c'est que cet ordre, fût-il fixé, n'est pas indispensable pour l'étude de ces produits.

Nous avons préféré les classer relativement à l'utilité des uns, pour arriver à la connaissance des autres, leur degré d'affinité pour l'oxigène et pour l'hydrogène étant déjà connu par l'histoire des corps simples.

C'est d'après ces considérations que les acides vont être traités dans l'ordre suivant.

Savoir :

    1° Acide *borique*.

    2°   —   *carbonique*.

    3°   —   *phosphorique*.

    4°   —   *phosphoreux*.

    5°   —   *hypo - phosphoreux*.

    6°   —   *phosphatique*.

    7°   —   *sulfurique*.

    8°   —   *sulfureux*.

    9°   —   *nitrique*.

    10°   —   *nitreux*.

    11°   —   *hydro-chlorique* ou *muriatique*.

    12°   —   *chloreux*.

    13°   —   *chlorique*.

    14°   —   *hydro - sulfurique*.

    15°   —   *hydro - phtorique* ou *fluorique*.

    16°   —   *iodique*.

    17°   —   *hydriodique*.

De l'*Acide borique*.

C'est ce qui est connu depuis long-temps sous les noms d'*acide borique*, et de *sel sédatif* d'Homberg ; du nom de l'auteur qui en fit la découverte en 1702. Beaucoup de chimistes en ont parlé depuis, mais c'est Baron, qui en 1745 a fait connaître qu'il entre dans la composition du *borax*. Hoëfer et Mascagny, en 1766, ont trouvé cet acide libre dans plusieurs lacs en Toscane.

L'*acide borique* a été regardé comme un corps simple, jusqu'en 1807, où M. Davy est parvenu à le décomposer par le *potassium*, à une température de 150° centigrade.

Pour obtenir l'acide borique, on fait fondre à

chaud une partie de *borax* dans trois parties d'eau, on filtre et on verse peu à peu dans la solution, de l'acide sulfurique très-concentré; il y a dans ce cas production d'une forte chaleur; le liquide entre comme en ébullition avec bruit et quelquefois rejet du mélange au dehors, ce qui oblige à prendre un vase très-grand pour la masse sur laquelle on opère: l'acide sulfurique s'empare de la soude du borax, et l'acide borique, devenu libre, se précipite par le re-froidissement en petites paillettes.

On peut aussi obtenir cet acide par sublimation, il suffit alors de mêler du borax en poudre avec moitié en poids d'acide sulfurique à 66°; on fait chauffer fortement le tout dans un bocal surmonté d'un se-cond, dans lequel vient se rendre le produit recher-ché à mesure qu'il se sublime. Ce procédé est moins suivi que l'autre, parce qu'il donne peu d'acide.

Dans tous les cas, l'acide obtenu n'est point pur, il faut le laver dans très-peu d'eau froide, qui le dis-sout difficilement, mais qui en sépare le peu d'acide sulfurique qui l'accompagne; encore est-il mieux, selon M. Thénard, de traiter l'acide borique au creu-set rouge, ce qui devient moins urgent, si au lieu d'acide sulfurique, on s'est servi d'acide muriatique (hydrochlorique), alors le simple lavage peut suffire.

L'acide borique se présente en paillettes blanches, brillantes, nacrés, douces au toucher, légères, duc-tiles, sans odeur, peu acides, rougissant faiblement le tournesol, sans action sur le sirop de violettes. Cet acide, uni à l'eau, est dit *hydraté*; c'est alors qu'il est sublimable; mais si on le chauffe d'abord doucement, il perd son eau et peut ensuite rester

fixe au plus grand feu, il est même fusible et vitrifiable, ce qui le fait rechercher comme propre à la formation des pierres précieuses artificielles, moyennant
certaines additions, car seul, il attire l'humidité de
l'air, et peut finir par se liquéfier. Il est soluble dans
cinquante parties d'eau à 80°, il se précipite par le refroidissement, mais sur-tout par l'évaporation en petites écailles blanches exagonales : on peut aussi former
une solution alcoolique d'acide borique, elle est remarquable en ce qu'elle brûle avec une flamme verte.
Cet acide, cristallisé, sert comme le borax aux orfévres
pour souder l'or et l'argent : on l'utilise encore pour
hâter la fusion des pierres au chalumeau.

On ne se sert plus maintenant de l'acide borique en
médecine, malgré qu'on l'ait beaucoup vanté contre
les spasmes, l'épilepsie, etc. La dose était de 4 à 8,
ou 12 grains en poudre, ou dans des potions appropriées.

Du Bore.

Nous avons dit que le *potassium*, métal très oxidable, nouvellement connu, sert à décomposer l'acide
borique. Il arrive alors que cet acide, en partie détruit,
perd de son oxigène, il se forme de l'oxide de potassium (potasse), et par suite du borate de potasse ;
il reste à nu la substance qui, unie à l'oxigène, formait l'acide, on lui a donné le nom de *bore*.

On traite la masse par l'eau bouillante pour enlever tout ce qui est soluble : ce qui reste est le corps
dont nous parlons.

Messieurs Thénard et Gay-Lussac, en 1809,
ont opéré cette décomposition par la seule action
de la pile galvanique ; l'oxigène se porte au pole

vitré, tandis que le bore se fixe au pole résineux.

Dans tous les cas le *bore* obtenu se présente à l'état solide, pulvérulent, très-friable, d'un brun verdâtre, sans odeur ni saveur ; il pèse plus que l'eau et n'éprouve aucune altération de la part du calorique, de la lumière ni du fluide électrique ; l'oxigène peut en former directement de l'acide borique avec un résidu grisâtre, qu'on dit n'être qu'un oxide. Nous verrons ailleurs qu'il peut exister un composé remarquable sous le nom de *gaz acide fluo-borique*.

Le *bore* n'est encore d'aucun usage.

De l'Acide carbonique.

C'est un composé qui existe tout formé dans la nature, quelquefois libre et à l'état gazeux, mais le plus souvent solidifié par sa combinaison avec des bases ; il en résulte des carbonates desquels on le sépare facilement ; enfin, il est journellement produit par la décomposition des corps organiques, par la combustion, la fermentation, par l'acte de la végétation et de la respiration.

Cet acide connu des anciens, comme existant à l'état aériforme et pouvant nuire aux animaux, a pris successivement les noms de *vapeur pestilentielle*, *spiritus lethalis*. Hoffman l'a nommé depuis *air fixe*, *vapeur acide* ; c'est Black, en 1757, qui a découvert que ce corps peut être combiné aux bases, et qu'il efface ainsi leur saveur caustique. Après lui, Cavendish et Priestley en constatèrent les propriétés par de belles et nombreuses expériences, mais c'est Lavoisier qui en a déterminé la nature et la composition.

Voici quels sont les moyens possibles et ordinaires de se procurer l'acide carbonique libre : 1° en faisant passer un charbon rouge dans du gaz oxigène sur la cuve à mercure : 2° en chauffant fortement à la cornue les oxides métalliques avec du charbon pilé, c'est le plus souvent une partie d'oxide rouge de plomb et trois de noir de fumée : 3° on obtient beaucoup de ce gaz dans les cas de fermentation artificielle, en employant des tubes et des vases qui permettent de recueillir ce qui se dégage : 4° on peut se borner à calciner le marbre, qui est un carbonate calcaire : 5° enfin, ce qui est plus usité, c'est de traiter cette dernière substance par un acide ; pour cela on la brise grossièrement, on la met dans un flacon pour y verser de l'acide sulfurique faible, ou mieux de l'acide muriatique, parce que le nouveau produit est moins dense, et qu'il permet davantage le dégagement du gaz que l'on recueille d'ordinaire par la cuve à eau, malgré qu'il soit un peu soluble dans ce liquide.

Le gaz acide carbonique, de quelque manière qu'on l'ait obtenu, est permanent, incolore, sans odeur, mais d'une saveur légèrement piquante, aigrelette ; il est très-élastique, c'est le plus pesant de tous les gaz ; ce qui permet de le transvaser facilement et par son propre poids de la cloche qui le contient dans une autre pleine d'air : à plus forte raison, l'expérience peut - elle avoir lieu quand on le met en rapport avec l'hydrogène : c'est le plus faible des acides oxigénés, aussi tous les autres le classent-ils de ses combinaisons, mais il est plus puissant que l'acide hydrosulfurique.

L'acide carbonique n'est point altéré par la lumière,

mière, ni par le calorique, il rougit faiblement les couleurs bleues végétales, et s'unit aux bases pour former des sels. Cet acide est soluble à volume égal dans l'eau froide, qui, moyennant une forte compression, peut en prendre cinq ou six fois plus; il précipite l'eau de chaux, ce qui sert à le distinguer de l'azote, car, comme ce dernier, l'acide carbonique est impropre à la combustion, il éteint les bougies allumées et asphyxie les animaux, mais seulement en les privant du contact de l'air, puisqu'il n'a point d'action spéciale sur le sang.

C'est la présence de cet acide dans les caves et vinées pour les pays vignobles, et dans certaines cavités volcaniques en Italie, qui rend la fréquentation de ces lieux difficile ou funeste; il est bien de s'y faire précéder d'un flambeau qui, s'éteignant, annonce le danger. Si ce gaz dans ces endroits est peu abondant, il n'occupe à raison de son poids que les régions inférieures, comme on l'a pu voir dans la *Grotte* dite *du chien*, près de Pouzzole, dans le royaume de Naples. Les animaux d'une stature peu élevée n'y peuvent point entrer sans danger, tandis que l'homme y pénètre sans aucun inconvénient.

On indique encore l'existence de beaucoup d'acide carbonique libre dans le *Puits de la poule*, à Neyrac (département de l'Aveyron), dans le Vivarais.

De quelque part que nous vienne l'acide carbonique, il est nuisible de le respirer : c'est pourquoi l'on doit se garantir de la vapeur du charbon, quand il brûle, de même qu'il faut éviter de s'exposer à l'action de ce gaz, la nuit, dans les lieux où se trouvent beaucoup de végétaux frais, lesquels, en laissent alors dégager une grande quantité, tandis que dans le jour au contraire ils décomposent celui que l'air contient, en prennent le carbone, et en laissent échapper l'oxigène.

Quand l'acide carbonique abonde en un lieu quelconque, on peut le neutraliser, en y versant de la chaux vive délayée dans une grande quantité d'eau; il est bien aussi d'établir tous les moyens possibles de renouveler la masse d'air.

Les asphyxies par le gaz dont nous parlons se manifestent par la somnolence; on y remédie facilement par la soustraction de la cause et par l'emploi des stimulans les plus simples : un air frais, de l'eau, des boissons acidules, des aromates et des frictions précordiales.

Comme on peut former de l'acide carbonique de toutes pièces (Histoire du carbone pur ou diamant), il a été facile de déterminer la proportion de ses composans ; on a vu qu'il est formé de carbone, vingt-huit, et oxigène, soixante-douze ; mais voulant retrouver les quantités employées, on a dû tenter la décomposition de cet acide ; voici comme on y est parvenu. On met une partie de phosphore dans un tube de verre fermé à l'une des extrémités, on y ajoute ensuite cinq parties de carbonate de soude bien sec et pulvérisé ; cela fait, on met le tube sur ou entre des charbons allumés, sans le boucher et de manière à chauffer d'abord fortement le carbonate de soude, pour faire fondre ensuite le phosphore en élevant ou déplaçant le tube convenablement. Quand le phosphore est fondu, il se volatilise et pénètre la masse qui le recouvre, alors il brûle aux dépens de l'acide carbonique dont il prend l'oxigène ; il se forme de l'acide phosphorique et par suite du phosphate de soude, il y a du carbone de mis à nu qui noircit le mélange ; il se dégage toujours un peu de phosphore pur et d'hydrogène phosphoré, lesquels brûlent à l'ouverture du tube ; ce dernier corps est dû à ce qu'il se forme un peu de phosphure de soude qui décompose l'eau du sel employé ; l'opération étant finie, on lave le tout par l'eau, on filtre, on a un résidu de carbone.

M. Henry est parvenu dans ces derniers temps à décomposer l'acide carbonique par le fluide électrique, mais de manière à obtenir d'une part de l'oxigène, et de l'autre de l'oxide de carbone.

L'*hydrogène* peut le décomposer, c'est en faisant passer un mélange de ces gaz dans une tube de porcelaine, chauffé au rouge : il y a de l'eau de formée, etc.

Cet acide a une grande tendance à s'unir au carbone. C'est ainsi qu'un charbon nouvellement éteint sous le mercure peut en absorber plus de trente fois son volume.

L'acide carbonique n'est point employé dans les arts, mais on l'utilise en chimie et en médecine ; dans le premier cas, pour faire des composés divers dont nous parlerons en d'autres temps : dans le second cas, on y a recours à l'état de solution et formant des eaux minérales naturelles ou artificielles, qu'on emploie en boissons et en bains, comme diurétiques, apéritives, etc. L'usage interne est d'un à trois verres par jour, on en obtient surtout de bons effets contre la pierre, les coliques néphrétiques et aussi dans quelques névroses.

7 *

A l'occasion de l'acide carbonique, nous devons indiquer le *gaz oxide de carbone*, malgré que ce produit ne soit d'aucun usage en médecine.

Du Gaz oxide de carbone.

Pour l'obtenir, il est deux procédés usités ; 1°, on fait chauffer fortement dans une cornue de grès, poids égal d'oxide de zinc et de charbon pilé, mais bien sec ; on a bientôt le gaz recherché ; 2°, il est plus ordinaire de faire passer à diverses reprises du gaz acide carbonique sur du charbon dans un tube chauffé ou rouge, aux deux extrémités duquel on a placé deux vessies, l'une vide, l'autre pleine de l'acide indiqué ; c'est en pressant alternativement la vessie pleine qu'on remplit celle qui est vide, et qu'on oblige le gaz à passer par le tube sur le charbon rouge. On doit à M. Barruel un appareil assez compliqué, mais très-propre à donner promptement le gaz désiré ; il consiste à placer parallèlement dans le même fourneau trois tubes qu'on réunit ensemble au dehors, par des tubes courbes en verre, de manière à ce que le tout ne présente qu'un seul tuyau. Voyez l'auteur pour de plus longs détails.

Le gaz oxide de carbone est visible, sans odeur ni saveur, un peu plus léger que l'air, insoluble dans l'eau ; il est impropre à la vie, et produit promptement l'asphyxie en donnant au sang une couleur brune.

Il est combustible et brûle avec une flamme bleuâtre ; il en résulte de l'acide carbonique.

Ce gaz a été presqu'en même temps découvert en France par MM. Clément et Desormes ; et en Angleterre par Cruicksanck. Sa composition est de carbone 43 et oxigène 57 en poids.

Le gaz oxide de carbone n'est d'aucun usage.

De l'Acide phosphorique.

C'est le produit de l'oxigénation du phosphore, il n'existe point libre dans la nature, on ne le trouve que combiné aux bases formant des sels, qu'on appelle *phosphates* : il en existe dans l'urine, dans les os, et il y a des moyens de retirer cet acide des phosphates de chaux et d'ammoniaque, mais on peut aussi le former artificiellement ; 1°, en faisant passer de l'oxigène pur dans du phosphore fondu sous de l'eau à 40°. Cette opération est rarement pratiquée ; elle offre des dangers, à cause de l'inflammation du phosphore : c'est pourquoi on n'y doit porter que peu à peu l'oxigène, ce qui a lieu en versant de temps en temps de l'eau dans un flacon rempli de ce gaz : 2°, on a encore cet acide en brûlant du phosphore sous une cloche contenant du gaz oxigène, il y a grand dégagement de lumière et de chaleur, de plus, production de vapeurs épaisses, blanches, floconneuses, d'une odeur vive, suffocante et se dissolvant dans l'eau ; c'est l'acide recherché : 3° enfin, ce qui est plus fréquent, on se le procure en mettant peu à peu et par petits morceaux une partie de phosphore dans dix d'acide nitrique à 25° : on opère à une douce chaleur dans une cornue en verre et tubulée ; il arrive qu'à chaque projection l'acide employé est décomposé, il cède son oxigène et laisse dégager une immense quantité de vapeurs rouges qui sont de l'acide nitreux, enlevant toujours avec lui de l'acide nitrique non décomposé ; on reçoit dans l'eau tout ce qui passe, de cette manière on n'est point exposé à des émanations nuisibles. Il faut toujours opérer dans de très-grands vases par rapport aux masses. On chauffe jusqu'à ce que le liquide de la cornue soit sans couleur et de consistance huileuse ; alors on le verse dans un creuset de platine ou de porcelaine, pour enlever par une chaleur convenable tout ce qui peut rester d'acide nitrique ; quant à l'acide phosphorique, il doit rester fixe et comme vitrifié, car il n'est volatil qu'à une très-haute température.

Cet acide, ainsi obtenu, s'humecte facilement à l'air, on peut d'ailleurs le fondre dans cinq ou six parties d'eau. Il est plus pesant que ce liquide, il réfracte la lumière, il est décomposé par le fluide électrique, par l'hydrogène et par le charbon.

L'acide phosphorique est très-peu usité, on l'a proposé comme pouvant servir à l'analyse des pierres gemmes. M. Lentin lui attribue la propriété antisiphylitique, en le donnant liquide à la dose de douze à vingt gouttes dans une eau sucrée ou mucilagineuse ; mais cela n'est point encore assez bien démontré pour la pratique médicale.

On prépare avec cet acide un éther, comme nous le verrons.

L'acide phosphorique est formé, selon Lavoisier, de phosphore en poids 40 et oxigène 60.

De l'Acide phosphoreux.

C'est toujours un produit de l'art qui se forme en diverses circonstances, mais non point toujours pur, comme on le croyait autrefois ; ainsi ce qu'on re-

cueillait sous ce nom, en laissant brûler le phosphore à l'air libre, est un mélange de deux choses,
comme nous le dirons d'après M. Dulong, qui donne à
cet ensemble un nouveau nom. Il nous faut donc faire
connaître le procédé par lequel on peut avoir libre et
pur l'acide dont nous voulons parler, le voici : on
forme d'avance, comme il sera dit plus tard, du *proto-
chlore* de *phosphore*, on le lave dans l'eau qu'il décompose de manière à ce qu'il se forme à l'instant
de l'acide hydro-chlorique et de l'acide phosphoreux ;
on enlève le premier par une douce évaporation.

L'acide phosphoreux, tel que nous venons de l'indiquer, a été nouvellement découvert par M. Davy,
qui le dit formé d'oxigène 74, sur 100 de phosphore ; il n'est absolument d'aucun usage, ce qui
nous dispense d'en parler davantage.

De l'Acide hypo-phosphoreux.

C'est encore un produit de l'art, nous en devons la
connaissance à M. Dulong ; on l'obtient en traitant par
l'eau du phosphure de baryte, il se forme aux dépens de
l'eau décomposée de l'hydrogène phosphoré, plus de
l'hypo-phosphite de baryte, très-soluble, qui reste dans
le liquide filtré. On le décompose par l'acide sulfurique,
il se forme un sulfate insoluble ; on filtre de nouveau
pour avoir dans la liqueur l'acide recherché, lequel concentré, est visqueux, très-sapide, déliquescent : chauffé
fortement, il décompose l'eau qui l'accompagne, en
prend l'oxigène, et devient acide phosphorique.

L'acide hypo-phosphoreux ne paraît contenir que
37 d'oxigène sur 100 de phosphore ; il n'est encore
d'aucun usage.

De l'Acide phosphatique.

C'est ce qui portait jusqu'à ces derniers temps le nom d'acide phosphoreux ; mais M. Dulong regarde ce produit comme résultant d'une véritable combinaison de l'acide phosphoreux de M. Davy, et d'acide phosphorique : la manière d'obtenir ce composé consiste à laisser brûler à l'air libre des morceaux de phosphore, en les plaçant chacun séparément dans des tubes, dont le bout inférieur doit être tiré à la lampe. On en réunit plusieurs dans un entonnoir placé sur un flacon vide qui est porté par une assiette remplie d'eau ; on recouvre le tout d'une cloche trouée supérieurement, ou posée de manière à ce que l'air puisse y entrer facilement. Il arrive que le phosphore brûlant par l'oxigène de l'air, il se forme des vapeurs blanches, épaisses, avec dégagement de lumière, sensible dans l'obscurité. Ces vapeurs s'humectent et tombent liquides dans le récipient.

Cet acide est blanc, limpide, presque sans odeur, de saveur âcre. Il est plus pesant que l'eau, il se concentre par l'évaporation ; il finit alors par laisser dégager du phosphore et de l'hydrogène phosphoré, provenant de ce qu'un peu d'eau est décomposée.

L'acide *phosphatique* est formé d'oxigène, cent douze parties sur cent de phosphore ; il n'est d'aucun usage.

De l'Acide sulfurique.

C'est le résultat de la plus grande oxigénation du soufre ; on l'a trouvé pur dans quelques grottes voisines des volcans, et aussi dans quelques eaux minérales ; on le trouve plus communément combiné aux bases, et donnant ainsi des sulfates, lesquels peuvent être terreux, alcalins ou métalliques. Il en est de ces derniers qui sont si communs, qu'on les destine à être décomposés pour fournir leur acide; tels sont les *sulfates de zinc, de fer* et *de cuivre*, portant aussi les noms de *vitriols*, d'où vient qu'on dit encore *acide vitriolique*. Cet acide est d'un usage si répandu, qu'il ne suffit point de celui qui nous est donné par la nature; on est obligé d'en faire artificiellement.

La découverte de l'acide sulfurique paraît être due à Bazile Valentin, qui en a parlé le premier; mais c'est Lavoisier qui en a fait connaître la composition. Il est formé, d'après M. Gay-Lussac, de 138 parties d'oxigène en poids, sur 100 de soufre.

Quand on veut obtenir l'acide sulfurique des vitriols, on opère le plus souvent sur celui de fer; on le calcine très-fortement dans une cornue de grès; l'acide se volatilise et se rend dans les récipiens : nous n'insisterons point sur les détails de cette opération, parce qu'elle est peu pratiquée en France. Il est maintenant plus ordinaire de se procurer cet acide comme il suit. On fait brûler du soufre dans une chambre tapissée de feuilles de plomb, ces chambres sont ordinairement de forme carrée, vingt à vingt-cinq pieds; elles présentent supérieurement un toit à deux pentes, offrant une trappe qu'on peut ouvrir et fermer à volonté. On met au bas de la chambre, sur le sol, une couche d'eau de quelques pouces; les choses étant ainsi disposées, on fait entrer dans la chambre un chariot à quatre roues, portant quatre étages de plaques en fonte, à bords relevés, sur lesquelles plaques doit s'opérer la combustion du soufre; on fait, selon M. Chaptal , un mélange d'une partie de nitre sur huit de soufre ; on y met le feu avec des brins de paille allumés, et on pousse le chariot dans la chambre que l'on ferme ensuite avec soin. En certains endroits on fait brûler le soufre dans un fourneau, dont le sommet porte un tuyau en plomb qui va se rendre dans la chambre ci-dessus mentionnée. Quelquefois pour que le soufre brûle plus également, on le mouille, ou bien on le mêle à du sable, de l'argile, etc. Dans tous les cas l'acide sulfurique, à mesure qu'il se forme, se mêle à l'eau de la chambre. On recueille cette eau acide par des tuyaux, mais seulement quand elle marque 40° au pèse-acide.

Comment explique-t-on la formation du produit obtenu?... c'est ce qui a beaucoup occupé les chimistes, nous devons à MM. Clément et Desormes ce qui est le plus certain sur cet objet. Voici leur théorie:

Le soufre, brûlé à quelque température que ce soit, ne donne que de l'acide sulfureux, c'est-à-dire, du soufre moins oxigéné ou moins acidifié qu'il peut l'être, lequel se dégage à l'état gazeux. D'un autre côté, le nitre décomposé au feu donne du gaz nitreux, dont on connaît déjà l'action sur l'air atmosphérique ; il en prend subitement l'oxigène pour devenir acide nitreux. Ainsi transformé, il a le pouvoir de se combiner à l'acide sulfureux pour former de l'acide sulfurique, en lui cédant de son oxigène; mais ce nouvel acide retient le gaz nitreux, de manière à ce qu'il en résulte un composé cristallin qui tapisse les parois des chambres ou des vases dans lesquels on opère; s'ils sont à sec; mais dès qu'on y ajoute de l'eau, ces cristaux ou flocons blancs se décomposent, l'acide sulfurique s'unit au liquide, et le gaz nitreux devenu libre se dégage dans l'air, où retrouvant de l'oxigène et de l'acide sulfureux, il peut de nouveau donner lieu à la série des phénomènes que nous venons d'indiquer; ce qui peut se reproduire infiniment, car l'air des chambres ou des vases peut être facilement renouvelé par les trappes, soupapes, tubes, etc. On voit d'après cela que le gaz nitreux, donné par le nitre, n'a servi que de moyen propre à transporter l'oxigène de l'air sur l'acide sulfureux, ce qui a fait dire qu'il remplit dans ce cas l'office de colporteur.

Cette formation volontaire de l'acide sulfurique est très-bien démontrée dans les cours par l'appareil suivant.

On prend un grand ballon, auquel on adapte, au moyen d'un bouchon troué, trois tubes, dont un droit pour donner communication à l'air, et deux courbes, dont l'un va se rendre à une fiole, dans laquelle on fait bouillir de l'acide sulfurique sur du mercure pour avoir de l'acide sulfureux, lequel va se rendre par le tube dans le ballon, représentant une sorte de chambre; d'un autre côté, on fait aboutir le second tube à une autre fiole, d'où l'on dégage du gaz nitreux, en versant de l'acide nitrique sur du cuivre. Dès que ce dernier gaz arrive dans le ballon, il rougit, devient acide nitreux et se combine au gaz sulfureux; on voit aussitôt des flocons neigeux ou aiguillés tapisser le vase; mais si ensuite on y verse de l'eau, il y a une grande effervescence, et le ballon qui s'était décoloré se colore de nouveau, parce que le gaz nitreux est reparu ce qu'il était pour s'acidifier encore ; quant à l'acide sulfurique, on le trouve uni au liquide ajouté.

En revenant à l'acide sulfurique obtenu en grand, nous devons dire qu'il n'est jamais retiré des chambres tel qu'on peut le désirer pour les usages ordinaires ; il faut le priver de la plus grande quantité d'eau qu'il contient, et pour cela on le fait légèrement chauffer dans des chaudières en plomb, jusqu'à ce qu'il marque 55° degrés ; alors on le met dans des cornues de grès, où l'on continue de le concentrer par l'évaporation, jusqu'à ce qu'il marque 66° ; à cet état on peut l'employer, mais il n'est point pur, il contient des sulfates de potasse et de plomb, dont on le débarrasse par la distillation, ce qui exige l'ébullition soutenue : on opère dans des cornues de verre lutées ; mais pour éviter les bonds et soubresauts de l'acide, on a trouvé utile d'y mettre quelques grains de sable anguleux ou fragmens de verre. L'alonge et les récipiens qu'on emploie ne doivent point porter de corps altérables par cet acide, et on se trouve bien de maintenir ces vases un peu chauds pour que les vapeurs ne s'y condensent point trop promptement.

Le pèse-acide, dont nous indiquons l'usage pour connaître la concentration de l'acide sulfurique, est un instrument en verre, espèce de tube gradué, portant un lest en mercure, et s'enfonçant d'autant moins dans les liquides, que ceux-ci sont plus denses ; donc, les hauts degrés doivent être en bas.

L'acide sulfurique, dans son état ordinaire, offre un liquide blanc, limpide, de consistance huileuse, pesant presque deux fois plus que l'eau, sans odeur, mais d'une saveur très-âcre, caustique. Il ne bout qu'à 300°, il altère puissamment l'humidité de l'air, ce qui le fait augmenter de volume. Si on le laisse long-temps à découvert, il s'affaiblit, et prend de la couleur par les corpuscules qui venant s'y mêler, se décomposent; il altère et noircit tous les corps organisés, les réduit en pâte, et par suite il peut être lui-même détruit.

Cet acide est décomposé par le fluide électrique, par la chaleur rouge, par l'hydrogène, le phosphore, le carbone, et par le soufre lui-même; il est aussi altéré par tous les corps combustibles, mais avec diverses modifications, comme il sera dit. Il nous suffit maintenant de savoir qu'il en résulte toujours de l'acide sulfureux.

L'acide sulfurique est cristallisable, même à quelques degrés au dessus de zéro, surtout s'il n'est pas très-concentré, et qu'il porte un peu d'acide sulfureux; on a ainsi ce qu'on appelle *acide sulfurique glacial*.

Quand on mêle directement de l'eau à de l'acide sulfurique très-concentré, il y a production de chaleur, ce qui est dû à ce que l'eau s'y unit à un état plus dense, ce qui a déjà été démontré : en mettant dans un long tube un volume égal de ces liquides, il en résulte une masse évidemment plus petite que celle d'abord employée.

Cette production de chaleur est encore plus marquée, si, au lieu d'eau, on opère avec de l'alcool.

Si on mêle deux livres de neige à une d'acide sulfurique, il y a production de froid, parce que la neige pour se fondre, prend le calorique des corps voisins;

mais si on prend des proportions inverses, il y a de 25 à 30° de chaleur : dans ce cas, le chaud est précédé d'un peu de froid.

Des phénomènes semblables sont produits en prenant quatre parties de glace, pour une de cet acide et *vice versâ*.

M. Thénard regarde comme produit de combinaison l'acide borique retenant de l'acide sulfurique, il l'appelle *acide sulfuro-borique*.

L'acide sulfurique, par sa grande action sur les bases, sert à décomposer un grand nombre de composés ; il devient par cela un agent puissant propre à obtenir le plus grand nombre des acides connus ; il sert en outre, à former beaucoup de composés importans ; on s'en sert sous différens rapports dans les arts ; les peintres et les tanneurs en font un grand usage, c'est par lui que l'on dissout l'indigo, qu'on fait l'éther, etc., etc. : il est peu employé pur, comme médicament, si ce n'est à l'extérieur et encore étendu d'eau ; pour lotion, comme astringent, résolutif. On en a conseillé en limonade pour l'intérieur, quelques gouttes sur une pinte d'eau : pour arrêter quelques dévoiemens, et troubler la marche des affections périodiques, fièvres, etc., mais son usage habituel a l'inconvénient de diminuer de beaucoup la vitalité des organes digestifs, il faut se comporter en conséquence.

De l'Acide sulfureux.

C'est ce que Stahl appelait *esprit de soufre* ; depuis, Schéèle et Priestley, se sont occupés de cet acide ; mais Fourcroy et M. Vauquelin l'ont mieux fait connaître : il est formé, d'après M. Gay-Lussac, d'oxigène quatre-vingt-douze parties, sur cent de soufre.

On le trouve pur dans le voisinage des volcans, mais on préfère l'obtenir artificiellement : 1°, en brûlant du soufre dans de l'air sous une cloche : 2°, en distillant quatre parties d'acide sulfurique sur une de mercure, on a aussitôt le gaz recherché ; il est formé aux dépens de l'acide employé qui donne une partie de son oxigène au métal, il reste une masse blanche qui est du sulfate de mercure : 3°, on obtient encore l'acide sulfureux, en faisant chauffer de l'acide sulfurique sur de la sciure de bois, de la paille, du charbon, ou autre substance végétale ; mais dans ce cas, il est mêlé d'acide carbonique, dont on ne le sépare qu'en recevant le tout dans l'eau, parce qu'alors le premier de ces corps chasse le second.

Le gaz acide sulfureux est blanc, d'une odeur forte, très-piquante, comme on peut s'en apercevoir quand on brûle des allumettes soufrées, car c'est lui qui se dégage alors ; il est impropre à la vie, et peut causer l'asphyxie et la mort. Il ne change point d'état au plus grand froid. Il pèse deux à trois fois plus que l'air : ce gaz rougit les teintures bleues végétales, après quoi il en fait passer quelques-unes au jaune. Il est très-soluble dans l'eau qui peut en dissoudre quarante fois son volume ; il est décomposable par le fluide électrique, il l'est aussi à un grand feu par l'hydrogène et le charbon.

Ce qui est remarquable, c'est que l'acide sulfureux liquide est changé en acide sulfurique par l'iode et par le chlore, comme nous le dirons en traitant de ces corps.

On utilise l'acide sulfureux pour la désinfection de l'air, et même de préférence au chlore pour la purification de tout ce qui vient des lieux pestiférés ; il sert dans les arts au blanchîment de la soie, des noix, de la colle de poisson, etc. Il enlève comme l'eau de javelle, mais moins promptement, les taches de fruits de dessus les tissus blancs. On s'en sert comme médicament, mais à l'extérieur ; c'est un très-bon stimulant contre les maladies psoriques, galles, dartres, etc. On s'en sert aussi sous le nom de bains de vapeurs sulfureuses, contre les rhumatismes, les engorgemens scrophuleux, etc., et dans ce dernier cas, on obtient ce gaz en faisant brûler du soufre à l'air libre.

De l'*Acide* ou *Azotique nitrique.*

Produit de la plus grande oxigénation de l'azote : son double nom lui vient de ce qu'on le retire toujours du nitre. Sa découverte est due à Raimond Lulle (1225), mais c'est Cavendish qui en a fait connaître la composition, et qui le premier l'a formée de toutes pièces. Lavoisier a demontré que cet acide contient oxigène 70,5 et azote 29,5.

Malgré que l'on puisse former artificiellement de l'acide nitrique, ce n'est point ainsi qu'on s'y prend pour l'obtenir, car il faut avoir recours à des instrumens trop coûteux, dans lesquels on doit enflammer le mélange d'oxigène et d'azote par l'étincelle électrique ; de plus, il y a quelques dangers, et l'on ne forme toujours par ce moyen que très-peu d'acide ; d'ailleurs, on le trouve en grande quantité dans la nature, non point pur, mais fixé par la chaux, la potasse et

la

la magnésie, dans des composés dont on l'extrait facilement et à peu de frais.

C'est dans les fabriques dites *d'eau forte*, qu'on obtient cet acide, et pour cela on décompose par l'acide sulfurique un sel, qu'on appelle *nitre, nitrate de potasse* et aussi *salpêtre*. On opère dans des cornues de verre ou de grès : cent parties de nitre exigent soixante-quinze parties d'acide concentré ; on recueille dans les récipiens le produit qui se volatilise ; il n'est point pur alors, il contient de l'acide nitreux, qui le colore en rouge, et qui provient de ce que par la chaleur il y a toujours un peu d'acide nitrique de décomposé ; il s'y trouve de plus du chlore et de l'acide hydro-chlorique (muriatique), ce qui vient de ce que le sel employé contient toujours des muriates ; enfin, le feu étant poussé fort, il se dégage toujours de l'acide sulfurique ; ce qui reste dans la cornue est du sulfate de potasse légèrement acide.

Il n'est pas rare qu'au lieu d'acide sulfurique, on se serve d'argile, qui ayant la propriété de former une frite vitreuse avec la potasse, retient suffisamment celle-ci pour que l'acide s'en sépare et se volatilise : le produit est le même que celui de la première opération.

On purifie cet acide nitrique par une nouvelle distillation à un feu doux, il arrive alors que l'on volatilise le chlore et l'acide nitreux ; ce qui reste dans la cornue est blanc, limpide, et pour en séparer ce qui lui est encore étranger, on y ajoute du nitrate de baryte qui en précipite l'acide sulfurique, et du nitrate d'argent qui retire l'acide muriatique ; on décante ou l'on distille à un feu plus fort : on a ainsi l'*acide nitrique pur* et dit *précipité*, pour le distinguer de celui qui n'a point subi cette purification.

L'acide nitrique concentré donne au pèse-acide 36 à 40°, mais souvent on ne l'emploie qu'à 25°.

Cet acide pur est blanc, limpide, plus pesant que l'eau, sans odeur prononcée, d'une saveur très-âcre, caustique; il répand une vapeur blanche, dès qu'il est en contact avec un air humide, il brûle, détruit les corps organisés, il leur donne une couleur jaune. Il rougit fortement les couleurs bleues végétales, il en décompose quelques-unes complètement; cet acide est congelable par un froid de 50 à 55° (Fourcroy et Vauquelin).

Pour avoir ce froid, on fait un mélange de six parties d'acide et huit de muriate de chaux.

L'acide nitrique est altérable par la lumière qui en dégage de l'oxigène pur. Ce qui reste est une solution jaune-orangé d'acide nitreux, dans de l'acide nitrique; l'action de la chaleur est encore plus prompte et plus prononcée, il suffit de 150° centigrade pour l'ébullition et la distillation de l'acide nitrique. L'hydrogène le détruit à la chaleur rouge; presque tous les corps combustibles, même beaucoup de métaux le décomposent : il en résulte des produits variés qui devront nous occuper.

Si on mêle une partie d'eau à deux de cet acide, il y a production de chaleur, mais plus d'eau donne du froid.

Si on fait à diverses reprises dans un vase des mélanges de neige et d'acide nitrique, on peut avoir un froid de trente et quelques degrés, toujours suffisant pour congeler le mercure.

Nous avons dit que l'acide nitrique est décomposé, moyennant certaines circonstances, par le plus grand nombre des corps combustibles, mais avec de telles modifications qu'il peut en résulter une désoxigénation variable de l'azote : on a déterminé ainsi qu'il suit les degrés de cette altération, savoir : 1° acide peu désoxigéné, il reste de l'*acide nitreux*; 2° plus désoxigéné, il reste du *gaz nitreux*; 3° plus privé d'oxigène, il reste du *gaz oxide d'azote*; 4° enfin, la décomposition étant complète, il ne reste que de l'*azote*. Nous étudierons chacun à part ces produits de l'altération de l'acide nitrique, moins ce dernier corps qui nous est déjà connu.

Les usages de l'acide nitrique sont très-nombreux pour les arts, et alors il suffit de cet acide non purifié, tel qu'on le vend sous le titre d'*eau forte* : il sert ainsi à dissoudre les métaux, à laver les bois peints, etc.; mais pour la chimie et la médecine, il faut qu'il soit pur. On l'emploie comme réactif, il passe pour un très-bon diurétique à la dose d'un gros dans une pinte d'eau ; on l'a aussi vanté comme antivénérien ; on le mêle aux alcools, il en résulte éther et alcool nitrique; il est quelquefois uni aux graisses, comme nous le dirons en traitant de l'*onguent citrin*, et de la *pommade oxigénée*. Il est alors usité à l'extérieur en frictions comme stimulant.

Il est fréquent que cet acide cause l'empoisonnement; on en arrête alors les effets par l'emploi de l'eau de savon, mais sur-tout en faisant prendre à diverses reprises plusieurs gros de magnésie délayée dans de l'eau sucrée.

De l'Acide nitreux.

C'est toujours le produit de l'art ; il résulte de la décomposition de l'acide nitrique , par la soustraction d'une certaine quantité d'oxigène ; pour se le procurer , il y a différens moyens, le plus employé consiste à verser de l'acide nitrique sur de la limaille de cuivre , on chauffe doucement, on reçoit ce corps gazeux sur la cuve à mercure.

Le *gaz acide nitreux* est rougeâtre , orangé , d'une odeur forte et pénétrante, d'une saveur âcre, caustique, détruisant promptement les bouchons de liége , qui tombent en une pulpe jaune. Ce gaz que l'on a cru permanent peut , d'après M. Dulong , se condenser en un liquide jaunâtre , moyennant un froid de 20° ; ce produit est dit *acide nitreux* , sans eau ou *anhydre :* pour l'avoir ainsi , on doit avant la condensation le faire passer à travers du muriate de chaux qui le desséche.

L'acide nitreux est très-soluble dans l'eau , c'est même dans ce liquide qu'on le recueille le plus souvent ; il offre alors une liqueur qui est verte , s'il y a peu d'acide , mais qui devient bleue ou jaune à mesure qu'il y en arrive davantage ; si on reçoit ce gaz dans de l'acide nitrique très - concentré , la couleur passe de suite au jaune - orangé ; si l'acide est moins fort , il passe au vert , sans pouvoir devenir jaune ; et enfin , s'il est très - faible , il prend seulement la teinte bleue. L'acide nitrique fort , étant très-chargé d'acide nitreux , constitue ce qu'on appelle *acide nitrique rutilant* , qui peut être employé pour dissoudre l'or (Deyeux).

On ne fait aucun usage de l'acide nitreux pur. On doit toujours en redouter l'action sur l'économie animale, c'est un des poisons les plus actifs.

Du *Gaz nitreux*, ou *deutoxide d'azote*.

Ce produit n'appartient point aux acides, nous en donnons ici l'histoire, parce qu'elle tient beaucoup à celle des corps précédens.

C'est le second degré d'oxidation de l'azote, il est toujours un produit de l'art; on l'obtient en suivant le procédé annoncé pour l'acide nitreux, seulement on prend le soin d'empêcher que le gaz obtenu ne reçoive le contact de l'air; on peut recueillir le gaz nitreux sous l'eau, car il est insoluble dans ce liquide.

Ce gaz est sans couleur, plus pesant que l'air, il est impropre à la combustion, il éteint les corps enflammés, il est sans action sur le tournesol, il est décomposé par le fluide électrique; ce qui caractérise ce corps, c'est que, mêlé à l'air, il en prend de suite l'oxigène pour constituer le *gaz acide nitreux* dont nous avons parlé. Or, comme on sait qu'il absorbe, dans ce cas, moitié de son volume d'oxigène, on a pu l'utiliser pour l'analyse de l'air, comme nous l'avons dit en d'autres temps.

L'hydrogène mêlé au gaz nitreux brûle avec une flamme verte.

Le phosphore et le soufre s'enflamment à chaud dans le gaz nitreux; les sulfures le décomposent.

D'après M. Davy, le gaz nitreux est formé d'oxigène 57, 7 et d'azote 42, 3; mais, selon M. Gay-

Lussac, il participe d'un volume égal de ces deux gaz. Ce composé n'est encore d'aucun usage.

Du Gaz oxide d'azote (protoxide).

Autre produit d'azote, non acide, qu'on n'obtient encore qu'artificiellement; il a été découvert, en 1772, par Priestley, il est formé de cinquante d'oxigène sur cent d'azote; on l'obtient toujours en faisant chauffer dans une petite cornue de verre du nitrate d'ammoniaque, qui se décompose et donne constamment le gaz annoncé; on peut le recevoir sous l'eau; malgré qu'il soit un peu soluble dans ce liquide, il est sans couleur, sans odeur, d'une saveur douceâtre, il pèse un peu plus que l'air, et ce dernier corps ne l'altère point; il favorise la combustion du carbone, du soufre, du phosphore, etc.; l'eau peut en dissoudre plus de cinquante fois son volume.

Le *gaz oxidule d'azote* est impropre à la vie, il cause promptement l'asphyxie, à moins qu'on n'en respire qu'en petite quantité; il produit alors des effets si variables, selon les sujets, qu'on ne peut les annoncer comme pouvant être renouvelés à volonté; il a quelquefois provoqué le rire, mais souvent il cause des douleurs, l'oppression, des mal-aises qui sont bientôt exprimés par les gestes, les contorsions de ceux qui se soumettent à de pareilles expériences.

Ce gaz n'est d'aucun usage.

De l'*Acide muriatique*, nouvellement nommé *hydrochlorique*.

Cet acide, regardé comme corps simple jusqu'à ces derniers temps, est maintenant considéré comme formé d'hydrogène et d'un corps particulier, qu'on appelle *chlore*, d'où résulte son nouveau nom *hydro-chlorique*.

Il existe tout formé dans la nature, on l'a trouvé libre dans plusieurs eaux minérales en Amérique; mais il est presque toujours uni aux bases et donne ainsi des sels; c'est Glauber qui en a parlé le premier.

Cet acide est le plus ordinairement obtenu par la décomposition du sel marin, d'où vient qu'on l'appelle dans les arts, *esprit de sel*, et *acide marin*; on opère à chaud dans les cornues de grès, ou simplement dans des fioles; on verse peu à peu sur le sel partie égale d'acide sulfurique concentré, il s'empare de la soude du muriate, et l'acide recherché se dégage; on peut l'obtenir gazeux par la cuve à mercure.

C'est seulement quand on a mis tout l'acide, qu'on donne un fort coup de feu.

Le gaz acide muriatique, ou hydro-chlorique, est permanent au plus grand froid; il est incolore, transparent, élastique, d'odeur suffocante, d'une saveur extrêmement âcre, caustique; il rougit fortement le tournesol, il est impropre à la combustion, il irrite la peau, mais sans la brûler, sans la détruire; le charbon sec en absorbe une énorme quantité, près de quatre-vingts fois son volume; il réfracte puissamment la lumière, il pèse plus que l'air, dont il attire puissamment l'humidité : ce gaz contenant de l'eau devient opaque, plus pesant, et donne des sortes de vapeurs blanches; il est décomposé par le fluide électrique.

Si on plonge dans l'eau un flacon rempli de ce gaz, il y a une prompte absorption avec vive commotion, et souvent rupture du vase; il ne faut agir que sur de petites masses.

La glace est fondue par le gaz acide muriatique aussi promptement que si on la jetait sur des charbons ardens : ces phénomènes sont dus à la grande attraction de ce gaz pour l'eau.

Ce gaz n'est guère employé qu'en solution dans l'eau, qui peut en dissoudre quatre à cinq cents fois son volume; on obtient ce nouveau produit, en adaptant à la cornue des récipiens à moitié remplis d'eau; il est d'usage de mettre dans l'ensemble des flacons la même quantité d'eau en poids qu'on emploie de sel marin; il faut toujours que le premier vase placé près de la cornue ou de l'alonge, ne contienne que quelques onces d'eau : on y fait plonger le tube qui conduit le gaz; celui-ci passant constamment par l'eau, avant d'aller plus loin, y dépose les corps étrangers qu'il a pu entraîner avec lui. On réunit par des tubes courbes les flacons qui suivent, lesquels ont pour cela plusieurs tubulures; on peut établir dans l'intervalle un ou deux tubes droits *dits* de sûreté, mais mieux encore un tube à boule de Welter.

On doit, avant l'opération, luter les jointures d'appareil; on prend pour cela une pâte faite avec de la farine de lin et de la colle de pâte, qu'on recouvre ensuite avec des petites bandelettes de toile, imbibées d'un mélange de chaux éteinte et de blanc d'œuf. Il est bien de plonger les flacons dans de l'eau froide, ou de les entourer de glace; à mesure que le gaz arrive et qu'il se dissout, le liquide s'échauffe et augmente de volume; il peut être très-blanc, mais le plus souvent il est coloré, plus ou moins jaunâtre, ce qui est dû à ce que le gaz a pu enlever et altérer du mucus animal, accompagnant toujours le sel marin à l'état brut; ou bien, si on a pris certaines sortes de muriate de soude du commerce, il peut s'y trouver un peu de nitre, ce qui donne pendant l'opération, du chlore et de l'acide nitreux; mais ainsi obtenu, l'acide *hydrochlorique* est encore susceptible de servir à un grand nombre d'usages dans les arts; ce qui fait qu'on le vend le plus souvent à cet état : au reste, si on veut le purifier, il suffit de le distiller de nouveau, à une très-douce chaleur.

L'opération que nous venons de décrire est terminée quand il ne se dégage plus rien, et alors il reste dans la cornue du sulfate de soude, auquel on s'empresse d'ajouter de l'eau bouillante, sans quoi il adhère fortement aux parois du vase.

L'acide muriatique, liquide et concentré, ne donne environ que vingt-cinq degrés au pèse-acide; si on l'expose à l'air, il perd du gaz qu'il contient et donne ainsi une fumée blanche, d'une odeur forte et très-piquante; il en perd davantage si on le chauffe. Il n'est point altéré par les corps combustibles, l'acide sulfurique s'empare de son eau et donne lieu au dégagement du gaz avec effervescence.

Il est surtout attaqué d'une manière très-remarquable par l'acide nitrique, pourvu que ces deux liquides soient concentrés; car autrement il n'y a que simple mélange. Il résulte de cette réaction un liquide rougeâtre qu'on emploie depuis long-temps sous le nom d'acide *nitro-muriatique*, ou encore *eau régale*, comme pouvant dissoudre l'or. Ce liquide composé contient en solution dans l'eau, outre la portion de ces acides non décomposée, 1°, du chlore ; 2°, de l'acide nitreux ; 3°, de l'eau nouvellement formée : ce qui est dû à ce que l'oxigène de l'acide nitrique s'est porté sur l'hydrogène de l'acide hydro-chlorique.

L'acide hydro-chlorique est recherché pour faire des sels, pour diverses analyses, et pour séparer la chaux de l'indigo dans la préparation de cette matière colorante. Cet acide peut être employé en médecine comme antiputride. On en met plusieurs onces dans un pédiluve ; on en mêle aussi aux graisses pour en faire des pommades excitantes. On prépare en pharmacie un éther muriatique, etc.

C'est M. Davy qui a le premier déterminé la nature de l'acide muriatique : il a démontré que ce qu'on obtenait autrefois sous le nom d'acide *muriatique oxigéné*, n'est qu'un corps simple qu'il appelle *chlore*, faisant partie de l'acide employé, dans lequel il se trouve combiné à de l'hydrogène ; il n'a point fallu d'expérience nouvelle pour soutenir ce fait, il a suffi de celles connues jusqu'à ce jour, savoir : Si on mêle dans un matras du sel marin avec de l'oxide de manganèse, et qu'on y ajoute peu à peu de l'acide sulfurique étendu d'eau, il arrive, surtout à chaud, qu'il se volatilise un corps jaune, verdâtre ; c'est le *chlore*, lequel est devenu libre, parce que l'hydrogène qui l'accompagnait dans l'acide a été pris par l'oxigène de l'oxide de manganèse, il en est résulté de l'eau.

La même décomposition a lieu si on se borne à chauffer de l'acide muriatique sur l'oxide métallique

annoncé. On explique de la même manière la séparation du chlore.

Il paraît, d'après M. Orfila, que l'acide hydro-
chlorique est formé de parties égales en volume de
gaz hydrogène et de chlore.

Nous avons annoncé, en traitant des corps simples,
qu'il ne serait question du *chlore* qu'à l'occasion de
l'acide qui le fournit; c'est maintenant en effet qu'il est
plus profitable d'en faire l'histoire.

Du Chlore.

Corps simple, découvert par Schéèle, nommé par
lui *acide muriatique déphlogistiqué* : on l'a ensuite considéré comme *acide muriatique oxigéné ;*
mais depuis ce qu'en a dit M. Davy, on l'étudie comme
corps élémentaire.

Il n'existe point pur dans la nature, mais seulement combiné, de sorte que, pour l'isoler et l'obtenir,
il faut recourir aux moyens de l'art.

Le procédé que nous allons décrire est connu depuis un grand nombre d'années, c'est celui par lequel
on se procure ce que l'on croyait être de l'acide muriatique oxigéné, lequel produit est, comme nous
venons de le dire, le chlore en question.

Voici comment on opère, soit qu'on veuille obtenir ce corps gazeux, alors on le reçoit sur le mercure,
soit qu'on veuille l'avoir liquide; ce qui oblige à le
recevoir dans l'eau.

On prend trente-deux parties de muriate de soude
et vingt d'oxide de manganèse en poudre, on les met
dans un matras ou cornue tubulée, à laquelle on
adapte un tube en S, qui permet de n'ajouter que peu

à peu un mélange de quarante parties d'acide sulfurique à 60°, et de 28° parties d'eau ; on réunit au matras, par le moyen de tubes courbes, plusieurs flacons à moitié pleins d'eau, dont la masse doit être relative à la quantité des matières employées ; ainsi, les parties représentant des onces, elles peuvent fournir suffisamment de chlore pour saturer deux cents pintes d'eau. Il est bien que le premier flacon ne contienne que peu d'eau, destinée à laver le gaz de ce qu'il peut entraîner d'impur. Il faut placer de distance en distance des tubes de sûreté.

On lute les jointures d'appareils comme il a été dit pour l'acide muriatique : il est bien aussi de disposer les récipiens, de manière à ce qu'on puisse facilement les rafraîchir, pour hâter la condensation du gaz. On pousse le feu très-doucement d'abord, n'ajoutant l'acide qu'en très-petite quantité, un très-grand nombre de fois. On continue de chauffer jusqu'à ce qu'il ne se dégage plus rien.

Voici ce qui se passe dans cette opération : il arrive, d'après la théorie ancienne, que l'oxide de manganèse fournit de son oxigène à l'acide muriatique, lequel se dégage alors à l'état oxigéné ; mais par la nouvelle théorie, on doit entendre que cet oxigène s'empare de l'hydrogène constituant l'acide pour former de l'eau, et qu'alors le chlore isolé se volatilise.

Dans tous les cas, on admet la formation de sulfate de soude et de manganèse.

On peut également obtenir du chlore en faisant chauffer de l'acide hydro-chlorique sur de l'oxide de manganèse, mais dans ce cas il ne reste dans le vase que de l'hydro-chlorate de ce métal.

Ces deux opérations, au lieu d'être faites en grand, comme il vient d'être dit, peuvent se pratiquer en petit dans des fioles.

Le chlore obtenu par les moyens ci-dessus indiqués, mais supposé en partie recueilli par la cuve à mercure, s'offre à l'état gazeux et mérite ainsi de fixer notre attention.

Le chlore à l'état de gaz est permanent, deux fois plus pesant que l'air : il est d'un jaune verdâtre, d'une odeur suffocante, d'une saveur âcre, insupportable ; il est impropre à la vie, provoque la toux et peut causer promptement la mort. C'est ce qui rend très-dangereux de le laisser se dégager à l'air, et de le respirer pendant son extraction ; le meilleur moyen d'en arrêter alors les effets est de répandre un peu d'ammoniaque dans les lieux où il existe ; ce dernier corps étant hydrogéné s'unit au chlore, de manière à former de l'acide hydro-chlorique, lequel se combine ensuite à de l'ammoniaque non décomposée, pour donner un muriate ou hydro-chlorate, qui se présente aussitôt en une fumée blanche, sans odeur ni saveur nuisibles.

Ce chlore rougit la flamme des bougies avant de les éteindre ; il altère et détruit sans retour les couleurs bleues végétales, il décompose l'hydrogène sulfuré.

Le chlore gazeux peut être desséché, en le faisant passer à travers un tube rempli de muriate de chaux calciné ; alors il est inaltérable par le charbon rouge et par la lumière, mais s'il contient de l'eau ; celle-ci est décomposée, l'hydrogène forme avec la plus grande partie du chlore de l'acide hydro-chlorique (muriatique), et l'oxigène se divise en deux portions, l'une qui se dégage, et l'autre qui, s'unissant au restant du chlore non hydrogéné, forme avec lui ce que M. Gay-Lussac appelle *acide chlorique,* dont nous traiterons bientôt.

On connaît depuis long-temps que si l'on enflamme un mélange de gaz hydrogène et de chlore, autrefois dit *acide muriatique oxigéné,* il y a une prompte et vive détonation, avec production d'acide muriatique et de vapeurs blanches. On expliquait ces phénomènes en disant que l'hydrogène s'oxigénant donnait de l'eau, et que l'acide se désoxigénant, reprenait son premier état; mais on dit maintenant que cet hydrogène s'unit directement au chlore pour former l'acide qui devient sensible. Si, au lieu d'enflammer le mélange de ces gaz, on les conserve dans un flacon exposé aux rayons solaires, il y a détonation plus vive, rupture des vases; ce qui oblige à les isoler ou bien à les mettre à l'ombre pour éviter des accidens.

Le phosphore s'unit au chlore sec, il en résulte un *chlorure,* dont l'histoire se rapporte à une série de composés que nous étudierons plus tard.

Nous verrons alors qu'il peut exister plusieurs *chlorures* d'une même substance, ce qui est surtout applicable à celui de phosphore : il y a aussi des chlorures de soufre (liqueur de Thompson), d'iode, etc. Il attaque encore les métaux et donne des chlorures métalliques.

Le chlore gazeux, moins humide, se comporte un peu différemment avec les corps, surtout si ceux-ci sont oxidables : ainsi l'eau se décompose, il s'ensuit formation d'acide hydro-chlorique et oxigénation des corps combustibles.

Le chlore liquide est aussi jaune, verdâtre, de même odeur et même saveur. Il se comporte dans le plus grand nombre des circonstances comme le chlore gazeux et humide.

Les usages du chlore sont nombreux ; on y a surtout recours pour le blanchîment des toiles de fil et de coton, en raison de ce qu'il en détruit la matière colorante. Voyez à ce sujet l'ouvrage de M. Berthollet.

Ce qu'on appelle *eau de javelle* est ce même acide auquel on ajoute un peu de potasse ; on peut l'étendre de huit ou dix parties d'eau, on s'en sert pour blanchir la cire, nettoyer les estampes enfumées, ou pour enlever les taches d'encre ordinaire. Les fumigations de Guyton - Morveau sont un dégagement de chlore dans l'air pour détruire les miasmes qui s'y trouvent ; dans tous les cas, l'action est fondée sur ce que le chlore prenant l'hydrogène de toutes ces substances végétales, celles-ci doivent cesser d'être.

Le chlore est toujours un puissant excitant et peut devenir même à petite dose un violent poison ; aussi s'en sert-on très-rarement en médecine, malgré qu'on en ait conseillé l'usage en frictions, et même à l'intérieur (deux gros sur huit onces d'eau) dans des phlegmasies aiguës, et, par contraste, dans des cas d'atonie considérés comme cause des diarrhées ou dyssenteries chroniques. Ce qui peut être mis davantage à profit, c'est que, selon MM. Thénard et Cluzel, on peut guérir des gales invétérées par la seule immersion des mains dans le chlore liquide ; enfin le chlore est employé en chimie à la formation d'un grand nombre de produits qu'il serait trop long d'énumérer.

Pour conserver le chlore, il faut le maintenir dans

des vases en verre bien bouchés, placés à l'abri de la lumière et à une basse température.

De l'Acide chlorique.

Produit qui remplace aujourd'hui ce qu'on appelait autrefois acide muriatique sur-oxigéné.

L'existence de *l'acide chlorique*, démontrée en 1814 par M. Gay-Lussac, résulte de la possibilité que dans certaines circonstances il puisse se combiner de l'oxigène au chlore. Nous en avons déjà indiqué une remarquable, c'est la décomposition du chlore humide, par son exposition à la lumière; mais il en est une autre, c'est la formation de certains sels qu'on a long-temps désignés sous le nom de *muriates sur-oxigénés* : or, c'est dans ces derniers produits nouvellement nommés *chlorates*, qu'il faut aller chercher l'acide que nous voulons étudier.

Voici comment on opère.

On prend du chlorate de baryte pulvérisé, on le traite au feu par de l'acide sulfurique étendu d'eau; on a du sulfate insoluble et l'acide chlorique reste en solution. Nous n'insistons point sur les détails de cette opération, parce que l'acide chlorique pur n'est point recherché.

Cet acide liquide est incolore, peu odorant, très-sapide, rougissant le tournesol. Son caractère est d'être décomposé par l'acide sulfureux, il en résulte de l'acide sulfurique et dégagement de chlore. L'acide chlorique est formé, d'après M. Gay-Lussac, de chlore, 100 parties en poids, et 113, 95 d'oxigène; ou en volume 1 du premier corps, et 2, 5 du second.

Cet acide n'est employé qu'à la formation des chlorates.

De

De l'*Acide chloreux*.

Ce composé, qu'on nomme aussi mais improprement *oxide de chlore*, est toujours un produit de l'art; on l'obtient en décomposant à la cornue du chlorate de potasse sec par l'acide hydro-chlorique; il arrive que l'acide chlorique se dégageant, cède une partie de son oxigène à l'hydrogène de l'acide employé, dont le chlore s'unit au restant d'acide chlorique non décomposé. Ce nouveau produit constitue l'*acide chloreux*, avec un excès de chlore que l'on sépare, en faisant séjourner le tout sur du mercure; il se forme un chlorure de ce métal, et ce qui reste gazeux est l'acide recherché.

Ses propriétés se rapprochent tellement de celles du chlore, que nous pouvons nous dispenser de les énumérer; il est décomposé par une très-faible chaleur en chlore et en oxigène. Il paraît être formé en poids de chlore 100 parties, oxigène 12,79. Il est très-soluble dans l'eau.

L'acide chloreux n'est encore d'aucun usage.

De l'*Acide hydro-sulfurique*, autrefois simplement nommé *Hydrogène sulfuré*.

C'est un composé de soufre et d'hydrogène, que l'on était loin de considérer comme acide, parce que l'on ne comptait comme tels que les corps oxigénés.

L'acide hydro-sulfurique existe gazeux dans les lieux où il y a des matières animales en putréfaction, ainsi que dans les fosses d'aisance; il s'en trouve aussi dans les œufs pourris, et dans plusieurs eaux minérales *dites* sulfureuses ; mais pour l'avoir pur, il est mieux de le préparer artificiellement :

1°, en exposant, même à froid, du soufre à l'action de l'hydrogène sous une cloche ;

2°, en faisant passer un courant de gaz hydrogène à travers du soufre fondu ;

3°, on traite les sulfures par les acides ; c'est ce dernier procédé qui est le plus usité. On préfère employer le sulfure d'antimoine pulvérisé en le traitant par l'acide hydro-chlorique, ou encore le sulfure de fer artificiel par l'acide sulfurique ; dans le premier cas, il reste du muriate d'antimoine ; dans le second, du sulfate de fer ; mais toujours il y a eu de l'eau décomposée ; son oxigène s'est porté sur le métal et l'hydrogène, se combinant au soufre, a donné le produit recherché. On peut hâter l'opération par une douce chaleur ; ce qui se dégage peut être reçu gazeux par la cuve à mercure, ou encore liquide par sa solution dans l'eau, ce qui oblige alors d'établir une suite de flacons liés entre eux par des tubes courbes.

Le gaz *acide hydro-sulfurique* est permanent, incolore, plus léger que l'air ; mais plus lourd que l'hydrogène. L'eau peut en dissoudre trois fois son volume ; si ce liquide est aéré, le gaz en question s'y décompose, et le soufre se précipite à la longue. L'acide hydro-sulfurique est d'une odeur infecte, d'une saveur répugnante ; il est inflammable ; et laisse après sa combustion un précipité abondant de soufre, formant un enduit blanchâtre qui tapisse les parois du vase où l'on opère. Ce gaz est nuisible à la vie, il asphyxie et tue les animaux en agissant d'une manière spéciale sur l'organe pulmonaire, et sur le sang qu'il rend épais et noir. Il suffit d'un millième de ce gaz dans l'air pour faire mourir les oiseaux ; d'un trois-centième pour les chiens , etc. Si on plonge une partie du corps dans cet acide, ou qu'on en injecte dans les veines, l'estomac, etc., il en résulte une prompte adynamie (M. Chaussier). Ce gaz rougit, mais faible-ment les teintures bleues végétales, qu'il suffit de chauffer ensuite pour rappeler la couleur primitive en chauffant le gaz qui l'avait détruite ; il forme, avec quelques bases, des composés qu'on n'hésite plus à regarder comme des sels.

L'acide hydro-sulfurique est en grande partie décom-posé par le fluide électrique (M. Henry), et par la chaleur rouge. L'oxigène à chaud le décompose de même que le chlore sec , lequel, employé en excès, peut donner avec de l'acide hydro-chlorique du chlo-rure de soufre; ce gaz est décomposé même à froid sous une cloche par l'acide sulfureux et par l'acide ni-treux.

Il est formé, d'après M. Thénard, de soufre 70, 857 ; et d'hydrogène , 29, 143.

L'acide hydro-sulfurique est un des meilleurs réac-tifs , il sert à reconnaître plusieurs solutions métalli-ques en ce qu'il les précipite avec des couleurs diffé-rentes.

Comme ce gaz est très-nuisible, on le détruit par-tout où il se trouve par le chlore gazeux , dont le dé-gagement constitue les fumigations de Guyton-Mor-veau.

L'acide hydro-sulfurique liquide est moins actif, aussi l'emploie-t-on à cet état comme un très-bon mé-dicament; il modifie très-favorablement les propriétés

9 *

vitales de la peau; ce qui le fait rechercher en bains ou en lotions dans des cas de dartres, de gales, d'engorgemens ou de rhumatismes chroniques, etc. Les eaux de *Barège*, de *Bagnères*, de *Bonnes*, de *Cotterets*, etc., sont recherchées, parce qu'elles contiennent de cet acide. Nous verrons ailleurs comment on en doit diriger l'usage.

De l'*Acide fluorique*, nouvellement appelé *Acide hydro-phtorique*.

L'acide *fluorique* découvert par Schééle, était regardé comme corps simple, jusqu'à ces derniers temps où M. Ampère l'a considéré comme formé d'*hydrogène* et d'un radical qu'il appelle *phtore*, en raison de ses qualités délétères.

Voyons d'abord ce qui est relatif à cet acide, cela devra nous conduire à connaître le phtore lui-même.

L'acide *hydro-phtorique* n'existe point pur dans la nature, il est combiné à la chaux, et donne ainsi ce qu'on appelle *spath fluor* ou *fluate de chaux*, composé que Margraaf, en 1768, a démontré n'être point formé d'acide sulfurique comme on le pensait avant lui. On trouve encore l'acide fluorique uni à la silice et à l'alumine dans deux sortes de pierres, l'une, *chrysolite*, l'autre, *pycnite*.

Pour obtenir cet acide, on prend du fluate de chaux privé de silice, et réduit en poudre très-fine; on le met avec le double en poids d'acide sulfurique dans une cornue lutée, qui doit être en plomb, car l'acide qu'on recherche attaque et dissout le verre et le grès. Cette cornue doit être faite de deux pièces, de manière à pouvoir en retirer le résidu après l'opération; on adapte à ce vase une alonge ou tube aussi en plomb, renflé dans son milieu, mais terminé par une petite ouverture; on l'entoure de glace : on garnit les jointures avec du lut gras, après quoi on pousse doucement le feu; il faut observer que les vases ne doivent point porter de soudure, sans quoi il se formerait de l'acide sulfureux. L'opération étant en activité, il passe un gaz qui, par le grand froid, se liquéfie; c'est le produit recherché. Il reste dans la cornue du sulfate de chaux : on conserve cet acide dans des flacons d'argent, ou encore dans ceux de verre, pourvu que ceux-ci soient recouverts intérieurement d'une couche de cire fondue.

L'acide *hydro-phtorique* offre un liquide incolore, d'une odeur vive, pénétrante, d'une saveur très-caustique; il rougit fortement le tournesol; il entre en ébullition à 50°, et ne se congèle point à un froid de 40. Cet acide s'unit à l'eau en toutes proportions; mais chaque goutte qu'on y verse produit un bruit assez fort, ce qui est dû à la grande chaleur qui se développe, de sorte qu'il ne faut faire ce mélange qu'avec précaution. Il fume à l'air humide, et donne une vapeur blanche, épaisse; il est décomposable pour la pile voltaïque, surtout à sec; l'hydrogène se porte au pole résineux; quant au phtore, on ne le voit point; mais le fil de platine qui est au pole vitré se trouve être corrodé; ce qu'on attribue à ce qu'il fixe le corps qui nous échappe; ce qui, comme on le voit, laisse incomplète l'histoire du *phtore.*

L'acide *hydro-phtorique* a été très-usité pour dépolir le verre et le graver; ce qui a lieu en raison de ce qu'il en prend la silice. Pour cela, on commence par couvrir une plaque de verre avec une couche de cire mêlée d'un peu d'huile; on laisse refroidir, on trace ensuite sur la cire, et profondément, des lettres ou autres objets; on expose ensuite la plaque à la vapeur de l'acide, ou bien on la mouille avec de l'acide liquide. Dans tous les cas, l'action a lieu sur les parties dénudées; il en résulte des traits grossiers qu'on retouche et que l'on perfectionne avec divers instrumens.

On ne fait aucun autre usage de cet acide.

Du Phtore.

Corps simple que l'on n'a point encore obtenu à l'état pur, mais dont la connaissance est déduite de la manière dont on sait que se comporte l'acide que nous venons d'étudier. Ainsi, c'est assez de savoir que pris à l'état sec, il se décompose par la pile, de manière à donner d'une part de l'hydrogène, et de l'autre une substance qui se comporte avec la platine autrement que ne le ferait aucun des corps connus.

Il est admis que c'est le *phtore*, et non son acide qui est uni aux bases; d'où il résulte des *phtorures*, et non des *hydro-phtorates*. Cela étant, voici comme on explique l'extraction de l'acide *hydro-phtorique*.

On conçoit que dans l'operation, il y a de l'eau de décomposée, que son hydrogène s'unit au *phtore*, tandis que l'oxigène est fixé par la chaux, que l'on considère comme un oxide de calcium.

Au reste, nous ne chercherons point à développer ici toutes les considérations auxquelles peut donner lieu l'existence du phtore. *Voyez* pour ces détails des ouvrages plus étendus.

Nous ne parlerons point des composés connus sous les noms de gaz *fluo-borique* ou *phtore borique*, *fluorique silicé* ou *phtore-silicique*. Leur nom exprime assez quels sont les corps qui les forment. Ils ne sont d'aucun usage.

Acide iodique et acide hydriodique.

Nouveaux acides peu importans pour nous; il en sera question en traitant de l'iode à l'occasion de la soude qui fournit ce dernier corps.

L'histoire des *acides* étant ainsi terminée, nous passons à celles des substances qu'on appelle *bases*.

Des Bases salifiables.

On nomme ainsi des substances qui ont la propriété de se combiner aux acides pour former des sels.

Pendant long-temps on distinguait les bases en trois grandes séries :

1°, *terreuses*.

2°, *alcalines*.

3°, *métalliques*.

C'est depuis peu qu'on a cru devoir tenir moins de compte de cette classification, en raison de ce que les deux premières séries étant soumises à des expériences nombreuses, ont semblé n'offrir que des oxides métalliques; mais, comme nous le verrons, il s'en faut de beaucoup que cette présomption soit justifiée pour tous les corps, et même le serait-elle, que l'on devrait continuer à diviser, comme il a été dit, le grand nombre des substances dont il doit être question ; c'est au moins ce que nous adoptons, nous réservant de dire pour chacun des groupes ce qu'il importe le plus de connaître.

C'est en considérant les substances terreuses comme formées d'oxides métalliques, que M. Thénard en a fait sa première classe des métaux, et que dans la seconde il a rangé les alcalis.

Nous verrons plus tard quels peuvent être les rapports de ces corps avec les métaux. Il nous suffit de ce qui précède pour justifier l'isolement des bases en trois parties : voyons la première.

Des Bases terreuses.

On nomme ainsi des substances solides ou pulvérulentes, presqu'insolubles dans l'eau, dans l'alcool, et par cela sans saveur prononcée ; toujours inodores, infusibles seules, mais pouvant se vitrifier ou former des frites vitreuses par les alcalis fixes. Enfin elles sont sans action sur les teintures bleues végétales, et peuvent se combiner avec les acides.

Les terres sont au nombre de six.

1°, *silice.*

2°, *alumine.*

3°, *zircone.*

4°, *glucine.*

5°, *yttria.*

6°, *magnésie.*

On sait déjà que quelques chimistes (MM. Clarke, Davy), ont donné l'éveil sur la composition possible de ces substances. On a été jusqu'à les indiquer comme des métaux oxidés ; enfin, on s'est empressé de nommer particulièrement la substance que l'on soupçonné s'y trouver unie à l'oxigène ; c'est de là qu'on a été conduit à dire :

oxide de *silicium*.

— d'*aluminium*.

— de *zirconium*.

— de *glucinium*.

— d'*yttrium*.

— de *magnésium*.

Il ne faut pas croire pourtant qu'on puisse obtenir à part chacun des corps dont on semble annoncer affirmativement l'existence. On en est réduit à prévoir qu'un jour, de nouvelles expériences plus nombreuses et plus précises que celles connues jusqu'à présent, pourront justifier les doutes qui se sont élevés sur leur nature ; en attendant, nous traiterons des *terres*, en n'offrant de leur histoire que ce qui est incontestable et plus relatif à l'usage que nous en devrons faire.

De la Silice.

Elle n'existe jamais pure, si ce n'est dans le cristal de roche très-blanc, transparent ; il en existe abondamment dans le quartz, le silex, les pierres gemmes, *dites* siliceuses, mais alors mêlée à d'autres terres. On en trouve encore de moins pure dans les porphyres, les grès, les pierres à fusil et dans le sable des rivières. MM. Kirwan et Barruel ont trouvé que l'eau peut en dissoudre une petite quantité.

Pour obtenir la silice pure, on réduit du quartz transparent en poudre, ou du sable de rivière. On fait ensuite fortement chauffer avec quatre parties de potasse ; la masse étant fondue, on jette dans un peu d'eau distillée; on filtre et on ajoute de l'acide muriatique pour enlever la potasse; dès-lors la silice se précipite; on la traite ensuite par l'eau jusqu'à ce que ce liquide devienne insipide. Il est bien d'ajouter l'acide en excès, parce qu'il transforme en sels solubles les terres qui peuvent accompagner la silice : ces sels sont par suite enlevés au moyen des lavages.

Toutefois on doit craindre que l'acide soit trop abondant, car il finirait par dissoudre la silice elle-même, ce que l'on reconnaît à la grande diminution ou à la disparution du précipité, auquel cas il faut ajouter un peu de potasse.

La silice pure est très-blanche, rude au toucher; elle ronge le verre, elle est transparente jusque dans ses dernières molécules. Quand elle verdit le sirop de violettes, c'est qu'elle retient un peu de potasse; il faut alors la laver de nouveau. Elle s'unit aux acides borique et phosphorique, lesquels sont fixes et vitrifiables.

La silice fait partie constituante de plusieurs pierres artificielles, de verreries et de la poterie. On ne s'en sert point en médecine.

De l'Alumine.

On a pendant long-temps confondu cette terre avec la silice et la chaux, c'est aux travaux de Macquer, de Bergmann et de Schéële que nous devons de la mieux connaître.

L'alumine n'existe point pure dans la nature, elle fait la base de diverses espèces de terres glaises *dites* argileuses, marneuses, schisteuses et bolaires. Elle existe aussi dans l'alun.

Pour avoir cette terre à l'état de pureté, on fait dissoudre de l'alun dans de l'eau ; on filtre ; on verse dans la liqueur une solution de potasse et mieux de l'ammoniaque, il se fait un précipité; on filtre de nouveau pour recueillir l'alumine qui reste sur le papier. On lave avec beaucoup d'eau bouillante jusqu'à ce que l'eau du lavage ne précipite plus par le nitrate de baryte. Il est même bon de faire calciner l'alumine, mais légèrement, car si on la calcine trop, elle n'est plus susceptible de s'unir aux acides.

L'alumine pure est blanche, opaque, douce au toucher; elle happe à la langue, parce qu'elle reprend promptement l'humidité ; si on souffle dessus, elle répand une odeur particulière : cette terre a une grande attraction pour la silice. Lavoisier a prouvé que l'alumine peut prendre une fonte pâteuse par un courant d'oxigène, qu'alors elle résiste à la lime et qu'elle peut rayer le verre comme les pierres précieuses : l'alumine peut faire avec l'eau une pâte qu'on moule à volonté. Cette pâte exposée à un feu gradué prend du retrait en égale proportion dans toutes ses parties, elle prend aussi plus de dureté en conservant sa forme : c'est ce qui la rend propre à la fabrication des poteries depuis la brique brute, jusqu'à la fine porcelaine, en choisissant pourtant cette terre dans différens degrés de pureté selon l'usage qu'on en veut faire. L'alumine sert à la construction des pyromètres et autres instrumens qui doivent résister à un grand feu.

Les terres glaises alumineuses peuvent servir à fortifier et améliorer les terres arides et sabloneuses (culture). On s'en sert avec l'huile de lin oxigénée pour en former le lut gras dont on se sert en chimie à fermer les jointures d'appareils.

L'alumine fournit aux arts et à la médecine des produits salins que nous étudierons.

De la Zircone.

Nous en devons la découverte à M. Klaproth (1809). On la trouve unie à la silice dans le *zircon*, nommé hyacinthe ou jargon de Ceylan, qu'on trouve aussi dans les ruisseaux d'Expailly. M. Guyton - Morveau a trouvé de la zircone dans les hyacinthes de France, *dites* de Compostel.

Comme cette terre est absolument nulle en médecine et dans les arts, nous renvoyons aux longs traités de chimie, pour connaître le procédé très-compliqué par lequel on peut l'obtenir.

D'après M. Vauquelin, le zircon donne zircone 65, silice 33, oxide de fer, 2.

La zircone pure se rapproche beaucoup de la silice par l'aspect ; mais elle est beaucoup plus soluble qu'elle dans les acides, tandis qu'elle n'est point attaquable par les alcalis caustiques.

De la Glucine.

Cette terre ne devra pas nous occuper plus que la précédente, et cela pour les mêmes raisons.

Sa découverte est due à M. Vauquelin, en 1798 ; il a démontré son existence dans l'émeraude, dans l'euclase et dans le beril ou l'aigue - marine, substance qui abonde dans les environs de Limoges, et qui fournit à l'analyse, glucine 16, silice 69, alumine 13, chaux 5, fer 1.

La glucine qui jouit de toutes les propriétés communes aux terres, tire son nom de ce que les sels qu'elle forme ont tous une saveur sucrée ; elle est blanche, grenue, mais douce au toucher, infusible, phosphorescente, soluble dans les alcalis fixes, mais non dans l'ammoniaque.

De l'*Yttria* ou *Gadolinite*.

Nous n'en traiterons pas plus longuement que des deux dernières terres, car elle ne nous intéresse pas davantage.

L'yttria fut découverte en 1794, par Gadolin, d'où lui vient son surnom ; mais cette dernière dénomination est restée au minéral qui nous fournit la terre en question. Ce composé contient selon M. Vauquelin, yttria 35, silice 25, fer 5, eau 10, manganèse 2, et chaux 2.

L'yttria est blanche, sans saveur ni odeur. Ce qui la caractérise, c'est qu'elle donne des sels bien différens de ceux formés par les mêmes acides et les autres terres.

De la *Magnésie*.

Cette terre, connue seulement depuis le dernier siècle, et vendue dans le principe sous le nom de *poudre du comte de Pallme*, a été par la suite étudiée et décrite par Black, Macquer, Bergmann, etc.

Elle n'existe point pure dans la nature ; on trouve dans le Piémont une terre blanche, qui en contient une grande quantité à l'état de carbonate mêlé de silice et de chaux. On en trouve aussi dans les talcs, les stéatites et dans les serpentines.

C'est le plus souvent à l'état de sulfate qu'on trouve

la magnésie, et alors en solution dans les eaux de quelques fontaines, en Allemagne, en Russie, en Angleterre : c'est ordinairement de ce sel qu'on retire cette terre.

Voici comment on opère.

Le sulfate de magnésie étant rétiré des eaux qui le contiennent, et en cristaux, pour être versé dans le commerce, on en prend une quantité arbitraire que l'on fait fondre de nouveau dans une grande quantité d'eau distillée (une pinte par once); on verse dans le liquide une solution de potasse, laquelle, s'emparant de l'acide sulfurique, précipite la magnésie en une poudre blanche très - légère.

Il arrive très - fréquemment que l'on emploie de la potasse carbonatée ; dans ce cas, on obtient du sous-carbonate de magnésie qu'il faut calciner ou faire chauffer très-fortement dans un creuset, pour en séparer l'acide carbonique.

La magnésie pure est pulvérulente, ou tout au plus elle peut être disposée en pains qui sont très-friables, d'une grande légèreté, sans odeur, mais d'une saveur plus marquée que celle des autres terres ; cette substance attire fortement l'acide carbonique de l'air, de sorte qu'il faut la maintenir dans des flacons bien bouchés, en verre plutôt qu'en liége ; elle est infusible, elle n'est précipitée qu'en partie de ses solutions par l'ammoniaque, parce qu'il se forme un sel triple, *dit* ammoniaco - magnésien. Ce qui est très-remarquable, c'est que si on fait passer du chlore gazeux à travers de la magnésie chauffée au rouge, il se forme, dit - on, du chlorure de magnésium, et il se dégage de l'oxigène. La magnésie n'est point employée dans les arts ; cependant M. Guyton-Morveau assure qu'elle peut s'unir à quelques terres et donner des verres opaques.

On emploie beaucoup la magnésie en médecine ; c'est, d'après les belles expériences de M. Orfila, le meilleur antidote contre l'action des acides qu'il neutralise promptement, sans entraîner après lui les inconvéniens qu'offrent la potasse, la soude, et leurs sulfures autrefois trop usités dans les cas d'empoisonnemens : on peut alors donner cette terre à la dose de quatre à six gros en plusieurs fois dans un peu d'eau ou de lait.

MM. Home et Brande assurent que l'usage continue de la magnésie (dose de 15 à 20 grains par jour), est très-propre à détruire les calculs d'acide urique, et même à prévenir leur formation. Enfin, on donne depuis long-temps et très-souvent, de quelques grains à un demi-gros de cette terre aux jeunes enfans et aux nourrices, contre les aigreurs, les rapports acides et les nausées ; il résulte toujours formation de sels, qui excitent suffisamment les intestins, pour produire une plus ou moins forte purgation.

Des Bases alcalines.

On appelle ainsi des substances qui ont pour caractères de verdir le sirop de violettes, et de rougir le curcuma ; toutes sont solubles dans l'eau, leur saveur est plus ou moins forte, mais quelquefois caustique.

On s'est beaucoup occupé de savoir si on devait faire une distinction entre les alcalis, par rapport à ce que dans les uns, les caractères annoncés sont plus prononcés que dans d'autres, c'est ce qui a donné lieu à la distinction des *terres alcalines*, et des *alcalis* proprement dits.

On compte trois terres alcalines :

1° La *chaux*.

2° La *baryte*.

3° La *strontiane*.

On compte également trois alcalis :

1° La *potasse*.

2° La *soude*.

3° L'*ammoniaque*.

Des Bases dites *Terres alcalines.*

On les compte aussi comme des oxides métalliques, mais sans plus de raisons que pour les terres dont nous venons de parler, car on n'a point encore pu isoler le métal que l'on dit les former; il est à désirer que ces corps soient l'objet de nouvelles expériences, puisque tout porte à croire qu'elles seront fructueuses ; en attendant, on a désigné ces substances sous les noms,

d'oxide de *calcium*,

— de *baryum*,

— de *strontium*.

De la Chaux.

Falcorner et Laumont assurent qu'il existe de la chaux pure près des volcans, mais on ne la trouve presque toujours qu'à l'état de carbonate; il en existe des quantités immenses, formant en grande partie la couche extérieure du globe. La chaux fait partie constituante de beaucoup de pierres dites brutes, et ser-

vant

vant à la construction des pierres de maçonnerie, se trouve aussi formant les marbres, la terre blanche, qu'on appelle *craie*, et encore quelques pierres précieuses. On en trouve dans la nature, combinée à presque tous les acides connus et formant des sels divers ; on trouve de la chaux dans les végétaux et dans les animaux ; elle fait la base des parties osseuses, et, ce qui est digne de remarque, c'est qu'il existe plus de chaux dans les corps organisés, qu'il n'a pu en être fourni par les corps qui ont servi à leur nourriture : cette observation résulte des expériences de M. Vauquelin, faites sur de jeunes poulets, d'où on est disposé à conclure qu'il se forme de la chaux dans les corps vivans.

Pour se procurer de la chaux pure, il faut la retirer de son carbonate par la calcination. On doit préférer le marbre blanc ou la craie, ou encore les écailles d'huîtres. On opère dans une cornue de grès, ou dans un creuset qu'on fait chauffer au rouge ; quand on opère en grand, on se borne à prendre des pierres communes, et alors on les dispose en tas dans d'énormes fourneaux, qu'on chauffe par la partie inférieure avec du bois vert : car on a remarqué qu'un peu d'eau favorise la calcination ; il faut observer, dans ce dernier cas, de ne point chauffer trop fortement, sinon, la silice que ces pierres contiennent, donne lieu à une frite vitreuse, qui empêche que la chaux obtenue puisse être propre à ses usages ordinaires.

La chaux pure est blanchâtre, d'une saveur urineuse, âcre, chaude, caustique : elle verdit le sirop de violettes, et rougit le curcuma ; elle ne fait point effervescence avec les acides ; exposée à l'air, elle en attire fortement l'humidité. Elle se gonfle, se réduit en poudre avec dégagement de calorique, parce que l'eau est condensée. Sa chaleur peut être de 120°; à cet état, ce qu'on appelait *chaux vive*, est devenu *chaux éteinte*, mais plus tard elle passe à l'état de carbonate.

Si l'on verse de l'eau peu à peu sur de la chaux vive, elle est promptement absorbée avec bruit et production de chaleur, encore plus grande que dans le cas précédent; il y a dégagement des vapeurs qui ont une odeur toute particulière, elle est dite *calcaire*. Cette extinction de la chaux par l'eau est souvent lumineuse dans l'obscurité; la chaux peut prendre le quart de son poids d'eau et rester pulvérulente. On a dans ce cas ce qu'on nomme un *hydrate*.

Si on délaie la chaux éteinte dans une grande quantité d'eau, on a ce qu'on appelle *lait de chaux*, lequel filtré, donne un liquide clair, limpide. C'est l'*eau de chaux* qui contient un six centième de cette substance. Ce liquide, exposé à l'air, se couvre bientôt d'une pellicule qui s'épaissit à la longue et finit par se précipiter en écailles; c'est un carbonate calcaire qu'on appelait autrefois *crême de chaux*.

On distingue, mais à tort, une *eau de chaux première* et une *eau de chaux seconde*, en exprimant ainsi que celle qui a séjourné d'abord sur une quantité de chaux, doit être plus active que celle qu'on y ajoute ensuite; mais cela ne peut point exister si la chaux employée est supposée pure, tandis qu'autrement cette distinction a quelque valeur, comme l'a démontré M. Descroizilles, qui a trouvé de la potasse dans la chaux commune calcinée par le bois.

Si on verse de l'acide sulfurique dans de l'eau de

chaux, il n'y a point de précipité, parce que le sulfate formé est plus soluble que la chaux qui le constitue, et qu'en conséquence il trouve assez de liquide pour être en suspension.

La chaux à un grand feu se combine avec plusieurs terres et donne des espèces d'émaux; la chaux et la magnésie donnent un beau verre jaune verdâtre.

Les diverses porcelaines sont formées de chaux, d'alumine et de silice; l'eau de chaux précipite la solution de potasse; on a un produit pulvérulent de silice et de chaux; c'est du *stuc*.

D'après M. Davy, la chaux est décomposée par la pile voltaïque en oxigène et en calcium, qui ne peut point être obtenu libre, mais seulement uni au mercure; ce qui a paru suffisant à M. Berzélius pour apprécier qu'il se trouve 59,86 d'oxigène sur 100 de calcium.

La chaux se combine au phosphore et au soufre.

On emploie beaucoup la chaux dans les arts; elle sert à la formation des mortiers qui, pouvant se durcir en séchant, sont utiles à la construction des bâtimens. On s'en sert aussi comme engrais.

On attribue à la chaux la faculté de détruire ou d'arrêter la carie des grains; elle entre dans les verreries et poteries; on s'en sert dans les teintures, le tanage, etc.

En chimie la chaux est un bon réactif, c'est par elle qu'on prépare un grand nombre de composés; elle a été aussi conseillée comme médicament, mais seulement sous forme d'*eau de chaux*, à la dose de quelques onces par jour, avec autant de lait pour boisson ou pour injection dans quelques cas de diar-

10 *

rhées, de calculs urinaires, etc. ; mais si on en donnait en substance, il y aurait empoisonnement. On a employé avec succès les bains et les lotions d'eau de chaux contre des irruptions chroniques, des rhumatismes et la goutte. On y a aussi recours à l'extérieur contre la brûlure, en y mêlant un peu d'acétate de plomb ou de l'huile de noix pour en faire une sorte de liniment.

De la Strontiane.

Découverte par MM. Hope et Klaproth.

Elle n'existe point pure dans la nature, on l'a trouvée unie aux acides, formant surtout du sulfate ; il en existe beaucoup aux environs de Paris (Montmartre) ; voici comment on en sépare la terre. On pulvérise ce sel ; on le décompose à un grand feu avec un huitième de charbon et un peu d'huile ; il se forme un sulfure qu'on dissout dans trois parties d'eau bouillante ; on filtre à chaud, on a par le refroidissement des cristaux de strontiane qui retiennent un peu de sulfure. On peut, si on le veut, traiter la masse de sulfure de strontiane par de l'acide nitrique ; on a du nitrate de strontiane qu'on décompose ensuite au creuset rouge pour avoir la strontiane pure.

La *strontiane* est de couleur grisâtre qui devient blanche s'il s'y trouve un peu d'eau. Elle est plus caustique que la chaux, elle verdit le sirop de violettes et rougit le curcuma. Le caractère de la strontiane est de donner des sels, dont la présence dans l'alcool fait brûler ce liquide avec une couleur rouge purpurine.

La strontiane est soluble dans 40 parties d'eau à froid, et dans 15 à chaud.

La solution forte de cette terre est précipitée par l'acide sulfurique ; mais si elle est faible, le sel formé reste dans le liquide.

C'est par la pile que M. Davy assure avoir décomposé cette terre en oxigène et en un métal qu'il dit pouvoir garder long-temps son brillant.

On ne fait aucun usage de la strontiane, si ce n'est comme réactif.

De la Baryte.

On en doit la connaissance à Schéélé et Gahn, qui ont su la distinguer de la chaux. Bergmann l'a nommé *terre pesante*, et Kyrvan, *baryte*.

Elle n'existe pour nous qu'à l'état de sulfate, qu'on décompose absolument, comme il a été dit de la strontiane.

Cette terre traitée par M. Clarke, paraît lui avoir donné deux oxides.

Les propriétés de cette terre étant les mêmes que celles de la strontiane, nous ne devons pas nous arrêter à les énumérer ; nous dirons seulement que l'on distingue la baryte, 1°, en ce que sa solution, quoique faible, précipite toujours par l'acide sulfurique, et que les sels de cette terre ne font brûler l'alcool qu'avec une couleur jaune ; enfin les sels de baryte sont beaucoup plus vénéneux, et cristallisent différemment que les sels de strontiane.

Des Alcalis.

Ce sont des corps d'une saveur extrêmement âcre, caustique, urineuse, très-soluble dans l'eau, se liquéfiant à l'air, verdissant très-fortement les violettes, la fleur de mauve, et brunissant le curcuma ; ils peuvent

aussi ramener au bleu le tournesol rougi par les acides. Tous les sels alcalins sont solubles dans l'eau;
enfin, les alcalis s'unissent aux huiles fixes, et donnent des composés plus ou moins parfaits, qu'on appelle *savons.*

On compte trois alcalis : deux *fixes*,

1° La *potasse.*

2° La *soude.*

Et un 3ᵉ volatil, l'*ammoniaque.*

Pendant long-temps on a regardé les alcalis fixes
comme des corps simples ; quant au dernier, on sa-
vait depuis un grand nombre d'années, qu'il était
formé d'hydrogène et d'azote.

Mais on sait maintenant qu'ils sont tous formés de
plusieurs corps.

C'est M. Davy qui a découvert la composition de
la potasse et de la soude. M. Thénard a perfectionné
les moyens de mettre en pratique ses expériences,
dont les résultats sont aujourd'hui incontestables.

Ils nous ont conduits à considérer ces alcalis
comme des oxides ; les substances qui les forment, et
que l'on croit être métalliques, ont tiré leur nom des
matières qui nous les fournissent ; ainsi, on dit,

Oxide de *potassium*,

— de *sodium.*

Nous prendrons le soin de faire connaître les propriétés de ces substances *sodium* et *potassium* à l'état
pur, et conséquemment les moyens de se les procurer ;
mais nous ne croyons pas que dans un ouvrage de la
nature de celui-ci, nous devions rigoureusement remettre l'étude de ces corps à la série des métaux ;

nous préférons en parler immédiatement à la suite des composés desquels on peut les extraire.

De la Potasse.

Produit naturel qui participe toujours d'oxigène, et d'une substance particulière dite *potassium*. On compte trois oxides de ce corps, mais le premier et le troisième sont nuls pour nous, puisqu'on ne les obtient qu'artificiellement, et que ne pouvant point se combiner aux acides, ils ne forment jamais de sels, et ne sont d'aucun usage.

Il n'y a donc que le *deutoxide de potassium*, qui doit nous occuper, c'est la *potasse du commerce*.

La *potasse* ne se trouve jamais pure dans la nature; elle est toujours unie à quelques acides, ou combinée à des terres dans les pierres et dans quelques produits volcaniques : la potasse existe abondamment dans les végétaux, d'où lui vient le surnom d'*alcali végétal*, c'est surtout le ligneux qui en fournit.

Pour obtenir de la potasse, on lave les cendres des végétaux avec de l'eau chaude; on filtre la solution pour la faire évaporer jusqu'à siccité; on a ainsi une masse plus ou moins colorée, qu'on appelle *salin*; on la met dans des pots, qu'on expose ensuite à un grand feu dans un four, pour brûler ce qui reste de matière végétale non décomposée, comme extractif, etc. On obtient ainsi ce qu'on appelle *cendre de pot*, c'est une potasse plus blanche, plus pure, mais pouvant contenir encore des substances étrangères, comme nous le verrons; c'est ce qui a donné lieu à la distinction de diverses potasses du commerce, par rapport à la richesse en alcali. On doit à M. Vauquelin un très-bon mémoire à ce sujet (*Annales de chimie*, tom. 40) ; la potasse rouge d'Amérique est la plus alcaline; viennent ensuite la potasse blanche de Russie, puis celle de Dantzick.

Nous ne chercherons point à préciser quelles sont les propriétés physiques de la potasse du commerce, elles sont trop variables; quant aux propriétés chimiques, elles rappellent plus ou moins celles de la potasse pure, dont nous allons bientôt parler.

Pour purifier la potasse du commerce, il faut savoir qu'elle est mêlée de carbonate, de muriate et de sulfate de potasse; il s'y trouve de plus de la silice, et quelquefois du fer. Cela étant connu, on commence par faire bouillir la masse dans de l'eau avec de la chaux vive, jusqu'à ce que la solution filtrée ne fasse plus effervescence avec les acides; alors on passe la liqueur à travers un linge très-serré, on a une solution de potasse, privée de son acide carbonique, retenu par la chaux. On peut faire évaporer le liquide à siccité dans un creuset, pour couler ensuite goutte à goutte sur un marbre; la matière se condense et prend le nom de *pierre à cautère*, ou de *potasse purifiée à la chaux*.

Elle peut servir à cet état pour un grand nombre, d'objets; mais voulant la purifier davantage, on la fait fondre dans deux ou trois parties d'alcool à 35°, moyennant une douce chaleur : on laisse ensuite refroidir en repos; il se forme dans la masse trois couches bien distinctes, 1°, au fond se déposent les matières solides, qui accompagnent presque toujours la potasse, tels sont le carbonate de chaux, de l'alumine et de la silice; 2°, au dessus est une solution presque aqueuse des carbonate, muriate et sulfate de potasse ; 3°, dans le haut se trouve une liqueur d'un rouge brun, c'est une solution alcoolique de potasse pure. On enlève cette portion de liquide au moyen d'un syphon pour faire ensuite évaporer à siccité dans une bassine d'argent, ou dans une capsule de porcelaine. On a ainsi la potasse très-caustique ; il se peut qu'elle soit colorée par le carbonne de l'alcool, qui est toujours en partie décomposé : il faut dans ce cas, la dissoudre dans beaucoup d'eau distillée, on filtre pour soumettre de nouveau à l'évaporation.

La potasse purifiée à l'alcool peut être très-blanche, séche, mais attirant fortement l'humidité de l'air et de l'acide carbonique ; ce qui oblige de la maintenir dans des vaisseaux bien fermés. Elle est très-soluble dans l'eau, et cette solution ne donne aucun précipité par l'acide carbonique, ni par la chaux, ni par la baryte : ce qui démontre qu'elle ne contient plus ni silice, ni alumine, ni carbonate, ni sulfate ; enfin, le précipité qu'elle forme dans les dissolutions d'argent, est soluble dans l'acide nitrique ; ce qui prouve qu'elle ne contient point de muriate.

La potasse pure attaque avec énergie les pierres précieuses et les silex, dont elle hâte la fusion au creuset rouge ; il en résulte alors des composés vitreux, mais pour la formation desquels il peut suffire des potasses de commerce.

La potasse pure joint à un très-haut degré des propriétés communes aux alcalis ; sa causticité est si grande, qu'elle détruit et dissout complètement les substances animales ; mais sur-tout la laine et les chairs. Cette action est telle, qu'on n'ose point y avoir recours pour la formation des cautères ; on se borne à l'emploi de la potasse purifiée, à la chaux, à laquelle se trouve souvent unie de la soude, qui agit moins promptement, encore prend-on le soin de n'en mettre que très-peu (quelques grains), sur la partie qu'on veut cautériser.

La potasse purifiée à l'alcool, et desséchée autant que possible, retient toujours de l'eau, environ le quart de son poids ; c'est ce qui a fait dire que c'est un *hydrate de deutoxide de potassium.*

La potasse du commerce est employée à la formation des produits que nous étudierons successivement ; les seuls qui pourraient trouver place ici, sont les *poteries, faïences, porcelaines, émaux, verreries, cristaux,* etc. ; il n'en sera point question, parce que leur étude est trop étrangère à la médecine. Voyez la Chimie appliquée aux arts.

Du Potassium.

La décomposition de la potasse n'est pratiquée, jusqu'à présent, que par l'action du fluide électrique, au moyen de la pile voltaïque (M. Davy), et aussi par le fer, à la chaleur rouge (MM. Thénard et Gay-Lussac).

Dans le premier cas, on creuse un fragment de potasse, on y met du mercure, on place le tout sur une plaque métallique, on met en rapport le fil vitré de la pile avec la plaque, et le fil résineux avec le mercure. Le courant de fluide électrique ayant lieu, il arrive que la potasse est décomposée, son oxigène se porte au pôle vitré, tandis que le potassium démeurant au pole résineux , se combine au mercure , qu'on en sépare ensuite par la distillation.

L'autre procédé , maintenant plus usité parce qu'on peut opérer sur de plus grandes masses , consiste à faire passer de la potasse fondue , mais peu à peu, à travers de la tournure de fer maintenue au rouge, dans un canon de fusil qui traverse , à cet effet , un fourneau à réverbère. (Voyez, pour plus de détails , des Traités de Chimie plus étendus.) Le fer s'oxide, et le potassium libre se volatilise ; on le recueille à sec dans un récipient pour le conserver ensuite sous de l'huile de naphte. Cette opération est toujours longue et très - dispendieuse , malgré que la potasse ait pu donner le quart en poids de son métal.

Le *potassium* est solide , mais flexible, cédant à une légère pression , offrant dans sa coupure un aspect très-lisse et brillant, une couleur blanche qui se ternit promptement à l'air ; il est beaucoup plus léger que l'eau , et lui surnage ; il pèse 0,865 à la température ordinaire ; il se fond à 60° : chauffé au rouge , il se volatilise en vapeurs verdâtres ; il se combine à l'oxigène et donne trois oxides bien distincts.

1° *Protoxide*, qui est bleuâtre , terne ; alcalin et caustique ; il porte dix d'oxigène , sur cent de métal.

2° *Deutoxide*; il est blanc , c'est la potasse pure, moins l'eau qui l'accompagne toujours; nous en avons fait l'histoire. Cet oxide est formé de potassium 100, oxigène 20.

3° *Tritoxide* ; il est moins connu : on regarde comme tel la couche jaune verdâtre , qui recouvre le potassium , et aussi les vapeurs qui donnent ce métal, quand on le chauffe très-fortement.

Le *potassium* décompose l'eau ; pour cela, il suffit de le jeter en petits fragmens sur ce liquide à la surface duquel il surnage ; il tourne aussitôt , et s'agite avec rapidité en produisant de petites explosions ; il s'oxide , et donne lieu au dégagement de l'hydrogène , qui brûle alors avec flamme , car la décomposition de l'eau dans ce cas est accompagnée de lumière et de calorique.

De la Soude.

L'histoire de cette substance a beaucoup de rapport à celle de la potasse , c'est aussi un oxide métallique.

Il n'existe point de *soude* pure dans la nature , elle s'y trouve toujours à l'état salin mêlé aux terres ou dans les eaux de la mer et de plusieurs fontaines , sulfate , muriate , carbonate et borate ; mais ces produits sont employés tels qu'ils se présentent ; il n'est point ordinaire de les détruire , pour en séparer la soude qu'ils contiennent , on préfère obtenir cet alcali des plantes maritimes , des varechs , salsola soda , etc. Pour cela , on brûle ces végétaux ; on en recueille les cendres qu'on traite absolument comme il a été dit pour la potasse , en faisant succéder les uns aux autres les mêmes moyens de purification.

Nous dirons seulement que la soude brute offre des variétés , et qu'entre toutes on préfère celle qui nous vient d'*Alicante*.

La soude purifiée à la chaux n'est d'aucun usage particulier.

Celle qui a été traitée par l'alcool est plus colorée que la potasse ; elle peut être rosée ou jaunâtre , altérant moins l'humidité de l'air que l'autre alcali , mais fixant plus promptement l'acide carbonique. Du reste, les propriétés sont si semblables, qu'il est difficile de ne pas confondre ces corps ensemble : voici les points de distinction.

La potasse précipite en jaune les solutions de platine, ce qui n'a point lieu pour la soude. De plus, le sous-carbonate de cette dernière est efflorescent, c'est-à-dire, qu'il perd son eau et se dessèche à l'air ; tandis que le sous-carbonate de potasse est déliquescent, s'humecte et se liquéfie, même par la seule exposition à l'air.

La soude, comme la potasse, fait partie constituante d'un grand nombre de composés, desquels nous devons traiter ; elle donne aussi des poteries et verreries, mais qui ne doivent point nous occuper.

Du Sodium.

Les mêmes chimistes qui sont parvenus à obtenir le potassium, ont obtenu le *sodium* par les mêmes procédés, ce qui nous dispense de les rappeler ; il devra suffire de signaler que l'extraction de ce dernier métal offre plus de difficultés, elle est plus longue et plus coûteuse.

Ce qu'il est très-important de savoir, c'est que, pour obtenir plus abondamment et plus promptement le sodium, il faut ajouter un peu de potasse à la soude employée ; on obtient, à la vérité, un mélange des deux métaux ; mais il paraît qu'on peut en séparer le sodium à l'état d'oxide, en laissant la masse dans de l'huile de naphte, pourvu qu'il y ait accès à l'air. C'est-à-dire que ce liquide ne garantit que le potassium de l'oxidation.

Le sodium est plus pesant que le potassium ; il est moins volatil et plus oxigénable ; mais sans produire autant de chaleur ni de lumière, de sorte qu'il décompose l'eau sans produire de l'inflammation de l'hydrogène qui se dégage.

Il y a aussi trois oxides de sodium.

1° Le *protoxide* qui porte vingt d'oxigène sur cent de métal ; il est toujours artificiel, on n'en fait aucun usage.

2° Le *deutoxide*, c'est la soude pure dont nous avons parlé ; il s'y trouve 33 d'oxigène.

3° Le *tritoxide*, il est sans usage et paraît contenir oxigène 67.

C'est de la soude du commerce qu'on retire l'iode, substance nouvellement découverte ; c'est maintenant qu'il est utile d'en faire l'histoire.

De l'Iode.

Sa découverte est due à M. Courtois, qui l'a ainsi nommée du grec à cause de sa couleur violette. L'*iode* se retire toujours des eaux mères de la soude fournie par les varechs, surtout par le *fucus saccharinus*.

Pour opérer, on concentre les eaux mères, et on les traite à la cornue par l'acide sulfurique ; l'iode alors séparé de ses composés, se volatilise et vient se condenser contre les parois supérieures du vase, ou dans le récipient, sous la forme de petites lames bleuâtres ou violettes cristallines, qu'on obtient pures en les lavant avec de l'eau un peu chargée de potasse.

L'*iode*, obtenu comme il vient d'être dit, est solide en paillettes ou lamelles, d'une odeur peu prononcée, pesant quatre fois plus que l'eau; il détruit les couleurs bleues végétales, colore momentanément la peau et le papier en jaune.

L'iode se fond à 107 degrés centigrades, il se volatilise à 175°. Ce corps traité par la pile, se porte comme l'oxigène au pole vitré.

On ne fait aucun usage de cette substance; on sait que son action sur l'économie animale est très-vive, et telle que, si on en avale un gros, il y a ulcération de l'estomac, ce qui entraîne une mort prompte.

Il existe un assez grand nombre de composés d'iode; ils sont loin d'offrir tous assez d'intérêt et d'utilité pour devoir nous occuper ; il suffira que nous parlions succinctement des principaux.

De l'Acide iodique.

Nouveau produit qui s'obtient en faisant passer de l'oxide de chlore sur de l'iode ; l'acide indiqué se forme aussitôt, mais il se trouve être mêlé à du chlorure d'iode, qu'on volatilise ensuite en élevant la température; ce qui reste est l'acide iodique : il offre un corps solide, blanc, demi-transparent, sans odeur, très-pesant, d'une saveur âcre et caustique. *L'acide iodique* rougit les couleurs bleues végétales et finit par les détruire; chauffé seul, mais fortement, il se décompose; il en est de même avec les corps combustibles, et alors il peut y avoir détonation. Cet acide est très-soluble dans l'eau, il est déliquescent, ce qui oblige à le maintenir dans un air sec. Son seul usage est de donner à la chimie quelques composés encore peu connus, dont nous indiquerons l'existence en traitant des sels.

De l'Acide hydriodique.

Cet acide, dont nous devons la connaissance à M. Gay-Lussac, est formé d'iode et d'hydrogène.

Il est plusieurs moyens d'obtenir ce produit, le plus simple et le plus usité consiste à faire passer du gaz hydrogène sulfuré dans une éprouvette contenant de l'eau et de l'iode; il se dépose du soufre à mesure qu'il se forme de l'acide hydriodique, lequel reste dans la liqueur qu'on obtient par la filtration; il est bien de la faire légèrement chauffer pour en séparer l'excès d'hydrogène sulfuré qui peut s'y trouver.

L'*acide hydriodique* peut être gazeux, incolore, d'une odeur d'acide muriatique, d'une saveur acide et âcre; il pèse quatre fois plus que l'eau, il rougit le tournesol, éteint les bougies allumées.

Cet acide liquéfié par l'eau peut être concentré par l'évaporation, mais à la longue il s'altère et brunit, ce qui est dû à l'oxigène de l'air; une partie de l'acide étant décomposée, l'iode libre se dissout dans l'acide restant; tous les corps oxigénés le décomposent et conséquemment l'*acide iodique*, lequel alors se décompose lui-même.

L'*acide hydriodique* est sans usages; il paraît être formé d'iode 100, et d'hydrogène 0,849.

De l'Ammoniaque.

C'est un composé d'azote et d'hydrogène, autrefois nommé *alcali volatil fluor*, et *esprit de sel ammoniaque*, maintenant appelé *hydrure d'azote*, ou *hydrogène azoté*.

L'ammoniaque

L'ammoniaque n'existe point pur dans la nature, il ne s'y trouve qu'à l'état de combinaison ; il est possible d'en former de toutes pièces par la réunion de l'hydrogène à l'azote, mais avec certaines conditions difficiles à remplir, et qu'il n'est pas utile de rapporter ici, parce qu'on n'obtient jamais cet alcali par ce moyen : on a toujours recours au sel ammoniaque, (muriate ou hydro-chlorate), que l'on trouve tout formé, ou qu'on prépare à peu de frais dans les arts.

Pour opérer, on fait chauffer dans une cornue de grès lutée, un mélange à parties égales de *chaux vive* et de *muriate d'ammoniaque*, le tout en poudre fine. On adapte une alonge à la cornue, puis un tube large qui va se rendre sous une cloche pleine de mercure; on a le soin de bien luter les jointures d'appareil, on ne tarde point à obtenir un gaz qui est l'ammoniaque recherché : son dégagement a pu être sensible pour l'opérateur, au moment même du mélange des poudres, car on sent alors une odeur vive, pénétrante, qui ne tarderait point à suffoquer, si on devait la respirer pendant long-temps.

Le gaz ammoniacal obtenu est invisible, permanent, d'une odeur forte, piquante, insupportable et dite urineuse, d'une saveur âcre et caustique ; il est plus léger que l'air atmosphérique, il réfracte fortement la lumière et n'est point altéré par elle; il se dilate par le calorique, verdit promptement les violettes, il est impropre à la respiration, à la combustion, il peut tuer les animaux.

L'air est sans action sur le gaz ammoniacal, il ne fait que l'étendre et le diviser; la chaleur rouge suffit pour décomposer ce gaz en azote et hydrogène, on peut hâter cette décomposition par l'oxigène. L'inflammation du mélange de ces gaz donne lieu à une détonation.

L'eau absorbe promptement le gaz ammoniacal ; il en résulte ce qu'on appelle ammoniaque liquide, c'est même à cet état de solution qu'on obtient d'ordinaire cet alcali et qu'on le conserve dans les pharmacies ; c'est pourquoi il est d'usage d'ajouter à la cornue, des tubes qui vont se rendre dans des flacons à moitié remplis d'eau, comme il a été dit, en traitant du chlore ; il est utile de laver le gaz ammoniacal, en le faisant passer dans une très-petite quantité d'eau que doit contenir le premier flacon ; après quoi, il passe par des tubes de communication dans des récipiens ultérieurs. L'eau dissout d'autant plus de cet alcali, que la température est plus basse ; c'est pourquoi il est bien de plonger les flacons dans de la glace fondante, qu'on renouvelle à mesure qu'il en est besoin, ce qui est fréquent, car la condensation du gaz fournit beaucoup de calorique. L'eau peut dissoudre la moitié de son poids d'ammoniaque, elle prend alors beaucoup plus de volume et de légèreté.

Quand la saturation est complète, le liquide marque 28° à l'aréomètre de Baumé ; mais dans les pharmacies, l'ammoniaque liquide ne pèse guère plus que 23°.

L'ammoniaque liquide a toutes les propriétés du gaz ammoniacal ; de plus, il se prend en gelée à un froid de 32° (Guyton-Morveau, Fourcroy et M. Vauquelin); quoique liquide, cet alcali a une grande action sur la peau ; il en résulte d'abord sentiment de froid, puis rubéfaction et ensuite vésication. Exposé à un feu doux, ce liquide laisse dégager du gaz ammoniacal.

C'est aux travaux de Priestley et de Berthollet, que nous devons la connaissance de la composition de l'ammoniaque : voici ce qu'il y a de plus remarquable à ce sujet.

1° Si on fait passer sous une cloche (cuve à mercure) volume égal d'ammoniaque et de chlore (acide muriatique oxigéné), il arrive aussitôt formation de vapeurs blanches ; avec dégagement de lumière ; il y a en outre production de muriate d'ammoniaque en une couche blanche qui tapisse la cloche, il reste un résidu gazeux, qui est de l'azote pur. Ces phénomènes s'expliquent en disant qu'une partie de l'ammoniaque est décomposée ; son hydrogène forme avec le chlore de l'acide hydro-chlorique, lequel se combine ensuite à la portion d'alcali non altérée, d'où résulte le sel qui tapisse le vase : quant à l'azote, il reste libre.

2° On peut encore faire passer de l'ammoniaque liquide dans un long tube à travers une solution de chlore, le premier corps est décomposé, mais sans production de lumière, et l'azote libre se montre à la surface du liquide. Quant au muriate formé, il reste en solution. Nous avons signalé cette expérience comme l'un des moyens d'obtenir de l'azote très-pur. Au lieu d'agir ainsi, on peut faire arriver le chlore par des tubes dans des flacons, qui doivent contenir de l'ammoniaque liquide ; on termine l'appareil par une cloche qui sert à recevoir l'azote. Il peut arriver dans tous les cas, qu'il y ait un faible dégagement de lumière seulement sensible dans l'obscurité.

Quand on considérait le chlore comme acide muriatique oxigéné, on expliquait tous ces phénomènes, en admettant que l'oxigène de l'acide se portait sur l'hydrogène de l'ammoniaque, d'où résultait également acide muriatique simple, formation de muriate et séparation de l'azote.

3° D'un autre côté, il est important de savoir que si on traite l'étain, le zinc ou le fer par l'acide nitrique, il y a en même temps décomposition de l'acide et de l'eau ; ce qui met à nu de l'hydrogène et de l'azote : il en résulte de l'ammoniaque, et par suite du nitrate de cette base mêlé aux nitrates des métaux indiqués.

L'ammoniaque est formé d'hydrogène 19 et d'azote 81.

Cet alcali est un puissant stimulant des tissus animaux, on s'en sert en frictions et par application, mais seulement sur des parties non dénudées. Il en résulte rougeur et souvent formation d'ampoules, de phlictènes, ce qui en fait rechercher l'emploi, comme vésicant, sur-tout depuis que M. le docteur Gondret en a si bien démontré l'utilité dans un Mémoire à ce sujet.

On fait respirer de l'ammoniaque, mais avec réserve, dans les cas de défaillance, de syncope, ou même d'asphyxie ; son excès peut être très-nuisible en enflammant la membrane pituitaire ; il faut surtout éviter d'en laisser tomber sur les lèvres, ou dans la bouche. C'est encore avec plus de précaution qu'on en fait prendre intérieurement ; on le mêle alors à des liquides peu actifs, à la dose de dix à vingt ou trente gouttes, dans des potions appropriées. Ce médicament convient aussi pour porter à la peau, entretenir ou augmenter la transpiration, ce qui fait qu'on y a recours dans le début des fièvres éruptives.

On emploie encore l'ammoniaque à laver les morsures ou piqûres d'animaux venimeux, pour en arrêter les suites fâcheuses ; il s'opère alors une sorte de cautérisation.

Cet alcali, étant avalé pur, peut causer la mort en cautérisant et détruisant les parties qu'il touche : on en arrête l'action par l'huile d'olives ou d'amandes douces, qui s'unit à l'alcali, le neutralise et forme une espèce de savon.

Étant étudiées, les substances dites *terreuses* et *alcalines*, il entre dans notre plan de présenter les composés, provenant de la combinaison des corps simples, avec le phosphore, le soufre et le chlore ; ce qui nous donne les *phosphures*, *sulfures* et *chlorures*.

Des Phosphures.

Produits de la combinaison du phosphore avec les corps simples, mais principalement avec les bases salifiables ; ils ne sont d'aucun usage dans les arts ni en médecine, ce qui diminue de beaucoup leur importance pour nous.

Il existe un grand nombre de ces composés, ce qui fait qu'on les distingue en métalliques, et non métalliques. Nous ne parlerons des premiers qu'à l'occasion des métaux qui les forment ; voyons maintenant les autres.

Entre ces derniers, il y en a peu qui devront fixer notre attention.

Ils s'obtiennent en général comme il suit :

On prend un tube en verre, fermé en bas; on y met une partie de phosphore, qu'on recouvre avec la substance qui doit s'y unir, c'est le plus souvent de la chaux, de la baryte ou de la strontiane.

Ces terres doivent être un peu tassées; on les fait chauffer, d'abord en plaçant convenablement le tube entre les charbons; ce n'est qu'ensuite qu'on fait fondre le phosphore, lequel se volatilisant, traverse la masse occupant les parties supérieures, et s'y combine.

Pour que l'opération réussisse bien, le tube doit être terminé supérieurement en capillaire; il arrive toujours qu'il se dégage du phosphore qui brûle alors avec flamme. On doit chauffer jusqu'à ce qu'il ne se dégage plus rien.

Il reste une masse glutineuse à demi-fondue, ordinairement grisâtre ou brune.

Les *phosphures secs* sont sans odeur sensible; ils s'altèrent à l'air, s'humectent et se changent en phosphites; jetés dans l'eau, ils s'y décomposent plus promptement, et donnent des bulles d'hydrogène phosphoré s'enflammant à l'air.

C'est le *phosphure de chaux*, qu'on prépare le plus fréquemment, et son seul usage étant de servir à la formation de l'hydrogène phosphoré, par la décomposition de l'eau, on trouve plus court de le faire en chauffant ensemble un mélange de chaux, de phosphore et d'eau.

Le *phosphore de chaux* humecté passe à l'état de *phosphore hydrogéné*, qui s'enflamme quand on le traite par le *chlore*.

Les *phosphures* de *carbone*, de *soufre*, *d'iode* et de *chlore*, sont absolument sans usage.

Ceux de *baryte* et de *strontiane* peuvent remplacer celui de *chaux*.

La *potasse* et la *soude* ne donnent point de phosphure pur, mais seulement des phosphures hydrogénés, avec dégagement d'hydrogène phosphoré.

(On fait chauffer dans une fiole, phosphore, une partie, potasse ou soude, trois, plus un peu d'eau).

Des Sulfures.

On nomme ainsi les produits de la combinaison du soufre avec les bases salifiables ; on leur donne aussi le nom générique de *foie de soufre*. Chaque base jouit d'une affinité particulière pour le soufre, et en raison de cela, les sulfures alcalins peuvent être décomposés par quelques terres.

Depuis les nouvelles connaissances que l'on croit avoir des substances terreuses et alcalines, on met la nature des sulfures en question ; car on ignore encore, par exemple, si c'est l'oxide de potassium qui s'unit au soufre, ou seulement le potassium pur, qui alors aurait perdu son oxigène ; dans le premier cas, on aurait un oxide sulfuré ; tandis que dans le second, ce serait, à proprement parler un sulfure; enfin il est admis comme possible, qu'un oxide ait besoin de perdre une partie de son oxigène pour s'unir au soufre, mais il n'y a point encore d'expérience décisive à ce sujet.

Les sulfures doivent être obtenus par la voie séche pour cela, on fait fondre à une douce chaleur la base et le soufre dans des vases clos.

On ne prépare guère que les sulfures de *potasse*, de *soude*, de *chaux*, de *baryte* et de *strontiane* ; c'est le premier qui est le plus usité : on fait aussi quelqu'usage du sulfure de chaux; mais on ne se sert point des autres, on en tient seulement compte, comme produits possibles des substances qui les forment.

Les *sulfures terreux et alcalins* attirent l'humidité de l'air; ils sont sans odeur étant secs, mais s'ils s'humectent, ils deviennent infectes et laissent dégager de l'hydrogène sulfuré, lequel provient de ce que l'eau absorbée est en partie décomposée; ils sont diversement solubles et s'altèrent plus ou moins à un grand feu; ils sont tous entièrement détruits par les acides. Voyons en particulier les deux seuls sulfures usités:

Sulfure de potasse, dit *Foie de soufre alcalin*.

Pour l'obtenir, on fait liquéfier à un feu doux, dans une terrine vernissée, une partie de soufre et deux de potasse caustique; on se contente souvent de prendre de la potasse rouge dite d'Amérique, ou de la potasse dite perlasse du commerce; on couvre le vase pour empêcher que le soufre ne puisse brûler par le contact de l'air; la fusion ayant eu lieu, l'opération est achevée; on verse le mélange sur un marbre où il se condense: on l'enferme ensuite dans un vase qui bouche bien. Ce sulfure est ordinairement très-dur, cassant, pulvérisable, d'un rouge brun ou jaunâtre, d'une saveur âcre très-désagréable, il détruit beaucoup de couleurs végétales.

On ne fait aucun usage de ce sulfure; mais on emploie les composés qui résultent de son altération par certains corps; ainsi on en fait fondre dans de l'eau pour constituer des *eaux sulfureuses*, dont nous avons déjà indiqué l'emploi en traitant de l'hydrogène sulfuré : il arrive alors qu'il se forme un sulfite ou sulfate de potasse, ou seulement un hydro-sulfate, selon que le métal est considéré comme oxidé ou non dans l'alcali ; dans tous les cas, il y a dégagement d'hydrogène sulfuré : quant à ce qui prend le nom de sulfure hydrogéné, c'est toujours ce qui reste en suspension visible ou invisible dans l'eau, où l'on a délayé un sulfure ; autrement dit, c'est l'ensemble des produits indiqués ; mais non encore bien précisés.

Au reste, nous ferons, à l'occasion des sels, des articles séparés pour les *sulfites sulfurés* et les *hydro-sulfates*, auxquels il faut rapporter ce qu'on appelle *sulfures hydrogénés*.

Le *sulfure de potasse* entre dans quelques pommades dites antipsoriques, employées contre les dartres, etc.; la dose est si variable, que nous ne chercherons point à la préciser. On donne aussi ce sulfure à l'intérieur en pilules, mais en très-petite quantité (quelques grains), car c'est un puissant stimulant qui peut causer la mort.

Le *sulfure de soude* s'obtient absolument comme le précédent ; ses propriétés sont les mêmes, on ne s'en sert point, il se comporte avec l'air, l'eau et les acides, comme celui de potasse.

Les *sulfures de chaux*, de *strontiane* et de *baryte* ne méritent point de fixer notre attention, on les obtient comme il a été dit des sulfures en général ; ils sont aussi altérables par l'eau, mais les produits qui résultent dans ce cas, de leur transformation, sont insolubles dans ce liquide, et s'y déposent en une poudre blanchâtre.

Des Chlorures.

Composés nouvellement indiqués, mais dont l'existence n'est point encore avouée de tous les chimistes: plusieurs les considèrent comme des *muriates privés d'eau*, tandis que d'autres les donnent comme *résultat de l'union possible du chlore sec avec les bases.*

D'après cette dernière manière de voir, qui paraît la plus accréditée, quoique la plus nouvelle, nous dirons qu'on peut obtenir ces produits :

1° En faisant passer du chlore sec dans un tube de porcelaine chauffé au rouge, et contenant des bases magnésie, chaux, strontiane, baryte, potasse ou soude.

2° On verse des métaux pulvérisés dans du chlore sec, il peut y avoir dégagement de calorique et de lumière.

3° Par divers jeux d'affinités, quand on met certaines substances dans les solutions d'*hydro-chlorates*, comme il sera dit en son temps.

4° Enfin, par la seule exposition au feu des hydrochlorates, lesquels perdent non seulement leur eau, mais encore celle qui se forme par l'union de l'oxigène des oxides de ces sels avec l'hydrogène de l'acide.

Entre les chlorures, il en est qui ne sont point solubles dans l'eau ; ils n'altèrent point ce liquide et ne changent point eux-mêmes de nature ; mais d'autres, et c'est le plus grand nombre, s'y dissolvent en la décomposant, et passent à l'état d'*hydro-chlorates*, parce que le métal prend l'oxigène de l'eau, dont l'hydrogène s'unit au chlore.

On ne fait aucun usage des *chlorures* qui participent des bases que nous avons étudiés ; c'est pourquoi nous n'en dirons rien de particulier : quant à ceux formés des substances que nous étudierons ; il devra en être alors plus longuement question.

DES SELS.

On appelle ainsi les produits de la combinaison des acides avec les bases.

On distingue les sels sous divers rapports :

1° Relativement aux bases en *sels terreux, alcalins* et *métalliques ;* mais si tous ces corps, moins l'ammoniaque, sont formés d'un métal, il ne faut plus admettre que deux sortes de sels, savoir :

 ammoniacaux ;

 métalliques.

2° Ayant égard aux acides, on dit,

 sels minéraux ,

 sels végétaux.

Ces distinctions ne sont pas rigoureuses, il n'en faut pas tenir un grand compte.

Chaque sel a un nom composé de deux mots ; le premier exprime la nature de l'acide, il se termine en *ate* ou en *ite ,* suivant que le nom de l'acide qui le forme est lui-même terminé en *ique* ou en *eux ;* le second mot indique la base ; ainsi les acides sulfu*rique,* nit*rique ,* phosphor*ique,* donnent des sulf*ates ,* nit*rates* et phosph*ates ,* tandis que les acides sulfur*eux ,* nitr*eux* et phosphor*eux ,* donnent des sulf*ites ,* nit*rites* et phosph*ites ;* on dit ensuite *sulfate* ou *sulfite* de *potasse ,* de *soude ,* etc., selon la base fixée par l'acide.

Le nombre des sels est très-grand, et d'autant plus,

que le même acide peut se combiner en diverses proportions avec une même substance, d'où résulte qu'on distingue des sels :

1° *Avec excès d'acide.*

2° *Avec excès de base.*

3° *Neutre.*

Il se peut en outre, qu'un acide se combine en même temps à deux ou trois bases au lieu d'une; ce qui fournit des *sels simples*, des *sels doubles* et des *sels triples*.

Les *sels avec excès d'acide* sont désignés en faisant précéder leur nom du mot *sur;* ainsi on dit, *sursulfate de potasse*, etc.

On reconnaît ces sortes de sel, à ce qu'ils se comportent comme leur propre acide avec les réactifs; ils sont d'une saveur aigre ou âpre, ils rougissent le tournesol, etc.

Les *sels avec excès de base* sont distingués par le mot *sous*, qui précède leur nom, ce qui fait dire *souscarbonate de soude*, etc. Leur caractère est de se conduire, comme la base qui les forme, avec les réactifs; ils sont plus ou moins caustiques, et verdissent le sirop de violettes, brunissent le curcuma, etc.

Les *sels neutres* gardent leur nom franc; ainsi, *sulfate de magnésie*, etc. Ils sont sans action sensible sur les réactifs, qui servent à reconnaître les deux sortes de sels précédens.

Ce qu'on appelle improprement *efflorescence* des sels, consiste dans la faculté qu'ont plusieurs de ces composés de perdre leur eau à l'air; ils se couvrent alors d'une poussière blanche, et perdent le plus souvent leur forme; ils deviennent pulvérulens; leur action est, dans ce cas, plus grande ; ce qui fait qu'on ne les administre qu'à moindre dose.

Ce qu'on appelle *déliquescence* des sels, consiste dans la faculté qu'ont plusieurs de ces composés d'attirer fortement l'humidité de l'air et de se liquéfier ; ils sont alors moins actifs.

Les *sels* sont de solubilité très-variable. Il en est qui peuvent se fondre dans une demi-partie d'eau, d'autres qui en exigent plus de mille ; on dit pour ces derniers qu'ils sont *insolubles* ; ceux-ci sont en général sans saveur, tandis que les autres sont très-sapides ; ils peuvent être âcres ou même caustiques.

Les *solutions salines* saturées n'entrent que difficilement en ébullition ; elles exigent plus de 100° de température ; l'eau peut retenir plus, d'un sel, à chaud qu'à froid ; c'est ce qui fait qu'il s'en précipite par le refroidissement ; il se peut que le précipité offre un arrangement symétrique des molécules : on dit alors qu'il y a *cristallisation*.

Il y a des soins à prendre pour favoriser la *cristallisation des sels* ; nous n'entrerons point dans de grands détails à cet égard, parce qu'on sait maintenant que chaque sel n'a point, comme on l'a cru, sa manière propre de cristalliser ; il en est un grand nombre qui peuvent prendre diverses formes cristallines.

En général, pour avoir des cristaux ordinaires, il faut que les solutions soient saturées, et qu'elles refroidissent lentement dans des vases ouverts ; il reste toujours du liquide libre ; c'est ce qui constitue ce qu'on appelle *eau mère*, qui peut donner encore des cristaux en la faisant évaporer pour en séparer un excès d'eau.

M. Leblanc a donné un très-bon moyen d'avoir des cristaux d'un grand volume; pour cela, on a une solution chaude et saturée d'un sel; on la met dans un vase à fond plat, qu'on expose au froid dans un lieu où l'air est tranquille; on choisit entre les premiers cristaux formés ceux plus réguliers pour les placer à froid dans une nouvelle solution semblable à la première; on les retourne de temps en temps si on veut qu'ils grossissent également sur toutes les faces. On ne tarde point à voir l'effet se produire, ce qui peut être indéfini si on reporte fréquemment les cristaux dans des solutions saturées.

Les sels cristallisés contiennent de l'*eau*, qui est dite de *cristallisation*; elle peut former la moitié en poids de la substance saline.

C'est en mêlant certains sels avec de la glace, qu'on peut obtenir de très-grands froids (58°), comme nous le verrons en parlant de plusieurs d'entre eux.

Le plus grand nombre des sels est susceptible d'éprouver, par l'action du calorique, ce qu'on appelle *fusion aqueuse* et *fusion ignée*. Dans le premier cas, le sel se fond dans son eau de cristallisation; dans le second, il reste fondu, même étant sans eau, c'est alors par la seule action du feu.

Tous les sels peuvent être décomposés par le fluide électrique, pourvu qu'ils soient humides ou en solution.

Les acides et les bases ont aussi la faculté de décomposer les sels, ce qui est souvent mis à profit.

Enfin les sels réagissent les uns sur les autres, et donnent lieu à un grand nombre de phénomènes, comme il sera dit.

L'immensité des composés salins a conduit à en former des *groupes* qu'on appelle *genres*, lesquels ont pour caractères la nature de l'acide qui les forme. Ainsi tous les sels qui peuvent résulter de la combinaison de l'acide sulfurique avec les bases, constituent *le genre sulfate*, etc. Il y a donc autant de genres qu'il y a d'acides ; quant aux *espèces*, elles sont déterminées par la nature de la base unie à l'acide.

Nous classerons les genres de sels dans l'ordre que nous avons adopté pour l'étude des acides.

Il ne sera maintenant question que des sels formés des bases connues, nous réservant de parler ailleurs des sels métalliques et de ceux formés par les acides végétaux.

Nous commencerons toujours l'étude d'un genre de sels en indiquant les caractères du genre; quant aux caractères des espèces, ils rentrent dans l'histoire de chaque individu salin.

Nous ne devrons point nous occuper également de chaque espèce de sel ; il devra en être pour ces sortes de composés comme il en a été pour les bases qui les forment, c'est-à-dire, que plusieurs mériteront à peine de fixer notre attention, et c'est une conséquence de ce qui a eu lieu jusqu'ici, car, s'il y avait des sels importans de silice, de zircone ou d'yttria, il eût été indispensable de traiter plus longuement de chacune de ces terres.

Des Borates.

Ce genre de sels a pour caractère de se vitrifier au feu. Ils sont inaltérables à l'air, ils sont tous solubles, surtout s'ils portent un grand excès de base; ils sont décomposés au feu par l'acide phosphorique, et dans leur solution chaude, par le sulfurique. Il résulte dans ce dernier cas précipitation de *l'acide borique*, déjà indiqué.

Il y a très-peu de borates qui méritent d'être étudiés. On ne trouve dans la nature que les *sous-borate* de *soude* et de *magnésie*. Les autres se font artificiellement, et encore sont-ils très-peu connus ; leur usage est nul dans les arts, en chimie et en médecine. C'est ce qui nous dispense d'en parler longuement.

Les borates de *silice*,

— d'*alumine*,

— de *zircone*,

— d'*yttria*,

— de *glucine*,

s'obtiennent par la calcination de ces terres avec l'acide borique ; ils sont inslubles, on ne s'en sert point.

Borate de Magnésie.

On trouve près de Lunebourg, des cristaux cubiques peuvant être opaques ou transparens ; ils sont très-remarquables, en ce qu'étant chauffés, ils peuvent s'électriser en même temps de deux manières, c'est-à-dire, que sur huit points, quatre sont électrisés vitreusement, et les quatre autres résineusement (Orfila).

Les

Les *borates* de *chaux*,

    — de *baryte*,

    — de *strontiane*,

    — de *potasse*,

ne sont que des produits de l'art, qu'on obtient le plus souvent au feu : ils sont sans intérêt pour nous.

Sous-borate de soude.

Ce sel, toujours avec excès de base, est connu dans le commerce et dans les arts, sous le nom de *borax* et de *crysocole*; il en existe beaucoup en Asie et au Thibet, dans les Indes et en Chine; il forme le limon de quelques lacs en Toscane, on le recueille très-impur, c'est ainsi qu'on nous l'envoie, portant alors le nom de *tinckal* : on le purifie en le faisant bouillir dans de l'eau avec de la chaux et de l'argile, qui en séparent une matière onctueuse et grasse; on clarifie ensuite la solution avec des blancs d'œufs ou autres corps albumineux, on filtre, et on fait évaporer pour porter à la cristallisation.

Les cristaux obtenus peuvent être gros, mais rarement bien prononcés; ils sont opaques, blancs, un peu efflorescens, solubles dans deux parties d'eau à chaud, et dans six ou huit à froid; l'odeur est nulle, mais la saveur est âcre et caustique : ce sel verdit fortement le sirop de violettes, et rougit le curcuma.

On emploie beaucoup le borax dans les arts, comme fondant, pour hâter la soudure des métaux, dont il prend et retient les parties oxidées.

Le *borax* s'unit aux oxides métalliques par la fusion, et donne ainsi des *verres colorés*.

On emploie ce sel en chimie pour avoir *l'acide bo-*

rique. On s'en sert en pharmacie pour avoir la crême de tartre, plus soluble, comme il sera dit en traitant de ce dernier corps.

On a conseillé l'usage du *borax* à l'intérieur, comme fondant les engorgemens de la matrice, et aussi à l'extérieur, comme excitant contre les aphtes, ulcères, etc., mais on n'y a plus recours.

Le *sous-borate de soude* contient, selon Kyrwan, acide 34, soude 17, eau 47.

Sous-borate d'ammoniaque.

C'est un produit de l'art; on l'obtient par la voie humide. Il est soluble, cristallisable, mais s'altérant à l'air. Il a une saveur piquante, urineuse; il verdit le sirop de violettes.

On n'en fait aucun usage.

Des Carbonates.

Tous les sels de ce genre sont décomposables à froid, et avec effervescence par le plus grand nombre des acides connus; les *carbonates* sont aussi décomposés au feu, excepté ceux de potasse, de soude et de baryte, qui résistent à ce moyen, quand ils sont secs.

Voyons les carbonates en particulier.

Il n'y a point de *carbonate* de *silice*.

Les *carbonates* de *zircone*,

— d'*alumine*,

— d'*yttria*,

— de *glucine*,

sont artificiels, et ne s'obtiennent que par double décomposition, c'est-à-dire, en versant une solution de carbonate soluble dans un autre sel soluble de ces terres. Le nouveau produit se précipite; il est toujours insoluble.

Ces carbonates sont décomposables au feu.

On n'en fait aucun usage.

Sous-carbonate de magnésie.

Black est le premier qui en ait parlé. On trouve ce sel natif en masses blanches dans le département du Pô; mais alors mélangé à des terres, il en existe de cristallisé près de Turin (Castella-Monté). Ce sel, aussi nommé *poudre du comte de Palme*, s'obtient, au moyen de l'art, comme il suit. On décompose une solution de sulfate de magnésie par le carbonate de potasse; il se forme un sulfate alcalin, et du *carbonate magnésien*, lequel se précipite, parce qu'il est insoluble. Il offre une poudre blanche, d'autant plus légère, qu'on a opéré avec des solutions plus étendues d'eau; on le recueille sur un filtre, et on fait dessécher.

Le *sous-carbonate de magnésie* est préparé en grand en Russie, en Allemagne, en Angleterre, d'où on nous l'envoie en gros pains carrés, très-blancs, légers, friables, inaltérables à l'air. On s'en sert en médecine pour neutraliser les acides qui se forment ou qui sont portés dans les premières voies ; on en donne aux jeunes enfans dix à trente grains mêlés à de l'eau sucrée, à de la bouillie, etc. La dose est double pour les adultes; on en mêle au sucre pour en faire des tablettes : c'est un antidote contre les poisons acides ; et, dans ce cas, on en peut faire prendre arbitrairement.

12 *

Le carbonate de magnésie contient, selon Four-croy, base 25, acide 50, eau 25.

C'est en calcinant ce sel qu'on obtient la magnésie pure.

Carbonate neutre de magnésie ; il résulte de ce qu'on peut fixer une plus grande quantité d'acide sur le *sous-carbonate de cette terre.* Ce nouveau sel est cristallisable, transparent, peu soluble et décomposable au feu. Il est sans usages.

Sous-carbonate de chaux.

Il est abondamment répandu dans la nature sous la forme de *craie de spath d'Islande.* Les *marbres,* les *coquilles* et diverses concrétions en sont entièrement formées ; le marbre blanc est regardé comme offrant ce carbonate assez pur : on s'en sert en conséquence. On trouve encore ce sel dans des eaux courantes, où il est maintenu en solution par un grand excès d'acide, lequel se perdant par une longue exposition de ces eaux à l'air, donne lieu à l'épaississement du liquide, et à la précipitation des *sous-carbonates,* avec des formes et une densité variées, selon les circonstances qui ont accompagné cette précipitation. C'est à ces phénomènes qu'il faut attribuer la formation de ces masses , nommées *stalactites* et *stalagmites ,* qu'on trouve si communément dans les grottes et souterrains. Les plus dures et les plus blanches sont recherchées sous le nom d'*albâtre ;* on en fait des vases, etc.

Il faut rapporter aux *carbonates calcaires ,* les *écailles d'huîtres ,* les *coquilles d'œufs ,* les *yeux d'écrevisses ,* les *coraux ,* etc. ; toutes substances

très-employées en médecine , comme terre absor-
bante ; on les fait calciner pour l'usage ; afin d'en séparer tout ce qui peut tenir du règne animal , et on
les passe au porphyre pour en avoir une poudre impalpable : il est rare qu'on les donne seules , auquel
cas on doit leur préférer le carbonate de magnésie ;
on les mêle ordinairement à du miel ou à du sucre, etc.,
pour être données à l'intérieur de quelques grains à
un gros par jour , ou encore on s'en sert pour frotter
et nettoyer les dents.

Le *carbonate de chaux* , supposé pur , peut être
cristallisé , il est alors susceptible d'une double réfraction.

Les *carbonates calcaires* se décomposent au feu ;
c'est ainsi qu'on en obtient la chaux vive. Ils sont insolubles dans l'eau , sans saveur et sans odeur , inaltérables à l'air. Cruiskank assure que ce sel est décomposé , même à froid , par le zinc.

Le carbonate calcaire n'est d'aucun usage en médecine, si ce n'est sous les noms déjà indiqués ; mais
c'est toujours en le décomposant qu'on se procure
l'acide carbonique.

On se sert du carbonate calcaire comme *engrais* ,
et aussi sous le nom de *craie* , dans la peinture en
détrempe.

Ce sel contient, d'après Berzélius , base 56,4 , acide
43,6.

Carbonate de strontiane.

Il a été d'abord trouvé à Strontian , en Écosse ,
dans une montagne de Gneïss. M. Humbold en a
depuis trouvé au Pérou. Fondu au chalumeau, il donne

une flamme purpurine; il est blanc, insoluble, sans usage. Il contient, d'après Klaproth, base 69, acide 30, eau 1.

Carbonate de baryte.

Il en existe à l'état natif sous le nom de *withérite*, dans la Sibérie et en Angleterre; il offre des masses fibreuses, compactes, demi-transparentes, d'un aspect corné : mais s'il est artificiel, sa couleur est blanche. Il est toujours sans saveur ni odeur ; ce qui est particulier à ce sel natif, c'est d'être indécomposable au feu, ce qui s'explique par sa grande densité; il est dans tous les cas décomposé par le charbon, et ne donne point de couleur particulière à la flamme du chalumeau.

Ce carbonate est très-vénéneux ; on s'en est servi comme *mort aux rats*. Il n'est outre cela d'aucun usage : il est formé de baryte 78, acide 22.

Sous-carbonate de potasse.

C'est ce qui constitue les diverses potasses du commerce, prenant les différens noms qui ont été indiqués en traitant de cet alcali ; on l'obtient des cendres, des végétaux, par le lavage et l'évaporation. Ce sel, dans son état ordinaire, est humide ; mais il peut être sec, pulvérulent, et dans tous les cas blanc; il verdit toujours les violettes ; il est âcre, caustique ; il cristallise très-difficilement, ce qui tient à ce qu'il attire puissamment l'eau que l'air contient. Ce sel est très-employé dans les arts, à la fabrication des poteries, des verres et des cristaux ; on y a recours comme agent dans l'analyse des pierres précieuses, il sert encore à préparer le *savon noir* et une foule de produits chimiques.

On l'a conseillé comme médicament apéritif, résolutif ou fondant, et alors donné intérieurement à la dose de quelques grains dans des solutions appropriées ; mais il est préférable d'employer ce sel saturé : c'est sur-tout dans les engorgemens ou épanchemens par atonie qu'on y a recours ; on le donne de préférence dans des sucs d'herbes , dans du vin blanc ou dans des infusions amères ; si on en abuse, il peut être nuisible et même agir comme poison. C'est par l'usage des acides faibles qu'on en arrête l'action.

On ne connaît pas bien l'analyse de ce sel , parce que l'excès de base peut varier.

Carbonate neutre de potasse. Il est toujours un produit de l'art , qu'on obtient en faisant passer un courant d'acide carbonique dans une solution saturée , mais filtrée , de sous-carbonate de potasse. Ce sel cristallise dans le flacon même où l'on opère , et donne des prismes tétraèdres. Il est sapide , sans causticité ; il agit à peine sur les violettes , il est très-soluble et se décompose promptement au feu ; il est même altéré par l'eau chaude ; il s'effleurit à l'air et se fond avec les terres pour donner de très-beaux verres.

Pour être sûr de la pureté de ce sel , il faut que les précipités , occasionnés par les nitrates de baryte et d'argent , soient insolubles dans un excès d'acide nitrique.

Ce sel contient, d'après Pelletier , potasse 40, acide 43 , eau 17.

On devrait l'employer en médecine dans tous les cas où l'on recherche le sous-carbonate ; il a même sur ce dernier l'avantage de ne point varier dans sa composition.

Si on le donne à six ou huit gros, il peut produire la purgation.

Sous-carbonate de soude.

C'est ce qui a pendant long-temps été connu sous les noms *d'alcali minéral* de *natron*, *sel de soude* et *craie de soude.*

On peut appliquer à ce sel à peu près ce qui a été dit du sous-carbonate de potasse.

Il existe très-repandu dans la nature, sur-tout déposé par couche dans la vallée des lacs *Natrum* en Egypte ; on en trouve dans presque toutes les cendres des végétaux, mais surtout dans celles des *varechs* ; on l'obtient aussi par le lavage de ces corps. On fait évaporer les solutions, et l'on a une masse blanche âcre, caustique, faisant effervescence avec les acides et verdissant fortement les fleurs de violettes. Ce sel est cristallisable, et donne de très-beaux cristaux en rhombes, qui sont très-efflorescens.

Ce carbonate n'est décomposable au feu que si on le met en contact avec la vapeur aqueuse. Il est très-soluble. Le phosphore le décompose à chaud, détruit même son acide et en précipite le carbone.

On emploie le *sous-carbonate de soude* avec les diverses modifications qu'on lui connaît dans le commerce, mais on le destine à des usages choisis, selon l'état où il se trouve.

Ce sel est recherché pour la composition du *savon ordinaire*, des verreries et dans la préparation de quelques teintures.

Le sous-carbonate de soude pur peut servir aux mêmes usages et aux mêmes doses que le sous-carbonate de potasse.

Carbonate neutre de soude. Son histoire se rapporte tellement à celle du *carbonate neutre de potasse,* qu'il n'est point utile de la faire ici.

Nous dirons seulement que ce sel contient soude 20, acide 16, eau 64.

Sous-carbonate d'ammoniaque.

Ce produit, toujours artificiel, est ce qui a porté le nom *d'alcali volatil concret, sel volatil d'Angleterre.* Il peut s'en trouver dans les matières animales putréfiées, en plus ou moins grande quantité, qu'on ne recherche point.

On peut le faire de toutes pièces; mais on l'obtient le plus souvent en traitant, à la cornue, parties égales de chaux carbonatée et de muriate d'ammoniaque, le tout en poudre fine; la cornue doit être lutée; on y adapte pour alonge un pot de terre, n'offrant pour issue libre qu'un petit trou dans son fond. Il suffit ordinairement de la chaux éteinte à l'air; il se forme du muriate calcaire et du *sous-carbonate* d'ammoniaque, lequel volatil se dégage, et va se condenser en couches plus ou moins épaisses contre les parois du récipient, que l'on brise ensuite; on y trouve une substance blanche, dense, offrant des cristaux aiguillés, d'une odeur vive, pénétrante, d'une saveur très-caustique; il verdit le sirop de violettes; il est très-soluble. Ce sel a la propriété très-remarquable de pouvoir dissoudre les sous-carbonates de zircone, d'yttria, et de glucine, lesquels se précipitent par suite si on fait chauffer le mélange.

On emploie beaucoup le *sous-carbonate d'ammoniaque* en médecine ; on en fait respirer dans le cas de défaillance, de syncope, d'asphyxie ; on peut aussi en donner à l'intérieur, de 6 à 10 ou 12 grains, mêlé aux potions comme sudorifique ; on y a recours dans le *croup*, et de préférence alors appliqué sur le cou pour y produire la rubéfaction ; il peut être mêlé à un corps gras.

Ce sel contient, base 43, acide 45, eau 12.

Carbonate neutre d'ammoniaque. Il n'offre rien de particulier à connaître. Son histoire se rapporte à celle des deux derniers carbonates neutres.

Des Phosphates.

Sels formés par l'union de l'acide phosphorique aux bases. Il en existe beaucoup dans la nature ; ils sont fixes, indécomposables au feu et vitrifiables, excepté celui d'ammoniaque ; l'acide sulfurique décompose entièrement quelques phosphates et fait passer les autres à l'état acidule. Les acides nitrique et muriatique agissent à peu près de la même manière, avec cette différence que leur action est toujours accompagnée de la solution complète de ces sels.

Les phosphates acides sont les plus vitrifiables.

Ceux qui sont neutres et alcalins ont une plus grande solubilité que ceux qui sont terreux.

Tous les phosphates solubles sont décomposés par l'eau de chaux, et le précipité est soluble dans l'acide nitrique.

Les phosphates acides sont décomposés à la cornue par le charbon, il en résulte dégagement de phosphore.

Les *phosphates* de *silice*,
— de *zircone*,
— d'*alumine*,
— d'*yttria*,
— de *glucine*,
— de *magnésie*,

sont toujours des produits de l'art ; il est sans usage.

Phosphate de chaux.

Il est très-répandu dans la nature, il forme la matière des os, il en existe à l'état fossile et pierreux dans l'Estramadure en Espagne, et aussi en France, du côté de Nantes. On en a trouvé dans les calculs urinaires ; il forme presqu'entièrement la corne de cerf calcinée. Ce sel est insoluble dans l'eau, il est insipide, fusible et vitrifiable ; l'acide sulfurique le transforme en *phosphate acide soluble*, lequel desséché d'abord, et chauffé ensuite avec le charbon, donne du phosphore.

On a conseillé le phosphate de chaux en poudre, à la dose de quelques grains à un gros, contre l'angine et dans les dyssenteries ; on n'y a plus recours.

Il contient, d'après M. Klaproth, chaux 55, acide 45 ; mais, selon Fourcroy et M. Vauquelin, chaux 59, et acide 41.

Surphosphate de chaux (*phosphate acide*). On en a trouvé formant les os depuis long-temps enfouis dans un tombeau du Panthéon à Paris. (Fourcroy, M. Vauquelin). On obtient ce sel artificiellement en délayant dans quatre cents parties d'eau, cent parties

d'os calcinés à blanc et réduits en poudre fine ; on
y ajoute soixante-dix parties d'acide sulfurique très-
concentré ; on agite souvent la matière, on laisse macérer pendant trois semaines, en renouvelant souvent
les surfaces. On verse ensuite le tout sur un linge,
on lave le marc, on réunit les liquides, lesquels contiennent en solution le phosphate acide de chaux : on
soumet à l'évaporation dans un vase en plomb ou de
porcelaine, il se précipite bientôt un peu de sulfate
de chaux qui était resté dans la liqueur, on le sépare
pour le rejeter. On continue de faire évaporer pour
avoir une masse de consistance mielleuse. A cet état,
le *phosphate acide de chaux* est d'une couleur blanche un peu jaunâtre, il offre de petites écailles brillantes, nacrées ; il est décomposé par la chaux et tous les
alcalis qui en prennent l'excès d'acide, et laissent ainsi
précipiter du phosphate neutre de chaux insoluble.

Phosphate de strontiane.

Il est toujours artificiel et sans usage. C'est Hoppe
qui en a parlé le premier ; M. Vauquelin l'a ensuite
examiné. Ce sel contient acide 41,24, base 58,76.

Phosphate de baryte.

Découvert par M. Vauquelin, on peut le faire de
toutes pièces et par double affinité ; il passe aisément
à l'état acide, il est formé, selon Berzélius, de baryte
72,2 ; acide 27,8.

Phosphate de potasse.

Il est peu important et non usité ; il se convertit
aisément en phosphate acide, lequel, plus soluble,

est cristallisable; il est nul en médecine et dans les arts.

Sous-phosphate de soude.

Il est aussi nommé *sel admirable perlé*, de Bergmann, *sel microscomique de l'urine*; il en existe dans le sang et autres produits animaux. On l'obtient en traitant à l'état liquide le phosphate acide de chaux par le carbonate de soude; on filtre les liqueurs, on fait évaporer pour avoir des cristaux qui sont des rhombes alongés, très-gros, transparens, qui s'effleurissent très-promptement à l'air, mais sans perdre leur forme. Ce sel est très-soluble dans l'eau, verdit le sirop de violettes; il a une saveur peu salée, il se convertit facilement en phosphate acide, il est fusible et vitrifiable, il est employé à la préparation des phosphates insolubles. C'est un doux purgatif qu'on fait prendre à la dose d'une à trois onces dans du bouillon coupé, ou dans une infusion peu active en une ou plusieurs fois. Saussure dit avoir décomposé ce sel à la cornue, par le double en poids de charbon; si on a pris trente grammes de ce phosphate, on peut obtenir deux à trois grammes de phosphore.

On peut substituer ce sel au borax pour la soudure des métaux et la vitrification des terres.

Il est formé d'acide 15, soude 19, et eau 66.

Phosphate d'ammoniaque.

Il existe dans l'urine des carnivores, et s'y trouve souvent combiné à l'état triple avec la soude ou la magnésie.

Pour l'obtenir, on traite le phosphate acide de chaux par le carbonate d'ammoniaque : on filtre le liquide et on fait évaporer avec ménagement, car ce sel est très-décomposable au feu; on peut avoir, par le refroidissement , de petits cristaux en prismes à six pans ; il est bien d'ajouter un peu d'ammoniaque au liquide à mesure qu'il s'évapore , autrement le sel passerait à l'état acide et ne cristalliserait point.

Ce sel peut être entièrement décomposé au feu, et donner ainsi de l'acide phosphorique pur (Bouillon-Lagrange).

Le phosphate d'ammoniaque est décomposé par le charbon, il donne ainsi du phosphore. C'est ce qui a lieu, quand, pour avoir le phosphore à la manière de Kunkel, on traite à la cornue par le charbon le résidu de l'évaporation de l'urine , lequel contient trois phosphates, celui de *chaux* , celui de *soude* , celui d'*ammoniaque* ; c'est ce dernier seulement qui donne dans ce cas le phosphore obtenu.

Ce sel est sans usage.

Les *phosphates ammoniaco-magnésien* , et *ammoniaco de soude*, se font de toutes pièces, malgré qu'on en puisse trouver dans les urines et dans les calculs vésicaux , dans lesquels on a trouvé le premier cristallisé. Ils ne méritent point de nous occuper.

Des Phosphites.

Ils sont décomposables au feu , et deviennent phosphates ; il y a toujours dégagement d'hydrogène phosphoré avec lumière.

On les fait directement : il y en a de solubles, et de cristallisables. On ne s'en sert ni en médecine, ni même dans les arts; en raison de cela nous ne traiterons point des *phosphites* en particulier. Nous dirons seulement qu'entre ces sels on doit distinguer le *phos-phite d'ammoniaque* par la manière dont il se comporte au feu; il s'y décompose, mais sans passer à l'état de phosphate; il ne reste que de l'acide phosphorique pur, et l'ammoniaque obtenu jouit de la phosphorescence, surtout si dans l'obscurité on y fait passer un peu d'oxigène. Ce qui est dû à ce qu'il s'y trouve un peu de phosphore en solution.

Ce phosphite, plus examiné que les autres, paraît être formé d'acide 26, base 51, eau 23.

Des Hypo-phosphites.

Genre de sel qui ne diffère du précédent que par une grande solubilité dans l'eau.

Il est nul pour nous.

Des Sulfates.

Les sulfates terreux et alcalins sont tous décomposables au feu, s'ils sont neutres; mais s'ils sont acides, la décomposition a lieu avec dégagement d'acide sulfureux et d'oxigène. Tous sans exception sont changés en sulfures par le carbone à une haute température.

Il y a beaucoup de *sulfates* solubles, et ceux-ci sont reconnaissables, en ce que leur solution est précipitée par le muriate de baryte, le nitrate et l'acétate de plomb; le précipité formé est toujours du sulfate de baryte ou de plomb, qui doit être insoluble dans l'acide nitrique.

L'alcool précipite en petits cristaux les solutions de sulfates.

Les *sulfates de silice,*

  — de *zircone,*

  — d'*yttria,*

  — de *glucine,*

sont peu connus ; on ne s'en sert point.

Sulfate d'alumine.

Ce sel peut offrir un grand nombre de variétés, ainsi qu'il suit :

1° *Sulfate neutre d'alumine ;* il est soluble, donne des feuillets brillans ; il est astringent, non usité.

2° *Sous-sulfate d'alumine ;* on en trouve mêlé aux terres en Italie, près de Naples ; il est pulvérulent, insoluble.

3° *Sutfate acide d'alumine ;* il diffère des précédents par une saveur aigre, il rougit la teinture de tournesol, il est soluble et peut cristalliser en houpes soyeuses.

4° *Sulfate neutre d'alumine et de potasse,* connu sous le nom d'*alun saturé de sa terre ;* il est pulvérulent, insipide, et se combine aisément à un excès d'acide pour former ce que nous étudierons sous le nom d'*alun du commerce.*

5° *Sulfate acide d'alumine* et d'*ammoniaque ;* on ne l'obtient qu'en le faisant artificiellement ; il n'est d'aucun usage et ne mérite point de nous arrêter.

6° *Sulfate acide de potasse d'alumine* et d'*ammoniaque,* sel à trois bases dont on a nié l'existence, mais qui a été trouvé dans quelques variétés d'*alun ordinaire.*

7° Enfin, le *sulfate acide d'alumine et de potasse,* ou *alun* proprement dit, très-employé dans les arts, et que l'on utilise en médecine comme en chimie.

De

De l'Alun.

C'est toujours un *sulfate acide d'alumine et de potasse*, pouvant contenir quelquefois un peu d'ammoniaque.

Dans le commerce, on distingue ce composé, comme il suit : 1° *alun de Rome* : 2° *de Naples* : 3° *de Smyrne* : 4° *de France* : 5° *d'Angleterre*.

Quant aux dénominations d'*alun de glace*, *alun de roche*, et *alun de Liége*, on n'en tient pas un aussi grand compte.

1°. On trouve de l'*alun* tout formé près des volcans à la Solfatar, à la Tolfa, près de Civita - Vecchia et à Piombino. Il suffit alors de traiter ces terres salines par l'eau, on filtre les solutions, et l'on fait évaporer pour avoir des cristaux ; il existe aussi de l'*alun* dans quelques eaux minérales (eaux de Passy), mais alors en trop petite quantité pour qu'on en recherche la séparation.

2° Quelquefois ce sont seulement des *schistes alumineux*, *bitumineux*, *pyriteux*, que l'on traite pour en former de l'*alun* ; dans ce cas, on opère de manière à obtenir en même temps un second produit qui est du *sulfate de fer*; pour cela, on abandonne ces matériaux à l'air libre pendant plusieurs mois, il en résulte ainsi formation de ce dernier sel métallique et de *sulfate acide d'alumine* ; on traite la masse par l'eau, qui dissout les deux sels, on filtre la solution pour la faire évaporer et cristalliser, on a du sulfate de protoxide de fer : l'eau mère contient le sel alumineux liquide, comme très-déliquescent; on la fait chauffer avec une solution alcaline, il se forme aussitôt de l'alun qui peut cristalliser ; c'est ainsi qu'on opère dans quelques parties de l'Italie et aussi en France dans les départemens de l'Oise, de l'Aveyron, etc.

3° A Liége, on fait griller ou calciner les terres sulfureuses, au milieu d'un brasier qu'on alimente avec du bois, on traite ensuite le tout par l'eau, pour avoir une solution d'*alun* qu'on soumet à la cristallisation ; de cette manière, on a brûlé le soufre qui est devenu acide sulfurique, lequel s'est combiné à l'alumine qui existait déjà dans la masse, et par suite à la potasse fournie par le bois qu'on a fait brûler.

4° A Paris, et en beaucoup d'autres lieux, on obtient l'*alun* en traitant convenablement les résidus de l'opération, par laquelle on obtient l'acide nitrique du nitrate de potasse ; on sait déjà qu'ils peuvent donner,

1° du sulfate de potasse :

2° une fritte vitreuse, formée de potasse et d'alumine.

Dans le premier cas, on fait calciner la masse avec de la terre argileuse, pour laver ensuite.

Dans le second, il faut ajouter de l'acide sulfurique, pour laver de même la masse par l'eau.

Toutes ces manières diverses d'opérer, en France, en Angleterre, en Italie, etc., tendent, comme on le voit, à réunir l'alumine et la potasse à l'acide sulfurique, pour avoir une solution qu'on fait évaporer et cristalliser.

L'*alun* donne des octaèdres réguliers, qui peuvent être très-gros, transparens, mais pouvant retenir, dans certains cas, du sulfate de fer, ce qui peut nuire à quelques-uns de ses usages, surtout en teinture ; c'est pourquoi on s'applique à le rechercher tel, qu'il ne précipite point en noir ou en bleu par la *noix de galle*, ou par le *prussiate de potasse*.

Ce sel est blanc, sans odeur, soluble à froid dans quinze parties d'eau, et à chaud dans moitié de son poids; il est très-sapide, acide, âpre, astringent, rougissant fortement le tournesol; il est un peu efflorescent, se recouvre à l'air d'un enduit blanchâtre, opaque, mais sans perdre sa forme; il est susceptible de fusion aqueuse, il perd alors son eau sans se décomposer; il en résulte ce qu'on appelle *alun calciné*, produit recherché en chirurgie. Pour l'obtenir, il suffit de maintenir l'*alun* dans un creuset fortement chauffé, jusqu'à ce qu'il ne se dégage plus rien; il y a d'abord liquéfaction, ébullition, puis boursoufflement de la masse, qui devient séche, volumineuse, blanche, friable, poreuse, et très-légère; on s'en sert par simple application sur les ulcères, ou sur les chairs fongueuses pour les dessécher et les stimuler.

Cet alun calciné est moins soluble dans l'eau, et peut encore cristalliser.

Si on fait chauffer l'*alun* au rouge, il peut se décomposer entièrement, ce qui n'est recherché dans aucun cas.

Si on ajoute un excès de potasse dans la solution d'alun, il est possible d'avoir des cubes, ce qui donne ce qu'on appelle *alun cubique de Leblanc*. L'*alun* est décomposé par beaucoup de sels, au moyen des doubles attractions; il l'est surtout à la cornue par les corps combustibles, et de préférence par moitié poids de miel, de sucre ou de farine; il en résulte le *pyrophore de Homberg*. Il est bien de faire d'abord dessécher les matières à un feu doux, puis on chauffe plus fortement. Il suffit d'opérer dans une fiole ou dans un matras, le produit obtenu est pulvérulent, grisâtre et prend feu à l'air humide. Ce nouveau composé passe pour être formé de sulfure de potasse, d'alumine et de charbon très-divisé. C'est ce sulfure qui s'empare de l'eau de l'atmosphère, il la condense et donne ainsi lieu à une chaleur assez grande, pour hâter la combustion du soufre et du carbone par l'oxigène de l'air, ce qui a lieu avec dégagement de lumière; il en résulte formation d'acide sulfurique, sulfureux et carbonique, d'où suit une nouvelle production d'alun par la présence des bases connues de ce sel; quand le *pyrophore* laisse dégager l'odeur des œufs pourris, c'est qu'il y a eu de l'eau de décomposée, d'où il résulte de l'hydrogène sulfuré. Au reste, on explique encore de manières très-diverses, mais moins probables, l'ensemble des phénomènes que nous venons d'indiquer.

Le *pyrophore*, mêlé à l'eau, est décomposé; il se forme de l'*hydro-sulfure de potasse*.

D'après Schéele, on ne peut point obtenir de pyrophore de l'alun à base d'ammoniaque.

L'*alun* est formé d'alumine 10, acide 54, potasse 9, eau 45; le reste est probablement compté comme perte.

On fait un grand usage de l'*alun*, et l'on préfère pour les arts l'*alun de Rome*, lequel est ordinairement en petits cristaux de la grosseur du pouce; ils sont recouverts d'une poussière rosée, dont on ignore la nature, mais qu'on s'applique à imiter en France par diverses substances, pour en recouvrer ce qu'on appelle *alun de fabrique*, aussi pur que le premier, mais auquel on n'accorde point la même valeur. C'est surtout l'*alun d'Angleterre* qui est impur, il contient du sulfate de fer : on l'emploie en conséquence.

L'*alun* est un puissant mordant, et pour cela propre à fixer les matières colorantes sur les tissus ; il avive aussi les couleurs, il sert à densifier les suifs, à la conservation des peaux d'animaux, etc. C'est un puissant astringent, dont la solution saturée est employée en lotion, pour faire avorter les inflammations, dont la cause est externe, comme contusion, entorse, brûlure, pourvu qu'il n'y ait point érosion ou dénudation des parties, auquel cas son action serait trop grande et deviendrait nuisible. Cette solution, étendue de six parties d'eau, peut être usitée pour arrêter les hémorrhagies passives, surtout celles de l'utérus ; l'*alun* peut être donné intérieurement sous beaucoup de formes, et seulement à la dose de quelques grains jusqu'à demi-gros. Il en entre aussi, mais à doses très-petites, dans les collyres, etc. Sa solution sert à conserver des pièces anatomiques.

Sulfate de magnésie.

On trouve ce sel tout formé dans la nature et à différens états : 1° solide ou pulvérulent dans les pyrites martiales, dans l'alun ; 2° efflorescent dans les carrières de Montmartre près Paris, et aussi en Espagne ; M. Proust en a trouvé à Madrid ; 3° à l'état liquide formant la partie active de beaucoup d'eaux minérales ; 4° enfin, on connaît sur le mont Ramazzo, dans les Apennins de la Ligurie, une mine de magnésie mêlée de soufre, nommée par Faujas de Saint-Fond *stéatite* très-pyriteuse ; il suffit de la brûler pour former du sulfate de magnésie qu'on obtient ensuite par le lavage.

C'est toujours de ses solutions naturelles qu'on retire ce sel, ce qui a donné lieu au plus grand nombre des noms qu'il porte; ainsi on l'appelle sel d'*égra*, d'*epsom*, de *sedlitz* et encore *sel cathartique amer*, *vitriol de magnésie*, etc. Pour l'obtenir, il suffit de la filtration, de l'évaporation et de la cristallisation; il en résulte des prismes à quatre pans égaux et terminés par une pyramide à quatre faces.

Le *sulfate de magnésie* n'est point altérable à l'air, à moins que la température ne soit très-élevée, il s'effleurit alors. Il est toujours sans odeur, mais il a, comme l'indique l'un de ses noms, une saveur amère; il est très-soluble, susceptible de la fusion aqueuse. Il est décomposé à chaud par les corps combustibles, et à froid par la potasse et la soude qui en précipitent entièrement la magnésie; quant à l'ammoniaque, il n'en précipite qu'une partie; parce qu'il se forme un sel triple, *sulfate ammoniaco-magnésien*, découvert par Bergmann, et décrit par Fourcroy. Ce nouveau produit n'est d'aucun usage.

Le *sulfate de magnésie* est un très-bon purgatif; il n'est guère employé que sous ce rapport, et alors on le donne en solution à la dose de quelques gros à une once, dans un verre de bouillon aux herbes qu'on fait prendre une seule fois le matin à jeun. Il est encore fréquent de n'en donner qu'un ou deux gros pendant plusieurs jours, pour tenir seulement le ventre libre.

Il peut exister un *sulfate acide de magnésie* un *sulfate de potasse* et *de magnésie*, et aussi un *sulfate de magnésie et de soude.* Linck et Berthollet ont parlé de ces sels qui ne nous offrent aucun intérêt.

Le sulfate de magnésie ordinaire est formé, d'après Kirvan, de magnésie 17, acide 29,35, eau 53,65.

Sulfate de chaux.

Il se trouve abondamment dans la nature sous les noms de *gypse, pierre à plâtre, sélénite,* etc. On compte beaucoup de variétés de ce sel, sous le rapport de son aspect, de sa cristallisation.

Le *sulfate de chaux* est regardé comme insoluble, parce qu'il exige pour se fondre plus de 500 parties d'eau. On en trouve dans les eaux de puits, mais il constitue le plus souvent des montagnes énormes où il peut être amorphe; les eaux qui le contiennent sont dites *crues, insolubles, non potables* : elles sont d'une saveur âpre, cuisent mal les légumes, et ne dissolvent point le savon.

Ce sel solide se présente quelquefois en aiguilles blanches, brillantes, friables, mais le plus souvent en lames très-lisses, jaunes ou blanchâtres, transparentes, se subdivisant au couteau en un grand nombre de feuillets. Cette substance a été employée à former des vitraux; c'est ce sel non cristallisé qui, par la calcination, donne le plâtre. On en a ainsi séparé l'eau de cristallisation. Il y a, dans ce cas, décrépitation, pétillement. Il peut y avoir décomposition parfaite, et alors le plâtre contient de la chaux pure. Le bon plâtre peut solidifier son volume d'eau. Il y a toujours dégagement de chaleur. Ces phénomènes sont dus à ce que le sulfate cristallise, et que la chaux condense l'eau.

Le sulfate de chaux n'est d'aucun usage en médecine. Il est décomposé par la baryte, la strontiane, la potasse et la soude.

Le *stuc* est une espèce de marbre ou pierre très-dure, qu'on forme en gâchant du plâtre très-fin avec une solution de gélatine ou colle forte. On peut y ajouter des matières colorantes. La masse étant séche, on peut la polir.

Sulfate de strontiane.

Il en existe de grandes masses informes et opaques à Montmartre et à Ménilmontant près Paris; on en trouve encore à Saint-Médard (Meurthe). Ce n'est qu'en Sicile qu'on en trouve de beaux cristaux transparens (prismes).

Ce sel est si peu soluble, qu'il exige plus de quatre mille parties d'eau pour se fondre. Il se dissout difficilement dans un excès de son acide. Il est sans odeur ni saveur, très-lourd, compact, d'un aspect grisâtre ou corné. On n'en fait aucun usage, si ce n'est qu'on en retire la strontiane, comme il a été dit.

Sulfate de baryte.

Il existe aussi très-répandu dans la nature en France (Puy-de-Dôme), et surtout en Hongrie. Il peut être en grosses masses non régulières, tuberculeuses, opaques, d'un blanc sale, quelquefois d'un blanc bleuâtre et demi-transparent, plus rarement encore cristallisé (octaèdre). Il est sans odeur ni saveur, très-peu soluble, d'une grande pesanteur; il a été long-temps connu sous le nom de *spath pesant*, que l'on rapportait au sulfate de chaux. Il est inaltérable à l'air, et décrépite au feu ; il est décomposé par le charbon comme tous les sulfates. Si on mêle ce sel pulvérisé à de la farine et de l'eau, pour en former des petits pains très-minces, qu'on fait ensuite calciner au milieu de charbons ardens, on a ce qu'on appelle *phosphore de Boulogne*, matière dont la nature est peu connue, mais qui jouit de la phosphorescence, comme on peut s'en assurer dans l'obscurité. Quand cette propriété s'affaiblit, on la reproduit par une nouvelle calcination.

Le sulfate de baryte est décomposé par les carbonates de potasse et de soude, et aussi par le muriate de chaux, en raison des doubles affinités.

Ce sel a été souvent analysé. On y a trouvé que la baryte varie de 66 à 76, et l'acide de 34 à 24.

On ne s'en sert pas davantage, que du dernier. On distingue ces deux sels l'un de l'autre par la flamme purpurine, que donne celui de strontiane au chalumeau.

Sulfate de potasse.

On en trouve beaucoup dans la cendre des végétaux ligneux dont on l'obtient par la lixivation. Il en existe aussi dans les mines de la Tolfa et de Piombino, dans plusieurs eaux minérales, etc. On se procure le plus souvent ce sel, en utilisant le résidu de la décomposition du nitrate de potasse par l'acide sulfurique, et que nous avons dit pouvoir servir à la formation de l'alun. Il suffit de laver ce résidu, de filtrer et faire évaporer, on a des prismes courts à six pans, très-blancs, très-durs. Ce sel est peu soluble, d'une saveur légèrement amère, inaltérable à l'air, en partie décomposable par l'acide nitrique. Il en résulte : 1° du *sulfate de potasse*, 2° du nitrate de cette base. Il ne sert guère dans les arts ; mais on l'a beaucoup employé en médecine comme un doux purgatif. Il a porté les noms d'*arcanum duplicatum*, de *sel de duobus*, de *sel admirable*, de *sel polychreste de Glazer*, de *tartre vitriolé*, enfin de *sel contre le lait*, parce qu'on le donne comme dérivatif aux femmes qui veulent cesser d'allaiter. On l'administre à la dose de quelques grains jusqu'à deux gros dans un verre de bouillon ou d'une infusion aromatique, ou plus souvent encore dans une légère décoction de racine de canne, pour en continuer l'usage pendant plusieurs jours. On le donne dans les mêmes circonstances, en lavement en quantité double ou triple. Il en entre dans la poudre tempérante de Stahl. Ce sel contient acide 40, potasse 52, eau 8.

Il peut exister, comme nous l'avons dit, un *sulfate acide de potasse*. Il est toujours artificiel et se prépare directement ; il est plus soluble, très-sapide, cristallise en aiguilles fines. Si on le chauffe très-fortement, il perd son excès d'acide. Il est absolument sans usage.

Sulfate de soude.

Produit qu'on appelle plus souvent *sel de Glauber*, du nom de l'auteur qui en a parlé le premier. On en trouve de tout formé dans la nature, surtout dans les eaux de quelques fontaines en Lorraine ; d'où vient qu'on le nomme encore *sel d'epsom de Lorraine*, en considérant sa ressemblance possible dans certains cas avec le vrai sel d'epsom d'Angleterre, déjà étudié comme sulfate de magnésie. On a trouvé ce sel de soude à l'état solide dans un fossile que M. Brogniart appelle *globérite*.

C'est du *sulfate de soude* qui forme le résidu de l'opération par laquelle on décompose le sel marin, au moyen de l'acide sulfurique, pour avoir de l'acide muriatique. Enfin, on peut faire ce sel de toutes pièces, mais on l'obtient communément de ses solutions naturelles par la cristallisation.

Le *sulfate de soude* donne de très - beaux prismes à six pans cannelés, terminés par un sommet diédre; ils sont d'abord sans couleur, diaphanes, mais exposés à l'air, ils s'effleurissent bientôt, se blanchissent et deviennent opaques, pulvérulens. Sa saveur est toujours amère, salée, sa solubilité est très-grande, il est susceptible de la fusion aqueuse et perd ainsi la moitié de son poids d'eau : la solution saturée ne cristallise que par l'influence de l'air, comme on peut s'en assurer par l'expérience suivante : Mettez cette solution chaude dans un tube ou récipient bouchés hermétiquement, ou si l'on recouvre le liquide avec de l'huile, on n'aura point de cristaux par le refroidissement, mais à l'instant même qu'on débouche les vases ou qu'on enlève le corps gras, la cristallisation s'opère; c'est un phénomène des plus remarquables dont on ne donne point encore l'explication.

Ce sel est décomposé par la baryte et par la potasse. On l'utilise dans les arts pour en extraire la soude. On assure même qu'il peut servir à la formation du verre.

On y a souvent recours en médecine, c'est un doux purgatif; on le donne absolument dans les mêmes cas que le sulfate de magnésie, en considérant pourtant qu'on peut en faire prendre un peu plus , car il est moins excitant des voies digestives. Il faut observer que s'il est effleuri, son action à masse égale devient le double plus grande ; on doit se comporter en conséquence ; on l'emploie surtout dans les maladies cutanées , gales et dartres. On en fait alors continuer l'usage pendant plusieurs jours , d'un à trois gros tous les matins et à jeun, dans un liquide approprié.

Si on l'utilise dans les maladies bilieuses , il faut que ce soit à dose plus petite , pendant un temps plus long.

Il peut exister un sulfate acide de soude , ce qui fait que ce sel est en partie décomposé par les acides nitrique et muriatique.

Le sulfate de soude contient acide 28, soude 15, eau 58.

Sulfate d'ammoniaque.

Sel autrefois nommé *vitriol ammoniacal* ou *secret de Glauber*, à qui en est dû la découverte. On en trouve dans le voisinage des volcans et aussi dans l'eau croupie des fumiers ; on sait encore qu'il peut en exister dans plusieurs des matériaux naturels propres à faire de l'alun ; il est mieux, pour se le procurer, de le faire de toutes pièces, en versant jusqu'à saturation de l'acide sulfurique sur du carbonate d'ammoniaque. On fait évaporer lentement pour faire cristalliser ensuite , on obtient des prismes à six pans de saveur amère, urineuse.

Si on chauffe très-fortement du *sulfate d'ammoniaque*, il se décompose en partie, et donne du *sul-*

ate *acide*, qui se volatilise et se condense en petits cristaux au cou de la cornue.

Ce sel, traité au feu par les corps combustibles, ne se comporte point comme les autres sulfates, il ne se forme point de sulfure, parce que l'ammoniaque se dégage en partie à l'état de pureté, le reste se convertit en *sulfate*, qui est volatil.

Le *sulfate d'ammoniaque* est très-soluble ; mêlé à de la glace, il peut donner un très-grand froid, il est décomposé par les alcalis.

On s'en sert peu en médecine, si ce n'est comme diurétique, à la dose de quelques grains dans des potions appropriées.

Ce sel est formé, d'après Kirvan, d'ammoniaque 14, 24, acide 54, 66, eau 31, 20.

Il peut exister, d'après Linck, trois autres sels ammoniacaux.

1° *Sulfate de soude* et d'*ammoniaque*.
2° *Sulfate de potasse* et d'*ammoniaque*.
3° *Sulfate de magnésie* et d'*ammoniaque*.

Aucun d'eux ne mérite notre attention, car ils ne sont d'aucun usage, on ne les obtient jamais qu'artificiellement.

Des Sulfites.

Genre de sels qui participe de l'acide *sulfureux* et des bases connues ; ils sont tous altérables à l'air, dont ils prennent l'oxigène pour devenir *sulfates*, changement qui est d'autant plus prompt, que les sulfites sont plus solubles. Les *sulfites* sont tous décomposés avec effervescence par les acides forts, ce qui se dégage est de l'*acide sulfureux* ; il est d'usage d'obtenir les sulfites, en faisant passer l'acide qui doit les former dans une solution des bases de potasse, de soude ou d'ammoniaque, ce qui peut avoir lieu par une même opération, en réunissant plusieurs flacons par des tubes courbes.

Nous ne traiterons point à part de ces sels, car ils ne sont d'aucun usage dans les arts ni en médecine.

Des Sulfites sulfurés.

On nomme ainsi les composés résultant de l'union des sulfites à du soufre; ces produits ne se changent que très-lentement en sulfates par leur exposition à l'air; il y en a peu de solubles, ce sont seulement ceux alcalins, mais ils peuvent tous se dissoudre dans un excès d'acide sulfureux; ils sont décomposés par les acides forts, il en résulte un nouveau sel, dégagement d'acide sulfureux et précipitation de soufre.

Pour obtenir des *sulfites sulfurés*, il suffit de faire bouillir les sulfites simples avec de l'eau et du soufre en poudre très-fine, ou même, en faisant arriver du gaz acide sulfureux dans des flacons qui contiennent un peu de soufre délayé dans la solution d'une base quelconque; enfin, il se forme toujours un *sulfite sulfuré soluble* ou *insoluble*, quand on délaye un sulfure alcalin dans de l'eau : il y a aussi d'autres produits de formés, mais dont nous ne devons point tenir compte ici.

Je ne citerai aucun sulfite sulfuré en particulier pour en faire l'histoire, car ils ne sont d'aucun usage; il nous suffit d'en avoir constaté l'existence, donné les caractères et indiqué comment on peut obtenir ces produits.

Des Nitrates.

Tous ces sels sont décomposés au feu sans addition, et fournissent des produits divers, selon le degré de température à laquelle on opère : ainsi, la chaleur est-elle faible ? la décomposition est imparfaite, il ne se dégage alors que de *l'acide nitreux ;* mais selon que la chaleur est de plus en plus forte, on peut obtenir du *gaz nitreux,* du *gaz oxide d'azote,* ou même de *l'azote pur.* Cette altération des nitrates sur les charbons allumés a lieu avec pétillement; la combustion est rendue plus vive par l'oxigène que le sel fournit. Tous les nitrates sont solubles et cristallisables, mais quelques-uns le sont davantage dans un excès de leur acide; ils sont tous décomposés à froid par l'acide sulfurique, mais seulement à chaud par le muriatique; il se forme dans ce dernier cas de *l'eau régale :* les acides phosphorique et borique peuvent aussi décomposer les nitrates à chaud.

Il n'y a aucune substance connue qui fasse un précipité dans la solution d'un nitrate; c'est ce qui fait qu'on ne peut pas reconnaître directement ces sels dans une liqueur, il faut recourir aux doubles attractions.

Il y a peu de nitrates employés en médecine; mais à l'occasion du plus important, nous parlerons de plusieurs autres.

On ne connaît point de nitrate de *silice.*

Quant aux nitrates

de *zircone,*

d'*alumine,*

d'*yttria,*

de *glucine,*

ils existent, mais on n'en tient aucun compte, parce qu'ils sont sans usage, et qu'ils n'offrent rien de particulier relativement aux autres nitrates dans la manière dont ils se comportent avec les agens connus. On croit que plusieurs d'entre eux peuvent se trouver tout formés dans la nature, mais on préfère les former directement.

Le *nitrate d'alumine* cristallise en paillettes peu denses et toujours avec excès d'acide. Ce sel, selon Wensel, peut servir dans la teinture, parce qu'il précipite toutes les dissolutions de matières colorantes végétales.

Nitrate de magnésie.

Il en existe abondamment dans les eaux de quelques fontaines, mais surtout dans les eaux de la mer, et encore dans le produit du lavage des plâtras ou terres *dites* salpétrées provenant de vieux édifices, et dont nous parlerons plus au long en traitant du nitrate de potasse.

Il est très-soluble, très-sapide, amer, difficilement cristallisable, très-déliquescent; il n'est d'aucun usage dans les arts, si ce n'est pour être transformé en nitrate de potasse, comme il sera dit plus tard.

Pour l'avoir pur, il faut le faire directement.

Ce sel contient, selon Bergmann, acide 43, base 27, et eau 30.

Si on y a jamais recours en médecine, ce sera en l'employant comme purgatif.

Nitrate de chaux.

Il se trouve aussi répandu que le précédent et l'accompagnant dans les circonstances déjà indiquées.

On

On le nomme *nitre calcaire*, *salpêtre terreux*, il jouit des propriétés annoncées pour le nitrate de magnésie ; on ne s'en sert pas davantage : on le dissout dans de l'alcool pour en avoir plus facilement des cristaux. C'est ce sel desséché qui constitue le *phosphore de Baudouin*, ayant la propriété de luire dans l'obscurité, si l'on l'a fait chauffer mais modérément, car une trop grande chaleur le décompose, il est formé de chaux 32, acide 43, eau 25 (Bergmann).

Nitrate de strontiane.

Il est toujours artificiel, on l'obtient comme il a été dit en traitant des moyens d'obtenir la strontiane pure. Ainsi l'on prend le sulfate de cette base, on le fait chauffer fortement avec du charbon, il en résulte un sulfure, lequel est traité ensuite par de l'acide nitrique ; on filtre la liqueur pour faire évaporer et cristalliser ; ce sel donne des octaèdres réguliers, il est blanc, très-soluble, d'une saveur fraîche, piquante, d'odeur nulle ; il s'effleurit à l'air. On ne s'en sert qu'en chimie comme réactif qui décèle la présence de l'acide sulfurique ou des sulfates dans les solutions.

C'est en calcinant le sel qu'on obtient la strontiane pure.

Ce nitrate contient, d'après M. Vauquelin, base 47,6, acide 48,4, eau 4.

On a conseillé l'usage du nitrate de strontiane à dose très-petite, comme fondant, résolutif, dans les maladies scrophuleuses ; mais on lui préfère le muriate de cette base.

14

Nitrate de baryte.

Il s'obtient absolument comme il a été dit du précédent; il cristallise aussi en octaèdres, mais moins transparent que ceux du nitrate de strontiane. Il est très-soluble, puisqu'il se fond dans douze parties d'eau froide, il est très-pesant et décomposable par les acides sulfurique, phosphorique, oxalique et tartarique. Ce nitrate n'est pas plus usité que celui de strontiane; il serait plus dangéreux de le donner à l'intérieur, car c'est un puissant poison.

Nitrate de potasse.

Il existe tout formé dans la nature; on le trouve mêlé aux terres dans les pays chauds, dans l'Inde, en Perse, en Egypte, en Espagne, etc. Il s'y présente en efflorescence, et on le recueille sous le nom de *nitre de houssage*, parce qu'on le ramasse avec des balais. On en trouve aussi beaucoup en France, formant des houpes soyeuses et cristallines contre les vieux murs, surtout dans les lieux bas, obscurs et humides, comme dans les caves et dans les endroits exposés aux émanations animales, tels que les écuries, les étables, etc.; on a encore trouvé ce sel dans des grottes en Italie, et il en existe dans les *plantes* dites *nitreuses*, telles que bourrache, buglosse, pariétaire, ciguë, etc.

Ce sel est beaucoup plus rare dans le Nord, et pour donner lieu à sa formation, il est d'usage de former ce qu'on appelle des *nitrières artificielles*; pour cela, on élève sous des hangards, des monceaux de décombres, de plâtras et de terres argileuses qu'on mêle avec du

fumier et des débris de végétaux ; on arrose le tout avec
des liqueurs animales , telles que de l'urine, du sang
et de l'eau des fumiers. La putréfaction s'établit à un
haut degré d'autant plus promptement, qu'on prend
plus de soins de faire concourir en même temps l'action de l'air, de la chaleur et de l'humidité. Au bout
de quelques mois, le nitre est formé.

Dans tous les cas, le *nitrate de potasse* est mêlé de
beaucoup de corps, entre lesquels il faut surtout signaler les *nitrates de chaux* et *de magnésie* , qu'on
peut transformer en nitre proprement dit, comme
nous le verrons.

Ce que l'on s'est proposé par les nitrières artificielles,
c'est la formation de l'acide nitrique ; or, la décomposition des matières animales donne lieu à l'isolement
de ces deux principes azote et oxigène, lesquels, se
rencontrant en proportions convenables, s'unissent
ensemble pour former l'acide en question.

Cette union est plus fortement sollicitée par la présence des bases, qui peuvent enchaîner l'acide à mesure qu'il se forme ; de là, les divers nitrates indiqués.

Les moyens d'obtenir le nitre des masses impures,
naturelles ou artificielles, se rapportent tous à la
lixiviation. On opère dans des tonneaux placés de front
sur des chantiers, ou dans des bassins en pierres per-
cés inférieurement d'une champelure, qu'on ferme à
volonté avec une broche ; on les garnit au dedans et
dans leur fond avec des broussailles ou de la paille,
pour que l'eau puisse, au besoin, couler claire par
l'ouverture ; on remplit ensuite les vases avec les *terres,*
dites *salpétrées,* grossièrement pulvérisées et mêlées

14 *

de *cendres*, on les recouvre d'eau pendant plusieurs heures, après quoi on les reçoit par la champelure; ce qu'on obtient est nommé *eau de cuite*, elle est ordinairement très-chargée. On lave de nouveau les terres une ou plusieurs fois, jusqu'à ce qu'elles ne fournissent plus rien. Ces dernières peuvent servir à laver des terres nouvelles, etc. Il est arrivé que la potasse fournie par les cendres, a dû décomposer les nitrates terreux, en s'emparant de leur acide, ce qui augmente d'autant et considérablement la quantité de nitre que pouvaient contenir les matières employées.

Toutes les eaux de lavage étant recueillies, on les soumet à l'évaporation. Il n'est pas rare d'y ajouter encore à chaud une lessive de cendres, ou seulement une solution de sulfate de potasse; mais cela devient inutile, si d'avance le liquide qu'on veut faire évaporer ne précipite point par la potasse pure.

Cette évaporation se pratique dans de vastes chaudières en cuivre, au fond desquelles on laisse un récipient, espèce de cuiller, où se précipitent les muriates de soude et de potasse, que ces eaux peuvent contenir, et qui n'ont point dû être détruits par les additions indiquées. Ces deux sels sont enlevés à volonté, de manière que la solution, très-concentrée, peut n'en plus contenir, au moins en quantité notable. C'est quand le liquide marque 42°, à l'aréomètre de Baumé, qu'on le tire à clair ou qu'on le filtre pour le faire cristalliser.

Quelques soins qu'on ait pris, les premiers cristaux ne sont point purs; leur couleur est jaune, ils donnent ce qu'on appelle *nitre* ou *salpêtre* de *première cuite*.

Si l'on fait fondre ce sel dans un cinquième d'eau , on a un dépôt, lequel , fondu à part et cristallisé, est plus blanc. On peut le purifier encore , et l'on a ainsi du *nitre* de *seconde* et de *troisième cuite ,* etc.

Ce sont ces purifications qui constatent ce qu'on appelle *raffinage* du *salpêtre.* On peut hâter ces opérations ou en diminuer le nombre, en traitant les solutions par de la colle forte ou des matières albumineuses. Voyez pour de plus grands détails à ce sujet l'ouvrage de MM. Riffault et Bottée.

Le *nitre* le plus beau, le plus blanc que l'on trouve dans le commerce , contient toujours des muriates alcalins; mais ils peuvent y être en très-petite quantité, ce qui ne nuit à aucun des usages auxquels ce sel est destiné.

Pour obtenir de très-beaux cristaux de nitre, il est bien de ne concentrer la solution qu'à 35° de l'aréomètre de Mossy ; mais si elle porte 45°, on n'a qu'une masse informe. Ce sel peut donner de gros et de longs prismes à six pans striés , terminés le plus souvent par des sommets diédres; ils sont demi-transparens , très-blancs. Ce sel est très-soluble , d'une saveur fraîche , piquante, salée , inaltérable à l'air. C'est celui des nitrates qui fuse le plus sur des charbons allumés. Il est susceptible d'éprouver la fusion aqueuse; si on le coule, alors il se condense, devient opaque et prend le nom de *cristal minéral ,* ou *sel de prunelle ,* auquel on ajoute quelquefois, pendant sa liquéfaction au creuset, dix grains de soufre par once de nitre, ce qui produit un peu de potasse. On employait autrefois ce cristal minéral comme diurétique ; on lui préfère maintenant le nitre ordinaire.

Tous les combustibles décomposent au feu le nitrate de potasse; ainsi trois parties de ce sel et une de soufre donnent à la cornue du sulfate de potasse.

Trois parties de nitre, et une de charbon en poudre très-fine, donnent un mélange qui détonne aussitôt qu'on le jette dans un creuset rouge. L'effet est plus remarquable encore si on verse le charbon seul dans le nitre fondu d'avance; on a pour produit ce qu'on appelle *nitre fixé par le charbon*, ou *alcaest de Vanhelmont*. Ce n'est autre chose que de la potasse carbonatée, mais avec un grand excès de base, et pour cela s'humectant très facilement à l'air. On se servait autrefois de ce produit en médecine, on n'y a plus recours, et avec raison, car son état peut varier ; on doit lui préférer les carbonates alcalins connus dont les propriétés sont les mêmes.

Si on mêle ensemble trois parties de nitre bien sec, deux de carbonate neutre de potasse, et une de soufre, on a *la poudre* dite *fulminante*, qui produit une forte détonation quand on la fait chauffer à sec dans une cuiller en fer ; il serait dangereux d'agir sur plus d'un gros en une seule fois. Cette poudre peut se conserver long-temps et sans inconvénient dans un flacon en verre à l'abri du soleil.

Trois parties de nitre, une de soufre et une de sciure de bois de gayac, donnent la *poudre de fusion*, dont la propriété est de brûler par l'approche d'un corps incandescent, et de produire assez de chaleur pour fondre le cuivre; il suffit d'une once de ce mélange pour faire fondre en deux minutes un liard qu'on y aurait placé aux couches supérieures : il est bien d'opérer dans un creuset et de tasser la masse avant d'y mettre le feu.

C'est surtout pour la préparation de la *poudre à tirer* que le nitre, sous le nom de *salpêtre*, est employé dans les arts. Il n'est point de notre objet d'étudier les variétés de ce produit, nous indiquerons seulement que l'on distingue plusieurs sortes de poudre à tirer, dont voici les principales et leur composition.

1° *Poudre de guerre.*

        nitre,   76.

        charbon,   12.

        soufre,   12.

2° *Poudre de chasse.*

        nitre,   78.

        charbon,   12.

        soufre,   10.

3° *Poudre de mine.*

        nitre,   65.

        charbon,   15.

        soufre,   20.

Dans tous les cas, il faut du charbon très-sec, très-léger, mais surtout il doit être bien pulvérisé ; on emploie de préférence les charbons de sapin, de tilleul et de maronnier.

On s'applique toujours à faire un mélange exact de ces substances par la voie humide, pour avoir une masse qu'on fait dessécher ensuite avec de grandes précautions; quand elle est à demi-séche, on la réduit par divers moyens en petits grains, que l'on passe à travers plusieurs tamis placés les uns au dessus des autres, et dont les mailles différentes permettent qu'on obtienne en même temps des poudres de diverses grosseurs.

C'est ensuite qu'on fait sécher la poudre, et qu'on en opère au besoin le lissage par une longue agitation dans des tonneaux en bois, portant intérieurement des pointes ou aspérités, aussi en bois, qui augmentent les points de contact.

Dans toutes ces fulminations et détonations, le nitre est décomposé; il se dégage de l'azote, il se forme de l'acide carbonique, de l'eau, de l'hydrogène sulfuré, souvent même de l'ammoniaque et de l'acide sulfureux; il se peut encore, selon M. Thénard, qu'il se forme, surtout pendant l'explosion, de la poudre à canon, du gaz acide nitreux, du nitrite et du prussiate de potasse.

C'est au dégagement rapide des gaz formés qu'il faut attribuer la force avec laquelle le mobile est lancé, de sorte que celui-ci doit aller d'autant plus loin, que la décomposition de la poudre aura pu avoir lieu dans un temps plus court.

Le *nitre* est la source qui nous fournit de *l'acide nitrique*. Il sert à la préparation d'un grand nombre de composés. On l'emploie aussi pour former les flux blancs et noirs, comme nous le verrons en parlant du tartre. Il sert à l'analyse de quelques mines. On l'utilise en médecine comme très-bon apéritif et diurétique. C'est un très-bon rafraîchissant qu'on donne souvent dans les fièvres inflammatoires, il fait partie des diverses poudres tempérantes. On ne le donne toujours qu'à très-petite dose, comme dix à quinze ou vingt grains, de préférence en solution dans des liquides aqueux. On l'a beaucoup vanté dans le traitement des gonorrhées; mais il ne faut point trop en prolonger l'usage. La dose est de quelques grains à demi-gros par jour. Si on en donne beaucoup plus, il devient un violent poison, à en juger par les expériences faites sur les animaux par M. Orfila.

Nitrate de soude.

Sel de très-peu d'importance; on n'en fait aucun usage. Il est toujours le produit de l'art. Il est soluble, cristallisable, et tire son surnom de sa forme, car on l'appelle aussi *nitre cubique*. Il est fusible, et donne avec la silice un très-beau vert. Kirvan en a fait l'analyse. Il est formé d'acide 29, soude 50, et eau 21.

Nitrate d'ammoniaque.

C'est encore un produit de l'art; on le nomme *nitre demi-volatil* et *nitre inflammable*. Pour le faire, on prend l'acide à 30°, on en sature le carbonate d'ammoniaque; il peut cristalliser en prismes à six pans qui sont flexibles, satinés, d'une saveur fraîche. Il est très-soluble. Quand on veut faire évaporer sa solution, il faut y ajouter un petit excès de base, autrement il serait plus difficile de le faire cristalliser. Ce sel, jeté sur une pelle rouge ou sur des charbons ardens, s'enflamme; ce que ne font pas les autres nitrates. Il est prudent de n'opérer que sur une petite quantité; si on le mêle au soufre, et mieux au charbon, il détonne par l'approche d'un corps en ignition.

Il contient, d'après Fourcroy, acide 46, base 40, et eau 14.

C'est ce sel qui nous donne, comme il a été dit ailleurs, le *gaz protoxide d'azote*; il suffit pour cela de le chauffer fortement dans une petite cornue de verre lutée. Il arrive que la plus grande partie de l'acide nitrique se décompose ; son oxigène se porte sur l'hydrogène de l'ammoniaque pour former de l'eau, tandis que l'azote de ce dernier corps s'unit à celui de l'acide retenant encore un peu d'oxigène : c'est ce dernier ensemble qui constitue le *gaz oxidule* ou *protoxide d'azote*, dont nous avons déjà fait l'histoire.

On ne fait aucun autre usage du nitrate d'ammoniaque.

Il peut exister un *nitrate ammoniaco-magnésien* ; il est artificiel, moins soluble que les deux sels qui le forment. On ne s'en sert point ; il ne doit point nous occuper.

Des Nitrites.

Nous devons leur connaissance à Bergmann et à Schééle. Ces sortes de sels, comme les nitrates, ont une saveur fraîche, et fusent sur les charbons allumés en se décomposant. Les nitrites sont inaltérables à l'air ; ils sont solubles dans l'eau, et sont décomposés par les acides forts, de manière à ce qu'il se dégage une vapeur rouge qui est de l'acide nitreux.

Ces sels sont décomposés au feu par les corps combustibles.

On ne fait point les *nitrites* de toutes pièces, car malgré que l'on emploie de l'acide nitreux, il ne se forme que des nitrates, en raison de ce que la plupart des bases chassent presque en entier le gaz nitreux de sa combinaison avec l'acide nitrique.

Pour faire les nitrites, on fait chauffer un peu fortement les nitrates. C'est surtout ainsi qu'on agit pour avoir le nitrate de potasse, le seul qu'on ait coutume de préparer. On s'aperçoit qu'il est fait à ce que, traitant à froid une partie de la masse par l'acide sulfurique, il se dégage une vapeur rouge.

Ce genre de sels est très-peu connu ; nous ne traiterons en particulier d'aucune de ces espèces, parce qu'il n'en est point d'usitée dans les arts, ni en chimie, ni en médecine.

Des Hydro-chlorates.

Sels autrefois appelés *muriates*. Ils sont, pour la plupart, formés dans la nature. Il en est qui se décomposent au feu ; mais le plus grand nombre y sont inaltérables, ou, du moins, ne font qu'y perdre leur eau, et passent ainsi à l'état de *chlorure*. Il en est qui se volatisent à un grand feu ; d'autres s'y fondent. Aucun n'est altéré par les corps combustibles, presque tous les muriates sont solubles. L'acide sulfurique les décompose avec effervescence et dégagement de vapeurs blanches, qui sont de l'acide muriatique. Ces sels sont en partie décomposés par l'acide nitrique, parce qu'il se forme de l'acide nitreux aux dépens de l'acide *hydro-chlorique*, dont l'hydrogène forme de l'eau avec une partie de l'oxigène du corps ajouté.

Ce qui est très-remarquable, c'est que toutes les solutions d'hydro-chlorates sont précipitées par le nitrate d'argent. Il se forme un hydro-chlorate insoluble de ce nitrate : poudre blanche d'abord, mais qui noircit à l'air : ce nouveau produit se distingue de tous ses analogues en ce qu'il peut se dissoudre dans l'ammoniaque et non dans l'acide nitrique.

Quelques chimistes veulent que le précipité soit un

chlorure ; mais dans ce cas, ce n'est point à cause de son état de siccité, puisqu'il est liquide ; c'est en admettant que l'oxide d'argent, fourni par le nitrate, a été désoxigéné par l'hydrogène de l'acide hydro-chlorique, pour former de l'eau, et qu'ainsi l'argent, devenu pur, s'est combiné au chlore.

Les hydro-chlorates de *silice ,*

— *d'alumine ,*

— de *zircone ,*

— d'*yttria ,*

— de *glucine ,*

sont à peine connus. On ne les obtient que par les moyens de l'art. Ils ne sont d'aucun usage.

Hydro - chlorate de magnésie.

Il existe abondamment répandu dans la nature, surtout dans les eaux de la mer et dans les eaux dites salpétrées, dont il est difficile de le séparer. Il faut le faire directement pour l'avoir pur. Il est très-déliquescent, difficilement cristallisable, d'une saveur amère. On n'en fait aucun usage.

Hydro-chlorate de chaux.

On le trouve accompagnant presque toujours l'hydro-chlorate de magnésie dans les eaux de la mer, dans des plâtras, dans les eaux des puits de Paris, etc. On peut le faire de toutes pièces. On l'obtient en grande quantité, mais comme résidu dans les fabriques où l'on extrait l'ammoniaque de son muriate par la chaux vive.

Ce sel peut être desséché au feu, et devient ainsi *chlorure,* qui attire puissamment l'humidité de l'air, il redevient ainsi *hydro-chlorate* ; il est très-soluble et cristallise difficilement , il donne des aiguilles sans couleur, d'une demi-transparence.

Depuis Lavoisier, on emploie ce sel pour dessécher les gaz.

Une partie de muriate de chaux sec et deux de neige donnent un froid de 34° sous zéro de Réaumur (expérience de M. Vauquelin). Huit parties de ce sel et six de neige donnent un froid de 39°. Si on plonge dans ce mélange un vase contenant un mélange semblable, on obtient dans ce dernier 43°.

Les acides oxalique et tartarique décomposent le muriate calcaire. Il en est de même par la baryte, la strontiane, la potasse et la soude; mais l'ammoniaque pur ne produit rien. Ce sel se dissout dans son poids d'alcool, qui brûle alors avec une flamme d'un beau rouge.

On a proposé l'*hydro-chlorate de chaux* en médecine, comme résolutif, à la dose de quelques grains; mais on n'y a point recours. Sa solution, très-étendue d'eau, passe pour déterger les ulcères sanieux par le simple lavage. On ne s'en sert pas davantage.

D'après Kirvan, il est formé d'acide 42, chaux 50, eau 8.

Ce qu'on appelle improprement *huile de chaux* n'est que ce sel devenu liquide par sa seule exposition à l'air.

Hydro - chlorate de strontiane.

Sel qu'on prépare toujours en traitant le sulfate de strontiane par l'acide muriatique. On filtre et on fait cristalliser. On a des prismes hexaèdres. Ce sel est très-soluble , sapide , amer et âcre, inaltérable à l'air ; il se dissout dans l'alcool, qui brûle alors avec une flamme purpurine. La baryte, la potasse et la soude le décomposent.

On l'a conseillé en médecine, pour être employé de préférence au nitrate de baryte dans les engorge-mens glanduleux. On ne le donne jamais pur, mais mêlé à des solutions sucrées ou gommeuses. La dose est d'abord d'un vingtième de grains. On augmente jusqu'à deux ou trois grains. Ses effets secondaires sur l'organe pulmonaire en font négliger l'usage : il peut y produire, à la longue, une surexcitation qui passe bientôt à l'état chronique, et dont on arrête alors difficilement les progrès. Ce sel , comme plusieurs autres du même genre, se dessèche au feu , et passe ensuite à l'état de *chlorure*.

M. Vauquelin a fait l'analyse du muriate de stron-tiane ; il y a trouvé base 36,4, acide 23,6, eau 40.

Hydro-clorate de baryte.

Il existe , selon Bergmann , dans quelques eaux minérales en Suède. On le prépare en chimie, en trai-tant le sulfure de baryte par l'acide muriatique ; mais on peut, selon M. Bouillon-Lagrange , obtenir ce sel comme il suit. On prend parties égales de muriate cal-caire et de sulfate de baryte en poudre ; on mêle et on projette le tout peu à peu dans un creuset rouge. Quand le tout est fondu , on coule sur une plaque de fonte, qui doit être chaude. On a, par le refroidisse-ment, une masse solide, qu'on traite par l'eau bouil-lante , à deux ou trois reprises, en filtrant à chaque fois. On réunit les liqueurs filtrées, pour les faire évaporer et cristalliser.

Si la liqueur est évaporée jusqu'à pellicule, on a des prismes très-courts, brillans, ou des lames carrées. Il est très-pesant, soluble. On s'en sert comme réactif, pour découvrir la présence de l'acide sulfurique, libre ou combiné dans les liquides.

Ce sel est l'un des plus puissans poisons que l'on connaisse : quoi qu'il en soit, M. Crawford l'a conseillé comme devant être préféré au muriate de strontiane, aux mêmes doses et sous les mêmes formes, contre le scrophule ; on en a obtenu quelques succès, mais son usage prolongé est nuisible, ce qui le fait négliger.

On peut arrêter les mauvais effets de ce sel par le sulfate de soude qui le décompose.

Le *muriate de baryte* est formé, selon Bucholz, d'acide 20, baryte 63, eau 17.

Hydro-chlorate de potasse.

Produit aussi nommé *sel fébrifuge de Sylvius :* on le trouve tout formé dans la cendre des végétaux et dans les terres propres à la culture, etc. ; mais pour l'avoir pur, il faut le faire de toutes pièces, il se desséche au feu et devient chlorure ; il est très-soluble, cristallisable en prismes à quatre pans, d'une saveur amère, salée, inaltérable à l'air. On s'en est servi dans la fabrication du verre ; son usage est nul en médecine, malgré qu'on l'ait vanté comme un très-bon fébrifuge, apéritif et désobstruant : la dose était d'un à deux gros dans un liquide approprié.

Hydro-chlorate de soude.

Aussi nommé *sel marin*, *sel commun* et *sel de cuisine*; il en existe très-abondamment dans la nature, comme dans les eaux de la mer et de quelques fontaines; il s'en trouve aussi à l'état solide, en masses considérables, formant des mines en Pologne, en Hongrie, en Russie, etc.; il prend dans ce dernier cas, le nom de *sel gemme*.

En France et dans plusieurs contrées de l'Europe, on retire ce sel de ses solutions; ainsi dans les provinces du Nord, on lave les sables salés sur le bord de la mer, et on obtient le sel par évaporation.

Dans les pays très-froids, on concentre l'eau de la mer par la congellation. Ce qui reste liquide retient tout le sel que la masse contenait; on rejette les glaçons pour ne soumettre que la liqueur à l'évaporation au feu.

En Lorraine et en Franche-Comté, on élève l'eau des fontaines à une grande hauteur par le secours des pompes, et on la précipite sur des fagots d'épines, qui la divisent à l'infini; elle s'évapore dans sa chute, et diminue ainsi de volume; dans ce cas, on voit les bois ou fagots se recouvrir d'une couche blanche qui peut beaucoup augmenter d'épaisseur, c'est du *sulfate de chaux*, prenant le nom de *schlot*: comme il est très-peu soluble, il a dû se précipiter à mesure que la solution saline s'est concentrée; on finit de rapprocher les eaux dans des chaudières.

Enfin, on pratique en d'autres lieux ce qu'on appelle *marais salans*. Ce sont des bassins très-étendus, ayant peu de profondeur, et dont le fond est argileux,

fort

fort uni. Dans le mois de mars, on y fait entrer l'eau de la mer ; elle y séjourne le printemps et l'été, pendant lequel temps il y a, par l'évaporation insensible, une perte considérable de liquide ; on prend ce qui reste, on le fait chauffer pour avoir des cristaux.

Le *muriate de soude*, dans ces cas d'évaporation, cristallise à la surface du liquide, même à chaud ; il se forme d'abord des rudimens de cristaux, qu'on appelle *trémies* ou *pattes de mouches*, qui grossissent bientôt, et tombent au fond de la chaudière, où l'on place d'ordinaire une large cuiller percée comme une écumoire, qui sert à enlever le sel à mesure qu'il se densifie, et qu'il s'y précipite.

Ce qu'on obtient ainsi est toujours impur, et donne ce qu'on appelle *sel gris* à cause de sa couleur ; il contient de la *terre* ; plus, des *muriates* de *chaux* et de *magnésie*, qui en augmentent la saveur et la solubilité. A cet état de mélange, le sel marin est plus recherché pour certains usages ; mais devant l'avoir pur, il faut le faire fondre de nouveau, et y ajouter du carbonate de soude qui convertit en muriate de cette base ceux terreux que nous venons d'indiquer : ou bien, sans addition, il peut suffire de traiter la masse par très-peu d'eau froide, qui entraîne la terre, et ne dissout que les sels de chaux et de magnésie, ce qui reste est le muriate de soude plus pur. C'est en réitérant ces opérations qu'on parvient à obtenir du sel marin très-blanc.

Le muriate de soude pur et blanc cristallise en cubes ; il est d'une saveur salée, mais fraîche, il décrépite au feu, perd son nom et devient chlorure ; il peut finir par se volatiliser. Il a cela de remarquable, qu'il n'est pas sensiblement plus soluble à chaud qu'à froid, si on y ajoute un peu d'urée (produit animal); on le fait cristalliser en octaèdres. Ce sel est décomposé par la baryte et aussi par l'argile, mais à grand feu.

Le muriate de soude est très-employé dans l'économie domestique pour assaisonner les alimens.

C'est par lui que l'on conserve les viandes, il agit en s'emparant de leur humidité.

Ce sel nous fournit l'acide *muriatique* ou *hydro-chlorique*, il est aussi décomposé pour en séparer la soude; il sert comme engrais et encore pour être fondu avec des matières vitrifiables, dont on forme le vernis de certaines poteries. On s'en sert enfin pour la formation du muriate d'ammoniaque.

On peut l'utiliser en médecine, c'est un purgatif à la dose de quelques gros à une once, dans un verre de bouillon aux herbes, etc. Mais on s'en sert peu sous ce rapport, si ce n'est que les marins se purgent souvent en buvant plusieurs onces d'eau de mer en une ou deux fois; on le donne encore en lavement dans le cas de rhumatismes des lombes.

Les solutions saturées ou non de muriate de soude sont de puissans antispsoriques, dont on fait usage, surtout à la fin du traitement contre la gale.

Ce sel contient, selon Bergmann, acide 52, soude 42; eau 6.

Hydro-chlorate d'ammoniaque.

C'est ce qu'on appelle simplement *sel ammoniac*, il n'était autrefois préparé que dans l'*Ammonie*, contrée de la Libye, où était situé le temple de Jupiter Ammon.

Tournefort, naturaliste , Geoffroi , médecin , et Lemaire, consul au Caire , nous ont fait connaître la composition de ce sel et les moyens de l'obtenir; il en existe de tout formé dans la nature, près des volcans et mêlé aux terres en Perse, en Sibérie, etc. Il y en a aussi dans l'urine de l'homme, des carnivores et dans la fiente de beaucoup d'animaux.

En Egypte, on obtient ce sel en faisant sublimer la suie qu'on obtient quand on brûle la fiente des chameaux. Mais maintenant, et depuis Baumé, nous ne sommes plus tributaires des étrangers pour ce produit salin; nous connaissons divers moyens de nous le procurer, et entre tous voici le plus suivi.

On réunit toutes sortes de résidus d'animaux pour les faire brûler dans de grands tuyaux en fonte, qui sont chauffés au rouge; il se forme un grand nombre de produits qu'on recueille diversement, et qu'on utilise, comme il sera dit en un autre temps ; entre eux, il n'y a que le *carbonate d'ammoniaque* dont la présence nous intéresse. On reçoit ce sel dans des auges où se trouve du *sulfate de chaux,* délayé dans de l'eau; il arrive, même à froid , que ces deux sels se décomposent; il en résulte du *carbonate de chaux* et *du sulfate d'ammoniaque ,* seul soluble ; on l'obtient à part en filtrant la liqueur , on fait bouillir la solution avec du muriate de soude; il en résulte, par double décomposition , formation de *sulfate de soude* et *muriate d'ammoniaque ;* on fait évaporer à siccité pour faire chauffer fortement le mélange pulvérulent, il arrive que le muriate étant volatil il se dégage, tandis que le sulfate reste fixe. On peut le

15 *

faire fondre pour le faire cristalliser et l'utiliser ensuite.

Cette calcination a lieu dans de grands ballons ou matras en terre, ou en fonte, formés de deux pièces qui se recouvrent l'une par l'autre, de sorte qu'on puisse les séparer à volonté, pour en retirer ce qu'ils contiennent. Il est ordinaire que l'opération dure plusieurs jours, auquel cas on doit s'assurer que l'ouverture des vases ne soit point obstruée par la matière sublimée, car il faut toujours une issue libre pour le dégagement des vapeurs, s'il arrivait que le feu fût poussé trop fort.

Ce sel obtenu, comme nous venons de le dire, est très-blanc, et diffère en cela de celui qu'on nous envoyait d'Egypte, lequel portait toujours un enduit noirâtre, comme charbonneux. Cette sorte d'impureté est devenue un avantage pour certains usages de ce composé, surtout pour l'emploi qu'en font les chaudronniers, de sorte qu'on s'est appliqué en France à l'obtenir dans ce dernier état, ce qui se pratique diversement, mais d'ordinaire par l'addition d'un peu de suie au mélange qui doit être sublimé.

Le muriate d'ammoniaque étant pur, est blanc, très-soluble ; c'est en raison de cela que, mêlé à la glace, il peut produire un très-grand froid ; il cristallise en prismes à quatre pans.

Si l'on fait passer du *chlore* gazeux dans une solution de ce sel, on obtient, selon M. Dulong, un liquide détonnant, inconnu jusqu'à lui, et qu'il regarde comme un *chlorure d'azote ;* ce produit, encore peu examiné, ne doit point fixer notre attention.

Le *muriate d'ammoniaque* est décomposé par l'acide sulfurique, et aussi par l'acide nitrique, lequel donne lieu, dans ce cas, à la formation d'eau régale. La baryte, la strontiane, la chaux, la potasse et la soude décomposent très-bien ce sel; la magnésie forme avec lui un sel triple. C'est avec la chaux vive qu'on décompose ce muriate pour en avoir l'ammoniaque pur. Il nous donne aussi le carbonate d'ammoniaque et la liqueur fumante de Boyle.

Ce sel est formé, d'après Kirvan, de base 25, acide 42, eau 33.

Le *muriate d'ammoniaque* est très-employé dans les arts, pour aider la fusion des métaux et les décaper d'avance pour que la soudure en soit plus facile.

On s'en sert aussi en médecine, c'est un très-bon fondant, résolutif, auquel on a recours dans les maladies scrophuleuses, etc. On en fait prendre à la dose de quelques grains, dans des liquides appropriés; on en fait entrer dans le vin antiscorbutique, dans le vin antiscrophuleux de Perihl, etc.

Des Chlorates.

Ce sont les sels autrefois connus sous le nom de *muriates suroxigénés.*

Ils sont tous des produits de l'art; leur caractère est de se décomposer au feu en donnant de l'oxigène, et de détonner par le choc ou par la chaleur quand on les mêle à des corps combustibles.

Presque tous les *chlorates* sont solubles dans l'eau; ils sont décomposés par les acides forts, surtout par le sulfurique, avec des phénomènes variables, mais toujours plus ou moins à craindre.

On obtient ces sortes de sels en faisant passer un courant de chlore gazeux dans la solution des bases que l'on veut saturer. On peut, par une même opération, obtenir plusieurs chlorates, comme on peut obtenir plusieurs carbonates, plusieurs sulfites, etc.

A mesure que les *chlorates* se forment, ils se précipitent dans le liquide en une poudre blanche ou en paillettes, ce qui a surtout lieu pour les *chlorates de potasse* et de *soude*; leur formation est toujours accompagnée d'un peu d'*hydro-chlorate de ces bases*; mais celui-ci, plus soluble, reste dans la liqueur. On recueille les cristaux, on les dissout dans de l'eau distillée pour faire ensuite cristalliser; on les a ainsi plus purs.

La production de ces deux sels, *chlorate* et *hydro-chlorate*, dans la même opération, s'explique par la décomposition de l'eau opérée, 1° par l'affinité du chlore pour l'hydrogène; 2° par la tendance des acides *chlorique* et *hydro-chlorique* à se combiner aux bases. En considérant ces sels comme des *muriates suroxigénés*, on entendait que l'acide muriatique oxigéné arrivé dans la solution, se divisait en deux parties; l'un cédant son oxigène à l'autre, d'où résultait acide muriatique simple; et acide suroxigéné, d'où formation de deux muriates d'une même base, dont muriate simple plus soluble qui reste dans la liqueur, tandis que celui recherché se précipite.

Quant à la séparation des sels obtenus, elle est fondée sur leur différente solubilité.

MM. Vauquelin et Chenevix se sont beaucoup

occupés des chlorates, sous le nom de muriates sur-
oxigénés. Voyez leurs travaux.

Entre tous les sels de ce genre, il n'y a que celui
de potasse qui mérite de nous occuper maintenant :
c'est le suivant.

Chlorate de potasse.

Sa découverte est due à M. Berthollet.

On sait déjà comment on obtient ce sel, par ce qui
a été dit des chlorates en général.

Nous n'avons plus qu'à en indiquer les propriétés
et les usages.

Il est solide, blanc, brillant, lamelleux, demi-transparent, peu soluble, pouvant donner des rhombes,
sans odeur, de saveur âcre et piquante, se décomposant
au feu en oxigène, qui se dégage, et en chlorure, qui est
fixe; d'où on doit conclure que l'oxigène obtenu vient
en même temps de l'acide et de la base.

Ce sel jeté sur des charbons rouges, se décompose
également et avive la combustion.

Seul, il peut être touché ou même pulvérisé sans
danger. Il n'en est point ainsi quand il est mêlé aux
corps combustibles.

Si on verse un peu d'acide sulfurique fort sur ce
sel, il y a décrépitation et production de flamme
rouge avec jets de la substance au loin; trois parties
de ce sel et une de soufre détonnent par la trituration dans un mortier en fer, ou par le choc; un
mélange d'une demi-partie de soufre, autant de charbon, et trois de ce chlorate, peut dans les mêmes circonstances, produire de plus fortes explosions. Les
mêmes phénomènes ont lieu par l'action du fluide
électrique et des acides forts.

Si l'on mêle une partie de phosphore en poudre avec trois de chlorate de potasse, on doit craindre une vive détonation que peut produire le moindre mouvement.

On doit ces expériences aux travaux de MM. Fourcroy et Vauquelin. Elles démontrent avec quelle facilité, quelle promptitude, ce sel cède son oxigène.

On a conseillé l'emploi de chlorate de potasse, pour la formation d'une nouvelle poudre à tirer ; mais celle proposée offre trop de danger, on en a abandonné l'emploi. Il en est une autre non moins redoutable, seulement usitée comme amorce pour les armes à feu, portant de nouvelles platines : sa composition est comme il suit :

> *Chlorate de potasse,*   100.
> *Nitrate de potasse,*   55.
> *Soufre,*   33.
> *Bois blanc, poudre fine,* 17.
> *Lycopode,*   17.

On utilise le *chlorate de potasse* en chimie, pour se procurer de l'oxigène très-pur, il en fournit presque la moitié de son poids. On en obtient aussi le *gaz acide chloreux*. Enfin, on en mêle à partie égale au soufre, pour en faire une pâte avec du mucilage de gomme adragant ; on en recouvre ensuite l'extrémité de petites *allumettes*, lesquelles séchées, sont dites *oxigénées*. Pour s'en servir, il suffit de les humecter légèrement d'acide sulfurique, elles prennent feu aussitôt et remplacent ainsi les briquets ordinaires.

On a conseillé dans les arts l'emploi des chlorates de potasse et de chaux, pour servir au blanchiment des toiles de lin, mais on se borne aujourd'hui à l'emploi du chlore.

On a aussi abandonné l'usage de ces sels en méde-cine; leur action paraît être diurétique. On y supplée facilement par un grand nombre de corps plus con-nus, et qu'il est moins dangereux de toucher.

Des Hydro-sulfates.

C'est ce qui a été long-temps connu sous le nom d'*hydro-sulfure*. Il y en a peu de solubles, savoir : ceux alcalins et aussi celui de magnésie. Leur solu-tion est toujours altérée par l'air ; il se forme un *sulfite sulfuré* avec précipitation d'un excès de soufre. Tous les *hydro-sulfates* sont changés par *le chlore* en *hydro-chlorates*, avec isolement d'une plus grande quantité de soufre qui se précipite.

Les *hydro-sulfates* solubles sont précipités par les acides forts qui s'emparent de la base, et laissent dé-gager l'hydrogène sulfuré sans précipitation de sou-fre, à moins que les acides nitrique et nitreux n'aient été employés en trop grande quantité.

Beaucoup de sels peuvent décomposer les hydro-sulfates ; il en résulte des précipités divers, sur la nature desquels nous ne croyons pas devoir nous arrêter, parce qu'ils ne sont recherchés dans aucun cas comme produits utiles, et que d'ailleurs les plus remarquables devront être signalés quand il sera question des sels, surtout métalliques, dont l'emploi peut donner lieu à leur formation.

On n'emploie point les *hydro - sulfates* séparés, mais seulement en solution. Pour les obtenir, on fait passer de l'acide hydro-sulfurique dans des solutions de bases ; on filtre ensuite ces liquides, et on y fait séjourner du mercure, lequel s'empare du soufre qui pourrait accompagner l'hydro-sulfate ; on filtre de nouveau, c'est la liqueur obtenue qui constitue le produit recherché.

Quant aux hydro-sulfates insolubles, ils s'obtiennent par voie de double décomposition, en prenant un sel choisi, et l'hydro-sulfate de potasse.

Des Hydro-sulfates sulfurés.

Ce sont les produits autrefois désignés sous le nom de *sulfures hydrogénés*.

Ils sont décomposés comme les hydro-sulfates simples, par les acides forts, mais avec cette différence, que ceux-ci, dans ce cas, peuvent ne point laisser précipiter de soufre, tandis que les autres en donnent toujours.

Pour obtenir les *hydro-sulfates sulfurés*, il suffit de délayer dans l'eau les sulfures alcalins ; à la vérité, il se produit en même temps un peu de *sulfite-sulfuré* de la base constituant le sulfure, mais ce n'est point un grand inconvénient pour l'usage. Au reste, si l'on a opéré sur des sulfures de *chaux*, de *baryte*, de *strontiane*, on peut séparer par la filtration les *sulfites sulfurés* obtenus ; car ils sont insolubles, tandis que les *hydro-sulfates sulfurés* de ces terres alcalines sont solubles et restent dans le liquide.

Il n'en est pas ainsi pour les *sulfites sulfurés* de *potasse* et de *soude*, car ils sont très-solubles. C'est pourquoi, voulant obtenir à l'état pur les hydro-sulfates sulfurés de ces bases, il est mieux de faire légèrement chauffer les hydro-sulfates neutres de ces corps sur un peu de soufre très-divisé.

Quant à *l'hydro-sulfate sulfuré d'ammoniaque*, autrefois nommé *sulfure hydrogéné d'ammoniaque* et aussi *liqueur fumante de Boyle*, voici comment on l'obtient. On introduit dans une cornue de verre très-sèche un mélange pulvérulent d'une partie de sel ammoniac, une de chaux vive et demi-partie de soufre ; on adapte à ce vase une alonge, puis un récipient tubulé, le tout très-sec aussi ; ou lute les jointures d'appareil, en plaçant un tube très-élevé à la tubulure du récipient. Les choses ainsi disposées, on chauffe graduellement la cornue, soit dans un fourneau de réverbère ou autrement : il arrive bientôt qu'il se dégage une vapeur jaunâtre, on en procure le refroidissement en recouvrant l'alonge de linges mouillés.

La *liqueur fumante* de *Boyle* offre un liquide brun ou rougeâtre, ayant la propriété de dissoudre un peu de soufre, de fumer à l'air dont elle prend l'humidité ; elle exhale, dans ce cas, des vapeurs épaisses, blanches, d'une odeur forte et pénétrante, provoquant la toux. On est loin de s'accorder sur la manière probable dont se forme ce singulier produit ; mais tout porte à croire que, la chaux décomposant le muriate employé, l'acide muriatique se trouve en partie décomposé, de manière à ce que son hydrogène s'empare du soufre, d'où *hydrogène sulfuré*, ou, ce qui revient au même, *acide hydro-sulfurique*, lequel s'empare de l'ammoniaque. On attribue la couleur jaune du liquide à du soufre qui se volatilise, mais en assez petite quantité pour que l'on puisse encore en ajouter, et le faire fondre dans le liquide obtenu. Quant à ce qui a lieu quand on met ce liquide en contact avec l'air, on ne s'en rend pas bien compte.

L'*hydro-sulfate sulfuré d'ammoniaque* n'est employé qu'en chimie comme réactif, parce qu'il précipite diversement les solutions métalliques.

Des Hydro-phtorates.

Ce sont les sels autrefois connus sous le nom de *fluates*. Ils peuvent, selon M. Davy, se comporter à la manière des *hydro-chlorates* quand on les expose au feu et devenir alors *phtorures*, comme ces autres sels deviennent *chlorures*.

Le caractère des *hydro-phtorates* est d'être décomposés par l'acide sulfurique fort, de manière à donner un gaz qui altère le verre ; ceux de potasse de soude, d'ammoniaque et d'argent sont les seuls solubles, ils précipitent tous les sels calcaires en chlorure de calcium.

De tous les *hydro-phtorates* connus, il n'y a que celui de chaux qu'il nous importe d'étudier.

Hydro-phtorate de chaux.

Il est plus souvent appelé *fluate calcaire* et *spath fluor*. Il existe dans les mines formant la gangue des métaux ; il peut être blanc, mais il est presque toujours coloré, jaspé, selon les oxides qui l'accompagnent ; M. Berzélius pense que le fluate de chaux existe, mais en très-petite quantité, dans les os et dans l'urine. Ce sel est souvent mêlé à la silice, il est insoluble dans l'eau, insipide, inaltérable à l'air.

Ce composé ne nous intéresse qu'en ce qu'il nous

donne l'*acide fluorique* ou *hydro-phtorique* dont nous avons fait l'histoire. Il n'est d'aucun autre usage, malgré qu'on le dise fusible et vitrifiable ; sa densité très-grande le rend susceptible de recevoir un très-beau poli et d'être ainsi employé à la formation de vases, bijoux et autres objets d'agrément.

Des Iodates.

Genre de sels, encore très-peu connu, mais dont l'existence est incontestable ; il participe de l'*acide iodique* déjà étudié, et des bases. Leur caractère est d'être décomposés par les acides sulfureux et hydro-sulfurique, lesquels prennent l'oxigène de l'acide indiqué et en séparent ainsi l'iode.

Il n'est aucun *iodate* qui doive nous occuper en particulier.

Des Hydriodates.

Autre genre de sels, qui ne doit point nous occuper plus longuement que les précédens, il participe de l'*acide hydriodique*, encore peu étudié ; nous devons ce que l'on en sait à M. Gay-Lussac ; tous les *hydriodates* sont décomposés en blanc par le nitrate d'argent, et le précipité (iodure de ce métal) est soluble dans l'ammoniaque.

Ces sels ne sont d'aucun usage.

Des Hydriodates iodurés.

Ils offrent le résultat de la solution de l'iode dans des *hydriodates* simples.

DES MÉTAUX.

Corps simples, combustibles, jouissant de quatre propriétés caractéristiques, 1° *éclat*. Ils réfléchissent la lumière, et peuvent ainsi servir de miroirs; 2° *malléabilité*. On peut les applanir au marteau comme au laminoir, et on en fait ainsi des feuilles très-minces; 3° *ductilité*. Ils peuvent être tirés à la filière en fils très-fins, très-déliés; 4° *opacité*. Ils refusent absolument passage à la lumière; cependant on leur a contesté cette propriété, mais est-on bien sûr que les parties employées n'aient point offert quelque solution de continuité?...

Les métaux sont tous *denses*, à l'exception du mercure, qui est liquide à la température ordinaire, mais qui se congèle à 36° sous zéro.

Leur *couleur* varie du jaune au blanc; il en est de bleuâtres; quelques-uns sont *volatils*, mais tous sont *dilatables* par le calorique; le plus grand nombre se fondent, les autres sont dits *réfractaires*; ils sont en général *élastiques* et *sonores*, mais surtout *bons conducteurs du calorique* et *du fluide électrique*; plusieurs sont *odorans* quand on les frotte.

Les métaux s'unissent entre eux, et donnent des composés qu'on appelle *alliages*, mais plus particulièrement *amalgames* quand le mercure en fait partie.

Ils sont tous plus ou moins *oxigénables*, et donnent ainsi des *oxides* et des *acides*.

Les *oxides métalliques* peuvent, comme l'azote et autres corps, porter plus ou moins d'oxigène; on les désigne alors par les noms déjà connus *proto*xide, *deuto*xide, *trito*xide et *per*oxide.

Le soufre, le phosphore, le carbone, le chlore, etc., s'unissent aux métaux ; il en résulte, comme nous le verrons, des *sulfures, phosphures, carbures, chlorures métalliques,* lesquels produits se forment avec des phénomènes trop variés, pour qu'il en soit ici question d'une manière générale.

On ne connaît point encore bien quelle est l'origine des métaux, mais on sait qu'il s'en forme dans les végétaux (or, fer, manganèse); de plus, on les trouve dans les montagnes dites *secondaires* qui résultent de bouleversemens terrestres......

Nous n'entrerons point dans les détails de l'exploitation des métaux ; voyez, à cet égard, les Traités d'histoire naturelle et de métallurgie ; il nous suffit d'indiquer que ces corps peuvent exister dans la nature sous les six états suivans :

 1° *natif,*
 2° *alliage,*
 3° *oxide,*
 4° *salin,*
 5° *sulfure,*
 6° *carbure.*

On compte un grand nombre de métaux, surtout si on y comprend ceux qui sont regardés comme formant les terres et les alcalis ; c'est ce qui a donné lieu aux divisions qu'on en a faites pour en faciliter l'étude ; nous ne chercherons point à faire valoir l'une d'elles aux dépens des autres, car toutes ont leur avantage et toutes peuvent être utilisées ; mais nous dirons que, dans ces derniers temps, M. Thénard a proposé de diviser ces corps en raison de la manière dont ils se comportent avec l'eau et le gaz oxigène. Il en fait six classes, comme il suit.

Ire CLASSE.

Métaux admis par analogie , tenant le plus fortement possible à l'oxigène , savoir :

  silicium ,
  zirconium ,
  aluminium ,
  yttrium ,
  glucinium ,
  magnesium.

IIe CLASSE.

Métaux qui absorbent l'oxigène à toute température ; ils décomposent l'eau même à froid, savoir :

  calcium ,
  strontium ,
  barium ,
  sodium ,
  potassium.

IIIe CLASSE.

Métaux qui ne s'oxigènent point sensiblement à froid , mais qui décomposent l'eau à une chaleur rouge , savoir :

  manganèse ,
  zinc ,
  fer ,
  étain.

IVe CLASSE.

Métaux oxigénables à toute température , mais qui, *seuls* , sont sans action sur l'eau , savoir :

  arsenic ,
  molybdène ,
  chrôme ,

      tungstène ,

tungstène,

columbium,

antimoine,

tellure,

urane,

cérium,

cobalt,

titane,

bismuth,

plomb,

cuivre.

Ve CLASSE.

Métaux sans action sur l'eau; mais qui s'oxigènent à un certain degré de chaleur, passé lequel ils reviennent à l'état métallique, savoir :

nickel,

mercure,

osmium.

VIe CLASSE.

Métaux sans action sur l'eau, et non oxigénables à aucune température, à l'exception de l'*argent*, qui peut s'oxider quand il est en vapeur, savoir :

argent,

or,

platine,

palladium,

rhodium,

iridium.

Comme cette division, malgré sa simplicité, n'est point encore généralement adoptée, nous la remplacerons par celle plus connue, plus usitée, qui nous a

16

servi dans nos Élémens d'histoire naturelle; c'est une modification de celle indiquée par Fourcroy. Elle ne donne que *quatre classes*, en n'y comprenant que les métaux, dont l'existence est bien avérée; mais aussi dont les propriétés sont assez étudiées pour qu'on ait pu assigner un rang valable à ces substances.

Quant aux autres métaux, seulement aperçus, mais encore peu connus et sans usages, on les réunit dans une sorte d'appendice.

Cette classification est fondée sur les degrés d'oxigénation et de la ductilité de ces corps.

Ire CLASSE.

Métaux acidifiables.

> *arsenic,*
> *tungstène,*
> *molybdène,*
> *chróme,*
> *columbium.*

IIe CLASSE.

Métaux seulement oxidables, mais peu ductiles et dits *cassans.*

> *titane,*
> *urane,*
> *tellure,*
> *cérium,*
> *bismuth,*
> *manganèse,*
> *antimoine,*
> *cobalt,*
> *nickel,*
> *mercure.*

IIIe CLASSE.

Métaux oxidables et plus ductiles.

étain ,

plomb ,

fer ,

cuivre ,

zinc ,

IVe CLASSE.

Métaux oxidables et très-ductiles.

argent ,

or ,

platine.

Enfin se présentent les métaux non rigoureusement classés , savoir :

osmium ,

palladium ,

iridium ,

rhodium ,

potassium ,

sodium.

On voit que dans cette énumération des métaux, ne se trouvent point compris ceux qui sont admis comme constituant les terres ; c'est que nous en avons fait l'histoire de manière à n'être plus obligés d'y revenir. Nous avons même traité du *potassium* et du *sodium,* à l'occasion des alcalis qui nous les fournissent.

Voyons maintenant chaque métal en particulier.

Ire CLASSE.

Métaux acidifiables : il y en a cinq , savoir :

arsenic ,

tungstène ,

molybdène,
chrôme,
columbium.

De l'Arsenic.

Il existe abondamment répandu dans la nature, le plus souvent natif, mêlé aux mines d'argent et de cobalt ; on le trouve aussi à l'état de sulfure, donnant ce qu'on appelle *arsenic jaune*, *orpin* ou *orpiment*, et de l'*arsenic rouge*, *risigal* ou *réalgar*.

Ces variétés se trouvent répandues en plus ou moins grande quantité dans presque toutes les mines, ce qui a fait dire que l'arsenic était un *minéralisateur*, comme s'il était nécessaire à la formation des autres métaux.

Pour obtenir de l'*arsenic* pur, il faut agir sur un produit arsenical qu'on appelle *arsenic blanc* ; mais comment obtient-on celui-ci ? on opère pour cela le grillage d'une sorte de mine de *cobalt arsenié* ou *tricoté*, on le pulvérise, et on fait chauffer fortement dans un creuset recouvert d'un second, ou dans des espèces de terrines qu'on appelle *tets* ; il est bien d'opérer sous une cheminée pour se garantir des émanations, parce qu'elles sont malfaisantes ; quelquefois la vapeur va se condenser dans des tuyaux tortueux en bois ou en pierre, et qu'on peut ensuite démanteler pour en retirer ce qui s'y est condensé ; dans tous les cas, il arrive que, par l'action de la chaleur, il se dégage beaucoup de soufre et d'acide sulfureux, plus, l'arsenic blanc qu'on recherche ; il peut être mêlé d'un peu de soufre qui le colore ; mais d'ordinaire, il est assez pur, en masses d'autant plus épaisses, qu'on a opéré plus long-temps sans recueillir le produit, lequel peut être très-dense, et même vitrifié, transparent, surtout dans les parties qui avoisinaient le foyer de chaleur, où il s'est probablement opéré une sorte de fusion; mais cet état particulier cesse par une longue exposition à l'air humide, alors la masse devient absolument blanche, opaque, et plus friable; il n'est pas rare de trouver dans quelques points de ces tuyaux de l'arsenic pur sublimé, mais il ne faut point y compter.

Cet arsenic blanc est généralement regardé comme oxide, mais quelques chimistes le considèrent comme de l'acide arsenieux. Nous en ferons l'histoire, en le rangeant entre les produits de ce métal.

Pour en retirer l'arsenic pur, on prend six parties de cet oxide en poudre, et deux ou trois de flux noir pour faire chauffer le tout à la cornue; ou bien, on fait un mélange d'une partie de charbon, autant de carbonate de potasse du commerce, et deux parties d'arsenic blanc; enfin, il peut suffire de faire une pâte avec de l'arsenic blanc et du savon noir; dans tous les cas, on peut pousser le feu très-fort, il arrive qu'il se dégage beaucoup d'acide carbonique, et que le métal ayant perdu son oxigène, se volatilise et vient se fixer dans le cou de la cornue, ou dans un récipient destiné à le recevoir. Quant à l'alcali, son rôle dans cette opération est de favoriser la liquéfaction de l'oxide.

Quelquefois on opère dans un creuset recouvert d'un second.

L'*arsenic métal* est d'un gris blanchâtre comme le fer, brillant, très-cassant, s'altérant promptement à l'air, mais sans fixer beaucoup d'oxigène; il se ternit et devient noir : si on l'oxigène volontairement, il peut redevenir oxide blanc, et même passer, comme nous le verrons, à l'état d'acide arsenique ; il pèse huit, l'eau étant un ; ce métal est très-volatil, il se sublime à 180° ; ses cristaux sont octaëdriques.

L'arsenic s'unit aux métaux, il hâte la fusion de ceux qui sont réfractaires, et retarde celle des autres ; c'est ce qui le fait rechercher dans les arts ; mais pour l'employer, il n'est pas nécessaire qu'il soit pris à l'état pur, il suffit de prendre son oxide ; on le fait fondre avec les métaux, moyennant un peu de beurre ou de graisse, qui en opère la réduction.

Les miroirs des télescopes sont un alliage d'arsenic, de cuivre et de platine.

On ne fait aucun autre usage de l'arsenic métal.

Hydrogène arsenié.

Produit de la combinaison de l'hydrogène avec l'arsenic. Pour l'obtenir, on commence par faire un alliage d'une partie de ce métal avec trois d'étain ; on pulvérise et on traite par quatre ou cinq parties d'acide hydro-chlorique ; on opère dans une petite cornue à une douce chaleur, le gaz recherché ne tarde pas à se dégager. Sa production est due à ce que l'eau de l'acide est décomposée, son oxigène se fixe sur l'étain qui forme ensuite un hydro-chlorate. Quant à l'arsenic, il est évident qu'il prend l'hydrogène de l'eau.

L'hydrogène arsenié est un poison. Il est très-dangereux d'en respirer la moindre quantité, c'est lui qui se dégage quand on délaye dans de l'eau de la poudre de *cobalt,* ou *tue-mouche.*

Ce gaz est incolore, d'odeur fétide, aillacée ; il peut être liquéfié par un froid de 30° sous zéro (Stromeyer) ; l'oxigène le décompose à chaud en eau et oxide blanc d'arsenic, avec dégagement de lumière. Ce gaz est inflammable comme les autres gaz hydrogénés, il se dépose contre les parois de la cloche une couche brunâtre que M. Thénard croit être *un hydrure d'arsenic.*

Le *gaz hydrogène* arsenié est décomposé par le soufre, le chlore, le zinc, l'étain, le potassium, et le sodium. Ce gaz n'est d'aucun usage.

Phosphure d'arsenic; il est solide, brillant, cassant. On ne s'en sert point.

Sulfure d'arsenic.

Ce produit, qui a déjà été annoncé comme existant dans la nature, ne paraît point être semblable à celui qu'on peut obtenir par les moyens de l'art.

Le sulfure d'arsenic naturel se présente à l'état *jaune* sous le nom d'*orpiment*, et à l'état *rouge* sous celui de *réalgar.* On les trouve réunis ou séparés en Italie, mais surtout en Hongrie, en Transylvanie, et dans plusieurs parties de l'Orient. Ils sont durs, très-lisses, brillans, très-pesans, rarement cristallisés. Le premier peut se présenter en feuillets dorés ayant beaucoup d'éclat, le second peut être transparent, on en fait alors des bijoux; ces substances ne sont guère employées comme médicament, si ce n'est à l'extérieur, dans le *collyre de Lanfranc* et dans des *pommades excitantes.* Ces sulfures sont des poisons, mais moins actifs que ceux artificiels. Ces derniers, d'après les expériences de M. Laugier, paraissent être moins chargés de soufre, ils ne portent que 138 d'arsenic sur 100 de soufre, tandis que ceux naturels contiennent 233 de métal, sur la même quantité de soufre; la différence de couleur de ces sulfures ne tient qu'à la différence de densité.

L'*orpiment* et le *réalgar* sont employés dans les arts pour la peinture.

Arsenic blanc, ou acide arsenieux.

Nous l'avons déjà indiqué comme devant servir à donner de l'arsenic métal, par cela même nous avons été conduits à dire comment on l'obtient : nous ne reviendrons pas sur cet objet, nous dirons seulement quelles sont les propriétés de ce corps.

On a long-temps considéré l'arsenic blanc comme un simple oxide, mais en considérant qu'il tend à se combiner aux bases, on ne doit point balancer à le regarder comme acide.

L'arsenic blanc, aussi nommé *mort aux rats*, est solide, blanc, souvent vitreux, fixe et inodore à froid, mais volatil à chaud, et donnant alors des vapeurs blanches avec odeur d'ail. Cette substance est soluble, et peut cristalliser en octaèdres ou prismes tétraèdres. Cette solution est précipitée en jaune doré par l'hydrogène sulfuré, qui est le meilleur des réactifs propres à découvrir dans les liquides les moindres portions de cet oxide. La solution d'*acide arsenieux* précipite l'eau de chaux en blanc.

MM. Thénard et Berzélius ne s'accordent point sur la proportion d'oxigène que contient l'arsenic blanc, ce qui semble annoncer qu'elle peut varier. C'est alors de 34 à 43, sur 100 de métal.

Cet acide arsenieux fait partie de la pâte arsenicale du frère Côme. Il faut craindre son application sur des parties dénudées de grande étendue ; car par absorption ce médicament peut produire des effets funestes. Les empoisonnemens par l'arsenic sont fréquens. Voyez à ce sujet le Traité des poisons par M. Orfila, auquel je renvoie d'avance pour les autres substances vénéneuses, dont nous parlerons.

Des Arsenites.

Espèces de sels qui résultent de l'union de l'*acide arsenieux* aux bases. Ils sont tous artificiels et de peu d'importance.

Les *arsenites de potasse* et *de soude* se font en faisant chauffer ensemble, pendant une demi-heure, une solution de carbonate de ces bases avec une solution d'acide arsenieux, dont il faut toujours un petit excès. On filtre et on fait cristalliser, malgré que ces sels soient déliquescens.

C'est par ces deux arsenites qu'on prépare tous les autres au moyen des doubles décompositions.

L'*arsenite d'ammoniaque* peut être obtenu à froid. Il cristallise.

Il est un arsenite insoluble, appelé *vert de Schéèle*. On l'emploie dans les arts. Nous en parlerons en traitant du cuivre.

L'arsenic blanc peut, à ce qu'il paraît, s'unir à d'autres acides, probablement en perdant alors une partie de son oxigène. Il en résulte des *borate, phosphate, sulfate, nitrate et muriate* d'arsenic : c'est ce dernier seulement qui mérite quelque attention de notre part.

Muriate ou hydro-chlorate d'arsenic.

Il ne faut point confondre ce produit avec ce que les anciens appelaient *beurre d'arsenic* ou *muriate oxigéné* de ce métal dont nous parlerons ensuite.

On obtient le *muriate simple d'arsenic*, en faisant chauffer l'acide arsenieux dans de l'acide hydro-chlorique. Il s'y dissout, et le produit se volatilise. Comme on ne l'utilise point, nous n'en parlerons pas davantage. Il suffit d'en avoir constaté l'existence, pour faire mieux distinguer le produit suivant.

Beurre d'arsenic dit *Muriate oxigéné.*

C'est un *chlorure* de ce métal. Il n'existe point dans la nature. On l'obtient en versant de l'arsenic en poudre dans du chlore bien sec, ou plus ordinairement en distillant à un feu doux, dans une petite cornue de verre, une partie de ce métal pulvérisé avec du sublimé corrosif, qui lui-même est un *chlorure de mercure*. Il arrive bientôt qu'il se volatilise une matière blanche : elle se condense au cou de la cornue ou dans l'alonge, mais sans se cristalliser. C'est le produit qu'on recherche. On l'expose ensuite à une douce chaleur, pour le liquéfier et le recevoir dans un vase convenable. Il est arrivé que l'arsenic a pris le chlore du mercure, qui, à son tour, est redevenu métallique.

Le *chlorure* ou *beurre d'arsenic* est altéré par l'eau qui le change en *hydro-chlorate*.

Ce sel non altéré est déliquescent, coule comme de l'huile; mais il peut cristalliser. On en a fait usage à l'extérieur comme caustique. On ne s'en sert presque plus. On lui préfère le *chlorure* ou *beurre* d'anti-*moine*, dont nous parlerons.

De l'Acide arsenique.

Autrefois préparé par Schéele, en versant sept parties d'acide muriatique et cinq d'acide nitrique, sur trois d'acide arsenieux, on distillait à siccité. Le résidu sec, pulvérulent, était le produit recherché. Par ce procédé, on divise davantage l'arsenic par la solution dans le premier acide ; c'est ensuite que le second se décompose et fournit son oxigène.

Maintenant on se borne à faire bouillir six parties d'acide nitrique à 30° dans une cornue de verre, sur une partie d'arsenic blanc en poudre fine ; on distille jusqu'à ce qu'il ne passe plus rien, et donnant ensuite un fort coup de feu, il reste une masse blanche qui est un mélange d'acide arsenieux et d'acide arsenique : on sépare le premier du second, en chauffant de nouveau dans un creuset, l'acide arsenieux se dégage en vapeurs, tandis que l'acide arsenique reste fixe; il est bien de traiter ainsi au creuset le produit pulvérulent, obtenu par le moyen de Schéele.

L'acide arsenique pur est solide, blanc, pulvérulent, non volatil, soluble dans l'eau ; il peut se fondre en un verre qui est déliquescent. Chauffé au rouge, il se change en oxigène et acide sulfureux , avec odeur d'ail ; tous les corps combustibles le décomposent.

Cet acide rougit très - bien le tournesol, il s'unit aux bases et forme ainsi des *sels* qu'on appelle *arseniates*. L'acide arsenique, chauffé avec la limaille de zinc, détonne fortement, il se forme de l'oxide de

zinc, au dépens d'une partie de l'acide qui est décomposé; il y a de l'arseniate de zinc de formé.

Cet acide est encore plus actif, plus venéneux que
l'acide arsenieux. On ne s'en sert point dans les arts
ni en médecine. Selon M. Proust, l'acide arsenique
est formé de métal 65,4, oxigène 34,6.

Des Arseniates.

Genre de sels que le charbon décompose au feu
avec dégagement d'acide arsenieux ou d'arsenic pur.

Tous les *arseniates* sont insolubles dans l'eau,
excepté ceux de potasse, de soude, d'ammoniaque.
Ces sels ne sont point décomposés par l'acide hydro-
chlorique, tandis que les *arsenites* sont précipités en
blanc par cet acide. Les sels de cuivre précipitent
ces sels en blanc bleuâtre.

De tous les arseniates, il n'y a que celui de potasse
qui mérite quelque attention.

Arseniate de potasse.

On l'obtient en projetant peu à peu dans un creuset, chauffé au rouge, un mélange d'une partie d'arsenic blanc, et une et demie de nitrate de potasse;
il y a boursoufflement de la matière, ce qui oblige
à choisir un grand creuset; on le couvre au bout de
quelques minutes pour donner un bon coup de feu.
Il arrive que le nitre se décompose, l'acide nitrique
cède son oxigène à l'arsenic pour le convertir en acide
arsenique, lequel se combine ensuite avec la potasse.
Il se forme toujours des vapeurs nitreuses, d'azote et
souvent même d'acide arsenieux; on cesse le feu quand
il ne se dégage plus rien, on laisse refroidir, on traite

la masse par l'eau pour avoir une solution d'arseniate, on filtre et on fait évaporer jusqu'à pellicule,
pour faire cristalliser ; on obtient des prismes très-
courts, terminés par des pyramides triangulaires ; il
faut quelquefois, pour obtenir des cristaux, ajouter
un peu d'acide arsenique, et alors le sel est avec un
léger excès de son acide et peut rougir le tournesol.
Il est soluble, inaltérable à l'air, sans odeur, d'une
saveur âpre, métallique.

Si ce sel est neutre, et surtout s'il est avec excès de
base, il devient très - déliquescent et ne cristallise
point.

Cet arseniate sert à préparer tous les autres par
double décompoition, excepté ceux de soude et
d'ammoniaque, lesquels, étant solubles, ne peuvent
point être obtenus par ce moyen. On les prépare en
versant de l'acide arsenique dans une solution de ces
bases.

L'*arseniate de potasse* a été conseillé comme fébrifuge par fractions de grains ; mais il est trop dangereux de s'en servir, on n'y a plus recours.

Ce sel est promptement détruit par l'eau de chaux,
qui devient ainsi son contre-poison.

Du Tungstène.

Ce métal, encore peu connu, a été découvert par
M. Delhuyart vers 1781. Il est rare, il se trouve
seulement à l'état de *tungstates* de fer et de chaux.
Le premier est plus connu sous le nom de *wolfram*.
On le trouve surtout en Saxe, accompagnant les
mines d'étain, mais aussi en France, dans la Haute-
Vienne, près St.-Léonard. Le second forme en grande

partie le schélin de Werner, assez répandu en Suède.

Pour avoir du *tungstène pur*, il faut d'abord obtenir de *l'acide tungstique*.

On opère d'ordinaire sur le tungstate de chaux; on y ajoute quatre parties de potasse carbonatée; on fait fondre le tout dans un creuset rouge, on laisse ensuite refroidir. On délaie la masse dans douze parties d'eau bouillante, en y ajoutant de l'acide nitrique, lequel, s'emparant de la potasse et de la chaux, laisse précipiter l'acide tungstique, comme insoluble, en une poudre jaune.

Cet acide étant obtenu, on en fait une pâte avec de l'huile pour la faire chauffer fortement et long-temps dans un creuset brasqué à un bon feu de forge, on a trouvé après le refroidissement une matière d'un gris noirâtre, formée d'une grande quantité de petits globules. C'est M. Guyton, qui le premier en a pu obtenir une masse de trente-cinq grammes, il a opéré à une forge à trois vents, donnant une cha-leur évaluée à 185 degrés pyrométriques.

Ce métal est blanc-grisâtre, très-difficile à fondre, ce qui empêche qu'on l'utilise ; il est brillant, très-dur, inattaquable à la lime ; il pèse 17, il est peu altéra-ble à l'air, mais à chaud l'oxigène le change en acide : il peut s'unir à plusieurs métaux.

On a parlé d'un *oxide bleu de tungstène* ; mais il n'est pas bien connu, d'où il faut regarder comme nuls les sels de ce métal.

De l'Acide tungstique.

On sait déjà comment on peut se le procurer, nous ne reviendrons point sur son extraction.

Quelques chimistes, entre autres M. Vauquelin, regardent ce composé comme un simple oxide, en raison de ce qu'il ne rougit que peu ou point le tournesol, mais il est généralement adopté de le considérer sous le titre que nous lui donnons.

L'acide tungstique est solide, pulvérulent, de couleur jaune, insoluble, sans odeur, d'une saveur âpre, métallique ; mis en contact avec l'acide hydro-chlorique ou avec une solution d'hydro-chlorate de protoxide d'étain, il prend une belle couleur bleue ; on croit qu'il est passé à l'état d'oxide en cédant à ces corps une partie de son oxigène.

Cet acide s'unit aux bases, et donne des composés qu'on est convenu de ranger entre les sels.

Des Tungstates.

Ils sont tous artificiels, excepté ceux de fer et de chaux, que nous avons dit exister dans la nature. Ils ne sont d'aucun usage, les tungstates sont presque tous insolubles et indécomposables au feu.

Du Molybdène.

Découvert par Hielm en 1782, il en existe peu dans la nature ; on le trouve à l'état de fulfure et de molybdate de plomb, en Suède, en Irlande, en Espagne, en France, etc. Il forme en grande partie le minéral appelé *feld spath rouge*.

Le sulfure de molybdène a été d'abord confondu avec le carbure de fer ou plombagine ; mais Schéèle en a montré la nature, et depuis lui, c'est de ce composé qu'on retire le métal dont il est question.

Pour cela on distille sur ce sulfure dans une cornue

de verre, et à plusieurs reprises, trente parties d'acide nitrique, jusqu'à ce qu'il ne se dégage plus de vapeurs rouges. Il reste alors une poudre blanche insoluble qu'on recueille et qu'on lave dans de l'eau distillée, afin d'enlever les dernières portions d'acide nitrique.

On peut encore se borner à faire griller le sulfure de molybdène dans un creuset recouvert d'un second ; le sulfure est bientôt décomposé , le métal s'oxigène ; l'acide formé se volatilise et se condense dans le creuset supérieur.

C'est toujours en décomposant cet acide qu'on obtient le métal pur. Pour cela Bucholz l'a traité comme nous avons dit de l'acide tungstique ; il n'a pu obtenir qu'un culot du poids d'un à deux gros.

Ce métal est gris-blanc, brillant ; il pèse 8 ; il est fixe, cassant, très-difficile à fondre, et plus altérable par l'oxigène à chaud qu'à froid.

Il peut exister un *phosphure de ce métal*, mais il ne mérite point notre attention.

Sulfure de molybdène.

On le trouve dans la nature en Saxe, en Suède, et en France dans les Vosges et près du Mont-Blanc ; c'est lui que nous avons dit devoir être traité de préférence pour avoir le molybdène. Ce sulfure a toute l'apparence de la plombagine (carbure de fer), masses informes, ayant souvent une gangue de quartz, aspect bleuâtre, lisse, doux et comme gras au toucher, salissant les doigts, etc. ; mais ce composé, jeté sur des charbons allumés, laisse dégager du soufre,

ce

ce que ne fait point la plombagine. On ne fait aucun usage de ce sulfure.

Il peut exister un oxide de molybdène ; mais il ne nous offre aucun intérêt, ni les sels qu'il peut former avec les acides connus , de sorte que nous n'en parlerons point.

De l'Acide molybdique.

Il en existe dans la nature , mais seulement uni au plomb. Il a été dit comment on l'obtient à l'occasion de l'extraction du métal.

Cet acide est solide , blanc, pulvérulent , volatil , très-peu soluble dans l'eau , il rougit le tournesol ; sa solution est précipitée en oxide bleu par le muriate d'étain peu oxidé.

Cet acide est formé, selon Bucholz , de métal 100, oxigène 49 ; il n'est d'aucun usage.

Des Molybdates.

Ces sels , encore moins importans que les tungstates , puisqu'ils ne servent point à donner le molybdène , méritent peu de nous occuper ; il devra nous suffire d'en constater l'existence.

Tous , excepté le *molybdate de plomb*, sont des produits de l'art ; ceux alcalins sont solubles ; ils sont décomposés si on les met en contact avec de l'étain et de l'acide muriatique.

Ce dernier métal se transforme en muriate , parce qu'il s'oxide aux dépens de l'acide molybdique, lequel se précipite alors en oxide.

Du Chrôme.

Découvert en 1797 par M. Vauquelin, 1° à l'état d'*acide* dans le *plomb rouge de Sibérie;* 2° à l'état d'*oxide* dans l'*émeraude* et dans le *plomb vert* qui accompagne le plomb rouge. On trouve encore du *chrôme* dans quelques *serpentines* et dans plusieurs fossiles, entre autres celui connu sous le nom de *chromate de fer,* lequel contient d'autres corps. Enfin M. Laugier a démontré la présence de ce métal dans des *aérolites.*

Pour obtenir le chrôme à l'état de métal, il suffit de chauffer fortement son oxide ou son acide avec du charbon. Il peut suffire de traiter ainsi ce qu'on appelle *chromate de fer,* car ce composé est regardé par plusieurs chimistes comme n'étant qu'un mélange d'oxide de fer et du métal dont nous parlons.

Le chrôme pur est blanchâtre, brillant, fragile, il pèse 5; il est difficile à fondre, peu altérable à l'air, mais il est changé à chaud par l'oxigène en oxide vert. Chauffé avec du nitre, il se forme un chromate par le changement de l'oxide en acide.

On ne connaît qu'un *oxide de chrôme,* il est usité pour colorer la porcelaine; on en extrait le métal. Il se combine à des acides et donne ainsi des sels, mais trop peu intéressans pour devoir nous occuper.

De l'Acide chromique.

Il existe tout formé dans la nature, mais toujours à l'état de combinaison.

Pour l'obtenir, on traite le chromate de plomb en poudre par deux parties de potasse carbonatée; on fait bouillir le tout dans de l'eau, il se forme du car-

bonate de plomb insoluble, et du chromate de potasse qui reste dans le liquide. On filtre, on traite la
solution par un acide fort pour enlever l'alcali, puis
on fait évaporer ; on a des cristaux aiguillés , d'un
beau rouge : c'est le produit recherché, pouvant retenir à la vérité un peu du sel formé par la potasse,
mais il peut servir à cet état pour plusieurs usages ;
au reste, pour l'avoir très-pur, voyez les procédés plus
compliqués , indiqués par M. Vauquelin.

L'acide chromique est d'un rouge vif , il est soluble,
il cristallise en beaux prismes , il rougit le tournesol.
Si l'on le chauffe , il se décompose et donne l'oxide
vert déjà indiqué. Tous les combustibles le détruisent ,
de même que les acides hydro-chlorique et sulfureux.
Ce dernier donne dans ce cas du *sulfate de chrôme.*
Cet acide peut servir à fournir, par des moyens différens , son oxide et le chrôme pur. Il se combine
aux bases et donne ainsi des *chromates*, lesquels sont
nombreux, mais peu usités.

Des Chromates.

Il n'en existe qu'un dans la nature , c'est celui de
plomb, car ce qu'on appelait autrefois chromate de
fer ne paraît contenir le fer qu'à l'état d'oxide ; tous
les autres sont des produits de l'art.

Les *chromates* sont presque tous décomposables
au feu. Ceux alcalins sont solubles , ils précipitent
en jaune-serin les sels de plomb, et ceux d'argent en
pourpre ; les précipités sont de nouveaux chromates.

Entre tous les chromates, il n'y a que celui de mercure qu'on prépare, on le fait par double décomposition.

17 *

C'est lui qui est le plus souvent employé pour avoir
l'oxide de chrôme, il suffit de faire chauffer ce sel.

Du Columbium, aussi nommé Tantale.

Découvert en Amérique par M. Hatchett en 1802,
ce métal est rare et ne se trouve qu'à l'état de combinaison avec le fer, le manganèse, l'yttria, etc. On a
depuis trouvé du *columbate de fer* en Suisse; il
existe divers moyens de réduire ces mines, mais en
dernière analyse on connaît fort peu ce métal; on
met encore en question s'il est acidifiable ou non,
ainsi que le nombre de ses oxides.

D'après cela, on voit quel peu de fond l'on doit faire
sur tout ce qui a été dit des décomposés de ce corps, dont
aucun d'ailleurs n'est usité ; aussi nous croyons devoir
nous dispenser d'en traiter dans cet ouvrage. Il nous
suffira, comme conséquence de la classification du
columbium, d'indiquer ce qu'on a considéré comme
acide columbique.

De l'Acide columbique.

S'il en existe dans la nature, c'est seulement à
l'état de combinaison. Pour l'obtenir, on se borne à
faire bouillir avec de la potasse dans un creuset, ce
qu'on présume être un columbate naturel de fer,
de manganèse ou d'yttria. On filtre et on traite la
liqueur par un acide ; il se précipite une poudre
blanche insoluble, que l'on croît être l'acide recherché.

Il est sans odeur ni saveur. Il ne rougit qu'à peine
le tournesol.

IIᵉ CLASSE.

Métaux oxidables, peu ductiles et dits cassans.

Titane.

Urane.

Tellure.

Cerium.

Manganèse.

Bismuth.

Antimoine.

Cobalt.

Nikel.

Mercure.

Du Titane.

Sa découverte est attribuée à Grégor en 1781. Mais M. Klaproth, en 1794, en a démontré l'existence dans le minerai qu'on appelle *schorl rouge*, qui paraît n'être qu'un oxide de ce métal; il en existe en Hongrie, en Espagne, et aussi en France dans la Haute-Vienne, canton de Saint-Yriez.

Le *schorl rouge* se trouve à la surface du sol, en petits fragmens gros au plus comme le pouce, dont beaucoup ont été roulés dans les terres, et sont polis comme usés. Ces corps sont très-durs, et peuvent rayer le verre.

On peut réduire cet oxide de titane, en le traitant de diverses manières, mais surtout en le réduisant en poudre et faisant chauffer fortement, on obtient une masse parsemée de points métalliques jaunâtres (Laugier). On n'en connaît pas assez bien les propriétés pour les énumérer, M. Chenevix assure avoir obtenu un phosphure de ce métal.

On a été jusqu'à désigner deux oxides de titane. M. Orfila n'en admet qu'un, qui est blanc, pulvérulent et presque infusible.

Sels de titane.

Ils sont incolores, peu solubles, et précipités en blanc par les alcalis, en vert foncé par les hydro-sulfures, et en rouge par la noix de galle.

Selon M. Klaproth, une lame d'étain colore ces solutions de titane en rouge, tandis qu'une lame de zinc les colore en bleu.

On ne fait aucun usage des sels de titane.

De l'Urane.

Découvert par M. Klaproth, en 1789. Il existe à l'état d'oxide en Saxe, en Hongrie, dans un minéral appelé *calkolith*. M. Champeaux, employé aux mines, en a trouvé à Saint-Symphorien, en France. Cet oxide peut exister assez pur dans les fissures des rochers ; il est d'un beau jaune, rarement vert ; la couleur s'avive par l'humidité.

On ne peut obtenir que très-peu d'urane par la réduction au moyen du charbon ; une fois obtenu, on le fond difficilement, si ce n'est au chalumeau à gaz de Brooks ; mais il s'oxide alors.

On admet deux *oxides d'urane*, mais M. Proust ne croit point à l'existence du protoxide indiqué par Bucholz.

Le *schorl* passe pour un *deutoxide*, contenant 80 de métal, et 20 d'oxigène.

L'oxide d'urane s'unit aux matières vitrifiables, et les colore en orangé, dont on varie la nuance par l'addition de certains corps, ce qui en a fait rechercher l'emploi pour colorer les poteries.

Sels d'urane.

Ils sont toujours jaunâtres ; l'hydrogène sulfuré les précipite en sulfure jaune, le prussiate de potasse en rouge brun, et la noix de galle en chocolat. Ces sels ne sont d'aucun usage.

Du Tellure.

Découvert par Muller en 1782. Klaproth en a confirmé l'existence en 1797, dans un minerai qui peut en donner 0,925. Ce métal est le plus souvent uni au soufre, à l'or et au cuivre.

La réduction des mines de tellure est très-compliquée, elle varie selon les corps qu'elle contient ; mais on tend toujours à mettre à nu l'oxide de tellure, qu'on fait ensuite chauffer avec huit centièmes de charbon : une partie du métal reste en culot, mais l'autre se volatilise. On peut le recevoir dans un vase disposé pour cela, où il se condense en gouttelettes.

Ce métal est blanc-bleuâtre, brillant, lamelleux, très-cassant. Il pèse 6 ; l'air l'oxide, mais l'eau ne l'altère point. Le tellure n'est d'aucun usage.

L'oxide de tellure est blanc, fusible et volatil, soluble dans quelques acides et dans les alcalis. Il est formé, suivant M. Berzélius, de métal 100, oxigène 24,83. On ne s'en sert point.

Des Sels de tellure.

Ils sont décomposés en blanc par la soude et la potasse, dont un excès redissout le précipité. Les hydro-sulfures les précipitent en noir , et la noix de galle en jaune.

Il n'est aucun de ces produits qui mérite notre attention.

Du Cérium.

MM. Hisenger et Berzélius assurent l'existence de ce métal dans un minerai appelé *cérite*, qu'on trouve en Suède et dans le Groenland.

Sa réduction est des plus difficiles.

Le *cérium* n'a été que peu examiné ; on croit pourtant qu'il peut donner deux oxides ; le premier, blanc, difficile à fondre , soluble dans les acides ; il passe pour contenir 17 d'oxigène sur 100 de métal. Etant chauffé, il donne le second oxide , lequel est rouge-brun : il ne s'unit aux acides qu'en redevenant protoxide ; il porte 26 d'oxigène.

Des Sels de cérium.

Ils sont peu connus : on dit cependant qu'ils sont décomposés en blanc par le prussiate et l'oxalate de potasse ; mais le premier précipité est soluble dans l'acide nitrique, tandis que l'autre ne l'est point.

Du Bismuth.

Métal autrefois confondu avec l'étain , le plomb ou l'antimoine. C'est Stahl qui l'a d'abord considéré comme un métal particulier ; ensuite Pott et Geoffroy en ont constaté l'existence.

Le *bismuth* peut exister natif en Bohême , en France , mais il existe le plus souvent à l'état de sulfure (Bretagne), et c'est lui que l'on exploite.

Pour cela, il suffit de jeter le minerai au milieu de

charbons allumés et disposés sur un tronc d'arbre creusé en canal, mais placé sur un plan incliné : il arrive que le soufre brûle ou se volatilise ; le métal, devenu libre, coule et tombe par son propre poids dans un récipient.

Si la mine contient des sulfures de plomb et de zinc, la réduction n'est point entravée ; car le premier corps n'est point décomposé par la température à laquelle on opère, et le second, pouvant l'être, son métal se volatilise.

Le *bismuth* est solide, mais très-cassant et pulvérisable, d'un blanc jaunâtre, lamelleux ; il pèse 9, Sa fusion est facile, et peut donner des octaèdres. Fondu à l'air et agité, il donne une poudre grise, nommée cendre ou oxide de bismuth. Si on chauffe davantage, il se dégage des vapeurs jaunes ou d'un blanc sale (fleurs de bismuth), qu'on peut recueillir dans un second creuset. Le bismuth a peu d'action sur l'eau à froid. Ce métal s'unit au cuivre, au plomb, etc., etc. ; son plus grand usage dans les arts est de former, avec le mercure et l'étain, le composé qui sert à l'étamage des glaces, d'où lui vient le surnom d'étain de glace.

On peut unir artificiellement le soufre au bismuth : 22 du premier corps sur 100 du second.

Il est plus difficile, selon Pelletier, de faire un phosphure de ce métal.

On ne compte qu'un oxide de bismuth, il est jaune, et s'obtient en agitant à l'air le métal fondu, ou mieux encore en décomposant au feu le *nitrate* de ce métal. Cet oxide est fusible à la chaleur rouge, décomposable et réductible par l'hydrogène et le carbone; il est insoluble dans les alcalis. On s'en sert comme fondant pour fixer l'or sur les porcelaines; il est formé, selon M. Proust, d'oxigène 12, métal 100.

Des Sels de bismuth.

Ils sont incolores, en partie décomposés en *blanc* par l'eau, en *noir* par l'hydrogène sulfuré, en *jaune* par la noix de galle. Il est peu de ces sels qui méritent notre attention, nous ne parlerons que des plus importans.

Du Sulfate de bismuth.

On le fait directement par l'ébullition de l'acide sur le métal pulvérisé; il se dégage de l'acide sulfureux, parce que le métal s'oxigène aux dépens de l'acide. On doit agir dans le verre ou la porcelaine; on a une masse blanche, insoluble dans l'eau, mais laquelle, traitée par ce liquide, se partage en deux parties, l'une *sulfate acide*, qui se dissout très-bien dans le liquide, et l'autre *sulfate*, avec un grand excès d'oxide, qui forme le résidu pulvérulent. Le premier produit filtré peut donner des petits cristaux aiguillés.

Ce sel n'est point usité.

Du Nitrate de bismuth.

L'acide nitrique est celui qui agit le plus promptement et le plus fortement sur le bismuth. Il suffit pour cela de la température ordinaire, il se dégage une énorme quantité de gaz nitreux, qui devient acide nitreux (vapeurs rouges), par le contact de l'air; il y a effervescence avec production de chaleur. Quand il ne se dégage plus rien, on décante le liquide pour en séparer un résidu noirâtre, que l'on présume être un peu de sulfure, accompagnant le métal ; on obtient par le simple refroidissement, ou par une légère évaporation, des prismes, ou des rhombes applatis assez gros. Ce sel a une saveur caustique ; il est un peu efflorescent, il se décompose au feu comme les nitrates, et donne ainsi, selon M. Proust, 0,50 d'oxide jaune. Ce sel étant avec excès d'acide se dissout très-bien dans l'eau : cette solution est précipitée par les alcalis en oxide blanc s'il est humide, mais jaunâtre quand il est sec ; ce sel, étant neutre, est décomposé par l'eau, il se forme un nitrate très-acide que l'eau retient, plus un nitrate avec un grand excès d'oxide, qui reste pulvérulent et qui constitue le produit qu'on recherche, et qu'on emploie sous le nom de *blanc de fard,* ou *magistère de bismuth.* Il faut le laver à grande eau pour l'avoir plus divisé ; alors plus blanc, et plus privé de l'acide qui peut l'accompagner ; on le fait sécher à l'ombre, il se présente alors en paillettes blanches, brillantes, comme nacrées, peu sapides. On l'unit ensuite à du *talc* ou *craie de Briançon,* pour avoir un mélange dont on se couvre la peau en certaines parties du corps, pour lui donner un ton de blancheur et un poli qui en rendent la vue plus agréable. Mais alors il faut éviter avec soin de s'exposer au contact des moindres portions d'hydrogène sulfuré, car il en résulte une couleur noire ou chocolat, qui décèle bientôt l'artifice employé.

Ce *magistère de bismuth* a été vanté par Cullen contre ce qu'on appelle *crampes* ou *spasmes d'estomac,* avec ou sans vomissement ; mais on en avait abandonné l'usage à cause de l'irrégularité d'action ; ce qui a pu tenir à ce qu'on ne lavait pas toujours suffisamment ce composé. MM. Corvisart et Leroux en ont reproduit l'usage avec succès. On en donne à la dose de quelques grains jusqu'à demi-gros, en plusieurs fois, mêlé à des corps onctueux. Si on en fait prendre en trop grande quantité, il peut s'ensuivre des accidens graves.

La solution de nitrate acide de bismuth peut servir comme espèce d'*encre sympathique*, puisque d'abord il ne laisse point de trace, mais qu'il devient noir dans les parties écrites, dès qu'on le met en contact avec du gaz hydrogène sulfuré.

Ce sel est alors décomposé; il se forme de l'eau et du sulfure de bismuth.

Du Chlorure de bismuth et de son hydro-chlorate.

Le *chlorure de bismuth* est ce qu'on appelait autrefois *beurre de bismuth* ou *muriate oxigéné* de ce métal. Pour l'obtenir, il peut suffire de verser du bismuth en poudre dans du chlore gazeux, mais sec. Il y a, dans ce cas, production de chaleur et de lumière. On l'obtient aussi comme il a été dit pour le beurre d'arsenic, en traitant à la cornue du bismuth en poudre, avec du sublimé corrosif. On ne se sert aucunement de ce produit, dont l'indication ne devient utile ici, que pour faire bien connaître, par un exemple de plus, qu'on ne doit point confondre des *chlorures* avec des *hydro-chlorates*. Du reste, ce *chlorure de bismuth* n'est point sans utilité. On peut l'employer comme caustique. Il est blanc, déliquescent, volatil et altérable par l'eau, qui le change en *hydro-chlorate*; alors il est cristallisable moyennant un léger excès d'acide.

L'*hydro-chlorate de bismuth* est décomposé au

feu ; il perd son eau , et redevient *chlorure*. On ne s'en sert point.

Du Manganèse.

Découvert par Galn et Schéèle , vers 1774. Il n'existe dans la nature qu'à l'état d'oxide , mais en immense quantité. Il ne faut tenir aucun compte des carbonates et phosphates naturels de ce métal, car ils sont extrêmement rares.

On a pendant long-temps employé dans les arts l'oxide de ce métal , sans le connaître. On le prenait pour une mine de fer pauvre.

On trouve l'*oxide de manganèse* en tous lieux, surtout en France. Il est ordinairement noir-bleuâtre (peroxide), en masses volumineuses, friables, salissant les doigts, offrant souvent des cristaux aiguillés, implantés en divers sens , dans une masse globuleuse , dont quelques parties peuvent être rougeâtres ou brunes ; c'est alors du carbonate de ce métal. Les auteurs cités ont trouvé du manganèse dans plusieurs végétaux , dont les cendres peuvent, par la fusion, colorer le verre en bleu ou violet.

Tous les oxides de manganèse connus ne sont pas également propres aux usages ordinaires auxquels on les consacre. Voici l'ordre dans lequel on les range , en commençant par celui qui est le plus riche en métal :

1° Manganèse de *Laveline* ,
2° — de *Romanèche* ,
3° — de *Périgueux* ,
4° — de *Tholey* ,
5° — du *Piémont* ,

6° Manganèse d'*Allemagne* ,

7°   —   de *Saint-Michaud.*

Quant à la plus grande quantité d'oxigène qu'on peut en retirer , on doit préférer l'oxide de manganèse d'Allemagne et du Piémont.

On assure qu'il existe au Mexique et en Transylvanie du *sulfure de manganèse ;* il est plus certain qu'on a trouvé près de Limoges un minerai, dans lequel M. Vauquelin a reconnu du *phosphate de manganèse.*

Pour réduire cet oxide, on le pulvérise , on en fait une pâte avec de l'huile ; on met ensuite dans un creuset au milieu de charbons pilés ; on fait fortement chauffer à un feu de forge; on trouve après l'opération, sinon un culot unique, au moins des globules métalliques , environ 0,33 de l'oxide employé.

Le *manganèse métal* est blanchâtre, il pèse 6 , cassure grenue, irrégulière ; brillant d'abord, il ne tarde point à se ternir à l'air; aussi le conserve-t-on dans de l'huile ; il est moins fusible que le fer ; il se trouve uni à ce métal dans l'acier d'Allemagne.

Le manganèse n'est point employé seul; on n'utilise que ses oxides, comme nous le verrons.

Si on fait chauffer parties égales du carbonate de manganèse et de fleur de soufre, on obtient un sulfure de manganèse, contenant sur 100 de métal, 54,23 de soufre (Vauquelin).

Le manganèse décompose l'eau à toutes les températures ; il absorbe promptement le gaz oxigène, qu'il peut fixer en diverses proportions.

Des Oxides de manganèse.

On en connaît trois, qu'on peut transformer à volonté, en changeant la quantité de leur oxigène.

Protoxide. Il est toujours le produit de l'art; on l'obtient en décomposant, par un alcali, les sels qui le contiennent, mais particulièrement *sulfate* et *muriate*.

Cet oxide est blanc, s'il retient de l'eau; mais vert, s'il est sec; il s'altère à l'air en s'oxigénant davantage; il est réductible au chalumeau à gaz, il est soluble dans les acides, il est composé de métal 100, oxigène 28.

Deutoxide. Il s'obtient toujours en faisant fortement chauffer le peroxide à la cornue; on en obtient de l'oxigène, ce qui reste est le produit recherché.

Cet oxide est pulvérulent, d'un brun rougeâtre, peu altérable, il s'unit aux acides sulfurique, nitrique et muriatique; en se divisant en deux parties, l'une redevenue protoxide pour se dissoudre et former des sels, mais l'autre se précipitant en une poudre noire *peroxide*.

Le *deutoxide de manganèse* porte, selon M. Berzélius, 42,16 d'oxigène, sur 100 de métal.

On ne s'en sert que dans les laboratoires de chimie pour la formation de composés salins.

Tritoxide ou *peroxide*. C'est lui qui existe dans la nature; nous en avons déjà parlé comme matière première de laquelle on obtient le métal manganèse; il est rarement pur; on y trouve à l'état de mélange des carbonates de fer et de chaux, quelquefois de la baryte; c'est ce qui porte à le mettre en contact avec de l'acide muriatique pour dissoudre ces corps ; on lave ensuite le résidu par l'eau, c'est l'oxide purifié.

Chauffé fortement, ce *tritoxide* donne beaucoup d'oxigène et devient deutoxide ; ainsi traité par le soufre, il peut donner du sulfure de manganèse et de l'acide sulfureux ; traité par l'acide hydro-chlorique, il s'y dissout ; mais à l'état de protoxide, son oxigène s'empare de l'hydrogène de l'acide, pour former de l'eau, et le chlore se dégage ; on croyait autrefois que l'acide employé s'oxigénait aux dépens de l'oxide.

Le *peroxide de manganèse* est fusible avec sept ou huit parties de potasse, et donne ainsi une masse verdâtre qui est le *caméléon minéral* de Schéèle.

Ce produit n'est qu'en partie soluble dans l'eau ; cette solution est verte ; mais conservée dans un flacon, elle devient bleue, et donne un précipité jaune. Si la liqueur, encore verte, est traitée par de l'eau chaude, par de l'acide carbonique ou par des carbonates alcalins, elle passe bientôt au rouge ; mais en passant successivement par le bleu, le violet et l'indigo. Quand cette solution est verte ou rouge, les acides forts la rendent rosâtre ; il se fait alors un précipité pulvérulent d'oxide noir, de manganèse ; la liqueur étant rouge se décolore entièrement par son exposition à l'air pendant plusieurs jours.

On a expliqué de manières très-diverses et souvent contraires la nature du *caméléon minéral* et les phénomènes auxquels il donne lieu. C'est ce qui nous dispense de rapporter ici ce qui a été dit à ce sujet.

Le peroxide de manganèse est formé de métal 100, oxigène 56,215.

C'est ce dernier oxide qu'on emploie le plus dans

les

les arts et en chimie. C'est par lui que nous obtenons le gaz oxigène ; c'est par lui que l'on donne lieu au dégagement du chlore, et par suite aux fumigations antiputrides de Guyton-Morveau. On assure encore que, faisant passer du gaz ammoniaque sur cet oxide chauffé au rouge, on obtient de l'acide nitrique.

Depuis plusieurs années, on emploie cet oxide dans les verreries, où il prend le nom de *savon des verriers*. En effet, il blanchit le verre en fournissant beaucoup d'oxigène aux matières impures, métalliques ou charbonneuses ; mais si on en met trop, il peut donner des couleurs diverses qui tendent au bleu. Le nom de *manganèse* a été dénaturé par une mauvaise prononciation ; ainsi on en a fait d'abord *mangnèse*, puis *magnèse*, et enfin *magnésie ;* et on a dit *magnésie noire* pour distinguer ce corps de la terre de *magnésie* qui est *blanche*.

En pharmacie on prépare avec cet oxide en poudre et de l'axonge une pommade de manganèse que M. Jadelot emploie avec succès contre la *teigne furfuracée;* on l'a aussi conseillée contre les dartres.

Des Sels de manganèse.

Etant purs, ils sont incolores ; ceux solubles sont décomposés en blanc par la potasse; mais le précipité passe bientôt au gris, puis au noir. Il est soluble dans l'ammoniaque : si la décomposition a lieu par des carbonates alcalins, le précipité ne change pas de couleur; les sels de manganèse ne sont point décomposés par la simple solution d'hydrogène sulfuré.

Il n'y a guère que le protoxide qui s'unisse aux acides, car on ne connaît pas bien ce qui se passe :

quand on dissout le tritoxide à froid dans de l'acide sulfurique, on a une solution violette ; mais l'oxide employé n'a-t-il point subi une altération, et quelle est-elle ? c'est ce qui n'est pas encore bien connu.

Quant au deutoxide, il est assez bien démontré qu'il ne s'unit point aux oxides.

Il n'y a donc, à bien prendre, que des sels de *proto-xide* de manganèse.

Entre tous, il n'en est aucun qui mérite de fixer notre attention, car on ne s'en sert ni dans les arts, ni en chimie, ni en médecine ; aussi, nous suffira-t-il d'indiquer seulement ceux qu'on prépare involontaire-ment par le traitement du tritoxide de manganèse, au moyen des acides sulfurique et muriatique, pour en séparer de l'oxigène.

Du Proto-sulfate de manganèse.

Il est toujours le produit de l'art ; on l'obtient en faisant bouillir l'acide sulfurique sur le peroxide de manganèse, qui laisse alors dégager une grande quan-tité d'oxigène : on lave ce qui reste, on filtre, et on fait évaporer pour avoir des cristaux, qui peuvent être des rhombes transparens, sans couleur, de saveur amère, stiptique, décomposables au feu.

Du Proto-hydro-chlorate de manganèse.

On l'obtient comme le sel précédent, excepté qu'on emploie de l'acide hydro-chlorique, et que pendant l'action il ne se dégage point d'oxigène ; celui-ci est absorbé par l'hydrogène de l'acide : quant au chlore devenu libre, il se dégage ; on lave aussi ce ré-sidu, etc. On a des cristaux aiguillés ordinairement roses, mais qui peuvent être blancs. Ce sel est un peu déliquescent; s'il est desséché, il se transforme en *chlorure*.

De l'Antimoine.

C'est le *stibium* des Romains. On l'appelle aussi *régule d'antimoine*.

Basile Valentin est le premier qui nous ait bien fait connaître ce métal.

L'antimoine est abondamment répandu dans la nature et sous un grand nombre d'états. Ainsi : 1° *natif*, en France, près de Grenoble, et aussi en Suède; 2° *alliage*, à la montagne de la mine d'Allemont, département de l'Isère; il est alors uni à l'argent; 3° *oxide*, aux Chalanges, même mine; 4° *salin*, Kirvan assure qu'il existe de l'antimoine muriaté; 5° *sulfure*, c'est le seul état qui nous donne ce métal en grande quantité. On en connaît des mines considérables en Angleterre, en Bohême, en Saxe, en Espagne, mais surtout en France, près d'Usez, département du Gard; dans le Vivarais, dans le département du Puy-de-Dôme, dans la Haute-Vienne, etc. On en a trouvé dans ces derniers temps près de Quimper (Finistère); 6° enfin, on trouve en Saxe, dans la Hongrie, de *l'antimoine hydro-sulfuré* d'un brun rouge.

De tous ces états, il n'y a que le *sulfure* d'antimoine que l'on traite de manière à en retirer le métal; pour cela, on suit deux procédés: le premier consiste à prendre quatre parties de ce sulfure, deux parties et demie de tartre, une partie et demie de nitre;

les trois poudres étant mélangées, on projette par petites portions dans un creuset chauffé au rouge.

Par le second procédé, on fait d'abord griller le
sulfure pour en séparer la plus grande quantité du
soufre, de sorte qu'il ne reste que de l'oxide sulfuré
d'antimoine, car alors le métal s'oxide : on prend deux
parties de ce produit, une de nitre, et une et demie de
tartre rouge, on projette ce mélange dans un creuset,
comme il a été dit du premier.

Dans tous les cas, il arrive que le nitre se décompose, il se forme des vapeurs rouges, c'est de l'acide
nitreux ; le soufre est oxigéné, il se sépare en partie
à l'état d'acide sulfureux, l'autre portion devient acide
sulfurique et se combine avec la potasse du nitre,
d'où il résulte sulfate de potasse qui reste dans le
creuset : quant à l'antimoine, il forme un culot métallique privé de soufre, et garanti de l'oxidation par le
charbon que fournit le tartre aussi décomposé : le
métal ainsi purifié, reste au fond du vase, et se trouve
recouvert de quelques matières non métalliques, appelées *scories*. Quand le tout est refroidi, on casse le
creuset, on y trouve l'antimoine en une seule masse ;
il est alors blanc, bleuâtre, très-cassant, lamelleux,
offrant souvent à sa superficie une cristallisation en
feuilles de fougère, ce qui semble résulter de la réunion de plusieurs étoiles.

L'antimoine pur pèse 6 ; il est peu altérable à l'air,
mais à la longue il se ternit : il est attaqué par les acides, dont le plus grand nombre le dissolvent, il est
très-fusible : ce métal est employé dans les arts pour
durcir le plomb et l'étain, il entre en très-grande

quantité dans la matière qui forme les caractères
d'imprimerie et leurs dépendances ; il fait partie de
beaucoup d'alliages qui sont blancs, brillans et sonores
comme l'argent, mais qu'on n'emploie point à cause
de leur grande fragilité.

Les anciens ont connu un grand nombre de composés d'antimoine ; ils n'en tiraient pas de profit, parce
qu'ils ne savaient point en régler l'usage, ni choisir
ceux qu'il convenait le mieux d'employer ; de là diverses
opinions sur leur action. Il existe des volumes écrits
sur la formation de ces seuls produits ; mais dans ces
derniers temps, et depuis la restauration de la chimie,
on a beaucoup reduit tout ce qu'il est utile de connaître
à ce sujet.

Voyons les composés antimoniés, qu'il nous importe le plus d'étudier.

Sulfure d'antimoine.

Il en existe abondamment dans la nature, comme
il a été dit en traitant des états de ce métal. Il peut se
présenter alors avec de nombreuses variétés, que nous
n'entreprendrons pas de décrire. Il nous suffira de dire
qu'en général il est en masses bleuâtres, d'un beau
brillant, ce qui a fait croire pendant long-temps que
c'était un métal pur. Il offre le plus souvent des cristaux
aiguillés, petits et courts, presque toujours parallèles
entr'eux, mais pouvant être disposés en faisceaux,
qui partent d'un centre commun, et vont en diver-
geant.

Quand le sulfure d'antimoine est impur, qu'il porte
de la *gangue* terreuse ou pierreuse , on le purifie en
le faisant chauffer dans des vases troués qui reposent

sur des récipiens. Le sulfure fondu coule seul par les trous. On laisse refroidir : on a ainsi une masse plus dense, d'un grain plus serré.

Ce *sulfure d'antimoine* porte dans le commerce le nom impropre d'*antimoine cru*. C'est un très-bon diaphorétique; on le pulvérise et porphyrise à l'eau, pour avoir une poudre très-fine, qu'on fait prendre à la dose de quelques grains à un gros, en plusieurs fois dans le jour. On le mêle à des poudres diverses peu actives, mais surtout à du sucre, pour en faire des *tablettes* dites *antimoniales*.

Entre les acides qui réagissent d'une manière notable sur le *sulfure* d'antimoine, il n'y a guère que le *muriatique* ou *hydro-chlorique* dont l'action soit utile à connaître. Il en résulte toujours un dégagement d'*hydrogène sulfuré*; ce qui est dû à ce que le métal, pour s'unir à l'acide, s'oxigène aux dépens de l'eau, dont l'hydrogène alors s'empare du soufre. Nous avons signalé cette réaction comme un des moyens usités pour se procurer le gaz hydrogène sulfuré.

Le *sulfure d'antimoine* est altérable au feu; il perd du soufre, et ce qui reste constitue divers produits qui sont toujours de l'oxide d'antimoine plus ou moins sulfuré. Nous les présenterons sous leurs noms distinctifs, après avoir traité des *oxides libres d'antimoine*.

Des Oxides d'antimoine.

Les chimistes ne s'accordent point sur le nombre des degrés d'oxidation que peut offrir l'antimoine. On en a compté trois; mais M. Proust n'en compte que deux (Journal de Physique, tome 55), tandis que M. Berzélius en compte quatre.

Pour le premier chimiste, le *protoxide* consiste dans ce qu'on appelle *poudre d'algaroth*. Il existe dans un grand nombre de sels que nous indiquerons, entre autres *émétique et sulfate d'antimoine*. Le *deutoxide*, qui serait alors le *protoxide* de ce métal, se trouve former les *fleurs argentines* et *l'antimoine diaphorétique*.

Pour le second, le *protoxide* serait la couche grise, qui recouvre l'antimoine. Quand on expose ce métal à l'action de la pile voltaïque, le *deutoxide* serait la *poudre d'algaroth*. Quant aux deux autres, il les considère comme acides, l'un dit *antimonieux*, qui sont les *fleurs d'antimoine*; l'autre *antimonique*, résultant de l'altération du métal par l'acide nitrique; mais de quelque valeur que paraissent être ces dernières distinctions, nous n'admettrons que deux oxidations de l'antimoine, parce que cela s'accorde mieux avec ce qui est plus généralement adopté.

Protoxide d'antimoine.

Il en existe dans la nature; mais on ne le recueille point : c'est lui qui prend le nom de poudre d'algaroth. Pour l'obtenir, on décompose l'hydro-chlorate de protoxide d'antimoine. Il se précipite une poudre blanche, qui retient toujours un peu d'acide. On lave avec de l'ammoniaque, puis avec de l'eau : ce qui reste est l'oxide recherché. Il contient, selon M. Proust, 22 d'oxigène sur 100 de métal.

Ce protoxide est d'un blanc grisâtre. Il est fusible et prend, en se refroidissant, un aspect jaunâtre comme nacré. Il est réduit par le carbone, et changé par l'acide nitrique en deutoxide. Il est plus propre que ce dernier à la formation des sels.

Deutoxide d'antimoine.

Il en existe en Espagne, mais mêlé à des corps dont on le sépare difficilement. Cet oxide constitue les *fleurs argentines d'antimoine* et autres produits chimiques, desquels nous parlerons. On peut obtenir le deuxtoxide par deux procédés; 1° on traite l'antimoine par l'acide nitrique; 2° ce qui est plus ordinaire, c'est de faire fondre de l'antimoine à l'air libre. Il se forme des vapeurs blanches, espèce de filamens lanugineux, floconneux, qu'on peut recueillir dans un creuset, dont on recouvre celui dans lequel on opère, pourvu qu'on dispose les choses de manière à ce que le vase qui sert de récipient soit placé hors du fourneau : il faut toujours que le récipient soit percé d'un petit trou à son fond, pour laisser un léger accès à l'air.

Le *deutoxide d'antimoine* est blanc, insoluble, presque infusible, inaltérable par l'air et l'oxigène, mais réductible par le charbon. Il s'unit difficilement aux acides ; il porte 30 parties d'oxigène sur 100 d'antimoine (Proust).

Le *deutoxide d'antimoine* est aussi connu sous le nom d'*antimoine diaphorétique*, produit qui a été très-usité en médecine. On peut l'obtenir de deux manières ; 1° on prend une partie de sulfure d'antimoine et trois de nitre, on jette ce mélange par portions dans un creuset rouge ; il y a une sorte de détonation, mais faible, et prenant le nom de *déflagration* ; on donne ensuite un fort coup de feu pour faire entrer la masse en fonte pâteuse ; ce qu'on obtient alors est une matière blanchâtre qu'on appelle *fondant de Rotrou*, et encore antimoine *diaphorétique non lavé* : c'est un mélange d'oxide blanc d'antimoine et de potasse ; 2° par le second procédé, on prend de l'antimoine pur au lieu de son sulfure, et alors on peut prendre moins de nitre.

Dans le premier cas, il arrive que le nitre, en se décomposant, brûle, au moyen de son oxigène, le soufre du sulfure et en même temps ce métal. Dans le second cas, l'oxigène du nitre n'a pu brûler que le métal employé ; mais toujours ce qui reste est un mélange de l'oxide obtenu et de la potasse du nitre. Cet ensemble est ce qu'on appelle *fondant de Rotrou*, autrefois employé sous le nom de *poudre de la Chevaleraies* et *d'antimoine diaphorétique non lavé*. On s'en est servi à la dose de quelques grains au début des fièvres éruptives ; mais on ne s'en sert plus, si ce n'est en en isolant l'oxide à l'état de pureté. Pour cela, on traite la masse à plusieurs reprises par l'eau qui dissout et enlève l'alcali ; ce qui reste est le produit recherché, c'est-à-dire, un deutoxide d'antimoine, aussi nommé à cause de l'opération précédente *antimoine diaphorétique lavé*.

Il est encore assez usité pour porter à la peau, favoriser une douce transpiration. Il faut l'employer avec réserve, car il provoque le vomissement ; et même on l'a recherché comme vomitif. La dose qu'on en donne comme diaphorétique n'excède guère dix à vingt grains dans des potions ou dans des pilules. Il en entre dans la *poudre de cornachine* et autres composés.

L'eau du lavage contient la potasse, mais celle-ci re-

tient toujours un peu d'oxide que l'on précipite à volonté par l'addition d'un acide faible; il peut suffire du
vinaigre, on a de suite un précipité blanchâtre, *oxide
précité*, lequel est recueilli sous le nom de *matière
perlée de Kerkringius*, du nom de l'auteur qui en
a parlé le premier; elle est nacrée, perlée, comme son
nom l'indique. On s'en sert dans les mêmes circonstances, et aux mêmes doses que pour l'antimoine diaphorétique lavé. On a pensé pendant long-temps que
cette portion d'oxide, ainsi retenue par la potasse, était
plus oxigénée que celle précipitée par le simple lavage;
mais il ne paraît point qu'il en soit ainsi.

Oxides sulfurés d'antimoine.

On les distingue en raison des diverses quantités
de soufre qu'ils peuvent contenir, lesquelles ne sont
pas constantes, ce qui empêche d'employer ces produits avec sécurité à l'intérieur. Voici quels ils sont et
comment on les obtient.

On opère toujours avec du sulfure d'antimoine.

L'oxide gris sulfuré d'antimoine s'obtient en faisant griller légèrement ce sulfure pulvérisé; il perd
de son soufre, une portion du métal s'oxide au minimum, et reste uni au sulfure non décomposé; l'ensemble est grisâtre; on ne s'en sert point.

Oxide gris-blanc sulfuré d'antimoine. Il résulte
de ce qu'on a prolongé le grillage du produit précédent; on dégage ainsi plus de soufre, et il y a plus
d'oxide de formé sans qu'il retienne plus d'oxigène.
La masse est blanchâtre; on s'en est servi dans la médecine vétérinaire; c'est un évacuant, mais dont l'action peut varier, ce qui en fait négliger l'usage.

Foie d'antimoine, aussi nommé *oxide sulfuré d'antimoine demi-vitreux.*

On le forme en poussant à la fusion les deux produits précédens; il se perd une nouvelle quantité de soufre, on maintient la masse au feu, jusqu'à ce qu'une portion étant refroidie sur un marbre, se fige et donne une matière homogène, non cristalline, cassante, lisse, brillante, mais opaque, et de couleur brun-noirâtre.

Quelquefois pour hâter l'opération, et brûler plus promptement une grande partie du soufre, on ajoute du nitre; ce qui reste dans ce cas, retient de la potasse.

Dans tous les cas, le produit obtenu étant pulvérisé, prend le nom de *safran des métaux (crocus metallorum)*, lequel peut être traité par l'eau pour en séparer la potasse; on dit alors, *foie d'antimoine lavé.*

On s'en est beaucoup servi comme purgatif; on s'en sert encore pour les bestiaux; il serait mieux d'en négliger l'usage, car l'action peut varier.

Verre d'antimoine, ou *oxide sulfuré vitreux d'antimoine.* Pour le faire, il suffit de continuer à chauffer le *foie* d'antimoine pour en séparer plus de soufre, mais ayant l'attention d'opérer dans des creusets ou autres vases siliceux, sans quoi, la vitrification n'a point lieu : on arrive à un point tel que la masse en se refroidissant se condense, prend une couleur hyacinthe, avec une transparence et une fragilité qui la font justement comparer à du verre. Il est bien d'observer que l'opération ne réussit point, si l'on enlève trop de soufre, auquel cas, il faut en ajouter un peu (M. Vauquelin).

On n'utilise point ce produit en médecine, mais il sert en chimie, à la formation de plusieurs composés, surtout à la préparation de l'émétique.

Ce que les anciens appelaient la *rubine*, est encore un oxide d'antimoine sulfuré, qu'on assure ne contenir qu'un neuvième de soufre, ce qui en fait un produit encore moins sulfuré que le précédent. On ne s'en sert point.

Etant connus, les divers oxides simples et sulfurés d'antimoine, voyons ce qu'ils nous donnent par leur union avec les acides.

Des Sels d'antimoine.

Il faut les distinguer entre eux, par rapport à l'oxide qui les forme.

Les sels formés par le *protoxide*, sont les plus nombreux et les plus importans à connaître ; ils sont précipités par l'eau, en un *sel avec excès d'oxide*, au *sous-sel* qui est blanc, insoluble ; ce qui reste dans le liquide, est un *sel avec excès d'acide* (sur-sel), toujours très-soluble ; ils sont décomposés par les hydrosulfates, ou seulement, par le gaz hydrogène sulfuré, en un précipité jaune orangé, plus ou moins foncé, jusqu'au brun-rougeâtre, selon l'abondance du réactif ; c'est un sous-hydro-sulfate d'antimoine (kermès). Ces sels sont décomposés en blanc par la soude et la potasse, dont un excès peut redissoudre le précipité.

Les *sels d'antimoine, formés par le deutoxide* de ce métal, ne méritent point de nous occuper ; on

les prépare directement, surtout sulfate et hydro-chlorate. Ils sont peu étudiés, ce qui nous dispense d'en
parler plus longuement. Voyons pour les premiers.

Il n'y en a que deux d'employés en chimie et en
médecine, savoir : *proto-hydro-chlorate*, et *proto-
hydro-sulfate ;* les autres, à peine connus, ne sont
d'aucun usage.

Il n'existe point, comme on pourrait le croire, un
nitrate d'antimoine, malgré que l'acide nitrique agisse
fortement et promptement sur ce métal ; il arrive
qu'il se décompose entièrement, et son azote se dégage libre. Souvent même l'eau de l'acide se décompose aussi, et alors son hydrogène s'unissant à l'azote,
peut former de l'ammoniaque ; ce dont on peut s'assurer en traitant ensuite le mélange par de la chaux
vive. Il est vrai que là réaction du métal sur l'acide
peut ne donner lieu qu'au dégagement de gaz nitreux,
qui devient acide nitreux rouge, en passant dans l'air ;
mais dans tous les cas, il reste pour produit une poudre blanche, qui n'est, comme nous l'avons annoncé
ailleurs, qu'un *deutoxide d'antimoine.*

De l'Hydro-chlorate et du Chlorure d'antimoine.

Le chlorure d'antimoine constitue ce qu'on appelle
improprement *beurre d'antimoine*, dénomination
qui est loin d'annoncer son action caustique.

'Pour obtenir ce composé, il peut suffire de verser
de l'antimoine en poudre dans du *chlore bien sec*,
Il y a aussitôt combinaison avec dégagement de calorique et de lumière; mais d'ordinaire, on agit autrement et comme il suit.

On mêle exactement trois parties d'antimoine,

métal en poudre fine , à huit de sublimé corrosif (deuto-chlorure de mercure). On introduit le tout dans une cornue en verre, qu'on peut remplir aux deux tiers. On y adapte un très-petit ballon avec ou sans alonge. Les jointures étant lutées, on fait chauffer ce mélange au bain de sable par un feu doux. Il passe d'abord une petite quantité d'une liqueur claire, mais ensuite une substance qui s'arrête et se condense en cristaux blancs aiguillés contre les parois du récipient, ou dans le cou de la cornue, qui peut même en être engorgé ; alors on liquéfie le produit par l'approche d'un charbon allumé, qui suffit pour faire couler ce *chlorure* comme de l'huile ou du beurre fondu, d'où lui vient son surnom. Quand il ne passe plus rien, il reste un résidu formé de mercure et d'une poudre noire d'antimoine. On conçoit aisément que, dans cette opération , il n'y a eu qu'échange de métal pour le *chlore.*

Le *beurre* ou *chlorure d'antimoine* paraît être formé, selon M. Davy, de *métal* 150 pour 100 de *chlore.* Il offre d'ordinaire une masse épaisse, incolore, mais qui jaunit à l'air, très-déliquescente, très-fusible et se volatilisant facilement. On s'en sert comme d'un puissant corrosif , qui altère et détruit les corps organisés , au point qu'on y a recours en chirurgie, pour détruire ou ronger les verrues, les poireaux, les fongus, etc. Il ne faut s'en servir qu'avec la plus grande réserve. On en mouille l'extrémité d'une paille fine, pour toucher ensuite les parties malades.

L'hydro - chlorate d'antimoine résulte toujours de l'altération du *chlorure* par l'*eau*, que nous avons dit pouvoir être, dans ce cas, décomposée de manière à ce que son oxigène se porte sur le métal, tandis que l'hydrogène est fixé par le chlore, d'où résulte, d'une part, *oxide métallique ;* de l'autre, *acide hydro-chlorique ;* d'où enfin *hydro-chlorate.* S'il ne contient que peu d'eau, il reste clair, limpide, quoique liquide ; il peut même cristalliser et être assez caustique, pour servir comme le chlorure ; souvent on le recherche de préférence à cet état, parce qu'on maîtrise mieux son action, et à cet effet, on l'obtient par l'addition volontaire d'un peu d'eau dans le *chlorure* d'antimoine. Il ne faut point en trop mettre, car il y aurait décomposition et presque nullité d'action ; ainsi, par un excès d'eau, on obtient, 1° un *sur-hydro-chlorate* qui reste suspendu dans le liquide ; 2° un *sous-hydro-chlorate* qui se précipite. C'est ce dernier produit, recueilli sous le nom de *poudre d'algaroth,* qu'on lave par l'ammoniaque, pour en séparer les dernières portions d'acide qu'il peut contenir, et avoir en dernier résultat, par un nouveau lavage dans l'eau, le *protoxide d'antimoine,* dont nous avons fait l'histoire.

La *poudre d'algaroth* a joui de quelque réputation dans un temps non encore loin de nous. On l'appelait *mercure de vie ;* son usage était de produire le vomissement (dose de quelques grains), et d'entrer dans la composition de l'émétique. On n'y a plus recours maintenant.

De l'Hydro-sulfate d'antimoine (kermès minéral).

Ce produit est encore indiqué sous le nom d'*oxide hydrogéno-sulfuré d'antimoine.* On a, pendant long-temps ignoré sa nature. C'était alors la *poudre des Chartreux*, dite aussi du *frère Simon*, de la *Ligerie*, et enfin de *Chastenay*, auquel on en attribuait la découverte. C'est Dodart qui, en 1720, fit acheter le secret de cette préparation par le gouvernement. On s'est beaucoup occupé de rectifier les procédés mal entendus, par lesquels on n'obtenait qu'un *kermès* variable dans ses propriétés physiques et médicinales. Nous devons à Lemery, à Baumé, à MM. Chaptal et Deyeux, de nombreuses expériences et des résultats curieux sur cet objet; mais dans ces derniers temps, M. Cluzel, neveu, dans un Mémoire couronné à ce sujet, a donné un meilleur moyen d'obtenir ce produit dans un état constant. Voici son procédé.

On fait fondre et bouillir vingt-deux parties de *carbonate de soude* dans deux cent cinquante parties d'*eau* de rivière (chaudière en fonte). On y ajoute une partie de *sulfure d'antimoine* en poudre très-fine. On continue l'ébullition pendant trois quarts d'heure au plus. On filtre la liqueur chaude ; on reçoit le produit de la filtration dans des terrines, préalablement échauffées par de l'eau bouillante; on les recouvre, afin de retarder le refroidissement du liquide filtré. On abandonne ces vases au repos, pendant vingt-quatre heures, dans un lieu qui ne soit point trop froid. Au bout de ce temps, on trouve un dépôt d'une poudre rougeâtre, très-fine ; c'est le *kermès*. On décante, ou bien on filtre de nouveau pour obtenir sur le papier le produit pulvérulent ; on le lave ensuite sur le filtre même, en le recouvrant, à diverses reprises, avec de l'eau qui doit être froide et distillée, ou qu'on a fait bouillir, pour qu'elle soit privée d'air. On continue les lavages tant que l'eau

prend

prend de la sapidité ; après quoi on fait dessécher la poudre, mais toujours à l'ombre, et seulement à une température de 25°.

Outre ce procédé, il en est encore d'accrédités, en raison de ce qu'ils donnent plus de produit, mais moins beau : les voici.

On fait bouillir pendant quelques minutes, une partie de *potasse caustique*, deux de *sulfure d'antimoine*, et quatre de *sous-carbonate de potasse* du commerce, dans vingt à trente parties d'eau ; du reste, on se comporte comme il a été dit précédemment.

Enfin, on peut se contenter de faire fondre dans un creuset, une partie de *potasse rouge d'Amérique*, et deux de *sulfure d'antimoine* ; on a alors une masse qui, refroidie et pulvérisée, doit être traitée par l'ébullition dans l'eau ; il se forme de suite du *kermès*, on filtre et on obtient le produit comme dessus.

Dans tous les cas, il est arrivé que le soufre s'unit à l'alcali employé, d'où résulte un sulfure alcalin, lequel décompose l'eau ; il s'ensuit formation d'oxide d'antimoine et d'hydrogène sulfuré (acide hydrosulfurique), deux produits qui tendent à se combiner pour donner de l'*oxide d'antimoine hydrogeno-sulfuré*, ou *kermès*, lequel est soluble dans l'eau par le concours du calorique et d'un excès d'alcali : voilà pourquoi il demeure dans la liqueur filtrée, bouillante ; mais le refroidissement ayant lieu, l'alcali seul ne suffit plus pour la suspension de kermès ; celui-ci se précipite, et si alors on cherche par les moyens indiqués à retarder sa précipitation, c'est dans l'intention de l'avoir plus divisé, moins aggloméré, par cela même plus actif, puisqu'il présente à poids égal un plus grand nombre de molécules. Quant au lavage, il a pour objet d'enlever l'excès d'alcali qui peut recouvrir la poudre ; et si l'on emploie de préférence de l'eau distillée ou bouillie, c'est que l'air tend à l'altération de l'*hydro-sulfate d'antimoine* en décomposant l'hydrogène sulfuré.

L'*hydro-sulfate d'antimoine* contient le métal à l'état de *protoxide* et en excès par rapport à l'acide ; il en résulte ainsi un *sous-hydro-sulfate de protoxide d'antimoine*. Il est solide, pulvérulent, insoluble ; d'une couleur rouge-brun ; ce qui l'a fait appeler *kermès minéral*, parce qu'il rappelle ainsi un *gallinsecte* de ce nom, qui a la même nuance. Cette couleur du *kermès minéral* est d'autant plus foncée, qu'il retient plus d'hydrogène sulfuré ; ce qui est démontré par ses différens degrés de décoloration, quand on le met en contact avec l'air, ou mieux avec le chlore, qui détruisent l'acide hydro-sulfurique, et finissent par mettre à nu l'oxide d'antimoine, lequel alors est très-blanc, et non *brun-marron*, comme on l'a cru jusqu'à ces derniers temps.

Le *kermès* doit être très-fin, très-léger, d'un aspect velouté ; il est décomposable au feu seul, et mieux par le carbone. Il est soluble à chaud dans les hydro-sulfates alcalins, et aussi à toutes températures dans ceux de chaux, de strontiane et de baryte.

Si l'on maintient du kermès dans de l'acide hydrochlorique faible, la masse jaunit ; il se forme un hydro-chlorate acide d'antimoine, et il y a de l'hydrogène sulfuré de mis à nu : on ne voit en cela que le déplacement d'un acide faible par un acide fort. Ce qui est curieux, c'est que ce mélange est précipité en jaune orangé, mais non en blanc par l'addition d'un peu d'eau. On en trouve la raison dans ceci, que l'oxide redevenu libre se combine de nouveau avec l'acide hydro-sulfurique pour reproduire du kermès. Ce qui le prouve, c'est que si l'on n'ajoute l'eau qu'après avoir fait chauffer le mélange pour en séparer tout l'hydrogène sulfuré, le précipité qui devra se former ensuite sera blanc.

Le *kermès* étant soumis à l'ébullition dans une solution de potasse ou de soude, est en partie décomposé ; il passe à l'état d'*hydro - sulfate sulfuré d'antimoine*, que nous allons étudier sous le nom plus connu de *soufre doré d'antimoine*. Pour produire cette transformation, il suffit de traiter cet ensemble par un peu d'acide nitrique ou acétique ; il en résulte saturation de l'alcali, et précipitation d'une sorte de kermès plus sulfuré, parce qu'il a perdu de son hydrogène : il est plus pale et moins actif.

Selon M. Cluzel, dix grammes de kermès ont donné à l'analyse hydrogène 21,62 grains, oxide 7 ; le reste en soufre.

Du Sous-hydro-sulfate d'antimoine sulfuré ou Soufre doré d'antimoine.

Pour l'obtenir, il suffit d'utiliser l'eau qui surnage au kermès après sa précipitation, et qu'on en sépare ensuite par le filtre ; cette eau, qui est alcaline, retient toujours une certaine quantité d'oxide d'antimoine hydrogéno-sulfuré, mais retenant plus de soufre. Pour obtenir ce produit, on ajoute à ces eaux mères un acide faible ; on sature l'alcali, et le produit recherché se précipite ; on le lave aussi sur un filtre ; on termine par le faire dessécher à l'ombre. Il est solide, pulvérulent, mais moins coloré que le kermès, dont il diffère en ce qu'il est plus sulfuré, moins hydrogéné ; il est également insoluble dans l'eau, décomposable par l'air, le chlore et le charbon.

Ces deux composés ont été employés presque l'un pour l'autre ; mais il est mieux de se borner à l'usage du premier, parce qu'il s'offre dans un état moins variable. Au reste, le *soufre doré* convient dans les mêmes circonstances que le *kermès* ; il suffit de le donner à la dose d'un tiers plus forte.

Le *kermès* est un très bon stimulant, lequel agit aussi comme diaphorétique, et convient en raison de cela dans toutes les maladies de la peau. C'est un des plus puissans stimulans de l'organe pulmonaire ; il convient surtout sur la fin des catarres et de la coqueluche, dans l'asthme humide et dans toutes les maladies lymphatiques. On ne le donne point seul ; il est bien de l'unir aux corps muqueux, mais mieux aux corps gras, et de préférence au beurre de cacao ou à l'huile d'amandes douces, dans des pilules, tablettes ou potions. Il en entre dans les loochs, etc. ; la dose n'excède guère deux ou trois grains, pour être pris en plusieurs fois dans les vingt-quatre heures. Si on en donne davantage, c'est qu'on veut produire le vomissement ; alors on peut en administrer jusqu'à six ou huit grains.

Si on en prend des quantités beaucoup plus grandes, il peut en résulter un véritable empoisonnement.

Le *soufre doré* a été surtout préconisé contre la

goutte ; mais rien n'assure qu'on doive en consacrer l'usage au traitement de cette maladie ; on y a plutôt recours, de même qu'au kermès, à la dose *de quelques gros à une once,* dans la médecine vétérinaire, *pour les chevaux.* Voyez, à ce sujet, la médecine particulière de ces animaux.

Du Cobalt.

Métal qui doit peu nous occuper, car il n'est employé que dans les arts. Il ne donne aucun produit à la médecine. C'est Brandt, célèbre minéralogiste suédois, qui l'a fait connaître ; mais long-temps auparavant il servait à colorer le verre en bleu. *Cobalt* ou *cobolt* est un mot allemand qui signifie malfaisant. En effet, toutes les mines de ce métal sont dangereuses, car elles contiennent de l'arsenic.

Le *cobalt* existe à l'état d'*oxide* et de *sulfure* en Suède, en Bohême, en Saxe ; on l'a aussi trouvé à l'état de carbonate, formant alors la mine rouge, rose ou fleur de pêcher. Son sulfate natif est pulvérulent et grisâtre.

La plus riche mine de cobalt est celle de Tunaberg.

Pour obtenir ce métal pur, il suffit de griller cette mine et de la traiter ensuite par le charbon au creuset bien rouge.

Le *cobalt* est d'un blanc d'argent, très-dur, difficile à fondre, cassure grenue ; il pèse 8 ; il est magnétique ; il peut s'unir au phosphore et à beaucoup de métaux ; il n'est point sensiblement altéré par l'eau, ni par l'air, mais il s'oxide à une très-haute température. On ne fait aucun usage de ce métal.

Des Oxides de cobalt.

M. Thénard a distingué quatre oxides de cobalt ; mais M. Proust et plusieurs autres n'en admettent que deux. Le protoxide s'obtient en précipitant les sels de ce métal par un alcali ; on a une poudre *bleue* qui devient grise par le contact de l'air ; mais, fortement chauffé dans des vaisseaux clos , il devient violet, et retient 0,20 d'eau. Ainsi chauffé très-fortement , si on le met de suite à l'air , il s'enflamme aussitôt et se change en deutoxide qui est noirâtre.

Le *protoxide de cobalt* se dissout dans l'ammoniaque et lui donne une belle couleur rouge ; il contient, d'après M. Proust, métal 100, oxigène 20. Il est employé à colorer en bleu les verres , cristaux , émaux et porcelaines.

Deutoxide de *cobalt :* on en trouve en Saxe, il est noir, pulvérulent, il ne s'unit point aux acides, si ce n'est en rétrogradant à l'état de *protoxide :* c'est ainsi que traité par l'acide sulfureux, il s'y dissout et donne un sulfate. Cet oxide , non usité , est formé de 25 oxigène sur métal 100.

Le *deutoxide de cobalt* qui existe dans la nature est le plus souvent mêlé de fer, de soufre et d'arsenic; c'est lui qui constitue presque entièrement la mine de *cobalt* , dite *tricotée* ou *arsenicale* , et qu'on emploie sous le nom de *tue-mouche ;* il agit alors par l'arsenic qu'il contient , comme il a été dit en traitant de ce dernier métal.

Azur ou *bleu de cobalt.*

Ce qu'on appelle ainsi est un composé vitrifié du protoxide de ce métal, de sable et de potasse ; pour l'obtenir, on commence par griller la mine de cobalt ; ce qui reste est un oxide, auquel on ajoute deux ou trois parties de sable ; ce mélange, bien pulvérisé, constitue ce qu'on appelle *safre*, lequel, fondu avec de la potasse, donne un *verre bleu*, appelé *smalt*. On réduit ce dernier en poudre fine, au moyen de moulins ; on délaye ensuite dans l'eau pour obtenir, par décantation, la portion de substance qui est plus divisée. On peut, par un même lavage, avoir des poudres de finesses différentes ; pour cela, on opère dans un tonneau percé de plusieurs trous dans sa hauteur ; l'eau qu'on fait couler par le trou supérieur entraîne le bleu le plus fin, le second et le troisième trou donnent des poudres d'azur plus grossières, ainsi de suite ; on les utilise tous dans les arts, mais pour des usages divers ; quant à l'intensité de la nuance, elle est d'autant plus grande et plus belle, que le smalt a été formé de plus de cobalt. Le plus beau bleu est dit *azur de premier feu* : il y en a de second, de troisième feu, etc.

Des Sels de cobalt.

Ils sont tous formés par le protoxide, leur couleur est presque toujours rosâtre ; ils sont décomposés en bleu par les alcalis, mais le précipité peut être dissout par un excès d'ammoniaque, d'où il résulte un sel double. Les sels de cobalt sont précipités en noir par l'hydrogène sulfuré, et en prussiate de potasse.

Il est peu de ces sels qui méritent de nous occuper.

Carbonate de cobalt.

On l'obtient par double décomposition ; il est rose, pulvérulent, insoluble, décomposable au feu, donnant ainsi son oxide qui s'oxigène en plus par la seule action de l'air.

Phosphate de cobalt.

Il s'obtient de la même manière ; il est rose aussi, insoluble dans l'eau, mais soluble dans un excès de son acide. M. Thénard a trouvé que ce sel étant chauffé dans un creuset avec huit parties d'alumine en gelée, donne pour produit une substance inaltérable à l'air, d'un très-beau bleu qui peut remplacer l'*outre-mer*.

Du sulfate de cobalt.

Il peut être fait directement ; il cristallise en aiguilles ou prismes, d'un beau rouge qui devient rose par la dessiccation. Ce sel est toujours avec un léger excès d'acide. On peut y ajouter du sulfate de potasse ou d'ammoniaque, on a un sel double, facilement cristallisable.

Nitrate de cobalt.

On le fait comme le précédent ; il cristallise et se décompose au feu, en donnant un deutoxide aux dépens de l'acide qui fournit de son oxigène.

De l'*Hydro-chlorate* et du chlorure de cobalt.

Le *chlorure de cobalt* se prépare en versant ce métal en poudre dans du chlore ; mais c'est alors sans production de chaleur sensible, ni de lumière. On ne se sert jamais de ce composé ; il peut, comme les autres chlorures métalliques, décomposer l'eau ; c'est ainsi qu'il donne le produit suivant.

L'*hydro-chlorate de cobalt* se prépare en traitant directement l'oxide par quatre parties d'acide ; sa dissolution est de couleur bleue foncée. Si on la chauffe très-fortement, elle devient grise, et si on l'étend de beaucoup d'eau, elle devient rose. Cette solution peut être employée comme encre sympathique; elle ne laisse aucune trace visible sur le papier; mais si ensuite on chauffe celui-ci, l'écriture devient visible, parce que le sel de cobalt se concentre, et prend ainsi une couleur bleue; mais ensuite par une nouvelle exposition à l'air, il en attire l'humidité, ce qui le fait passer au rose pâle. On peut reproduire ces effets plusieurs fois : on ne fait aucun usage du muriate de cobalt en médecine.

Arseniate de cobalt.

Pendant long-temps on a nommé ainsi la couche efflorescente rose, qui recouvre la mine de cobalt, *dite* fleur de pêcher; mais on a reconnu depuis que ce produit est d'une autre nature; on y a trouvé du carbonate de ce métal, mêlé de beaucoup d'autres corps, et dans ces derniers temps, M. Proust l'a considéré comme seulement formé d'oxide blanc d'arsenic et de protoxide de cobalt. Ce qui est plus certain, c'est que l'on peut former à volonté de *l'arseniate de cobalt* dans les laboratoires, soit directement ou seulement par la voie des doubles décompositions; ce sel est rose, et n'est point altéré par la chaleur, qui suffit à la décoloration des efflorescences roses naturelles.

Du Nickel.

Ce métal, découvert par Cromstedt en 1751, ne se trouve point pur dans la nature, il est le plus souvent uni au fer, au cuivre, à l'arsenic et au soufre;

il donne ainsi un composé connu sous le nom de *kupfernickel*, ou faux cuivre.

Nous n'entrerons point dans les détails connus de son exploitation, car le nickel nous intéresse peu. Voyez à ce sujet les travaux de M. Tupputi.

Le *nickel* pur est blanchâtre, assez malléable et ductile, jouissant d'une grande tenacité; il pèse 8; il est magnétique, il est difficilement fusible. Il peut se combiner au phosphore, au soufre; il n'est point altéré par l'eau, à peine l'est-il par l'acide sulfurique fort et bouillant; mais s'il est faible, l'action est plus grande, l'eau se décompose, le métal s'oxide, et il se forme un sulfate.

Le nickel uni au fer peut être employé dans les arts.

Des Oxides de nickel.

On en connaît deux. Le *protoxide* qui est noir, étant sec, se décompose au feu (Proust); il verdit à l'air et devient carbonate; il est insoluble dans les alcalis, mais il forme facilement des sels avec les acides; il se fond avec le borax qu'il colore en hyacinthe. Cet oxide étant hydraté, est vert-blanchâtre, soluble dans l'ammoniaque. Le *deutoxide* est de couleur puce ou noirâtre, il ne se dissout dans les acides qu'en perdant de son oxigène.

Des Sels de nickel.

S'ils sont secs, leur couleur est jaunâtre; mais leurs solutions deviennent verdâtres.

Ces sels sont précipités en *blanc sale*, par la *noix de galle*; en *noir*, par *les hydro-sulfates*.

On ne fait aucun usage des *sels de nickel*; ce qui

nous dispense de les indiquer. Ils ne nous offrent d'ailleurs rien de remarquable ni d'utile à l'histoire des autres corps.

Du Mercure.

Métal toujours liquide à la température ordinaire de l'atmosphère ; il est aussi nommé *vif-argent*, et *eau qui ne mouille point*.

Il existe dans la nature, 1° *Natif*. Alors en globules brillans, dans les chistes alumineux, dans les quartz ; il coule à travers les fentes des rochers, et s'arrête dans des cavités où l'on va le puiser ; les mines d'Europe les plus riches en mercure natif sont celles d'Idria en Carniole, du duché des Deux-Ponts dans le Bas-Rhin ; et d'Almaden en Espagne ; il y en a aussi de très-riches au Pérou. 2° *Alliage*. On a trouvé le mercure uni à l'argent en Hongrie et dans le Palatinat. 3° *Oxide*. Son existence dans les mines est incontestable dans le Frioul, mais on n'en tient pas un grand compte, parce qu'il se trouve mêlé aux terres ; cependant M. Sage assure qu'on peut dans certains cas en retirer 0,91 de mercure. 4° *État salin*. On trouve dans le duché des Deux-Ponts, du muriate de mercure, sous le nom de *mercure corné* ; Woulf l'y a trouvé occupant les cavités d'un argile ferrugineuse endurcie. Il peut être cristallisé, mais c'est rare. 5° *Sulfure*. C'est surtout ainsi que se présente communément le mercure ; il peut être à deux états, noir et rouge : c'est ce dernier qu'on trouve abondamment dans le Palatinat et en Espagne.

Pour exploiter le mercure natif, il suffit de le prendre dans les lieux qui le recèlent ; on le distille ensuite pour en séparer les métaux fixes, avec lesquels il peut se trouver. Quant au sulfure, on le traite de diverses manières, comme il suit.

1° Dans le Mont-Tonnerre, on le mélange avec d'autant plus de chaux éteinte, que la mine est plus riche, ce qui s'annonce par une couleur plus rouge; on fait chauffer le tout dans des cornues de fonte placées sur de longs fourneaux, dits de galère; on adapte à chacun un récipient aux deux tiers plein d'eau. Il arrive que le sulfure est décomposé par la chaux; le mercure, devenu libre, se volatilise, et vient se condenser dans le liquide froid.

2° A Almaden, en Espagne, on réduit le sulfure de mercure en poudre, qu'on pétrit avec de l'argile pour en faire des petites masses qu'on expose ensuite à un grand feu dans un fourneau, duquel partent divers tuyaux qui vont se rendre dans une chambre servant de récipient.

Dans tous les cas, le mercure obtenu est liquide; mais il peut être condensé par un froid artificiel de 30 à 40°. Si l'on agit sur une grande quantité, le milieu de la masse ne se congèle point; on la décante, et l'on trouve que la partie solidifiée porte des cristaux octaèdres; ce métal est blanc, brillant, peu ductile. Il ne tarde point à se liquéfier; il suffit pour cela d'en tenir dans la main, mais avec précaution, car la promptitude avec laquelle il prend le calorique des corps qu'il touche, fait qu'il agit comme caustique sur les corps organisés, surtout vivans.

Le *mercure* est très-volatil, propriété sur laquelle est fondée sa purification. C'est en le distillant qu'on en sépare le plomb, qui souvent l'accompagne; mais pour l'avoir autant pur que possible, il est mieux de l'extraire, comme nous le dirons, du sulfure de mercure fait artificiellement, et désigné sous le nom de *cinabre*.

On peut unir le mercure à beaucoup de métaux, il en résulte des amalgames, dont plusieurs peuvent être faits à froid ; exemple, ceux d'or et d'argent, lesquels sont les plus employés dans les arts, comme il sera dit en traitant de ces derniers corps. Le mercure sert comme liquide en chimie pour recevoir les gaz qui sont solubles dans l'eau.

Il sert encore à former le lest des pèse-liqueurs, et la matière dilatable des thermomètres, baromètres, etc.

Le *mercure* est surtout recherché pour constituer l'étamage des glaces ; on l'unit pour cela au bismuth et à l'étain, mais en diverses proportions. Si on fait un amalgame de quatre parties de mercure sur une de bismuth, on a le décomposé qui sert à recouvrir intérieurement les globes de verre, dont l'aspect est métallique ; pour cela, on les chauffe d'abord afin de les mieux dessécher, puis on y verse un peu de l'amalgame fondu ; on le promène en divers sens ; il ne tarde point à s'attacher aux parties qu'il touche.

On emploie aussi le mercure pur en médecine : on en a fait avaler de quelques gros à une once dans le cas de volvulus ; mais on emploie surtout, et comme vermifuge, l'eau dans laquelle on a fait bouillir ce métal. On ne donne point encore l'explication du changement qui s'opère dans l'action du liquide ; mais ce qu'il y a de certain, c'est que le mercure employé ne perd point sensiblement de son poids.

Il n'y a point de *phosphure* mercuriel (Thompson).

Il peut exister un *iodure de mercure*, nous n'avons point de raison d'en faire ici l'histoire ; il en est de même pour les hydrures composés de ce métal, de plusieurs autres et d'ammoniaque.

Des Sulfures de mercure.

On en connaît deux qui peuvent exister dans la nature, mais qu'il est ordinaire de faire par les moyens de l'art ; le premier, qui passait pour un sulfure plus sulfuré, a porté le nom de *sulfure noir* et d'*éthyops minéral* ; l'autre, mieux connu, est le *cinabre* ou *sulfure rouge*. Mais dans ces derniers temps M. Guibourt a considéré le sulfure noir comme n'étant qu'un mélange de sulfure rouge et de mercure métallique.

Le *sulfure noir* ou *éthyops minéral* se prépare en triturant, jusqu'à extinction, une partie de mercure avec sept parties de soufre. Cette opération, toujours longue, donne pour produit une poudre fine, d'un beau noir, qu'on emploie en médecine comme diaphorétique, à dose très-petite, quelques grains dans des pilules. C'est en faisant sublimer ce sulfure noir de mercure qu'on obtient le sulfure rouge ; il se forme aux parties supérieures du matras des cristaux aiguillés, d'abord violets ; mais qui, pulvérisés, finissent par donner une poudre d'un beau rouge qu'on emploie dans la peinture sous le nom de vermillon.

C'est ce *cinabre* qu'on traite par le fer ou par la chaux à la cornue pour avoir le mercure très-pur. Il est dit alors *mercure revivifié* du *cinabre*.

Ce sulfure rouge n'est employé qu'à dose très-petite en médecine ; il est très-actif et agit à la manière des sudorifiques : il en entre dans la poudre tempérante de Stahl.

Des Oxides de mercure.

Il en existe deux.

Protoxide. Il est toujours le produit de l'art. On met encore en question si on peut l'obtenir isolé ou seulement à l'état de combinaison ; ce qu'il faut savoir, c'est que le plus grand nombre des chimistes et des pharmaciens regardent cet oxide comme faisant la base des onguens ou pommades mercurielles, double et simple. Voyez à ce sujet mon Cours de pharmacie. Jusqu'à ces derniers temps, on a regardé comme oxides au minium ou protoxides les précipités noirs ou noirâtres qu'on obtient en traitant certains sels de mercure par les alcalis ; mais M. Guibourt pense que ces produits ne sont qu'un mélange d'oxide rouge (deutoxide), et de mercure métallique, et il admet dans ce cas que l'oxide noir, préexistant, se décompose de manière à ce qu'une portion a cédé son oxigène à l'autre.

Deutoxide ; il est plus avancé, on s'accorde mieux sur son existence, sur son unité, sur les moyens de l'obtenir.

Si on chauffe le mercure à l'air, on le convertit d'abord en une poudre grise, mais qui finit par se changer en petites paillettes rouges ; pour opérer, on met un peu de mercure dans un matras, dont on tire ensuite le cou à la lampe, afin de le terminer en un tube plus petit et presque en capillaire ; on en casse la pointe pour donner un léger accès à l'air ; on place l'appareil sur un bain de sable et on chauffe jusqu'à faire bouillir le métal, on entretient le feu pendant plusieurs jours. On appelle cet appareil *enfer de Boyle*, du nom de son auteur, et parce que le mercure s'y trouvant comme à la torture, tend à s'élever ; mais arrivé aux parties supérieures, il se condense et retombe au foyer de chaleur ; il finit par se changer entièrement en oxide rouge qui est fixe ; mais alors formé, on ne doit point trop chauffer, car il se décomposerait.

L'oxide ainsi obtenu est dit *précipité perse*. Cette opération est longue, on y supplée par un autre moyen qui tend à décomposer au feu le nitrate de mercure : ce qui reste fixe est le produit recherché.

Ce qui est très-remarquable, c'est la facile altération de cet oxide par la chaleur et la lumière ; il passe bientôt au noir. Il est à plus forte raison détruit par les corps combustibles ; il paraît que *l'oxide noir* protoxide, contient seulement 00, 4, et le rouge 00, 8 (Fourcroy, Thénard).

L'oxide rouge de mercure est un peu soluble dans l'eau, il passe au noir quand on le triture avec du mercure. C'est un des puissans purgatifs que nous connaissions ; il peut aussi produire des vomissemens , on le range entre les poisons âcres. On ne l'emploie seul qu'à l'extérieur pour exciter ou brûler des excroissances de chair , on le mêle quelquefois à de l'onguent *basilicum* ; il en résulte ce qu'on appelle *onguent brun* ; on a conseillé l'usage du *précipité rouge* contre la vermine ; mais il y a du danger à s'en servir de cette manière , s'il existe aux parties poilues des ulcères ou seulement des égratignures.

Les deux oxides mercuriels s'unissent très-bien aux acides ,

acides, ce qui rend plus nombreux les sels de mercure, et beaucoup d'entre eux méritent de nous occuper, sans même y joindre ceux également importans que nous n'étudierons qu'après avoir traité des acides végétaux.

Des Sels de mercure.

Ceux formés par le *protoxide* sont décomposés en noir par les alcalis, et le précipité est changé en proto-chlorure blanc par l'acide muriatique. Quant aux sels formés par le *deutoxide,* ils sont décomposés en jaune plus ou moins foncé, quelquefois même rougeâtre par les alcalis ; mais si le précipité est formé par l'ammoniaque, il est soluble dans un excès de ce corps ; les hydro-sulfates les décomposent en noir, et le précipité, qui est un sulfure, paraît ne point contenir plus de soufre que le cinabre.

Sulfates de mercure.

Proto-sulfate. On l'obtient en faisant bouillir de l'acide sulfurique sur un excès de mercure ; il est blanc, pulvérulent, peu sapide, soluble dans 5oo parties d'eau, inaltérable par ce liquide. On peut l'avoir en petits cristaux aiguillés.

Si l'on ajoute à ce sel un peu d'acide sulfurique, on a un *proto-sulfate acide;* mais si, au contraire, on y ajoute un alcali, on a un précipité qui est un *sous-proto-sulfate.*

Ces trois sels de protoxide de mercure ne sont d'aucun usage.

Deuto-sulfate acide de mercure. On l'obtient en faisant bouillir pendant plusieurs heures de l'acide sulfurique fort, mais en excès, sur du mercure ; on a une masse blanche qu'on traite ensuite par l'eau chaude; il se fait un précipité jaune, c'est un *sous-deuto-sulfate de mercure*, plus connu sous le nom de *turbith minéral*. Quant au liquide qui surnage, il tient en solution le *sur-deuto-sulfate*.

On ne fait plus d'usage de ces sels ; mais on a autrefois beaucoup vanté le *turbith minéral* comme purgatif. Il tire son nom de ce que son action rappelle celle d'une racine, aussi nommée *turbith*, fournie par une espèce de convolvulus.

Le *sous-deuto-sulfate de mercure* ou *turbith minéral* est toujours pulvérulent, jaune, insoluble dans moins de deux mille parties d'eau, décomposable au feu en mercure oxigène et acide sulfureux. Il est surtout décomposé par les alcalis. Boerhaave en a vanté l'usage contre la variole ; quand on y a recours, on en fait prendre seulement des fractions de grains. On l'a employé dans le traitement des maladies vénériennes, mais sans succès. On s'en sert encore dans la médecine vétérinaire.

Des Nitrates de mercure.

Proto-nitrate. On l'obtient en faisant agir à chaud de l'acide nitrique, étendu de quatre à six parties d'eau sur un excès de mercure. On décante et on obtient par le seul refroidissement, ou par une légère évaporation, des cristaux blancs aiguillés.

C'est ce sel qui entre dans la composition du *sirop de Belet*. Si on le traite par l'eau froide, on a, en solution, un *sur-proto-nitrate*, ce qui constitue l'*eau mercurielle*, employée comme caustique en chirurgie, et dont on fait aussi un réactif en chimie, pour déceler dans les liquides la présence des muriates.

La formation du *sur-proto-nitrate* dans l'eau est accompagnée d'un précipité jaune-verdâtre, qui est un *sous-proto-nitrate* non recherché.

Le *deuto-nitrate de mercure* s'obtient en faisant bouillir sur du mercure un excès d'acide nitrique à 25°. Il peut aussi cristalliser en aiguilles. Il est employé à la formation de l'onguent citrin, par son addition à l'axonge fondue. C'est aussi ce sel que l'on décompose pour avoir le précipité rouge, comme nous l'avons annoncé. Pour cela, il suffit de chauffer assez fortement ce sel dans une fiole; mais il faut craindre de trop pousser le feu, car on finirait par détruire l'oxide. Le *deuto-nitrate de mercure*, mis dans de l'eau froide, se décompose en *sur-deuto-nitrate*, qui est très-soluble, et en *sous-deuto-nitrate blanc*, insoluble et pulvérulent; mais si l'eau est chaude, le *précipité* est *jaune;* il prend le nom de *turbith nitreux*.

Ce qui est très-remarquable, c'est que le *deuto-nitrate de mercure cristallisé* est soluble dans l'acide nitrique. Il en résulte un liquide, noircissant la peau par le moindre contact.

Des Chlorates de mercure.

Nous ne cherchons qu'à constater l'existence de ces sels; car leur histoire nous intéresse peu. On les obtient directement et par voie des doubles décompositions.

Le *proto-chlorate de mercure* est en une poudre jaune-verdâtre, peu soluble, peu sapide : il est précipité

20 *

en noir par les alcalis. Il se décompose au feu avec détonation ; il en résulte oxigène , *deuto-chlorure de mercure* (sublimé corrosif), et oxide rouge (Vauquelin).

Le *deuto-chlorate* est plus soluble, cristallisable; il est décomposable au feu , mais il ne donne que du *proto-chlorure* (mercure doux).

Des Hydro-chlorates, et chlorures de mercure.

On connaît deux *chlorures* de ce métal ; ces produits sont regardés par quelques chimistes comme des *hydro-chlorates privés d'eau ;* mais ce n'est plus l'opinion prédominante.

Proto-chlorure de mercure. C'est le *mercure doux ,* aussi nommé *calomélas , précipité blanc , et panacée mercurielle ;* pour l'obtenir, il est divers procédés.

1° On réunit ensemble les solutions d'*hydro-chlorate de soude* et de *proto-nitrate de mercure ,* on a un *précipité blanc* qui , desséché, constitue le composé annoncé.

2° On fait chauffer du *sel marin desséché* avec du *proto-sulfate de mercure ;* le chlorure formé, il se sublime.

3° On triture parties égales de *mercure vif* et de *sublimé corrosif* (deuto-chlorure de mercure), légèrement humecté pour garantir l'opérateur des émanations pulvérulentes ; on soumet ensuite la masse à la sublimation. Ce procédé est le plus suivi.

Dans ce cas , on a une masse cristalline aiguillée pulvérisable , mais pouvant être mélangée de *deuto-chlorure* (sublimé corrosif) ; ce qui oblige à laver le mercure doux dans l'eau, parce qu'il y est insoluble, et qu'on en sépare ainsi le *deuto-chlorure*, qui se dissout très-bien dans ce liquide; on est assuré que le lavage est suffisant, lorsque la dernière eau ne précipite plus en jaune ou en rouge par les alcalis.

Le mercure doux pur est blanc, sans odeur ni saveur, insoluble dans l'eau, volatil et sublimable, donnant alors des prismes tétraèdres; il noircit quand il est pendant long-temps exposé à la lumière; il est converti par le chlore en deuto-chlorure; si on le traite au feu par le charbon et un peu d'eau, on le décompose, et il se dégage de l'acide hydro-chlorique, de l'acide carbonique, de l'oxigène et du mercure pur, phénomènes qui s'expliquent fort bien par la décomposition de l'eau employée, dont l'hydrogène a formé de l'acide avec le chlore du chlorure.

Le nom de *précipité blanc* se donne plus particulièrement au mercure doux obtenu par les solutions de sel marin et de nitrate de mercure : on dit *calomélas* pour le mercure doux qu'on a purifié par trois sublimations successives, moyen employé par les anciens, mais qui est imparfait, et l'on appelle *panacée mercurielle*, ce qui résulte d'une cinquième, sixième ou septième sublimation.

Ces sublimations réitérées avaient pour objet d'enlever et de porter au dehors des vases le sublimé corrosif qui pouvait accompagner le mercure doux.

Ce sel est très-employé en médecine : on en applique sur les chancres vénériens, qu'il déterge et fait cicatriser; on s'en sert en frictions à la partie interne des joues, mais alors avec intention de produire la salivation, ce qui est loin d'être toujours utile; on l'a beaucoup vanté dans le cas d'engorgement des glandes,

quelle qu'en soit la cause, et aussi contre le scrophule
et les indurations du foie, etc. On ne lui conteste point
la vertu vermifuge, on le donne en conséquence mêlé
au sucre, dose d'un à quatre grains pour les jeunes
sujets, mais de six à douze pour les adultes, on en
fait des tablettes; il peut produire la purgation : si l'on
en prend trop, il agit comme poison, il serait même
dangereux d'en appliquer beaucoup à la fois, ou long-
temps sur de larges surfaces dénudées ; on le mêle aux
graisses pour en former des pommades.

Deuto-chlorure de mercure, plus connu sous le
nom de *sublimé corrosif*; c'est toujours un produit
de l'art : on peut l'obtenir par divers procédés.

1° On prend huit parties de mercure, sur lequel
on fait bouillir dix à douze fois autant d'acide nitrique à 25°; on fait dessécher la masse; on a un
deuto-nitrate, qu'on pulvérise pour mêler avec huit
parties de muriate de soude calciné, autant de sulfate
de fer aussi calciné; on met le tout dans un matras
à cou court qu'on ne remplit qu'au tiers; on plonge
dans un bain de sable qu'on chauffe assez fortement
pendant plusieurs heures en terminant par un fort
coup de feu. Le vase ne doit être bouché que par un
petit creuset qui le recouvre ; on ne casse le matras
qu'après le refroidissement.

Dans cette opération l'acide nitrique est décomposé; son oxigène et celui de son oxide forment de l'eau
avec l'hydrogène de l'acide muriatique, dont le chlore
libre s'unit ensuite au métal. Quant au sulfate de fer,
son office est de décomposer le muriate de soude pour
en dégager l'acide. Ce qui reste dans le matras est du

sulfate de soude mêlé d'oxide rouge de fer qui le colore.

2° Maintenant on commence à préférer le procédé suivant. On fait bouillir cinq parties d'acide sulfurique fort sur quatre de mercure ; on s'arrête quand la masse est réduite à moitié, il faut cependant que le mercure ait disparu. On mêle à ce produit, qui est un *deuto-sulfate de mercure*, quatre parties de sel marin et une seule d'oxide de manganèse ; on pousse à la sublimation, comme il a été dit. Il est arrivé dans ce cas décomposition du muriate par l'acide sulfurique, et par suite, altération de l'acide *hydro-chlorique* par l'oxigène de l'oxide de manganèse ; enfin le chlore libre s'unit au mercure. Le résidu offre un mélange de sulfate de soude et de deutoxide de manganèse.

3° En Hollande, on se borne à chauffer ensemble du mercure, du sel marin et du sulfate de fer.

4° Enfin, on peut encore former le *deuto-chlorure de mercure*, en traitant le deuto-nitrate par l'acide hydro-chlorique.

Dans tous les cas, le produit obtenu est le *sublimé corrosif* dont nous parlons. Il se présente en masse blanche, cristalline, aiguillée, de saveur âcre, caustique; il est très-lourd et pèse 5 ; il est plus volatil et plus sublimable que le mercure doux ; il est peu altérable à l'air ; il est soluble dans l'eau ; et donne ainsi de l'hydro-chlorate de mercure. Le *sublimé corrosif* est décomposé par l'antimoine pur et l'étain ; il se forme de nouveaux chlorures.

Le *sublimé corrosif* est très-employé comme anti-siphylitique de préférence en solution, et alors dans de l'eau distillée, car les sels terreux et alcalins le

décomposent. On en met douze à seize grains par
pinte de ce liquide ; il en résulte ainsi la *liqueur de
Wanswieten*, dont on ne doit prendre qu'une ou
deux cuillerées à bouche dans la journée, encore est-
il bien d'en faire usage conjointement avec du lait,
une solution de gomme ou de l'eau sucrée. Il faut éviter d'unir ce médicament à des extraits ou aux sirops
qui en participent, car il est altéré par eux et perd
beaucoup de son action. Il est rare que l'on donne le
sublimé corrosif ; mais quand cela doit arriver, il faut
préférer de le joindre au sucre ou aux résines, parce
que ces corps ont moins d'action sur lui. Dans tous
les cas, on s'applique à n'en point faire prendre plus
d'un demi-grain par jour. On a proposé d'unir le deuto-
chlorure de mercure à de l'axonge, 20 grains par once ;
il en résulte une pommade ou onguent dont on fait
des frictions, soit aux jambes ou à la plante des pieds.

Hydro-chlorate de deutoxide de mercure.

Il résulte de la solution du *chlorure de mercure*
dans l'eau. C'est à cet état qu'est le plus souvent employé ce dernier corps.

L'*hydro-chlorate de mercure* a toutes les propriétés médicinales indiquées appartenir au sublimé corrosif. Si l'on le distille, il s'en volatilise une partie,
comme on peut s'en assurer par l'examen du liquide
obtenu.

Si l'on traite une solution d'*hydro-chlorate de
mercure* par l'*eau de chaux*, il se fait échange de
base, et le *deutoxide métallique* est précipité, autrement dit, *la solution de sublime corrosif* est
précipitée en jaune rougeâtre par l'*eau de chaux*.

Il en résulte formation de *muriate de chaux* (*hydro-chlorate*), et isolément d'oxide rouge de mercure. Cet ensemble constitue l'*eau phagédénique*, encore très-employée en Espagne et en Angleterre, comme détersif, pour panser les ulcères vénériens. On peut rendre à volonté ce liquide plus ou moins actif, mais d'ordinaire on le prépare en dissolvant vingt grains de sublimé par livre d'eau de chaux.

Si l'on plonge une lame de cuivre dans la solution d'*hydro-chlorate de deutoxide de mercure*, il se forme un *hydro-chlorate de deutoxide de cuivre*, et il y a un précipité gris, contenant, 1° du protochlorure de mercure (*calomélas*); 2° amalgame de mercure et de cuivre; 3° du mercure pur. Les mêmes phénomènes ont lieu par le zinc; et de plus, il se précipite du fer et du charbon que contient toujours le zinc du commerce. Ces réactions s'expliquent par la plus grande affinité de l'acide hydro-chlorique pour le zinc et pour le cuivre.

Toutes les préparations mercurielles sont vénéneuses; mais entre toutes, c'est le sublimé corrosif qui agit le plus. Quant au mercure doux, son action est beaucoup moindre. Dans tous les cas, le meilleur contre-poison de ces corps est l'albumine ou blanc d'œuf délayé dans de l'eau (M. Orfila).

Ce qu'on appelle *poudre d'Howard* ou fulminante, participe du mercure. Pour l'obtenir, on fait dissoudre à chaud une once de mercure dans dix d'acide nitrique à 28°; on verse la solution refroidie sur cinq onces d'alcool à 30°, dans une capsule en verre; on chauffe de nouveau jusqu'à ce qu'il y ait effervescence : il s'élève bientôt une fumée blanche, et il se précipite une poudre blanche aussi. On filtre, on lave le précipité, et on le fait sécher à une très-douce chaleur. Il faut remarquer qu'il est urgent de laver la poudre promptement, car la présence de l'acide ajoute à l'action de la lumière, et peut ainsi accélérer la détonation. Cette poudre sèche se décompose avec explosion, dès qu'on la frappe ou qu'on l'expose à une chaleur notable.

C'est un des produits qu'il est le plus dangereux de former et de toucher. M. Berthollet, qui en a fait l'analyse, y a trouvé du mercure oxidé, de l'ammoniaque et une matière végétale qu'il assimile à l'alcool.

On doit attribuer la détonation de ce composé par la lumière, la chaleur ou un léger frottement, à ce que le métal se désoxide, et qu'il se forme une grande quantité d'eau par l'oxigénation de l'hydrogène, que fournit l'ammoniaque.

Il existe un autre mercure fulminant, *dit* de Fourcroy ; il est encore plus à craindre que le dernier : on l'obtient en faisant séjourner de l'ammoniaque sur de l'oxide rouge de mercure (Voyez sa Philosophie chimique).

IIIe CLASSE.

Métaux oxidables et plus ductiles.

Il y en a cinq, savoir : l'*étain*, le *plomb*, le *fer*, le *cuivre* et le *zinc*.

De l'Etain.

Métal confondu anciennement avec le plomb ; il est aussi connu sous le nom de *Jupiter* (Jovis).

On n'a point l'assurance qu'il en existe à l'état

natif ; cependant M. Sage dit qu'on en a trouvé en Angleterre. Ce qui est plus certain, c'est qu'on en trouve abondamment à l'état d'oxide et de sulfure ; on le trouve surtout au premier état en Angleterre, pays de Cornowaille, et aussi en Saxe, en Bohême, etc. Il existe de riches mines d'étain dans les Indes orientales, dans l'île de Banca et dans la presqu'île de Malaca.

On doit à M. Decressac la découverte d'une mine d'étain en France, près de St.-Léonard (Haute Vienne). M. Descotils, qui en a fait l'analyse, assure que son exploitation peut être fructueuse.

Pour obtenir l'étain de ces mines, on commence par bocarder le minerai ; c'est-à-dire, qu'on le brise pour en séparer la gangue ordinairement quartzeuse et très-dure. On lave sur des tables inclinées ; il arrive que les parties pierreuses étant moins pesantes, sont plus facilement déplacées par le mouvement, que l'eau communique à la masse ; on peut ainsi les isoler facilement de ce qui est métallique. Le minerai ainsi purifié, est soumis d'abord au grillage ; ensuite on fait chauffer fortement avec des charbons, qu'on a le soin d'humecter d'avance ; il arrive ainsi que l'oxide cède son oxigène au combustible, tandis que le sulfure perd son soufre, soit qu'il se dégage pur, ou qu'il passe à l'état d'acide sulfureux. Dans tous les cas, le métal devenu libre, coule et va se rendre dans un réservoir disposé pour le recevoir. Il est ordinaire que la mine en fournisse 0,525.

L'étain obtenu contient presque toujours du plomb, mais en quantité très-diverse, ce qui porte à en faire un choix pour les différens usages auxquels on le destine ; on en distingue six sortes, en plaçant en première ligne celui qui est le plus pur.

1° Etain de *Malac*,
2° — de *Banca*,
3° — du *Mexique*,
4° — d'*Angleterre*,
5° — de *Bohéme*,
6° — de *Saxe*.

L'étain se vend sous des formes très-variables, qui ne dépendent que des moules dans lesquels on le coule ; mais il est ordinaire qu'en Angleterre on en fasse de grosses masses appelées *saumons*, tandis que l'étain des Indes est en petits fragmens d'une livre, offrant des pyramides tronquées ; mais ensuite on débite l'étain pour l'usage en de longs cylindres applatis et de la grosseur du petit doigt.

L'étain est un métal blanc, plus dur, plus brillant que le plomb. Il pèse 7 ; si l'on le ploie, il fait entendre un bruit qu'on appelle *cri* de l'étain, qui paraît être dû à la rupture des cristaux, et le bruit est d'autant plus fort, que le métal est plus pur ou qu'il contient moins de plomb. L'étain est ductile, malléable ; on en fait des feuilles très-minces. Il est très-bon conducteur du fluide électrique, ce qui fait qu'on en garnit les bouteilles de Leyde. Il développe, comme le zinc, le fluide galvanique : l'étain est très-fusible, à moins qu'il ne soit mêlé d'arsenic. Il est peu volatil, même à un feu très-fort.

L'étain est d'un grand usage dans les arts, et aussi pour la formation d'instrumens de laboratoires, d'ustensiles de ménage, etc. On a cru qu'il pouvait contenir assez d'arsenic pour que ses usages fussent nuisibles ;

mais Bayen et Charlard ont prouvé que cela n'est point. Cependant l'usage des vases d'étain peut devenir dangereux si l'on y fait séjourner des vins ou des vinaigres, etc., à cause du plomb que ce métal contient presque toujours.

Ce métal s'allie à beaucoup de métaux : l'arsenic le rend cassant ; l'antimoine et le bismuth le rendent seulement plus dur. Il donne avec le mercure divers amalgames, entre autres celui qui sert à l'étamage des glaces : le zinc et l'étain donnent un alliage dur et cassant, grenu. Le fer-blanc n'est que de la tôle combinée à l'étain ; enfin, on se sert de l'étain pour l'étamage du cuivre.

Les différens alliages dont on fait les cloches, les canons, etc., contiennent de l'étain uni au zinc, au cuivre, etc.

On fait l'analyse de l'étain, en le traitant par l'acide nitrique, lequel réduit ce métal en un oxide blanc, insoluble ; tandis qu'il dissout le plomb et le cuivre, qui, le plus souvent, l'accompagne : on réduit ensuite l'oxide par les moyens connus.

L'étain, chauffé seulement ce qu'il faut pour le fondre, et ensuite jeté à terre, paraît étincelant ; si on le coûle dans un mortier chaud, et qu'on l'agite jusqu'au refroidissement, on a une poudre d'étain qu'on tamise ensuite pour l'avoir uniforme ; on l'administre ainsi comme un très-bon vermifuge, surtout contre le tœnia. On en donne depuis quelques grains jusqu'à un, ou plusieurs gros ; mais il faut être sûr alors qu'il ne s'y trouve pas de plomb.

L'étain fait partie d'un grand nombre de composés, dont nous indiquerons les principaux.

On connaît un *phosphure d'étain*, lequel chauffé se transforme en *phosphate d'étain*.

Des Sulfures d'étain.

On en connaît deux : le *proto-sulfure* existe dans la nature; il paraît contenir 27 soufre sur 100 de métal. Il est gris-noirâtre, brillant, et cristallisé en lames, indécomposable au feu sans le contact de l'air, mais altérable par l'oxigène à une haute température; il donne alors acide sulfureux et oxide d'étain, réductible par les charbons.

Ce proto-sulfure peut se charger d'une plus grande quantité de soufre.

Deuto-sulfure d'étain. Il est le produit de l'art, et constitue ce qu'on appelle *or mussif*, autrefois indiqué comme un *oxide sulfuré* de ce métal (Fourcroy). Pour l'obtenir, on peut se contenter de joindre du soufre à de l'étain, ou encore de faire chauffer ce métal avec du sulfure rouge de mercure ou cinabre ; mais il est plus ordinaire d'opérer comme il suit.

On fait un amalgame de mercure et d'étain à poids égal ; on le réduit en poudre ; on en prend une partie, autant de muriate d'ammoniaque, et une et demie de soufre. Quelques auteurs indiquent d'autres proportions, telles que huit de l'amalgame, six de soufre, et quatre de muriate d'ammoniaque; dans tous les cas, on introduit ce mélange dans un creuset ou dans un matras qu'on fait chauffer doucement au bain de sable pendant trois heures. L'or mussif, qui est formé, reste fixe dans le vase ; il se forme en même temps du muriate d'étain et de l'hydro-sulfure d'ammoniaque, qui se dégagent.

L'*or mussif* s'offre en petites lames jaunes, brillantes, couleur de l'or. Il paraît contenir, d'après MM. Berzélius et Gay-Lussac, soufre 54,4 , sur 100 de métal.

Ce sulfure est décomposable au feu, et redevient proto-sulfure noir et fixe.

On emploie l'or mussif pour frotter les coussinets de la machine électrique ; on s'en sert aussi dans les arts pour bronzer.

Des Oxides d'étain.

D'après M. Chevreuil, qui s'est beaucoup occupé des préparations d'étain , il n'existe que deux oxides de ce métal, très-reconnaissables l'un de l'autre, en ce que le premier, au *minimum*, forme avec la teinture du bois de Campêche une combinaison bleue-violette, tandis que l'autre , au *maximum*, donne au même liquide une couleur rouge.

Le *protoxide d'étain* s'obtient en traitant le proto-muriate de ce métal par l'ammoniaque faible. On fait digérer le tout ensemble pendant plusieurs heures , puis on fait bouillir : il se forme d'abord un précipité blanc qui finit par donner des petits cristaux aiguillés d'un brillant métallique. On finit de purifier cet oxide en le faisant bouillir avec de l'eau ammoniacale, ensuite avec de l'eau pure : il reste blanc tant qu'il est humide ; mais à mesure qu'il se dessèche, il devient grisâtre ou même noir. Il est indécomposable au feu , et passe facilement à l'état deutoxide par l'oxigène de l'air ; il est soluble dans la potasse : il arrive alors , selon M. Proust, qu'il se précipite de l'étain pur, parce qu'une partie de l'oxide a cédé de son oxigène à l'autre.

Le protoxide d'étain est formé, selon M. Gay-Lussac, de 13,6 d'oxigène, sur 100 de métal. Il n'est point usité.

Le *deutoxide* existe tout formé dans la nature ; c'est lui que l'on exploite comme nous l'avons signalé. Pour l'avoir pur, il faut traiter l'étain à chaud par l'acide nitrique fort ; il en résulte une poudre blanche qui se précipite ; c'est l'oxide recherché seul au feu. Il ne change point, il est fusible, mais indécomposable. Il n'est plus susceptible de fixer l'oxigène. Quelques chimistes l'ont nommé *acide stannique*, en raison de ce qu'il se dissout très-bien dans les solutions alcalines ; mais on continue à le ranger entre les oxides, parce qu'il ne rougit point les teintures bleues végétales. Le *deutoxide d'étain* est formé d'oxigène 27,2 , sur 100 de métal.

Potée d'étain. Ce qu'on appelle ainsi est un mélange du *deutoxide* indiqué ci-dessus et du *protoxide de plomb.* Pour l'obtenir , il suffit d'agiter à l'air l'étain fondu ; il se forme une poussière grise qui est un mélange d'oxide d'étain et d'oxide de plomb, car on soumet le tout à la calcination pour avoir la *potée* proprement dit , dont l'usage est de servir au polissage des corps durs , comme l'acier, les glaces, les verres de lunettes , de télescopes, etc. On en mêle aussi aux matières vitrifiables pour former l'émail des faïences fines.

Des

Des Sels d'étain.

Nous avons vu des métaux dont un seul oxide s'unit aux acides pour former des sels ; mais l'étain n'est pas dans ce cas ; les deux oxides peuvent se combiner au même acide ; il résulte des produits différens, comme nous allons le voir.

Les sels formés avec le protoxide d'étain sont précipités de leur solution par l'air en deutoxide ; il en est de même par l'acide sulfureux : il y a dans ce cas du soufre de précipité. Les hydro-sulfates les précipitent en hydro-sulfate de protoxide couleur chocolat.

Les sels formés par le *deutoxide d'étain* ne sont point altérés par les corps oxigénans; ils sont précipités en jaune par les hydro-sulfates. Les alcalis les décomposent, et peuvent dissoudre le précipité.

Entre tous ces sels d'étain, il en est peu qui devront nous occuper. Les voici :

Nitrate de protoxide d'étain.

On l'obtient en versant de l'acide faible sur de l'étain en poudre; on doit opérer à l'abri de l'air, et à une très-douce température.

Une partie de l'acide se décompose pour oxider le métal, qui s'unit ensuite à ce qui reste d'acide non décomposé.

Ce sel est liquide, jaunâtre, acide, et non cristallisable; il suffit de le soumettre à l'évaporation, pour avoir le *deuto-nitrate ;* ce qui dépend de ce qu'une nouvelle portion d'acide est décomposée.

Ce sel est sans usage; mais sa formation et son changement possible méritaient de fixer notre attention.

21

Nitrate de deutoxide d'étain.

On sait déjà comment on l'obtient ; c'est en faisant chauffer le proto-nitrate ; il est peu important ; nous ne l'indiquons que comme conséquence de ce que nous avons dit du sel précédent.

Des Hydro-chlorates et chlorures d'étain.

On indique deux *chlorures d'étain*, 1° le *proto-chlorure*, formé, selon Davy, de chlore 62 sur 100 d'étain ; il ne nous intéresse point.

2° Quant au *deuto-chlorure,* nous en parlerons plus longuement ; c'est lui qui constitue la fameuse *liqueur fumante de Libavius,* dont les anciens faisaient un si grand cas sous le nom de *spiritus Libavii.* Il est divers moyens d'obtenir ce produit ; le plus simple consiste à faire passer du *chlore* desséché à travers de l'étain en poudre fine ; on peut encore, selon M. Proust, soumettre à la sublimation un mélange d'une partie d'étain en poudre, et quatre de sublimé corrosif ; mais il est plus ordinaire d'agir comme il suit.

On fait fondre dans une cuiller en fer cinq parties d'étain, auquel on ajoute une partie de mercure ; on laisse refroidir pour pulvériser ensuite dans un mortier de marbre, avec poids égal de sublimé corrosif ; on soumet ce mélange à la distillation dans une cornue de verre, qu'on peut placer sur un bain de sable ; on chauffe doucement d'abord ; on ajoute une alonge et un récipient tubulé ; il passe bientôt des vapeurs épaisses qui se condensent dans le récipient, et peuvent y cristalliser. Le feu ne doit jamais être assez fort pour que le mercure se volatilise ; le résidu de l'opération donne un amalgame de peu d'étain, avec un grand excès de mercure.

La *liqueur fumante de Libavius* (deuto-chlorure *de mercure*) s'offre en une liqueur blanche, limpide, fumant à l'air, et portant une odeur vive, suffocante ; elle est sans action sur le papier de tournesol bien desséché; elle est inaltérable au feu, si elle ne contient point d'eau ; il faut la conserver dans des flacons bouchés à l'émeri, ayant soin de huiler le bouchon, sans quoi il reste fortement fixé au vase par les moindres portions de la substance.

Cette liqueur est toujours altérée par les moindres portions d'eau qu'on y ajoute, il en résulte alors ce que nous allons étudier sous le nom d'*hydro-chlorate*, et c'est quand elle est ainsi transformée qu'on l'utilise dans les arts, comme il sera dit.

Proto - hydro - chlorate d'étain. Il est important pour nous, puisque c'est par sa décomposition qu'on obtient le *protoxide de ce métal.*

On obtient ce sel en faisant bouillir de l'étain en poudre dans de *l'acide hydro-chlorique* liquide et concentré; on opère dans une cornue de verre tubulée avec ses dépendances, afin de recueillir ce qui se volatilise; le métal est oxidé aux dépens de l'eau, dont l'hydrogène se dégage avec un excès de l'acide employé.

Ce sel est blanc, très-soluble, un peu acide, cristallisable en aiguilles, très-altérable à l'air, ce qui fait qu'on doit le conserver à l'abri de cet agent. Ce produit est rarement employé dans les arts, si ce n'est à l'état de mélange avec d'autres substances, comme nous le verrons.

Le *deuto-hydro-chlorate d'étain* s'obtient par divers procédés : 1° en traitant par l'eau la *liqueur fumante de Libavius* (*deuto-chlorure d'étain*); 2° en faisant passer du *chlore* dans une solution du *proto-hydro-chlorate* ; 3° enfin, en traitant l'*étain* par l'*eau régale*.

Le *deuto-hydro-chlorate d'étain* est ausssi très-soluble, déliquescent, et donne des petits cristaux aiguillés. Son usage est de servir comme mordant pour la teinture écarlate.

Ce que l'on vend dans le commerce, sous le nom vague de *composition*, est un mélange de ces *hydro-chlorates*, plus, des corps divers, comme fer, etc., qui s'y trouvent accidentellement. On s'en sert, comme nous le verrons ailleurs, pour précipiter les *solutions* d'*or* et obtenir ainsi la *poudre de Cassius*, couleur pourpre, qu'on fixe ensuite sur les *émaux*, les *porcelaines*.

Anti-hectique de Potérius.

Ce composé, connu sous ce nom, est un oxide triple d'*étain*, de *fer* et d'*antimoine*, plus de la *potasse*. On l'obtient en projetant peu à peu dans un creuset chauffé au rouge, un mélange de ces métaux en poudre et de nitrate de potasse ; ce dernier corps se décompose, et son acide oxigène les métaux.

On ne se sert plus de ce médicament, son action est trop variable ; quand on y avait recours, c'était seulement à la dose de quelques grains, dans le cas de consomptions, etc.

Du Plomb.

Métal si anciennement connu, qu'on l'a regardé comme le père des autres métaux, ce qui l'a fait nommer *saturne*; il a été pendant long-temps confondu avec l'*étain*, qu'on appelait *plomb blanc*, par opposition à l'autre qui était dit *plomb noir*, à cause de sa couleur plus foncée.

Le *plomb* peut exister, mais très-rarement, à l'état natif. M. Rathke, savant danois, dit en avoir trouvé en quantité notable dans l'île de Madère. Il existe plus abondamment à l'état d'*oxide*, sous les noms de *massicot*, *céruse* et *minium*, mais alors mélangés à des terres ou autres corps qui empêchent qu'on les utilise. On ne peut que traiter ces mélanges, comme nous le dirons, pour en séparer le métal; il est assez fréquent de trouver dans la nature des *sels de plomb*, entre autres le *chromate* ou *plomb rouge* de Sibérie, le *carbonate*; ce dernier se trouve dans presque toutes les mines de ce métal, soit pulvérulent ou en très-beaux cristaux blancs, aiguillés. Le *phosphate* ou *plomb vert*, qui peut aussi être *gris*. On en trouve surtout en Bretagne, en Lorraine; il a souvent une gangue de quartz. On a trouvé du *molybdate de plomb* à Bleyberg. Enfin, on a découvert du *sulfate* de ce métal en Ecosse; mais tous ces sels ne se rencontrent point en assez grande quantité, pour qu'il soit profitable d'en séparer le plomb : ils sont recueillis avec soin et conservés comme produits naturels, en raison de leur composition et des circonstances qui ont paru favoriser leur formation. C'est le plus ordinairement le *sulfure de plomb*, qu'on exploite ; il en existe en plus ou moins grande quantité dans presque toutes les contrées, et même dans presque toutes les mines connues ; mais il est répandu avec prodigalité dans quelques pays, surtout en Angleterre, en Allemagne, et en France dans la Basse-Bretagne ; mines de Poulaouen et du Huelgoet.

Tous les sulfures de plomb contiennent de l'argent, moins un seul qui existe à Willach en Carinthie ; d'où vient qu'on appelle ce *plomb, pauvre*, ou *plomb gueux*. Ce qui n'empêche point qu'il ne soit très-apprécié, comme nous le dirons pour la coupellation de l'or et de l'argent.

Si le *sulfure de plomb* est cristallisé à grandes facettes, c'est qu'il contient peu d'argent, il offre, dans le cas contraire, des cristaux cubiques très-petits.

Pour obtenir le *plomb*, il faut bocarder ou briser le minerai, on le lave pour en séparer la gangue ; on soumet ensuite à un premier grillage pour attendrir la substance, qu'on traite ensuite sur l'aire d'un four ou dans un fourneau à manche, toujours avec du charbon ; mais quelquefois aussi avec une seconde matière qui est du carbure de fer ; cette seconde addition est surtout nécessaire quand le premier grillage n'a pas été porté assez loin ; dans ce cas, la décomposition du sulfure est hâtée par le fer, qui tend à s'emparer du soufre. Quant au charbon, il agit en désoxigénant l'oxide que la mine peut contenir, ou seulement en garantissant le plomb de l'oxidation, à mesure qu'il perd son soufre. Il arrive toujours que le plomb devenu libre coule au fond du fourneau, dans un réservoir disposé pour le recevoir, où il constitue ce qu'on appelle *plomb d'œuvre*, il est impur ; il peut retenir plusieurs corps , ainsi, zinc, antimoine et cuivre ; on le fait fondre de nouveau dans des têts ou creusets ; il arrive que le zinc s'en sépare d'abord, soit en se volatilisant à l'état pur , soit en s'oxidant, ensuite l'antimoine et enfin le cuivre deviennent pulvérulens à mesure qu'ils s'oxigènent ; il est alors facile de les enlever ; quant à l'argent que le plomb peut contenir, nous dirons ailleurs comment on l'en sépare.

Le plomb supposé pur , tel qu'il existe dans le commerce, est d'un blanc livide , sans odeur , à moins qu'on le frotte , d'une saveur âpre ; il est mou , flexible s'il est laminé, on peut le couper au couteau ; il pèse 11 , il est fusible à 260° centigrade , il cristallise quand on plonge son refroidissement. Si l'on le chauffe très-fort, il peut se volatiliser , mais très-lentement. Il est peu sonore , d'autant plus brillant qu'il est plus nouvellement fondu ou gratté ; il s'altère à l'air , devient terne , grisâtre ; c'est une oxidation , laquelle s'arrête à un certain point, et forme ainsi une couche qui garantit le reste de la masse ; il paraît que dans ce cas l'oxide s'est changé en carbonate.

. Le plomb s'unit avec un grand nombre de métaux , mais non avec le fer ; entre tous les alliages qu'il sert à former , le plus remarquable est celui de Darcet ; il porte huit parties de bismuth , cinq de plomb et trois d'étain ; il est fusible à une chaleur moindre que celle de l'eau bouillante. M. Chaussier a encore augmenté cette fusibilité par l'addition d'une partie de mercure ; ce qui rend ce composé propre à faire des injections anatomiques.

On connaît le plus grand nombre des usages du

plomb dans les arts et dans l'économie domestique; ce qui en rend l'indication moins utile. Nous dirons seulement qu'il faut éviter de faire séjourner des alimens ou médicamens dans des vases de ce métal; car il peut en résulter des accidens, coliques ou douleurs vives des intestins; maladies produites aussi chez les ouvriers, qui par état sont exposés aux émanations de ce métal; il en résulte ce qu'on appelle *maladies des peintres* ou *des plombiers*, etc., espèces d'empoisonnemens qu'on peut guérir si l'on les traite assez tôt, mais qui peuvent dans beaucoup de cas compromettre la vie des sujets qui en sont affectés.

Sulfure de plomb.

On sait déjà que la nature nous offre ce produit, nous en faisons maintenant l'étude; il peut varier par la nature et la quantité des corps qui l'accompagnent; mais en général on le désigne sous le nom de *galène* ou d'*alquifoux* : il en existe, comme nous l'avons dit, en beaucoup de lieux; ainsi, outre ceux indiqués, nous signalerons surtout la Suède, la Bohême et l'Espagne. Il offre quelquefois des octaèdres ou des cubes de la grosseur du pouce, tandis que les cristaux peuvent n'égaler que le volume d'une lentille, quoique répandus en nombre infini dans des masses considérables : cet aspect différent paraît être dû seulement aux matières étrangères qui s'y trouvent, car le soufre y est toujours dans la proportion de 15,446, pour 100 de métal; la *galène* est bleue, lisse, brillante, dure, très-pesante, moins fusible que le plomb, indécomposable au feu, à moins qu'il n'y ait concours de l'air ou de l'oxigène. Son usage est, comme nous l'avons vu, de donner son métal aux arts. On s'en sert encore, mais à l'état de simple fusion, pour vernir les poteries communes, etc. On ne s'en sert ni en chimie ni en médecine.

Des Oxides de plomb.

On a beaucoup varié sur le nombre possible des oxides de plomb. Quelques chimistes en admettent *quatre*, en comptant comme premier degré d'oxidation la poudre grise, qu'on obtient, en agitant le plomb fondu à l'air libre. C'est ce que les étameurs appellent *crasse de plomb*, mais qu'on ne rejette point; car il suffit de chauffer ce produit avec de l'axonge, pour en séparer l'oxigène, et retrouver le métal. Cette poudre grise ne paraît être, selon M. Thompson, qu'un mélange de plomb pur, très-divisé, avec du massicot, qu'on a long-temps regardé comme second oxide, et qu'on donne aujourd'hui comme étant le premier.

D'après cet exposé, on conçoit comment il se fait qu'au lieu de quatre oxides, on n'en compte plus que trois. Les voici :

Le *protoxide* se présente sous des aspects différens, selon qu'il a été chauffé plus ou moins fortement. On peut regarder comme tel ce qu'on appelle *massicot* et *litharge*. Pour obtenir le premier, il suffit de maintenir le plomb fondu à l'air. On l'agite jusqu'à ce que la poussière grise prenne une belle couleur jaune. Le *massicot* est fusible, indécomposable au feu sans addition, et donnant par le refroidissement des petites écailles brillantes, d'un rouge pâle, formant ainsi ce qu'on nomme *litharge*. Ce changement est dû à une

sorte de vitrification, ce qui s'exprime par ces mots
oxide de plomb demi-vitreux. Le *protoxide*, étant
plus fortement et plus long-temps chauffé à l'air,
s'oxigène davantage, et devient *deutoxide* (minium).
Il peut se dissoudre dans les alcalis, avec lesquels
il forme, selon M. Berthollet, des composés cristallisables : il s'unit à la silice et à l'alumine, et altère
ainsi les creusets où l'on en opère la fusion. Cet oxide
porte oo,9 d'oxigène. La litharge et le massicot servent
en peinture ; ils peuvent former un grand nombre de
composés chimiques et pharmaceutiques, tels que des
sels, des onguens, des emplâtres, etc.

Le *deutoxide* est ce qu'on appelle *minium*. On
le prépare artificiellement. On l'obtient, comme il a
été annoncé, en faisant chauffer convenablement de
la litharge, mais humectée avec de l'eau. On l'expose
sur l'aire d'un four, où la flamme vient réverbérer sur
la substance. Il y a des ateliers, où l'on opère directement sur le plomb, que l'on traite ensuite diversement.
Il y a des manipulations peu connues, des coups de
mains, qui tendent à obtenir un minium d'un plus
beau rouge. Autrefois nous étions tributaires de la
Hollande pour ce produit ; mais maintenant on en
prépare d'aussi beau à Paris.

Le *minium* doit être d'un rouge vif ; il est un peu
soluble dans l'eau, mais moins que le protoxide ; il
est fusible, sans action sur l'air ; il est altéré par l'acide
nitrique, de manière à ce qu'il se forme, selon M. Vauquelin, du nitrate du protoxide de plomb, et un
précipité de *tritoxide*, appelé *oxide puce*, à cause
de sa couleur.

Le *deutoxide de plomb*, traité par l'acide hydro-chlorique, donne un chlorure. Il se dégage du chlore, ce qui est dû à ce que l'oxigène du métal s'est emparé de l'hydrogène de l'acide. Il se dissout aussi dans les alcalis, mais moins bien que le *protoxide*. Il est formé d'oxigène 11 sur 100 de métal. Le minium du commerce contient presque toujours du *protoxide de plomb*. On s'en sert aussi en peinture ; il en entre dans la composition du cristal. On en fait des vernis pour poteries, etc.

Tritoxide de plomb (oxide puce). Nous avons déjà vu qu'on l'obtient en traitant le *minium* par l'acide nitrique; pour cela, on fait bouillir dans un matras six parties d'acide nitrique à 25°, mêlé d'autant d'eau, sur une de minium ; il reste une poudre brune, c'est l'oxide recherché; on le recueille, on le lave et on le fait sécher; il se décompose par la chaleur en oxigène et en protoxide.

Ce *tritoxide de plomb* contient oxigène 15, métal 100 ; il est sans usages.

Des Sels de plomb.

Il n'y a que le *protoxide de plomb* qui s'unisse aux acides pour former des sels; il y en a peu de solubles; ils sont précipités en noir par l'hydrogène sulfuré, en jaune par les chromates, en jaune-orangé par les idriodates, il se forme un iodure insoluble de plomb; les sels de plomb sont tous décomposés par les sulfates, il en résulte un précipité de sulfate de plomb; enfin le zinc les décompose et en précipite le plomb à l'état métallique.

Sous-carbonate de plomb (céruse).

Il en existe dans beaucoup de mines, mais on préfère l'obtenir artificiellement ; pour cela, on expose des lames de plomb à la vapeur humide qui se dégage des corps en fermentation, comme rafles de raisins , etc. , ce qui produit beaucoup d'acide carbonique : le métal est d'abord oxidé aux dépens de l'eau, puis il passe à l'état de carbonate ; on expose ensuite ces lames à l'air pendant long-temps, les couches blanchâtres déjà formées s'épaississent et tombent en écailles, qu'on recueille pour les pulvériser et en faire des masses, telles qu'on en voit dans le commerce : à la vérité , il peut s'y trouver de l'acétate de ce métal, mais en moindre quantité, ce qui permet de ranger ce produit sous le titre que nous lui donnons : il nous suffira d'en rappeler l'existence en traitant des acétates.

On retrouve un sous-carbonate de plomb plus pur dans l'eau qui a séjourné pendant long-temps dans les bassins de plomb ; mais on ne le recherche point : c'est assez de le signaler, pour qu'on évite l'usage des eaux qui auraient pu séjourner dans ce métal avec le contact de l'air , car elles sont alors insalubres ; mais il n'en est pas de même pour les eaux qui séjournent dans les canaux de plomb à l'abri de l'air , il ne s'y forme point de carbonate.

La *céruse* est très-employée dans les arts ; pour étendre ou affaiblir les nuances des couleurs ; on en mêle aux peintures à l'huile pour les rendre plus siccatives, on utilise le sous-carbonate de plomb pour la formation d'un grand nombre de composés de ce métal.

Phosphate de plomb.

Se trouve dans les mines du Huelgoët en France, et dans celles du Hartz; il peut être cristallisé en prismes transparens, mais il est le plus souvent vert, toujours opaque, et disposé en une couche rugueuse, comme de la mousse, sur des gangues de nature très-variable : la couleur peut-être brune ou jaunâtre; ce sel est décomposé au feu, qui le change en phosphure; il ne se dissout dans l'eau que par un excès d'acide : on ne s'en sert point.

Du Sulfate de plomb.

Il en existe en France et en Ecosse, mais il est mieux de le former de toutes pièces, en faisant bouillir l'acide sur le métal. Il est blanc, pulvérulent, insoluble dans moins de mille parties d'eau, mais soluble dans un grand excès de son acide. Il peut alors cristalliser. Ce sel, sans usages, est entièrement décomposé au feu par le charbon.

Nitrate de plomb.

C'est un produit de l'art; on l'obtient en traitant directement le plomb par l'acide nitrique; il est soluble et peut cristalliser en tétraèdres, inaltérables à l'air; mais il se décompose au feu en oxigène et protoxide de plomb. Ce qui est très-remarquable dans l'histoire de ce sel, c'est que si l'on le fait bouillir avec du protoxide de plomb, il se forme un sous-nitrate de plomb; tandis qu'au lieu de cela si l'on plonge une lame de plomb bien décapé, l'acide s'altère, il se dégage du gaz nitreux (deutoxide d'azote) et il se forme du sous-nitrate de plomb.

Chromate de plomb.

On le trouve aussi tout formé dans la nature, mais seulement en Sibérie.

Il est jaune quand il est neutre, autrement il est orangé ou rougeâtre, un peu soluble dans l'eau. Celui qu'on prépare artificiellement, s'obtient en versant du chromate de potasse dans de l'acétate de plomb, le précipité est jaune-serin. On l'emploie pour constituer de belles couleurs jaunes qu'on applique sur les porcelaines, les toiles, et les caisses de voitures.

Toutes les préparations de plomb sont d'une grande action sur l'économie, elles agissent comme poisons, ce qui empêche de les administrer, si ce n'est avec la plus grande réserve.

Les empoisonnemens par le plomb se guérissent par l'emploi menagé des purgatifs, des vomitifs, du lait et du liquide albumineux.

Du Fer.

Ce métal, appelé *mars*, existe très-répandu dans la nature; on en trouve dans les corps organisés, et il accompagne dans le sein du globe des restes antiques de végétaux et d'animaux, ce qui a fait croire que ces corps ont dû concourir à sa formation.

Le fer peut exister à l'état *actif*. Simon Pallas en a trouvé en Sibérie, et Rubis de Celis dans l'Amérique méridionale. M. de Humboldt en a vu au Pérou et au Mexique. Enfin, M. Klaproth passe pour en posséder un échantillon. Il est encore plus commun de trouver du *fer oxidé*, mais avec un grand nombre de variations qu'il est très-utile d'indiquer.

1° *Fer oxidulé*, plus connu sous le nom d'*aimant naturel* : on en trouve surtout en Suède, en Norwège, aux îles Philippines et en Chine.

2° *Fer de l'île d'Elbe*, plus particulièrement destiné à l'exploitation.

3° *Les hématites* dites *sanguines* ou *crayons rouges* : où s'en sert à l'état naturel pour les arts.

4° *Les émérils*, aux îles anglaises Gersey et Grenesey : on s'en sert comme corps durs pour le polissage.

5° *Les ocres*, terres argileuses, mêlées d'oxide de fer, qui les colore diversement : on les emploie pour la peinture en détrempe ; il faut y rapporter le bol d'Arménie, la terre sigillée, de Lemnos, le tripoli, etc.

On connaît dans la nature des *sels de fer*, mais trop peu abondans pour qu'on cherche à en extraire le métal. Ainsi, sulfate, tungstate et carbonate ; quant au chromate, il est contesté.

C'est le *sulfure de fer*, sous le nom de *pyrite martiale*, qu'on trouve avec profusion presque en tout pays et dans beaucoup de mines ; ses variétés sont très-nombreuses.

Enfin, il existe du *carbure de fer*, sous le nom impropre de *plombagine*, ou *crayon noir*. On en trouve en France, en Espagne, en Amérique, surtout dans le duché de Cumberland en Angleterre. On ne l'exploite que pour les arts, comme il sera dit quand nous en ferons l'histoire.

Entre tous ces états du fer, il n'y a que *l'oxide de l'île d'Elbe* et le *sulfure* qui soient exploités pour en extraire le métal. Voyons comment on opère.

1° *Les oxides* peuvent être mêlés de divers sels ferrugineux, cela ne change en rien le procédé suivi, lequel consiste à maintenir la mine pendant plusieurs heures en contact avec des charbons embrasés, dont on entretient la combustion au moyen de fort soufflets; il arrive que les sels se décomposent, que l'oxide cède son oxigène au carbone, et que le métal réduit se fond en masses globuleuses qu'on traite ensuite sur l'enclume comme il sera dit.

2° Si on agit sur les *sulfures*, il faut commencer par griller la mine, afin d'en séparer l'arsenic, après quoi on pousse à la fusion, au milieu de charbon de terre, de houille, etc., dans de très-grands fourneaux à manche de dix à quinze pieds de haut, forme pyramidale; représentant deux pyramides quadrangulaires, mais tronquées et jointes base à base. On ajoute au sulfure un fondant, qui est de la *chaux*, sous le nom de *castiné*, si la mine est par elle-même argileuse; mais lequel fondant doit être de *l'argile*, sous le nom *d'herbue*, si la mine est calcaire : ces additions doivent être faites avec certaines précautions, parce que ces substances, pour se fondre, veulent être réunies en quantités relatives. Les choses étant ainsi conduites, il arrive bientôt que le sulfure se fond et se décompose; le métal coule dans un réservoir

voir placé au fond du fourneau et s'y maintient liquide ; on l'en retire ensuite par une ouverture placée au dehors. Il est ordinaire de le recevoir dans des moules ou fosses qui sont pratiqués dans le sable. Ainsi obtenu, il n'est point encore très-pur, il prend le nom de *gueuse* ou *fer de fonte*. On trouve à sa surface dans le réservoir, ou dans les moules, des matières non métalliques et demi-vitrifiées, sous le nom de *scories* ou *laietier*. Elles sont la réunion des substances terreuses ajoutées, et des oxides de cuivre, de manganèse, etc., qui se trouvent accompagner le fer. Ce produit est bleuâtre ; on ne s'en sert point, si ce n'est pour ferrer les chemins dans le voisinage des forges.

Le *fer de fonte* est impur, il retient des corps grossiers qui l'empêchent d'être malléable ; c'est en le faisant fondre de nouveau, pour le couler dans des moules convenables, qu'on en fait des plaques de cheminées, des mortiers, des marmites, des poids, des canons, etc. On en fait des masses d'un ou plusieurs quintaux de formes diverses, et dont on fait le lest des navires.

Pour purifier ce fer, on le chauffe au rouge blanc ; pour le ramollir, on le porte sur des enclumes, elles-mêmes en fonte, où il est battu par de très-lourds marteaux qui sont mus par l'eau. C'est une sorte de pétrissage, par lequel on débarrasse le fer de l'oxide du charbon et des autres corps qui pouvaient être incorporés dans sa substance ; on le débite de suite pour les arts.

Quand il existe du phosphate de fer mêlé aux mines, il se réduit par les opérations indiquées, il en résulte du phosphure de fer ; c'est une imperfection, parce que le métal est alors plus cassant. C'est malheureusement ce qui a souvent lieu en France; on dit alors *fer rouverain.*

Le *fer,* supposé *pur,* est d'un gris-blanchâtre; c'est le plus dur de tous les métaux. Il est très-élastique; il est odorant quand on le frotte. Réduit en lame, il donne la tôle; sa cassure est grenue, quelquefois lamelleuse. Il est malléable, mais surtout ductile, et donne ainsi des fils très-fins, très-déliés. Il pèse près de huit fois plus que l'eau. Sa tenacité est très-grande, ce qui fait qu'un fil très-mince de ce métal peut porter un poids très-fort sans se rompre. Il est magnétique au plus haut degré; il est difficilement fusible (130° pyromètre de Wedgwood). Il s'unit à peu de métaux; il donne, avec l'étain, le *fer-blanc;* il s'unit à l'antimoine, et décompose le sulfure de ce dernier métal.

On a conseillé le *fer* pur, mais *porphyrisé,* comme un très-bon tonique. A cet effet, on prend de la tournure ou limaille de fer provenant des ateliers où on travaille ce métal; on la sépare des autres corps, surtout du cuivre qui s'y peut trouver à l'état de mélange. On y parvient au moyen du barreau aimanté. Le fer, ainsi obtenu isolé, est pulvérisé d'abord dans un mortier de fonte, ensuite porphyrisé à sec : on ne l'emploie qu'en poudre impalpable, et alors à la dose de quelques grains à un gros, jamais seul, mais mêlé à des corps muqueux. On remplace aujourd'hui ce *fer porphyrisé* par son oxide noir, sous le nom d'*éthyops martial,* dont nous parlerons bientôt.

Le *fer* s'unit au carbone; il en résulte, 1° *acier;*

2.° *plombagine*. Les diverses espèces de fonte peuvent être considérées comme des variétés de carbure.

L'*acier* s'obtient en prenant du fer bien battu et dit *fer doux*, parce qu'il est supposé ne point être phosphoré.

On le traite avec le charbon en poudre fine par divers moyens dans le détail desquels je n'entrerai point, parce que cela tient trop aux arts : qu'il nous suffise de savoir qu'en raison des procédés employés, on distingue plusieurs sortes d'acier dont les principales sont :

1.° L'acier d'Allemagne.

2.° L'acier de cémentation.

3.° L'acier fondu.

Quel qu'il soit, il ne porte jamais plus qu'un millième de carbone ; il peut n'en porter que beaucoup moins.

L'*acier* est un fer plus dur, d'un grain plus serré, offrant sur un même point un plus grand nombre de molécules, ce qui le rend plus propre à la formation des instrumens acérés, lesquels doivent agir en sciant (chirurgie). Il peut prendre un très-beau poli. Ce qu'on appelle *trempe de l'acier* consiste dans son refroidissement subit ; quand on le plonge encore rouge dans de l'eau froide ; il devient alors plus serré, plus fin ; mais il perd cet état, c'est-à-dire, qu'on le détrempe, en le chauffant de nouveau, et le laissant refroidir lentement.

La *plombagine* ou *crayon noir* (carbure de fer). Elle existe, comme nous l'avons dit, très-répandue dans la nature ; mais comme elle est très-réfractaire, on ne cherche point à en retirer le fer, on préfère l'utiliser sous d'autres rapports. Ce composé est solide , mais tendre, friable, écailleux , d'une couleur bleu-noirâtre , peu pesant , doux et comme gras au toucher, luisant , salissant les doigts quand on le touche ; il est d'autant plus apprécié , qu'il a un grain plus fin. On l'a confondu avec le sulfure de molybdène ; mais il en diffère en ce que , mis sur des charbons allumés , il ne laisse point dégager de soufre.

La *plombagine* la plus fine est ordinairement convertie en une pâte dont on remplit des petits cylindres creux en bois, avec ou sans coulisse, qui forment nos crayons de bureaux ; celle qui est plus grossière, moins pure , est employée à frotter les roues de certaines machines pour en faciliter les mouvemens. On en frotte aussi au dehors le corps des poëles , car c'est un mauvais conducteur du calorique ; on oblige ainsi la chaleur à prendre le cours des tuyaux qui doivent la distribuer dans un plus grand espace. On fait entrer de la plombagine dans la composition des creusets de Hesse, qui supportent, sans s'altérer , un très-haut degré de température.

La plombagine paraît ne contenir que huit à dix centièmes de fer ; le reste est en carbone.

Phosphure de fer. Il constitue le *siderum ,* que Bergmann regardait comme un métal nouveau. Il peut contenir un cinquième de phosphore ; il est dur, cassant, brillant, sans usage.

Sulfure de fer.

Il peut en exister plusieurs par rapport aux proportions des composans. Ils nous intéressent peu ; c'est assez de savoir que le sulfure naturel de ce métal est à l'état de *per-sulfure*. Il contient 117 de soufre sur 100 de fer ; il est dur, d'un blanc-jaunâtre, brillant, ordinairement en aiguilles ; il fait feu au briquet, d'où lui vient le surnom de *pyrite*. Il est inaltérable au feu, mais difficilement fusible. On l'exploite pour en retirer le fer. On s'applique aussi, en certains pays, à en retirer le soufre ou à le convertir en sulfate.

Quant au *proto-sulfure de fer*, il est artificiel. Il ne contient que 58 de soufre. On l'obtient, selon M. Vauquelin, en jetant de la limaille de fer dans du soufre fondu. Il est moins dur que le premier, plus coloré, presque noir, et plus altérable par les agens chimiques, surtout par les acides, ce qui le fait employer quelquefois dans les laboratoires pour obtenir de l'hydrogène sulfuré.

L'air, l'eau et les acides réagissent sur le fer et ses sulfures ; c'est ce qui donne lieu aux produits suivans.

Des Oxides de fer.

On en connaît trois.

Le *protoxide*. On ne peut l'obtenir que par les moyens de l'art, et jamais à sec, parce qu'il s'oxigène davantage par son exposition à l'air. Pour le former, on dissout le fer à froid dans les acides sulfurique et muriatique faibles ; il en résulte des sels qu'on décompose ensuite par les alcalis ; on a un précipité blanc, c'est l'oxide recherché ; il est soluble dans un excès d'ammoniaque ; nous en devons la connaissance à M. Thénard. Il paraît contenir 28 d'oxigène sur 100 de métal.

Le *deuxtoxide*. Il constitue ce qu'on appelle *éthyops martial*.

Il en existe abondamment dans la nature, mais toujours impur, ce qui fait qu'on le prépare artificiellement; on l'obtient en maintenant de la limaille de fer en contact avec de l'eau aérée; celle-ci est décomposée, son oxigène se porte sur le fer; il en résulte une poudre noire qui reste suspendue dans l'eau; on décante le liquide, et on obtient ensuite par le repos l'oxide formé. Cette opération est longue, ce qui a fait chercher d'autres procédés; mais elle est plus sûre, et c'est elle que l'on met en pratique dans les pharmacies. On a pensé, d'après Lémeri, qu'il était préférable d'agir à la rosée du mois de mai; on sait aujourd'hui que cela n'est point nécessaire. La poudre noire obtenue peut être séchée facilement et sans s'altérer, pourvu qu'on ne l'expose point à une forte chaleur, auquel cas elle s'oxiderait au troisième degré qu'on ne pourrait détruire ensuite que par une chaleur encore plus forte (rouge-blanc).

Le *deutoxide de fer* est attirable à l'aimant; il est décomposé par les corps combustibles, mais surtout par l'hydrogène, ce qui est d'autant plus remarquable que le fer décompose l'eau à toutes les températures: ce fait n'est point encore expliqué. Cet oxide est altéré par l'acide nitrique, dont une partie se décompose. Le métal devient tritoxide, et se dissout alors dans l'acide non décomposé (Vauquelin). Le deutoxide de fer est soluble dans l'ammoniaque; il porte 38 d'oxigène sur 100 de fer.

Cet oxide se dissout dans les acides sulfurique et muriatique affaiblis, mais moins que pour les solutions du protoxide ; les sels obtenus prennent diverses couleurs, selon qu'ils sont chargés de plus ou moins de fer ; s'ils en sont saturés, la couleur est rouge-brun, autrement elle peut être jaunâtre ou verdâtre.

L'*éthyops martial* est employé en médecine ; c'est un très-bon tonique, très-recherché pour augmenter la circulation du sang ; il raffermit la fibre, et convient ainsi dans la chlorose, l'anœmie, dans les convalescences longues, etc. Il est rare qu'on le donne seul ; on le mêle à des poudres amères ou aromatiques, telles que gentiane, rhubarbe, quinquina, cannelle, etc. La dose varie de dix à vingt ou trente grains par jour.

Ce qu'on appelle *safran de mars apéritif* peut être rapporté au produit dont nous venons de parler. Ce n'est en effet que de l'*éthyops martial* qu'on a fait chauffer pendant un certain temps à une moyenne chaleur ; on pense qu'il s'est formé dans ce cas un peu d'oxide rouge et de carbonate, ce qui forme un ensemble de ces deux corps, et d'un peu d'éthyops non décomposé. La masse offre une couleur puce ; on s'en sert absolument comme de l'oxide noir.

Quant à ce qu'on appelle *safran de mars astringent*, il est presque entièrement formé d'oxide rouge, et résulte de ce qu'on a prolongé l'action du calorique sur le deutoxide. Il est plus rougeâtre, et ne peut point servir à remplacer les produits précédens, puisque l'action diffère comme son nom l'indique ; on y a rarement recours en médecine, si ce n'est dans le cas de dévoiemens opiniâtres, qui résistent aux moyens ordinaires ; on le donne à doses très-petites, quelques grains dans des pilules ou opiats.

Le *tritoxide de fer*, ou *oxide rouge*, prend aussi

le nom de *safran de mars astringent*, dont nous venons de parler ; mais ici, nous voulons traiter du *tritoxide pur*, tandis que sous le dernier titre, il est mêlé d'un peu de carbonate et d'oxide noir.

L'oxide rouge de fer est encore connu sous le nom de *colcothar* et *rouge d'Angleterre*, mais c'est surtout quand il provient de la décomposition du sulfate de fer au feu, et alors il peut retenir un peu de ce sel non décomposé, ce qui empêche qu'on s'en serve comme médicament, surtout à l'intérieur, tandis qu'ainsi obtenu, il peut être usité dans les arts.

On touve le *tritoxide de fer* dans la nature, mais impur, et alors il est exploité avec les diverses mines de ce métal. Il est ordinaire de le former directement ou de l'extraire des composés qui le contiennent. Pour cela, on chauffe l'oxide noir de fer jusqu'au rouge cerise, ou mieux encore, on décompose au feu le nitrate de ce métal ; quelquefois, on traite par la potasse le trito - sulfate de fer ; on lave le précipité ; enfin, ce qui est le plus fréquent, on calcine le proto-sulfate de ce métal, c'est alors que le produit prend le nom de *colcothar*.

Cet oxide, qu'on obtient par la chaleur, est altérable par une température très-élevée ; il en résulte, comme il a été dit, du deutoxide ou éthyops martial.

Le *tritoxide de fer* n'est point altéré par l'air ni par l'oxigène ; mais il passe facilement à l'état de carbonate.

On ne s'en sert guère que dans les arts comme matière colorante, et aussi pour en extraire le métal ; il contient 50 d'oxigène sur 100 de fer.

Des Sels de fer.

Les trois oxides que nous venons d'étudier peu‑
vent se combiner aux acides et augmenter ainsi le
nombre de sels de fer , en même temps qu'ils en
compliquent l'étude.

Les *sels de protoxide de fer* sont solubles, de couleur
verdâtre, ils sont décomposés en blanc par les alcalis ;
mais le précipité se colore par le simple contact de
l'air , il est soluble dans un excès d'ammoniaque ;
cette décomposition est curieuse par le prussiate de
potasse ; car le précipité, qui est blanc d'abord , passe
à vue d'œil et promptement par diverses nuances
pour arriver au bleu foncé.

Le chlore change instantanément l'état du pro‑
toxide de fer dans ses composés ; les sels de fer dont
nous parlons sont précipités en sulfure noir par les
hydro-sulfates ; ces mêmes sels deviennent bruns par
le gaz nitreux (deutoxide d'azote).

Les *sels de deutoxide de fer* donnent par les
alcalis un précipité brun-verdâtre , passant aussi au
rouge par l'air ; la noix de galle les décompose en
bleu-violet , et les hydro-sulfates en noir. Ce qu'il y a
de très-remarquable , c'est que l'addition produit au
bout d'un certain temps un partage, 1° en sel de pro‑
toxide qui cristallise , 2° un sel neutre tritoxide qui
reste dans la liqueur.

Les *sels de tritoxide* ou *peroxide de fer* sont plus
solubles que les précédens; leur couleur tire au rouge ;
ils sont de prime‑abord précipités en un très-beau
bleu par le prussiate de potasse, en jaune-rougeâtre

par les alcalis, en noir par les hydro-sulfates, en violet foncé par la noix de galle.

Il en sera pour les *sels de fer* en particulier, comme il en a été pour ceux des métaux déjà étudiés; c'est-à-dire, que nous signalerons seulement ceux qu'il nous est plus utile de connaître.

Des Sulfates de fer.

Proto-sulfate ; pour l'avoir pur, il faut le faire en dissolvant la limaille dans de l'acide faible ; mais on le trouve mêlé au sulfate de fer du commerce ou vitriol vert.

Ce sel est soluble, verdâtre, cristallisable, altérable à l'air; il se recouvre d'une poudre jaunâtre, ce qui est dû à la suroxidation du métal. Il se décompose à un grand feu, de manière à donner pour résidu de l'oxide rouge *colcothar* ; il se dégage de l'acide sulfureux et de l'acide sulfurique, plus un peu d'eau, dont l'ensemble donne un liquide congelable (acide sulfurique glacial).

Comme ce sel de protoxide constitue en plus grande partie le sulfate de fer du commerce, nous allons de suite parler de ce produit.

Ce *sulfate de fer*, aussi nommé *vitriol vert* et *couperose verte*, s'obtient en grand, en opérant à l'air libre la combustion des sulfures de fer, ou lessive; on fait évaporer les liqueurs, on a des cristaux verts portant beaucoup d'eau de cristallisation, il donne le plus souvent des rhombes de la grosseur du pouce; il a une saveur âpre, il s'altère et passe en partie à l'état de tritoxide, ce qui ne change point ses usages ordinaires. Ce sel est l'un des plus forts astringens que l'on connaisse ; on l'emploie en conséquence à l'extérieur en solution, en dose arbitraire pour lotions ou fomentations, dans les cas d'entorse, de foulures, de contusions et dans les cas de brûlures, pourvu que l'épiderme ne soit point enlevé ; il est trop actif pour être administré intérieurement, il provoque le vomissement et peut être poison ; cependant on l'a conseillé à la dose de quelques grains en pilules ou dans des potions comme spécifique des fièvres intermittentes : il faut en redouter l'emploi. On s'en sert plus utilement dans les arts pour les teintures en noir, moyennant qu'on le mêle avec des corps tanifères et portant de l'acide gallique ; il sert aussi à la formation de l'*encre*.

Le *deuto-sulfate de fer* s'obtient directement par les acides peu affaiblis ; on ne l'emploie point, il s'altère par la chaleur, et devient tritoxide.

Le *trito - sulfate* se trouve à la surface du sulfate du commerce, et se forme par la seule exposition du proto-sulfate à l'air ; il est le plus souvent coloré en jaune ou rougeâtre.

On ne s'en sert que dans les arts, surtout pour la fabrication du bleu de Prusse.

Des *Hydro-chlorates de fer*.

Ils sont peu importans, on les obtient en les préparant directement ; ils se comportent à l'air et avec les agens chimiques, selon l'état de l'oxide qui les forme, comme il a été dit pour les sels précédens.

Le *proto-hydro-chlorate de fer* peut exister dans la nature, mais alors uni à la silice ; quand on le prépare de toutes pièces, il est verdâtre, soluble, cristallisable, déliquescent ; il se change au feu en protochlorure, qui se sublime en paillettes. On ne s'en sert point.

Le *deuto-hydro-chlorate* se prépare directement ; il mérite encore moins de nous occuper.

Quant au *trito-hydro-chlorate*, il nous intéresse davantage, comme on va le voir. On l'obtient par la simple exposition de *proto-hydro-chlorate* à l'air, ou par la voie directe. Il est soluble, cristallisable en aiguilles jaunâtres.

C'est avec ce sel que l'on prépare ce qu'on appelle *muriate de fer ammoniacal*, ou encore *fleurs de mars*, *ens martis* : pour cela, on le mêle à partie égale de *muriate d'ammoniaque*, le tout en poudre est soumis à la sublimation, ce qui se volatilise est le produit recherché qu'on peut considérer comme un *chlorure à double base* d'ammoniaque et de fer. Les *fleurs martiales* sont en masse soluble, couleur rouille de fer : on s'en sert en médecine comme tonique et diaphorétique, on en donne dans les pilules ou opiats, mais à petite dose, de quelques grains à demi-gros en plusieurs fois.

Du Cuivre.

Ce métal, aussi connu sous le nom de *Vénus*, se trouve abondamment répandu dans la nature :

1° A l'état *natif*. On en trouve en France, à St.-Bel et à Chessy, près de Lyon. Il en existe aussi en Suède, en Angleterre, etc. Il peut être en lames, ou en cristaux aiguillés ; mais plus souvent granulé, formant des masses volumineuses.

2° *Oxidé*, offrant alors un grand nombre de variétés, selon l'aspect, la couleur, la densité ; de là ce qu'on appelle *mine de cuivre vert de montagne, malachite*, et *cuivre soyeux*. Les oxides de cuivre, sont assez fréquens dans la plupart des mines pour qu'on en fasse l'exploitation.

3° Etat *salin*, il est moins répandu, moins riche ; mais on trouve en petites masses les carbonate et sulfate de ce métal ; ce qu'on appelle *sable vert du Pérou*, est du *muriate* de *cuivre* (Vauquelin).

4° *Sulfure*, c'est ainsi que le cuivre se présente le plus souvent ; il offre beaucoup de variétés pour la couleur et la cristallisation ; on leur donne le nom de *pyrites cuivreuses :* il en existe surtout dans la Hongrie, dans la Bohême.

L'exploitation des mines de cuivre varie ainsi : 1° le métal natif, il suffit de la fusion pour en séparer la terre ; 2° pour l'oxide, on le jette au milieu de charbons embrasés, la réduction est prompte et le métal coule au fond des fourneaux ; 3° quant au sulfure, il offre plus de difficultés : on commence par bocarder la mine, on en sépare la gangue autant que possible, puis on fait griller le minerai, pour l'attendrir, après quoi on le chauffe plus fortement et à diverses reprises dans des fourneaux à réverbères ; on laisse à chaque fois refroidir pour chauffer encore ; ce n'est guère qu'après huit ou dix de ces grillages que la masse prend une fonte pâteuse : à cet état, elle retient beaucoup moins de soufre, et on l'appelle *matte de cuivre*. Si on grille davantage, on finit par avoir ce qu'on nomme *cuivre noir*, qu'il suffit de chauffer avec du charbon pour en séparer le cuivre pur. Mais comme il est fréquent que le sulfure de cuivre contienne de l'argent, on s'occupe des moyens de retirer ce dernier métal. C'est ce qu'on appelle travailler au *rafraîchissement du cuivre.* Pour cela, on ajoute à la mine traitée comme dessus partie égale de plomb ; le tout est ensuite coulé dans des moules coniques, pour avoir par le réfroidissement ce qu'on nomme *pains de liquation*, lesquels, exposés de nouveau à une chaleur moyenne, se fondent partiellement ; c'est-à-dire, que le plomb seul se liquéfie en traînant avec lui l'argent ; quant au cuivre, il reste dense, et offrant une masse criblée de petits trous, représentant l'espace qu'occupaient les métaux séparés ; ce qui reste est aussi nommé *cuivre noir*. On le fait fondre à travers des charbons dans un creuset, il perd le restant de son soufre, et l'oxigène qu'il a pu retenir : il en résulte du *cuivre pur* que l'on coule en barres ou en lames, ou qu'on débite en *rosettes*, espèce de disques rugueux, qu'on obtient en aspergeant avec de l'eau la surface du cuivre fondu ; ce qui reste au fond du creuset, prend le nom de *cuivre roi*, parce qu'il passe pour être plus purifié.

Quand le cuivre noir est supposé contenir du fer, il est bien d'y ajouter, comme fondant, de l'argile et de la silice. Il en résulte des scories.

Le *cuivre pur* est rouge, très-dur. Il pèse 8 ; il est très-malléable et très-ductile, ce qui permet d'en faire des feuilles très-minces et des fils très-déliés ; il est très-élastique, d'une grande tenacité ; il est plus fusible que le fer ; il peut cristalliser en cubes ; il est très-sonore ; il s'allie à beaucoup de métaux, mais

surtout au zinc, avec lequel il donne, selon les proportions, le laiton, le cuivre jaune, le similor. Si l'on
y ajoute de l'étain, on a le bronze, le billon, le métal
des cloches, des canons, etc.

Le cuivre est employé à la construction de beaucoup
d'instrumens, d'ustensiles, etc. Il est recherché à cause
de sa dureté; mais il a l'inconvénient de s'altérer à l'air
et par l'eau; il s'oxide et peut devenir vénéneux;
ce qui le fait craindre dans l'usage domestique, à moins
qu'il ne soit recouvert d'une couche d'étain; encore
faut-il que l'étamage soit récent.

Le cuivre s'unit à beaucoup de substances. Il en
résulte un assez grand nombre de composés, dont
les principaux vont nous occuper.

Il existe un *phosphure de cuivre*. On le prépare
directement. Il est dur, brillant, fragile : il est formé
de phosphore 15, cuivre 85.

Un cylindre de phosphore, plongé dans du nitrate
de cuivre, étendu d'eau, en précipite le métal en petits
cristaux. On le transforme au feu en phosphate de
cuivre.

Le *sulfure de cuivre* est un produit naturel. Nous
l'avons indiqué comme étant exploité, pour en extraire
le métal. On ne connaît pas très-bien les proportions
de ses parties constituantes; ce qu'il y a de certain,
c'est qu'il est toujours mêlé de corps étrangers, et le
plus souvent de sulfure de fer, dont on ne le sépare
que très-difficilement; ainsi pour l'avoir pur, il est
mieux de le préparer de toutes pièces, et alors on ne
connaît qu'approximativement la quantité de soufre
qui le forme, parce qu'il s'en perd une portion pendant
l'opération; de plus, il paraît que le sulfure en retient

une partie à l'état de simple mélange. Pour opérer, il suffit de jeter peu-à-peu du soufre dans du cuivre fondu. Le produit obtenu est grisâtre, friable et plus fusible que le cuivre.

L'ammoniaque dissout le cuivre; il en résulte un *ammoniure*; ce qu'il y a de très-curieux, c'est que cette solution, faite dans un flacon, sans le contact de l'air, est sans couleur, tandis qu'elle devient bleue, dès qu'on débouche le vase, ou qu'on déplace le liquide.

Des Oxides de cuivre.

On en connaît deux.

Le *protoxide*. Il mérite peu d'être étudié, parce qu'il ne se combine que difficilement aux acides, et qu'il ne donne ainsi que peu de produits.

On a trouvé cet oxide dans la nature; il est altérable par l'air; il ne se dissout que dans l'acide hydro-chlorique. On ne peut obtenir le protoxide de cuivre pur, qu'en le précipitant de ce sel par les alcalis. Il en résulte un précipité orangé, qu'il faut se hâter de faire sécher. Il contient, selon M. Chenevix, oxigène 12, cuivre 88. Il s'altère à l'air et passe au vert. Il est sans usage.

Le *deutoxide* existe aussi dans la nature, mais rarement pur; il offre des aspects différens, selon l'espèce et la quantité des corps qui l'accompagnent. Le plus souvent il est bleu; c'est qu'alors il contient de l'eau. Il fixe facilement l'acide carbonique, et constitue ainsi le vert-de-gris naturel; mais pour l'avoir pur, il faut le précipiter des sels qui le contiennent, ce qui a lieu par la potasse ou la soude, mais non par l'ammoniaque; car un excès de cet alcali redissout le précipité,

et

et forme ainsi l'ammoniure de cuivre déjà indiqué. L'oxide étant obtenu, on le fait sécher. Il devient gris ou brun - noirâtre. On rapporte au deutoxide les *battitures de cuivre*, paillettes ou écailles, qui se séparent de ce métal, quand, chauffé au rouge, on le bat sur une enclume.

Le *deutoxide de cuivre* s'unit très-bien aux acides. Il est formé, selon M. Proust, d'oxigène 25, cuivre 100.

Des Sels de cuivre.

On ne connaît qu'un sel de cuivre, formé par le *protoxide*; il est le produit de l'art. Pour l'obtenir, il faut précipiter le cuivre de son sulfate par l'immersion d'une lame de fer dans ce liquide. On a une poudre métallique très-fine, qu'on mêle ensuite dans la proportion de 120 parties avec 100 d'oxide vert de cuivre. On traite le tout par l'acide hydro-chlorique ; on obtient une solution brun-clair, cristallisable en tétraèdres blancs. Ce sel concentré est décomposé par l'eau en *sous-hydro-chlorate blanc*, lequel est insoluble et non altérable par la chaleur. Plusieurs chimistes le regardent comme un *proto - chlorure* de cuivre.

C'est en décomposant le *proto-hydro-chlorate de cuivre* par la potasse, qu'on obtient le *protoxide de cuivre*. Ce sel n'est d'aucun usage.

Les sels de *deutoxide de cuivre* sont solubles, de couleur bleue ou verte; ils sont tous décomposés par les alcalis; mais l'ammoniaque peut dissoudre le précipité. Ces sels sont précipités en sulfure noir par les hydro-sulfates, ou seulement par l'acide hydro-sulfurique, en cramoisi ou brun-marron par le prussiate

de potasse, et en vert-pré par l'arseniate de cette base.
Tous les sels de cuivre sont décomposés par le fer bien
décapé, qui précipite le métal à l'état pur ; ce qui tient
à la différence d'attraction de l'acide pour les corps
employés.

Deuto-carbonate de cuivre.

Il en existe beaucoup dans la nature, sous le nom
de *malachite*, d'une belle couleur verte, et aussi
bleu de montagne, *azur de cuivre*. Les terres, dites
cendres bleues, et les os fossiles, connus sous le nom
de *turquoise*, doivent leur couleur à ce sel qu'ils
contiennent à des états variables et en quantités diverses.

Ces différens carbonates peuvent être assez durs pour
prendre un très-beau poli ; ce qui les fait rechercher
pour la formation des bijoux et de beaucoup d'objets
d'agrémens souvent d'un très-grand prix.

Deuto-sulfate de cuivre.

Il s'en trouve de très-belles masses dans la nature ;
mais il s'altère bientôt, et finit par devenir pulvérulent.
Il résulte toujours de la transformation du sulfure,
lequel est décomposé à la longue par l'air et par l'eau.
On le prépare aussi en grand comme le sulfate de fer,
c'est-à-dire, en brûlant les sulfures de cuivre pauvres,
et les lavant ensuite, pour enlever le sel formé.

Le *sulfate de cuivre* ou *vitriol bleu*, *vitriol de
Chypre* et *couperose bleue*, cristallise en rhombes
de la grosseur du pouce d'une très-belle couleur bleue,
quand il contient beaucoup d'eau ; mais exposé à l'air,
il se desséche et s'effleurit ; il blanchit alors ou devient
vert pâle. Ce sel est très-soluble dans l'eau ; il rougit

légèrement le tournesol. Chauffé très-fortement, il se dessèche et finit par se décomposer. Il ne reste que le deutoxide brun et pulvérulent. Le sulfate de cuivre forme avec l'ammoniaque un sel double d'une belle couleur bleue, qui peut cristalliser. Si l'on y ajoute beaucoup d'eau, on a ce que les pharmaciens préparent sous le nom d'*eau céleste*, produit qu'on n'utilise point en médecine.

Le *sulfate de cuivre* est très-employé dans les arts ; c'est un très-bon mordant pour la teinture ; on y a aussi recours, pour durcir le suif. C'est un très-bon astringent qu'on peut employer en solution à l'extérieur, comme l'alun et le vitriol vert. Il est fréquent de toucher les chancres, les fongus, les poireaux avec la pierre bleue ou sulfate de cuivre légèrement humecté. Il en résulte une excitation souvent utile, mais qu'il faut modérer. On a conseillé l'usage de ce sel à l'intérieur, malgré qu'il soit un violent poison. Il est recherché comme antispasmodique dans les cas d'épilepsie, danse de saint-Guy, et dans beaucoup d'autres maladies nerveuses ; la dose est alors de quelques fractions de grains qu'on mêle à des corps onctueux, muqueux, pour en ralentir l'action sur les parties qu'il touche. C'est un médicament trop dangereux, pour qu'on puisse en autoriser l'emploi. Ses effets délétères se manifestent par des vomissemens, de fortes douleurs d'estomac, etc.

Le *sulfate de cuivre* sert à préparer le *vert de Schéèle*, comme nous le verrons.

M. Proust regarde le *vitriol bleu* comme formé d'*oxide au maximum* 52, *acide* 53, et *eau* 35 ; mais M. Chenevix indique différemment ces proportions, en considérant qu'une partie de l'eau est intimement

23 *

unie à l'oxide, d'où résulte qu'on doit y admettre *hydrate de cuivre* 41 , *acide* 36 , et *eau* 25.

Deuto-nitrate de cuivre.

Le *cuivre* se dissout très-bien dans l'*acide nitrique*, même à froid ; il y a dégagement de gaz nitreux, formation d'oxide, et conséquemment de nitrate ; on filtre la liqueur, et on fait évaporer pour avoir des cristaux, qui sont des aiguilles bleues : ce sel est d'une grande action , il rougit la peau et se décompose au feu avec une sorte de détonation , il est très-déliquescent et soluble dans l'alcool ; si l'on enferme du nitrate de cuivre dans des feuilles d'étain, celles-ci le décomposent bientôt avec dégagement de calorique, elles peuvent même s'enflammer. Si l'on verse de l'acide sulfurique dans une solution concentrée de nitrate de cuivre, il se forme un sulfate qui se précipite à l'instant en cristaux, ce qui est dû à ce que ce dernier est moins soluble que l'autre.

Entre les différens moyens qui tendent à séparer le cuivre de l'argent, l'un des plus accrédités, surtout en Angleterre, est l'emploi de l'acide nitrique : il en résulte une immense quantité de nitrate de cuivre, qu'on utilise ensuite, pour préparer et obtenir ce qu'on appelle *cendre bleue ;* pour cela, on décompose le nitrate par de la chaux nouvellement délitée ; c'est-à-dire, éteinte à l'eau , et non encore carbonatée : c'est le précipité obtenu, qui est le produit recherché ; on peut le considérer comme un mélange de deutoxide de mercure, d'eau et de chaux ; on le pulvérise pour s'en servir ensuite en peinture, on en colore surtout les papiers de tenture, qui ont dans ce cas l'inconviennent de verdir par une longue exposition à l'air, parce que l'oxide passe à l'état de carbonate.

Le zinc décompose le nitrate de cuivre.

Ce sel a été conseillé dans les mêmes cas que le sulfate; mais il est encore plus dangereux, il faut en redouter l'usage.

Deuto-hydro-chlorate de cuivre.

On le fait de toutes pièces; il est très-soluble, cristallisable en aiguilles, de couleur verte, il est toujours un peu acide; ce sel est décomposé au feu en chlore qui se dégage, et en chlorure de cuivre qui est fixe: on conçoit que dans ce cas l'acide muriatique a été décomposé par l'oxigène de l'oxide, il a dû se former de l'eau.

Il existe dans la nature un *sous-hydro-chlorate de cuivre*, c'est le *sabla du Pérou*; il est insoluble et sans usages.

Arseniate de cuivre.

Il en existe dans les mines de Cornouailles: il peut être vert en cristaux soyeux, mais souvent gris, ou olive; quand on l'obtient artificiellement, c'est par double décomposition; il est alors blanchâtre, pulvérulent, insoluble; on ne s'en sert point.

Arsenite de cuivre, ou vert de Schéèle.

On fait bouillir onze onces d'arsenic blanc, avec deux livres de sous-carbonate de potasse, dans six pintes d'eau pure; d'une autre part, on fait fondre deux livres de sulfate de cuivre dans quinze à vingt pintes d'eau, on réunit ensemble les solutions encore chaudes, et on agite fortement le mélange; il se forme un précipité qui est le sel recherché; quant au liquide qui le surnage, c'est une solution de sulfate de potasse; on l'enlève par décantation, et on lave la poudre verte par l'eau, à diverses reprises, pour la faire sécher à l'étuve.

L'arsenite de cuivre peut offrir des nuances diverses, qui dépendent moins de sa nature que de son état de division; il se décompose au feu, et donne une odeur d'ail; il est altéré aussi par l'hydrogène sulfuré, qui le change en une masse rouge-brun; c'est alors un mélange d'orpin et de sulfure noir de cuivre. Le *vert de Schéèle* sert en peinture à la colle et à l'huile.

Du Zinc.

Il ne paraît pas exister à l'état natif; on le trouve, 1° à l'état d'*oxide*, sous le nom de *calamine*, ou *pierre calaminaire*, matière dure, grisâtre ou rougeâtre, souvent mêlée de terre, facile à réduire sur les charbons ardens; on en exploite en très-grande quantité en Allemagne.

2° Il existe aussi du *carbonate de zinc*, mais peu important, parce qu'il est rare, et qu'on ne l'utilise point; quant au sulfate, il est plus fréquent, mais on n'en tient pas plus de compte.

3° Enfin, le *sulfure* de *zinc*, très-abondamment répandu, mérite davantage notre attention; il s'en trouve en beaucoup de lieux, surtout en France (Bretagne), et aussi dans la Hongrie; il prend le nom de *blende*, mot allemand, qui veut dire *faux, trompeur*: en effet, on prend souvent cette mine pour du sulfure de plomb, et quand on la traite comme telle, on est très-surpris de ne trouver que peu ou point de ce dernier métal. On exploite ce sulfure de zinc par le seul grillage sur des charbons allumés ; le soufre se dégage, et le zinc volatil vient se rendre par les tuyaux contre une plaque en fonte froide, où il se condense pour tomber en grenailles sur un plateau recouvert de charbon noir pilé ; ce qui constitue ce qu'on appelle assiette du zinc, c'est surtout la *calamine*, que l'on traite à la Vieille-Montagne, dans le département de l'Ourthe.

Le *zinc* obtenu est solide, d'un blanc bleuâtre, de structure lamelleuse, mais pouvant quelquefois offrir des cristaux aiguillés ; il pèse 7, il est assez malléable pour qu'on en fasse des plaques très-minces, qu'on peut couper au couteau ; il est assez ductile, il s'unit à beaucoup de métaux, il donne avec le cuivre et l'étain divers alliages, desquels il a été question en traitant de ces derniers corps : le *zinc* est volatil, alors il s'oxide et devient fixe.

C'est en distillant le zinc à la cornue qu'on le débarrasse de fer et du plomb qui peuvent l'accompagner. On emploie le zinc métal pour doubler les bassins, les cuves, ou couvrir les maisons, etc., car la couche d'oxide qui se forme à sa surface garantit très-bien le reste de l'oxidation. C'est à tort qu'on s'en sert dans l'économie domestique, pour l'étamage ou autrement, car les sels et les acides qui servent à la préparation des alimens, peuvent beaucoup hâter l'oxidation du zinc, ce qui peut donner lieu ensuite à divers accidens, car tous les produits de ce métal sont très-actifs. On y a aussi recours pour la construction de la pile galvanique, parce que c'est un des métaux qui développent le plus le fluide électrique.

Phosphure de zinc ; il est peu important, nous dirons seulement que pour le faire, il faut jeter un peu de résine sur le zinc fondu, avant d'y ajouter le phosphore, ce qui peut tenir à ce que le métal est très-volatil.

Du Sulfure de zinc.

On peut l'obtenir artificiellement, mais on n'en recherche point l'usage. Celui que l'on trouve dans les mines prend le nom de *blende ;* il est toujours mêlé de fer, d'arsenic et de plomb, aussi offre-t-il des aspects divers. Il en existe beaucoup dans les départemens du Finistère, du Pas-de-Calais, des Hautes-Pyrénées, etc.; il peut être brun, gris ou bleuâtre, cristallisé en aiguilles ou en octaèdres. Il est fusible et facilement réductible; il paraît contenir, selon Thompson, zinc 59,09, soufre 28,86, et fer 12,05.

On n'emploie ce produit qu'à l'extraction du *zinc.*

Oxide de zinc.

On le trouve, comme nous l'avons dit, dans la nature, mais mêlé à des corps étrangers, ce qui fait qu'on ne peut s'en servir que pour l'exploitation du métal qu'il contient.

On obtient cet oxide à volonté, en faisant chauffer et fondre le zinc; il se volatilise et se convertit en petits filamens blancs, lanugineux, qu'on peut obtenir dans un second creuset, servant de chapeau ou de récipient, comme il a été dit pour la manière d'obtenir les fleurs argentines d'antimoine. Ce qu'on recueille alors est nommé *pompholix*, *oxide blanc de zinc*, *fleurs de zinc*, *laine philosophique*, et encore *nihil album*. Il est en masses blanches, dures, insolubles dans l'eau, mais s'unissant très-bien aux acides et formant ainsi des sels; il est réductible par le charbon et se dissout dans les alcalis. Il est formé d'oxigène 24 sur 100 de métal. On emploie en médecine le *pompholix* comme un très-bon antispasmodique, surtout contre l'épilepsie : on le donne alors à la dose de quelques grains jusqu'à demi-gros, toujours mêlé à un corps onctueux; on l'a aussi donné contre les crampes d'estomac, le plus souvent sous forme de pilule.

Tuthie; ce qu'on appelle ainsi, ou encore *cadmie des fourneaux*, est un mélange de l'oxide de zinc et de cuivre, ou de quelques autres métaux, avec lequel le zinc a été fondu. Il se dégage alors des vapeurs métalliques; on a le soin de les recueillir dans de petites cheminées ou tuyaux, dans lesquels ces matières se condensent. Il en résulte une substance dure, grise, d'un aspect terreux, avec beaucoup d'aspérités; on ne s'en sert point à l'intérieur, mais on l'emploie en poudre très-fine, mêlée au sucre pour former des collyres secs; on peut aussi délayer ces poudres dans les liquides appropriés ou dans des graisses pour en former, sous d'autres noms, des composés antiophtalmiques, dont l'action est toujours stimulante.

Des Sels de zinc.

Ils sont tous solubles et sans couleur ; ils sont décomposés en blanc par les alcalis. Le précipité est facilement réductible.

Du Sulfate de zinc.

On le nomme *vitriol blanc*, *couperose blanche* ; il peut exister natif, mais on préfère l'obtenir artificiellement, comme il a été dit pour les sulfates de cuivre et de fer, c'est-à-dire, en brûlant le sulfure à l'air, et recueillant les eaux du lavage pour les faire évaporer. On obtient quelquefois des cristaux bien prononcés, aiguillés, transparens ; mais le plus souvent on trouble la cristallisation par l'agitation, et l'on a par le refroidissement des masses blanches, n'offrant que des points cristallins, des rudimens de cristaux. Le tout ressemble assez bien à du sucre en pain, ce qui est d'autant plus dangereux, que la méprise peut donner lieu à des suites funestes, comme cela s'est montré chez de jeunes enfans, qui par erreur en ont porté à la bouche ; il a suffi d'en avaler de très-petites portions pour qu'il y ait de forts vomissemens, et si l'on en a pris davantage, la mort peut s'en suivre. On en arrête les effets par les corps tannifères et aussi par les solutions de gélatine.

Le sulfate de zinc est très-soluble, sans odeur, mais d'une saveur âpre, astringente, très-désagréable. Il peut être mêlé des sulfates de fer et de cuivre, ce qui empêche qu'on s'en serve à l'intérieur avec sécurité, malgré qu'on l'ait beaucoup vanté à la dose de 8 à 12 grains, comme émétique. Il est plus usité extérieurement, et alors pour produire l'astriction et arrêter les progrès des inflammations.

Quand le sulfate de zinc du commerce présente à sa surface des taches rougeâtres, c'est dû à la présence des sels de fer, lesquels passent à un plus haut degré d'oxidation par l'exposition à l'air. On purifie le sulfate de zinc, en faisant bouillir une solution de ce sel avec un excès de son oxide ; les autres métaux se précipitent.

Il n'est pas rare de faire dissoudre quelques grains de ce sel dans un peu d'eau de rose pour collyres détersifs, ou seulement dans de l'eau distillée pour injection, sur la fin des écoulemens vénériens ; on peut y faire diverses additions, mais, autant que possible, on doit éviter celles qui tendent à la décomposition du sel.

Nitrate de zinc.

On le fait de toutes pièces, ayant le soin d'employer l'acide faible. Il est soluble, cristallisable en prismes, jouissant des mêmes propriétés que le sulfate.

Quant aux autres sels de zinc, ils ne méritent point de nous occuper.

IVe CLASSE.

Métaux oxidables et très-ductiles,

Savoir :

Argent,

Or,

Platine.

De l'Argent.

Les anciens l'ont appelé *lune* ou *Diane*. On le trouve communément à l'état natif au Mexique, au Pérou, mais aussi en Europe, en Norwège, en Allemagne, et en France à Sainte-Marie-aux-Mines. Il en existe dans presque toutes les mines de plomb, mais surtout dans celles de Bretagne, que l'on désigne, à cause de cela, comme argentifères. On a trouvé, en Espagne, de l'argent uni à de l'antimoine.

L'argent est souvent à l'état *natif*; alors en grains, en lames, en filets ou cristaux entrelacés ou superposés les uns au dessus des autres, de telle sorte qu'il en résulte une apparence de végétation. L'état d'*alliage* nous donne surtout l'argent uni au cuivre, à l'or, et, comme nous venons de le dire, à l'antimoine. Quant à l'oxide, il est nul; mais on trouve du muriate de ce métal sous le nom d'*argent corné* ou *muriaté*. On en connaît des échantillons servant de supports à de l'argent natif de Sibérie.

C'est surtout l'*argent sulfuré* qui est plus abondant. On en trouve en Saxe, au Hartz, en Hongrie, en Bohême, en Espagne à Guadalcanal, et aussi en France.

Quand l'argent natif est disséminé, on brise le minerai, on le fait fondre avec du plomb pour avoir un alliage qu'on traite ensuite comme nous le dirons bientôt. On doit rapporter à cet alliage celui que nous avons dit pouvoir être obtenu en traitant les mines de plomb et de cuivre. On les fait fondre, en tout ou en partie, dans des coupelles, au milieu de fourneaux disposés de manière à ce qu'on puisse alimenter la combustion par des soufflets, et qu'on puisse aussi diriger à volonté une grande quantité d'air sur les métaux fondus. Ceux-ci étant liquéfiés, le plomb s'oxide et passe promptement à l'état de litharge, surtout en hâtant son oxidation par l'air qu'on lui envoie par le moyen de tuyaux disposés pour cela ; cette litharge, à mesure qu'elle se forme, est rejetée hors de la coupelle par le vent des soufflets, et l'argent reste seul en retenant seulement l'or qui peut s'y trouver uni, et alors on en opère la séparation comme il sera dit en traitant de ce dernier. Il est utile de savoir qu'on doit prendre une coupelle faite de préférence avec des os calcinés et réduits en poudre, mais dont on fait ensuite une pâte pour la mouler comme il convient. Il arrive par ce choix que, si l'argent contient du cuivre, celui-ci forme avec le plomb un verre très-fusible qui passe à travers la coupelle, tandis que l'argent n'y passe point.

Quelquefois les mines d'argent natif sont pulvérisées ou triturées avec du mercure qui s'empare du métal recherché ; il en résulte un amalgame qu'on soumet ensuite à la distillation ; le mercure se volatilise et l'argent reste.

Il se peut que, pour employer moins de mercure, on commence par traiter la mine au feu pour obtenir tout ce qui est fusible ; on n'agit ensuite que sur ce qui n'a point été fondu.

Enfin, on peut encore, en traitant la mine au feu, y ajouter du sel marin (hydro-chlorate de soude) ; il en résulte un chlorure d'argent mêlé à la masse. On traite celle-ci avec du fer et du mercure ; il se forme un chlorure de fer et un amalgame d'argent qu'on distille comme il a été dit.

Quant au *sulfure* d'argent, il est rare qu'il soit pur. Il est presque toujours arsenical, et surtout dans la mine dite *marcassite* ou *argent gris*. Il y a aussi, sous le nom d'*argent rouge*, un sulfure de ce métal pouvant contenir divers métaux. Toutes ces mines doivent être grillées pour en séparer, du moins en plus grande partie, le soufre et l'arsenic; on les traite ensuite par l'un ou l'autre des moyens indiqués, c'est-à-dire, par l'addition du plomb, ce qui conduit à la coupellation; ou bien par l'addition du mercure avec les variations connues, ce qui conduit à la distillation.

Mais, en dernière analyse, et d'après ce que nous avons dit, l'argent ainsi obtenu peut n'être point très-pur; on l'emploie cependant à cet état pour une foule d'usages. Quoi qu'il en soit, on peut le convertir en nitrate, que l'on précipite ensuite par le cuivre. C'est surtout ce qui se pratique en Angleterre, et c'est avec le nitrate de cuivre abondant qu'on obtient ainsi, que se prépare la cendre bleue. L'argent, ainsi précipité, est fondu au creuset et coulé en lingot.

L'argent pur est solide, d'un blanc franc, brillant; il est moins dur que le cuivre, plus que le plomb et l'étain, difficile à fondre, cristallisable; il pèse 10; c'est, après l'or, le plus malléable et le plus ductile des métaux. Il est facilement oxidé par l'étincelle électrique, mais encore plus facilement désoxidé par les corps combustibles. Il est volatil à une très-forte chaleur, et donne alors, selon M. Vauquelin, une vapeur qui peut se condenser en une poudre jaune; cette oxidation a lieu avec flamme.

L'argent s'unit à beaucoup de métaux; il en résulte beaucoup d'alliages. Leur étude n'est pour nous que d'un objet secondaire ; nous dirons seulement que, dans le plus grand nombre des usages que l'on fait de l'argent, on a des raisons d'en augmenter la dureté ; c'est pourquoi on y ajoute du cuivre : par exemple, proportion d'un cinquième pour les bijoux , d'un dixième pour les monnaies , et seulement d'un vingtième pour les couverts , etc.

L'argent s'unit très-bien au mercure ; ce qui peut avoir lieu même à froid. Il en résulte un amalgame liquide dont on recouvre les vases en cuivre pour les argenter ; ils blanchissent aussitôt ; on les expose ensuite à une forte chaleur ; le mercure se dégage et l'argent reste ; on l'étend, et on lui donne du brillant par le polissoir. Quand on opère ainsi, on dit qu'on argente à chaud , tandis qu'on argente à froid quand on applique par la simple pression des feuilles d'argent sur d'autres métaux. Ce dernier moyen ne vaut pas l'autre.

L'alliage de plomb et d'argent a ceci de particulier, que, chauffé très-fortement, il s'altère de telle sorte, que le plomb s'en sépare, comme il a été dit pour l'exploitation du métal, dont nous faisons l'histoire.

Il peut exister aussi un alliage triple d'argent, de cuivre et de plomb, mais qui peut, comme le précédent, se décomposer à une température très-élevée, de telle sorte, que l'argent reste seul ; c'est en connaissant ce fait, qu'on arrive aisément à préciser combien l'argent contient de cuivre, et qu'on se met en garde contre la fraude ; on pratique en petit, sous le nom de coupellation, l'opération déjà décrite à l'occasion du traitement des mines ; c'est de faire chauffer à un grand feu, du plomb avec l'alliage de cuivre et d'argent, en opérant dans une coupelle d'os calcinés, que nous avons dit permettre le passage du verre fu_ sible, du cuivre et du plomb : l'argent reste libre. Or, les choses devant se passer ainsi, et voulant savoir combien une pièce d'argenterie contient de cuivre, on la pèse, et on y ajoute un poids connu de plomb ; c'est ordinairement huit ou neuf fois autant, mais toujours plus que moins, en observant de prendre du *plomb pauvre*, que nous avons désigné être bien connu pour ne point contenir d'argent ; car, si l'on prenait un plomb argentifère, on ne saurait plus sur quoi compter.

Etant supposé qu'on opère sur un gros d'argent cuivreux, et neuf de plomb pur, on a une masse de dix gros ; on fait fondre le tout en poussant le feu convenablement avec des soins, des précautions dans le détail desquels nous ne croyons pas devoir entrer ; il arrive que le plomb s'oxide, s'unit au cuivre et l'entraîne avec lui à travers la coupelle : quant à l'argent, on le trouve libre, fondu ; on s'empresse de le retirer pour éviter qu'il se volatilise ; on le pèse, et la différence de son poids primitif est l'expression de la quantité de cuivre qu'il contenait.

L'argent pur n'est point usité en médecine, si ce n'est quand il est en feuilles très-minces pour argenter les pilules : on doit éviter d'en appliquer sur ces composés, s'ils sont sulfurés.

Il peut exister un *phosphure d'argent*, portant 13 de phosphure ; il est brillant, cassant, et peut s'altérer diversement par la chaleur, d'abord en acide phosphorique

tique et phosphate d'argent, mais plus chauffé, il reste
de l'argent pur.

Du Sulfure d'argent.

Nous savons qu'il existe dans la nature ; on peut le
former de toutes pièces, mais on ne le recherche
point, il est gris ou bleuâtre, lamelleux, plus fusible
que le métal, entièrement décomposable au feu, il paraît contenir 14 de soufre sur 100 de métal ; il se
forme aussi dans tous les cas où l'argent se trouve en
contact avec l'hydrogène sulfuré ; ainsi, dans les
fosses d'aisances, dans les eaux sulfureuses, etc. ; c'est
un sulfure d'argent qui constitue la couche noire,
qu'on remarque sur les pièces d'argenterie qui ont
servi à la cuisson des œufs.

De l'Oxide d'argent.

On en trouve dans la nature, mais mêlé à d'autres
mines, surtout à celles d'antimoine, on n'en tient
pas de compte ; il est alors dur, de couleur grise, verdâtre et passe promptement à l'état de carbonate.
On peut l'obtenir pur en décomposant le nitrate d'argent par la potasse. Cet oxide a la singulière propriété de verdir le sirop de violette. Cet oxide est
formé, selon MM. Thénard et Gay-Lussac, de 7
oxigène sur 100 d'argent.

On ne connaît bien qu'un oxide d'argent ; cependant on pense que, si l'on fait bouillir de l'argent en
poudre dans une solution de son nitrate, il se forme
un sel au minimum. M. Berzélius n'admet dans cet
oxide que cinq à six centièmes d'oxigène.

Argent fulminant de Berthollet.

Il s'obtient en faisant une pâte claire avec l'oxide d'argent et de l'ammoniaque ; on ne doit opérer que sur quelques grains de matière, car aussitôt que le mélange est fait, il suffit du moindre mouvement pour donner lieu à de terribles explosions, ce qui est dû à la promptitude avec laquelle l'ammoniaque se décompose et décompose l'oxide. Cette préparation est toujours dangereuse, elle a souvent donné lieu à des effets funestes.

Il existe une poudre d'Howard encore fulminante et formée d'argent, il en sera question en traitant de l'alcool dans la chimie végétale.

Des Sels d'argent.

Ils sont tous décomposables au feu ; on les fait directement et quelquefois par double décomposition : ceux qui sont solubles sont précipités en noir (sulfures) par les hydro - sulfates. Ils sont décomposés par l'acide hydro-chlorique, il en résulte un magma insoluble, blanc, floconneux ; c'est un chlorure d'argent. La potasse et la soude pures en séparent l'oxide, qui peut ensuite se dissoudre dans l'ammoniaque ; les phosphates précipitent ces sels en phosphate d'argent. Enfin, une lame de cuivre, plongée dans leur solution un peu acide , en précipite le métal pur.

Du Sulfate d'argent.

Il s'obtient directement par l'acide sulfurique faible, il est blanc, peu soluble, difficilement cristallisable.

il faut un grand feu pour le décomposer ; il est
sans usage.

Du Nitrate d'argent.

C'est l'acide nitrique qui agit le mieux sur l'argent,
même à froid ; il se dégage de l'acide nitreux, ce qui
montre qu'une portion de l'acide a été décomposée
pour céder son oxigène au métal, il en résulte un
nitrate. Si l'argent est pur, la solution doit être sans
couleur, mais souvent elle est bleue, c'est qu'alors il
s'y trouve du cuivre. Le nitrate d'argent est très-soluble;
il cristallise en lames brillantes, transparentes ; il est
sans odeur, de saveur très-âcre, styptique ; il contient
beaucoup d'eau ; sa dissolution tache la peau en violet,
en détruisant l'épiderme ; il peut être décomposé à
une faible chaleur par le charbon et le phosphore ;
l'acide chromique en précipite du chrômate d'argent
rouge. Le mercure précipite l'argent en très-petits
cristaux brillans, superposés les uns sur les autres, de
manière à simuler une sorte de végétation. C'est ainsi
qu'on prépare *l'arbre de Diane*.

Si on fait chauffer le nitrate d'argent au creuset,
il se fond et se boursoufle, il perd ainsi son eau de
cristallisation et peut finir par se décomposer entièrement, comme tous les nitrates ; mais si l'on arrête
l'action du calorique à temps, on obtient ce qu'on
appelle *nitrate d'argent fondu* ou *pierre infernale*,
qu'il suffit de couler encore liquide dans des moules ;
c'est ordinairement dans une lingotière, pour avoir,
après le refroidissement, des cylindres de la grosseur
d'un petit tuyau de plume ; alors la couleur est gris-
noirâtre, la dureté très-grande ; cependant la substance

est cassante comme du verre, elle offre des cristaux aiguillés. Il doit être sec, mais soluble; on s'en sert pour toucher les chancres, les excroissances fongueuses, les poireaux, etc. Il suffit alors de mouiller un peu la pierre infernale, pour l'appliquer ensuite sur les parties qu'on veut modifier. On doit toujours s'en servir avec précaution, parce que l'action est grande et qu'il peut s'ensuivre une grande inflammation.

Le nitrate d'argent est un des meilleurs réactifs employés en chimie; il sert à découvrir l'acide hydrochlorique (muriatique) dans les solutions. On l'a conseillé en médecine, à l'intérieur, contre les névralgies, mais surtout dans les cas d'épilepsie; la dose est toujours petite, comme des fractions de grains, d'abord mêlé à des corps onctueux ou à des extraits narcotiques; si l'on en prend en trop grande quantité, il peut causer l'ulcération de l'estomac et la mort.

Les autres sels d'argent méritent peu notre attention.

De l'Or.

Il existe dans les corps organisés, surtout dans les cantharides et dans la cendre de plusieurs végétaux, comme l'ont démontré successivement MM. Darcet, Berthollet et Deyeux, mais on ne l'extrait que des minéraux.

On le trouve très-souvent à l'état natif; mais il peut être si divisé dans sa gangue, qu'on ne peut l'y reconnaître que par des moyens recherchés, comme nous le dirons. Il est aussi mêlé à l'argent et au soufre, d'où résulte alliage et sulfure.

L'or natif peut être en feuillets ou filets; on le

trouve ainsi au Pérou et en Afrique. On en trouve aussi, mais moins abondamment, en Europe, dans la Hongrie, la Sibérie, etc. On trouve en France beaucoup d'or natif, mais seulement en paillettes, mêlé aux terres, ou bien roulant avec le sable des ruisseaux, des rivières, surtout dans la Seine et dans le Rhône.

L'or est fréquemment uni à l'argent et au cuivre.

Quant au sulfure, il n'est jamais pur, on en trouve surtout en Transylvanie, et alors uni au tellure.

L'exploitation des mines d'or est en tout semblable à celle des mines d'argent, ce qui nous dispense d'en parler ici ; nous dirons seulement que l'on retire l'or des cendres des végétaux ou des cantharides, en les triturant avec du mercure pour avoir un amalgame qu'on distille ensuite.

Quant à l'or des rivières, on l'obtient comme il suit ; on lave le sable à grande eau, l'or étant plus lourd, est le premier corps qui se précipite. On décante, on recueille le dépôt qu'on lave encore à plusieurs réprises pour décanter à chaque fois, on diminue ainsi de beaucoup la première masse, mais tout l'or qu'elle contenait se trouve dans le dernier dépôt ; on traite celui-ci par la trituration avec le mercure, on lave pour ne trouver que l'amalgame qu'on distille comme il a été dit.

L'or obtenu par ces différens moyens peut contenir de l'argent, on sépare ces deux métaux l'un de l'autre, par une opération qu'on appelle le *départ*, elle consiste à traiter l'alliage par de *l'acide nitrique* très-pur, et dit *précipité* ; il se forme du nitrate d'argent, et l'or reste pur ; on le fait fondre ensuite pour l'avoir en culot. Quant au nitrate, on sait déjà qu'il peut être décomposé par le cuivre qui en précipite l'argent ; lequel nitrate de cuivre est ensuite utilisé, comme nous l'avons dit, pour la formation de la cendre bleue.

L'or pur est solide, jaune, brillant, assez dur, extrêmement ductile et très-malléable, ce qui permet d'en faire des feuilles très-minces, des fils très-déliés. Ce métal peut être tellement divisé, qu'il suffit d'une once pour dorer un fil d'argent de plus de quatre cents lieues de long ; sa ténacité est grande, il pèse 19 fois plus que l'eau.

L'or pur est plus fusible, il cristallise en prismes quadrangulaires. Il paraît être volatil à un très-haut degré de température. Il ne s'oxide que très-difficilement. L'or s'unit à beaucoup de métaux ; il préfère l'argent, le mercure et l'antimoine : voici à cet égard ce qui est important à connaître, c'est que si l'or est uni à des métaux étrangers, on peut faire fondre le tout avec du sulfure d'antimoine, il arrive que ce dernier corps cède son soufre aux métaux qui accompagnent l'or ; il en résulte des sulfures qui forment scories, tandis que l'antimoine s'unit à l'or pour former un alliage qui reste en culot au fond du creuset. Si l'on prend cet alliage, qu'on le fasse chauffer fortement, on en sépare l'antimoine qui se volatilise, et l'or reste pur. L'or se comporte comme l'argent, avec le mercure, et l'on dore les métaux comme nous avons dit qu'on les argente ; l'or uni au zinc donne un alliage d'un très-beau poli, dont on fait les miroirs des télescopes. Enfin, l'or sert à la formation des monnaies, des vases, des bijoux, etc., on y ajoute aussi du cuivre pour lui donner plus de dureté ; on s'assure des quantités qu'il en contient par la coupellation dont nous avons suffisamment parlé à l'occasion de l'argent ; mais on assure que ce traitement de l'or est plus prompt, plus facile et plus parfait par l'addition d'un peu *d'argent pur*, dit *de coupelle* ; cela ne change en rien la manière d'opérer et ne rend point difficultueux l'examen du produit, puisqu'il suffit de retrancher ou de regarder comme nul le poids connu de l'argent ajouté.

L'or pur n'est point un médicament ; cependant on en divise en petits feuillets pour délayer ensuite dans des liqueurs stomachiques, c'est sans utilité : on se sert des feuilles d'or pour dorer les pilules, etc.

Le *phosphure d'or*, peu utile à connaître, est jaune ; il ne porte que quatre parties de phosphore, il est brillant et cassant.

L'or est presque inaltérable par l'air et par l'eau, de même que par les acides, si ce n'est par *l'eau régale*, qui le dissout très-bien, comme nous le dirons.

L'or en feuilles, chauffé fortement avec soude et soufre de chaque quatre parties, donne un produit soluble dans l'eau.

Sulfure d'or.

Ce qu'on appelle mine de *tellure aurifère de Transylvanie* contient l'or à l'état de sulfure. On sait qu'elle est facilement réductible. On ne cherche point à former ce sulfure directement, parce qu'il n'est d'aucun usage ; il a été peu étudié.

De l'Oxide d'or.

On le trouve dans *l'hydro-chlorate* de ce métal, dont on le précipite par l'eau de baryte. Il est brun, peu soluble dans les autres acides, même dans le nitrique; d'où il peut être précipité par l'eau; il est extrêmement facile à désoxider, ce qui a lieu avec des phénomènes différens, selon les circonstances qui accompagnent cette réduction. Tout porte à considérer comme oxide la matière brune qui se forme sur l'or frappé de l'électricité.

L'oxide d'or paraît contenir 12 d'oxigène sur cent de métal. On ne s'en sert point isolément; mais il constitue des composés entre lesquels nous allons voir les principaux.

Des Sels d'or.

Il n'en existe qu'un pour nous, car les autres sont peu connus, et ne méritent point dès-lors de nous occuper.

De l'Hydro-chlorate d'or.

Pour l'obtenir, on commence à constituer l'eau régale; pour cela, on mêle quatre parties *d'acide muriatique* à 22° sur une *d'acide nitrique* à 40°. On y ajoute des feuilles d'or pur, qui ne tardent point à s'y dissoudre, surtout si on aide l'action par une douce chaleur; il y a dans ce cas dégagement d'acide nitreux. L'or s'oxide, et il se forme aussitôt un hydrochlorate soluble, toujours jaune. Il peut cristalliser en prismes triangulaires ou en aiguilles, ou encore en octaèdres, ce qui paraît dépendre autant des masses que de la concentration du liquide sur lequel on opère. Le *muriate d'or* est sapide, âcre, styptique, déliquescent, tachant la peau en brun, facilement décomposable au feu sans addition; sa solution est jaune-pâle, rougissant le tournesol, ce qui annonce un léger excès d'acide.

Les solutions d'or sont décomposées par le proto-sulfate de fer, il en résulte séparation de l'or en paillettes jaunes, brillantes ; cette décomposition est surtout opérée par le *proto-hydro-chlorate d'étain concentré ;* il en résulte un précipité brun, qui est la *poudre de Cassius,* dont nous avons parlé en traitant de ce dernier métal ; sa couleur varie selon qu'on a employé plus ou moins de sel d'or ou de sel d'étain ; dans le premier cas couleur plus rose ; dans le second, couleur plus brune ou violette ; enfin, il paraît que la nuance est plus belle quand le sel d'étain est étendu d'un peu d'acide nitrique faible.

La solution d'or précipite en couleur chocolat par les hydro-sulfates, c'est un sulfure d'or : quant au prussiate de potasse, il n'y cause aucune altération, ce qui est très-remarquable.

Les terres et les alcalis décomposent aussi le muriate d'or, mais avec des variétés, selon la quantité des corps employés, de sorte que, prenant peu de ces bases, il peut se précipiter un sous-muriate, tandis que si l'on en use une quantité plus grande, la décomposition est complète.

L'ammoniaque surtout décompose ce sel ; il en résulte un produit important, qui ne doit être touché qu'avec la plus grande réserve ; c'est *l'or fulminant,* aussi nommé *oxide d'or ammoniacal.* Ce précipité est formé d'oxide d'or et d'ammoniaque, il est solide, floconneux, jaunâtre, promptement décomposable par la chaleur, ou seulement par le frottement, il peut suffire aussi des rayons solaires : il en résulte toujours une vive détonation ; il y a dans ce cas , comme dans l'explosion que produit l'argent fulminant , réduction subite du métal , formation d'eau et dégagement d'azote. L'or fulminant est formé, selon M. Proust , d'or 73, oxigène 8, et d'ammoniaque 19.

On a conseillé l'usage du muriate d'or dans le traitement de la siphilis (M. Chrétien), mais alors à dose très-petite, comme un vingtième de grain en augmentant avec précaution ; c'est au sucre, ou à la poudre de réglisse que l'on unit le plus souvent ce sel ; on en fait frotter la partie interne des joues , la langue ou les gencives ; il est rare qu'on le donne à l'intérieur , car il peut en résulter des accidens graves , c'est ce qui fait qu'aujourd'hui on en néglige l'usage, même à l'extérieur.

Le muriate d'or peut être utilisé dans les arts , soit en fournissant le pourpre de Cassius, ou encore en le décomposant de manière à en obtenir l'or pulvérisé, qu'on applique ensuite sur d'autres corps.

Du Platine.

On l'appelle or blanc ; il fut apporté d'abord de la Jamaïque en 1741 , par Wood , décrit ensuite en 1748, par Antoine Ulloa, à qui beaucoup d'auteurs accordent le mérite de sa découverte ; mais c'est Scheffer, en Suède, en 1752, qui a montré que c'est un métal nouveau ; il n'existe point pur dans la nature ; il est toujours mêlé ou combiné à un grand nombre de corps, ce qui rend son extraction plus difficile et plus longue. Il ne se présente guère qu'en grenaille , formant un minerai blanc, brillant ; il en existe surtout

dans les Indes, au Brésil. C'est par les travaux succes-
sifs de plusieurs chimistes qu'on est parvenu à bien
connaître le minerai de platine. Entre ces chimistes,
il faut distinguer MM. Proust, Tennant, Wolaston,
Fourcroy, Vauquelin et Descotils. Ce sont eux qui
nous ont fait connaître les nouveaux métaux que l'on
sait maintenant accompagner le platine dans la nature :
ces métaux sont l'*osmium*, le *palladium*, l'*iridium* et le *rhodium*, dont nous constaterons bientôt l'existence. M. Vauquelin, dans ces derniers temps,
a reconnu le platine en grande quantité dans les mines
d'argent de Guadalcanal en Espagne; il y en a des
variétés qui peuvent offrir 10 pour 100 de platine pur.

Nous ne croyons pas devoir entrer dans les détails
de l'exploitation des mines de platine, parce qu'ils
sont nombreux, et que leur étude est loin d'être élémentaire ; elle est d'ailleurs inutile au médecin, pour
qui le platine même doit être de peu d'importance. Je
renvoie pour ce sujet aux longs traités de chimie.

Nous supposons le platine obtenu ; il est alors blanc,
solide, brillant comme l'argent, moins altérable par
l'air ; il est très-lourd, il pèse près de 20 ; il est très-
malléable et très-ductile ; difficile à fondre, très difficilement oxidable, si ce n'est par l'étincelle électrique ; il n'est point altéré par les acides, excepté par
l'eau régale qui le dissout comme l'or, d'où résulte
muriate, ou *hydro-chlorate de platine.*

Il paraît qu'on peut combiner le *carbone*, le *phosphore* et le *soufre* au platine; il en résulte un *carbure*
plus fusible que le métal, un *phosphure* blanc, brillant,
friable, assez fusible, portant 0,10 de phosphore :

quant au sulfure, il est décomposable au feu sans addition (M. Vauquelin). Tous ces produits sont sans usages.

Le platine s'allie à presque tous les métaux; il en résulte des composés très-divers qui sont loin d'être bien connus; nous n'en parlerons point.

Le platine pur a été employé à la formation des creusets pour les expériences de recherches, parce qu'on l'a cru inaltérable par les corps connus; mais on a fini par s'assurer que ce métal peut être altéré à chaud par diverses substances, entre autres le phosphore et les sulfures alcalins, ce qui en diminue l'importance dans les laboratoires. On en fait encore des cornues, des capsules, des spatules, et aussi des bijoux. Si ce métal devient plus commun et moins coûteux, il sera très-utile, car c'est le moins fusible et le moins altérable des métaux connus, bien cependant qu'il n'offre point sous ce rapport tout ce qu'on pourrait désirer; on peut s'en servir pour la concentration des acides, etc.

La platinure consiste dans l'application du platine sur le cuivre par le mercure; comme pour l'argenture et la dorure. On pratique aussi le plaqué en platine.

Des Oxides de platine.

Ils sont peu connus; M. Chenevix en admet deux; on ne les forme point directement, mais on les obtient par la décomposition du *muriate de platine* : le *protoxide* passe pour être noir et porter 8 d'oxigène; tandis que le *deutoxide* serait jaunâtre, et formé du double d'oxigène; c'est ce dernier seul qui s'unit aux acides.

Des Sels de platine.

Il ne sera question que de l'hydro-chlorate, parce qu'il est le seul bien connu.

De l'Hydro-chlorate de platine.

On l'obtient par l'*eau régale*, comme il été dit pour le muriate d'or ; il peut cristalliser, sa couleur est brune ou jaunâtre, sa saveur âcre, il rougit le tournesol, il est déliquescent, décomposable au feu ; il est précipité en vert par la noix de galle, en noir par les hydro-sulfates ; la potasse y fait un précipité jaune, ce qui n'a point lieu par la soude. C'est, comme nous l'avons annoncé, un très-bon moyen de distinguer promptement ces deux alcalis l'un de l'autre.

MM. Fourcroy, Vauquelin et Proust font mention du platine fulminant, c'est l'oxide de ce métal uni à l'ammoniaque.

Appendice offrant les métaux non encore classés.
Savoir :

Osmium.
Palladium.
Iridium.
Rhodium.

Quant au *potassium* et au *sodium*, il en a été question en traitant de la potasse et de la soude.

De l'Osmium.

Découvert par M. Tennant, en 1803, dans la mine de platine.

Il est solide, de couleur bleu-noirâtre, difficile à fondre. M. Henry assure qu'il peut fournir des alliages ductiles.

Les composés de ce métal sont peu connus et sans usages.

Du Palladium.

Il est mieux étudié : nous en devons la connaissance à M. Wollaston, en 1803, qui l'a aussi trouvé dans le minerai de platine ; il est malléable, il pèse 11, est difficile à fondre, et se volatilise à un grand feu. M. Berzélius en a formé un sulfure, moyennant 28 de soufre sur 100 de métal. Le palladium se dissout très-bien dans l'eau régale, on s'en est servi pour l'allier au platine, et en former des instrumens précieux pour l'astronomie, etc.

De l'Oxide de palladium.

C'est M. Vauquelin qui l'a fait connaître, on l'obtient en décomposant l'hydro-chlorate de ce métal par un alcali ; il paraît porter 0,20 d'oxigène, il est facilement réductible au feu.

Des Sels de palladium.

Ils sont précipités par le proto-sulfate de fer, et aussi par tous les métaux des trois premières classes ; il en résulte que le palladium est mis à nu.

De tous les sels de ce métal, il n'y a que le suivant qui mérite d'être indiqué.

Hydro-chlorate de palladium.

On le fait directement, c'est-à-dire, en traitant ce métal par l'eau régale : ce sel est toujours acide, il est rougeâtre, soluble, difficilement cristallisable, et devient neutre par une légère évaporation.

Il peut exister, selon M. Wollaston, un *hydro-chlorate de palladium* et d'ammoniaque.

De l'Iridium.

C'est M. Descotils qui en a parlé le premier, en 1803. Ce métal ne paraît exister que dans les mines de platine; il est blanc, très-difficile à fondre, il est fort peu altéré par l'eau régale, il peut s'unir à beaucoup de métaux.

M. Vauquelin admet deux oxides de ce métal, et, d'après le même auteur, on ne peut jamais avoir des sels d'iridium très-purs; ils portent constamment un excès d'alcali, ce qui tient aux moyens de se les procurer : nous ne parlerons point de ces produits, parce qu'ils ne sont pas encore très-bien connus, et que d'ailleurs on n'en fait aucun usage, soit dans les arts, soit en médecine.

Du Rhodium.

Il ne se trouve que dans les mines de platine; c'est M. Wollaston qui l'a fait connaître en 1803, il est blanc, assez dur, mais fragile, il pèse 11; s'il est pur, il n'est soluble dans aucun acide, pas même dans l'eau régale, mais ses alliages peuvent s'y dissoudre, surtout celui formé de cuivre et de bismuth.

On admet trois oxides de rhodium.

M. Henry s'est occupé des sels de ce métal; selon lui, l'hydro-chlorate de rhodium est rose, soluble dans l'eau et dans l'alcool : les sels de ce métal sont décomposés par les alcalis qui en précipitent un oxide jaune, soluble dans les acides, tandis que les hydro-chlorates et hydro-sulfates d'ammoniaque n'y font rien paraître.

DES EAUX MINÉRALES.

On appelle ainsi *les eaux qui, dans leur état naturel, contiennent des substances médicamenteuses*. On sait déjà comment on distingue ces eaux de celles qui sont potables. Ces dernières ne sont point exemptes de contenir des corps étrangers; mais c'est toujours en petite quantité, de manière qu'elles peuvent servir à mouiller ou à préparer les alimens, et beaucoup de composés pharmarceutiques; seulement, voulant les avoir pures, pour quelques opérations, il suffit de les distiller; ce qui n'a point lieu pour celles dont nous voulons maintenant parler.

Il y a un grand nombre de divisions des eaux minérales. Celle qui est plus accréditée semble être fondée sur leur nature; mais il s'en faut de beaucoup que la dénomination de chacune exprime assez bien ce qu'elle peut contenir. Quoi qu'il en soit, on distingue:

1° Eaux *gazeuses*,

2° — *sulfureuses*,

3° — *ferrugineuses*,

4° — *salines*.

On a fait varier cette division en y ajoutant:

5° Les eaux *acidules*.

On a distingué avec plus de raison les eaux minérales,

1° en eaux *froides*,

2° — *thermales*.

La cause de la chaleur des eaux minérales n'est point encore bien connue. On l'attribue à la présence des volcans pour certains pays; et pour d'autres, à la présence des sulfures métalliques, dont la décomposition

tion dans le sein de la terre, peut donner lieu à un grand dégagement de chaleur.

Quant aux eaux des fontaines, dites *froides*, elles sont dues aux pluies, aux neiges, etc. Ces eaux, après avoir pénétré les couches terreuses, en suivent la pente et se rendent dans les vallées. Les fontaines sont plus communes dans les terrains de granit. On admet aussi l'existence des lacs souterrains, qui vont se rendre directement dans le sein de la mer.

Quand il s'agit de constater l'existence d'une eau minérale, il faut premièrement en décrire la source, ensuite indiquer la pesanteur spécifique de l'eau, puis sa chaleur thermométrique, enfin l'essayer par les réactifs.

Il ne faut point s'étonner s'il existe un grand nombre d'analyses des mêmes eaux minérales, et de ce qu'elles diffèrent les unes des autres. Cela ne prouve point contre le mérite des chimistes qui en ont parlé d'abord, et des moyens d'analyse qu'ils ont employés ; car on peut concevoir qu'une même eau peut varier à des époques différentes, en considérant que l'éboulement des terres dans certains cas, ou dans certains autres, les nouvelles routes, frayées par le courant d'eau, donnent lieu à la présence de substances nouvelles dans le liquide, ou peuvent en changer les quantités.

D'un autre côté, il ne faut pas croire que, pour la pratique médicale, il devienne indispensable de connaître, à des centièmes de grains près, les proportions du plus grand nombre des matières qui s'y trouvent, de sorte que l'analyse qu'on en fait ne peut être que d'une utilité approximative. Ajoutez à cela

25

que, pour la plupart, les eaux minérales agissent d'autant mieux sur les sujets qui en usent, que ceux-ci sont obligés de se déplacer, de changer d'air et d'habitudes; dans le cas contraire, les eaux minérales artificielles sont préférées, et elles doivent l'être surtout par la possibilité d'en faire varier la valeur, en augmentant à volonté l'une ou l'autre des parties actives, qui les forment; aussi ne saurait-on trop vanter l'avantage des grands établissemens qui nous les fournissent ainsi préparées.

Toutefois, pour imiter les eaux minérales naturelles, et les faire varier selon le besoin, il faut bien savoir ce qui les constitue. Il existe à cet égard de très-bons traités qu'on peut consulter; car il n'entre point dans le plan de cet ouvrage de donner avec détail l'analyse de ces eaux.

Nous dirons seulement que, voulant analyser une eau minérale, on commence par en séparer les gaz, en la faisant bouillir dans un vase, auquel on adapte un tube courbe, etc. On partage ensuite la masse d'eau en plusieurs parties, pour traiter chacune par divers moyens, lesquels sont l'évaporation pour avoir certains sels, et l'emploi des réactifs connus, pour décéler la présence de plusieurs autres sels.

Des différens travaux qui ont été faits à l'occasion des eaux minérales, il résulte que ces liquides ne nous présentent comme parties constituantes, qu'un certain nombre de substances, entre lesquelles il faut signaler les suivantes :

1° *Air atmosphérique* : on le dégage par l'ébullition, comme il a été dit à l'histoire de l'eau.

2° *L'acide carbonique :* il rend l'eau fraîche, piquante ; elle peut alors mousser par l'agitation ; elle rougit le tournesol.

3° *L'acide borique :* il peut y être libre ou combiné à la soude (lacs de Toscane).

4° La *potasse :* elle n'y existe point pure , mais unie aux acides , et le plus souvent au sulfurique.

5° La *soude :* elle s'y trouve plus fréquemment et combinée avec l'acide muriatique.

6° *L'ammoniaque* peut s'y rencontrer, mais plus rarement, et alors combiné aux acides.

7° La *chaux :* elle s'y rencontre presque toujours , jamais pure , mais particulièrement carbonatée , muriatée ou sulfatée.

8° *Sulfate acide d'alumine et de potasse ou alun :* peu souvent, mais se trouve surtout dans les eaux minérales de l'Italie. On en a trouvé depuis peu dans l'eau de Passy, près Paris (M. Deyeux).

9° La *magnésie* s'y présente à l'état de muriate et de sulfate ; elle fait sous ce dernier état la partie active des eaux de Sedlitz , d'Egra , etc.

10° Le *fer* est , de tous les métaux , celui qu'on trouve le plus souvent dans les eaux minérales ; il peut y être à des états très-différens , et alors les eaux sont âpres ; elles précipitent en noir par les noix de galle.

11° Le *cuivre* s'y trouve aussi , mais peu souvent ; il y est alors à l'état de sulfate. On en découvre la présence par l'ammoniaque ; il est bien de faire d'avance concentrer l'eau par l'évaporation.

12° *L'hydrogène sulfuré ,* dit *acide hydro-sulfurique ,* peut se trouver libre ou à l'état de sulfure hy-

25*

drogène dans ces eaux ; elles sont alors infectées, elles ont l'odeur d'œufs pourris.

13° La *matière extractive des végétaux* peut exister dans les eaux minérales ; mais alors elle tend à s'altérer, à se putréfier, ce qui rend l'usage de ces eaux moins favorable.

14° Enfin, on doit compter encore *divers produits animaux* que ces eaux peuvent contenir, ce qui est une imperfection, surtout si ces eaux doivent être transportées au loin.

En général, on n'emploie les *eaux minérales thermales* qu'à l'extérieur, en lotions ou en bains. Quant aux autres, outre cette manière de les employer, on peut les donner à l'intérieur, et alors à dose si variable, que nous ne chercherons point à la préciser : ce peut être d'un à plusieurs verres par jour, et pendant des semaines ou des mois. Il en est même dont on fait sa boisson habituelle ; d'autres, au contraire, ne doivent être prises qu'à dose très-petite et déterminée par le médecin.

Nous ne prétendons point faire connaître toutes les eaux minérales qui peuvent être employées, ni même celles qui jouissent d'un certain crédit ; mais nous devons signaler celles dont l'usage est plus répandu, plus généralement adopté en France, ayant le soin de faire connaître en même temps quelle en est la composition, afin d'en mieux faire apprécier l'action, et de parvenir plus facilement à les former de toutes pièces lorsque besoin sera.

Eau d'Enghein.

Entre les substances nombreuses qui les forment, il faut distinguer l'hydrogène sulfuré, le quart de son volume ; plus muriate de soude, carbonate et sulfate de magnésie, de chaque deux à quatre grains par pinte.

Eau de Cotterets.

Elle est thermale, et contient entre autres substances, hydrogène sulfuré, le tiers de son volume ; carbonate et muriate de soude, de chaque deux à six grains par pinte ; sulfate de magnésie, un grain. Le reste ne vaut pas la peine d'être indiqué.

Eau de Bonnes.

Température de 26°. Elle contient hydrogène sulfuré, le tiers de son volume ; carbonate de chaux, deux grains par pinte ; muriates de soude et de magnésie, de chaque environ un grain.

Eau de Barèges.

Température de 26°. On y trouve hydrogène sulfuré, le tiers de son volume ; carbonate de soude, seize grains par pinte. Quant aux muriates de soude et de magnésie, elle n'en contient que demi-grain.

Eau d'Aix-la-Chapelle.

Hydrogène sulfuré, un tiers de son volume ; carbonate de soude, vingt grains par pinte ; muriate de soude, neuf grains. C'est une des eaux minérales dont l'analyse a le plus varié. On a trouvé qu'elle peut contenir plusieurs fois autant des corps que nous venons d'indiquer.

Eau de Bagnères.

Hydrogène sulfuré, quantité très-variable, depuis le quart jusqu'au double de son volume ; plus, carbonate, muriate et sulfate de soude, plusieurs grains par pinte.

Toutes ces eaux, comme on peut le voir par le rapprochement que nous venons d'en faire, sont formées à peu près des mêmes substances ; mais surtout elles contiennent toutes de l'hydrogène sulfuré, qui est, sans contredit, ce qui s'y trouve de plus actif, de sorte qu'on peut remplacer ces eaux les unes par les autres en faisant varier les proportions des principes qui les forment.

Toutes ces eaux, comme étant sulfureuses, sont très-utiles et très-employées dans le traitement des maladies de la peau, plus souvent à l'extérieur en bains, en lotions, qu'à l'intérieur ; et dans ce dernier cas, c'est toujours à petite dose. On les dit aussi dépuratives.

Eau de Balaruc.

Elle contient acide carbonique, deux fois son volume ; muriate de soude, cent vingt grains par pinte ; muriate de chaux, vingt grains ; carbonate de magnésie, un grain ; muriate de magnésie, trente-six grains.

Cette eau minérale est très-active ; elle tient le ventre libre. On peut en faire boire une à deux pintes par jour. On ne s'en sert point en lavage, ni en bains. On s'en est beaucoup servi contre l'hydropisie et les obstructions.

Eau de Bourbonne.

Acide carbonique , deux volumes ; muriate de soude , soixante et douze grains. Quand elle est chaude , elle peut servir en bains.

Eau de Bussang.

Acide carbonique , trois fois son volume ; carbonate de soude, six grains par pinte ; carbonate de fer, un tiers de grain. Cette eau est employée dans des maladies si différentes , qu'on est fort embarrassé d'assurer dans quel cas elle est préférable. Dans ceux où elle pourrait agir, ce ne doit être que par son acide carbonique.

Eau de Chaleldon.

Acide carbonique, deux fois son volume ; carbonate et muriate de soude, de chaque trois grains par pinte ; carbonate de magnésie, trois grains ; carbonate de fer, demi-grain.

Cette eau est souvent employée en place de la précédente.

Eau de Forges.

Acide carbonique, trois volumes ; carbonate de fer, demi-grain. Cette eau est peu active , cependant on en fait grand usage : le malade peut en faire sa boisson ordinaire.

Eau de Seltz.

Acide carbonique , cinq volumes ; carbonate de soude , quatre grains ; muriate de soude , vingt à trente grains ; carbonate de magnésie, deux grains.

Cette eau est, comme on le voit, très-chargée de

gaz acide carbonique , ce qui l'a fait rechercher comme apéritive , diurétique , et contre la gravelle. On en fait boire d'une à deux pintes par jour.

Eau du Mont-d'Or.

Acide carbonique, cinq volumes ; carbonate de soude, quarante-huit grains par pinte ; muriate de soude, vingt à trente grains. Les sels que cette eau contient y jouent un grand rôle, et empêchent qu'on en continue l'usage pendant trop long-temps.

Eau de Spa.

Acide carbonique , cinq volumes ; carbonate de soude, deux grains par pinte ; muriate de soude , demi-grain ; carbonate de magnésie et carbonate de fer , un grain. Nous n'indiquons ces dernières substances que pour montrer que cette eau doit son action seulement à l'acide qu'elle contient ; on s'en sert comme diurétique. Elle remplace assez souvent l'eau du Mont-d'Or , mais à dose plus forte.

Eau de Sedlitz.

Acide carbonique , trois volumes ; sulfate de magnésie , cent quarante-quatre grains par pinte ; muriate de magnésie, dix-huit grains.

Cette eau est très-purgative, on ne doit la prendre que par verre.

Eau de Passy.

Acide carbonique , moitié de son volume ; muriate de soude, six grains par pinte ; sulfate de chaux , quarante-deux ; de magnésie, vingt-deux ; alun sept ; et sulfate de fer, dix-sept.

Eau de Pyrmond.

Acide carbonique, trois volumes; carbonate de chaux et de magnésie, de chaque six grains par pinte, et de fer, deux grains; muriate de soude et de magnésie, de chaque deux grains; sulfate de soude, cinq grains, et de magnésie dix grains. On en fait peu d'usage, malgré que son action soit grande; quand on y a recours, c'est seulement pour tenir le ventre libre : on peut en prendre une ou deux pintes par jour.

Eau de Mont-d'Or.

Acide carbonique, un quart de volume; muriate de soude, cinq grains par pinte; sulfate de soude, deux grains, et alumine, trois grains.

Cette eau est peu active, on en peut faire sa boisson ordinaire.

Eau de Vichi.

Acide carbonique, deux fois son volume; carbonate de soude, trente-deux grains par pinte; sulfate de soude, seize grains; muriate de soude, quatre grains; carbonate de magnésie, demi-grain, et de fer, un quart de grain. Nous n'indiquons ces deux dernières substances que par rapport à leur nature; car pour les quantités, elles sont si petites, qu'à peine doit-on en tenir compte.

On fait un grand usage de l'eau de Vichi, dont la réputation est de convenir contre les obstructions; on y a recours dans les coliques néphrétiques; on en fait prendre deux à quatre verres par jour, et comme il y a des personnes qui n'en supportent point l'usage, on se borne souvent à en faire prendre un seul verre tous les matins à jeun.

Eau de Plombières.

Elle contient carbonate de chaux, demi-grain par pinte ; carbonate de soude, deux gros ; muriate de soude, cinquante grains ; sulfate de soude, soixante grains.

Sa composition varie, de sorte qu'on l'a vue ne porter que très-peu des deux dernières substances.

On y a recours dans les cas de maladies de la peau, quand on veut agir spécialement sur le tube intestinal, la dose peut être d'un verre à deux pintes par jour.

DES CORPS ORGANIQUES.

On les distingue des corps inorganiques, en ce qu'ils sont doués d'un principe d'irritabilité : ces matières jouissent de la vie, elles sont formées de vaisseaux qui permettent l'introduction et l'élaboration de principes nutritifs ; les *corps organiques* naissent, croissent et périssent ; ils se nourrissent, et se reproduisent par des forces qui sont en eux, ils reçoivent l'influence des agens externes, sans que leurs fonctions soient entièrement soumises à leur dépendance.

Les corps organiques se distinguent :

1° En *végétaux.*

2° En *animaux.*

Les élémens de la vie sont moins développés dans les premiers que dans les seconds.

L'histoire des corps organiques est beaucoup moins

connue que celle des corps inorganiques, ce qui paraît tenir au grand nombre des élémens qui les forment; car il s'y trouve constamment *oxigène*, *hydrogène*, *carbone*, et pour un très-grand nombre, il faut aussi compter l'*azote*; lesquels élémens, par leur réunion en diverses proportions, peuvent donner une multitude de produits, avec des nuances si peu prononcées, qu'il nous est difficile de les bien connaître; ajoutez à ces causes l'influence de la vie sur les corps organiques, et l'on concevra pourquoi la science est si peu avancée dans leur étude.

Jusqu'à présent on s'est appliqué à consigner dans des Mémoires, et aussi dans des Traités de chimie, les faits notables auxquels ont donné lieu les recherches faites sur ces substances; c'est bien, parce que leur connaissance peut beaucoup servir à des recherches nouvelles; mais combien de ces faits n'ont-ils point été réfutés ou modifiés dans leur valeur? à combien de discussions n'ont-ils pas donné lieu? Quand on considère combien peu de profit la médecine a retiré d'une grande partie de ces recherches faites jusqu'à ce jour, on est conduit à n'adopter qu'avec une grande réserve les nouvelles données qu'on nous présente encore sur la nature de ces substances, et sur les conséquences qu'on en peut tirer.

La chimie des corps organiques offre un champ si vaste, qu'on y peut semer, et à peu près y recueillir à son gré; c'est dans son domaine que les erreurs ou les opinions hasardées trouvent plus sûrement un refuge, et ce n'est qu'à la longue, par un concours de circonstances ou de travaux multipliés, que la vérité peut assigner à chaque découverte le mérite et le rang qui lui convient.

Nous ne prétendons point être juges des objets, dont nous ne ferons qu'indiquer l'existence ; nous assurons seulement que, dans l'état actuel des connaissances chimiques et médicales, nous pouvons sans le moindre inconvénient n'en point approfondir l'étude.

C'est pourquoi nous avons pris le soin de ne traiter que des produits d'une utilité reconnue, soit en chimie, en médecine, ou dans les arts ; laissant à faire dans un temps plus reculé, s'il y a lieu, l'histoire de ceux dont nous ne voulons faire maintenant qu'une sorte d'énumération.

DE LA CHIMIE VÉGÉTALE.

Les végétaux pris entiers ne sont point l'objet de notre examen ; nous ne devons en étudier que les parties.

Cependant nous dirons que le végétal, pour son développement ou sa germination, est assujetti à des conditions sans lesquelles il rentrerait dans le nombre des corps inertes.

La germination ne peut avoir lieu sans le concours, 1° d'une température de quinze à trente degrés au plus ; 2° d'une certaine quantité d'eau ; 3° du contact de l'air ou de gaz oxigène. C'est pour cette raison qu'on ne doit point placer les graines trop profondément dans la terre. Celle-ci, en les recouvrant, ne doit que les garantir de la lumière qui leur est le plus souvent nuisible. Le sol ne fait que servir de point d'appui à la plante, et aussi de réceptacle, dans lequel se réunissent les corps utiles à la germination : aussi peut-on le simuler par du coton mouillé, une éponge, etc.

Tout annonce que l'oxigène de l'air se combine au carbone de la semence, car il se dégage de l'acide carbonique : il résulte de cette réaction qu'il se forme une matière sucrée servant de premier aliment à la plantule.

Lorsque la plantule est suffisamment développée, qu'elle forme tige, que d'ailleurs la racine s'est accrue suffisamment dans la terre, et s'est fixée par ses ramifications, la plante est dite formée, et elle vit autant ou plus même à l'extérieur du sol qu'au dedans; et alors, avec des modifications et par le développement d'un ensemble de phénomènes dont l'étude constitue la physiologie végétale : nous chercherons seulement à faire connaître quelles sont les principales influences des corps extérieurs sur les plantes en pleine végétation.

M. Théodore de Saussure nous a fait connaître que les parties vertes des végétaux ne peuvent point vivre dans une atmosphère d'acide carbonique, ni dans le gaz azote, si ce n'est pour ce dernier quelques plantes marécageuses.

Tous les végétaux ont la faculté d'absorber dans le jour l'acide carbonique de l'air; ils en retiennent le carbone, et en laissent d'autant mieux exhaler l'oxigène, qu'ils sont plus exposés au soleil. C'est le contraire pendant la nuit; ils transpirent de l'acide carbonique.

Quand le sol est sec, les feuilles absorbent l'humidité de l'air; mais si la terre est très-chargée d'eau, elles en ont une surabondance, et en laissent dégager.

Dans tous les cas et dans tous les temps, l'eau sert à la végétation, non seulement en liquéfiant ou charriant les principes, comme on l'a cru pendant long-temps, mais encore en se décomposant en partie, et cédant séparément aux parties du végétal, son oxigène et son hydrogène (Théorie de Saussure).

Nous avons dit que le sol ne jouait pas un très-grand rôle dans l'acte de la végétation, et qu'on pouvait le remplacer; mais nous avons ajouté qu'il peut servir de réceptable aux matières qui, sans être indispensables au végétal, peuvent lui être utiles pour modifier ses parties ; aussi choisit-on le sol sous ce dernier rapport. Il en est de salins, de secs, d'humides, etc. On peut le faire varier par la nature des *engrais* qu'on lui fournit, et par lesquels on augmente le plus souvent la chaleur; mais en peut-on conclure que chaque végétal doit porter en lui toutes les substances que le sol aura pu contenir ?.... il s'en faut de beaucoup; car l'acte de la végétation ou de l'accroissement des plantes ne s'exerce toujours que par un rapport naturel entre l'irritabilité de ses parties, et l'action stimulante des corps qu'il doit recevoir; or, on conçoit qu'il peut faire un choix de ce que la terre doit ou peut lui fournir; ainsi telle substance, qui ne trouve point accès dans une plante, peut en trouver dans une autre, etc.; mais ce qui est plus difficile à expliquer, et ce qui est pourtant incontestable, c'est que l'on trouve dans les végétaux beaucoup de corps qui n'existaient point dans leur engrais, ou bien ils en contiennent quelques-uns en quantité beaucoup plus grande que celle qui était connue pouvoir exister dans

les substances au milieu desquelles a eu lieu la végétation. Il est admis que les végétaux vivent plus
par l'air, l'acide carbonique et l'eau de l'atmosphère,
que par tout ce que le sol peut fournir ; mais ces
premiers corps ambians n'ont pas dû donner, par
exemple, les sels de chaux, de magnésie, de soude
et de potasse, et plus particulièrement encore ceux
de fer et de manganèse, le soufre, etc. M. Chrœder
et plusieurs autres n'hésitent point à croire que ces
matières se sont formées dans ces corps. Nous regrettons
que l'étendue de cet ouvrage ne nous permette point
de nous arrêter plus long-temps à ce sujet ; nous pour-
rions présenter des considérations qui tendraient à
faire valoir ces données.

On a cru pendant long-temps que les végétaux exposés au feu devaient fournir isolément leurs parties constituantes ; on sait aujourd'hui que par ce
moyen, des corps très-différens entre eux donnent
des produits semblables ; ce qu'on attribue à la réaction nécessaire des derniers élémens de ces corps les
uns sur les autres ; c'est ce qui a conduit à chercher
de nouveaux moyens d'analyse. Je n'entreprendrai
point de citer les auteurs qui en ont traité d'une manière plus ou moins utile ; qu'il me suffise de dire
qu'on a beaucoup perfectionné ce travail dans ces
derniers temps.

Cette analyse des végétaux a été considérée sous
divers rapports : 1° on s'est appliqué à préciser quels
sont les élémens proprement dits, qui les forment avec
leur quantité respective ; 2° on s'est borné à isoler
des végétaux les matériaux supposés, tels qu'ils existaient dans ces corps.

Pour le premier point, il n'est pas de plus beau travail que celui de MM. Gay - Lussac et Thénard ; ils sont parvenus à indiquer très - rigoureusement combien chaque substance végétale contient d'oxigène, d'hydrogène, de carbone ou d'azote. Voyez les Recherches physico-chimiques, qu'ils ont publiées à ce sujet.

Quant au second point, il nous importe davantage, en considérant qu'il nous fournit les moyens d'obtenir isolément des produits, dont l'usage est très-répandu.

Sous ce dernier rapport, l'analyse a été pratiquée au moyen de divers agens, et l'on a été conduit ainsi à distinguer plusieurs sortes d'analyses végétales, comme il suit :

1° *Analyse mécanique naturelle :* elle a lieu quand il s'écoule des végétaux, et sans aucun secours, quelques produits dont plusieurs peuvent ensuite se condenser ; exemple, la séve de la gomme, des sucs divers, des résines, etc.

2° *Analyse mécanique artificielle :* elle se pratique sur les végétaux vivans, par des incisions qui permettent l'écoulement ou la séparation de certains produits ; elle a aussi lieu sur les végétaux morts : c'est dans ce dernier cas par la percussion, etc., pour avoir des sucs d'herbes, les huiles et autres liquides.

3° *Analyse par le feu :* il n'y a d'abord que dessiccation, et l'arôme se perd ; mais à un feu plus fort, ou continu, la matière est détruite : il se dégage du flegme, c'est-à-dire, une matière aqueuse, des huiles noires et odorantes, *dites* empyreumatiques, de l'acide carbonique, de l'hydrogène carboné, une liqueur acide,

acide, portant de l'acide acétique, enfin, quelquefois de l'ammoniaque et toujours un résidu charbonneux.

4° *Analyse par la combustion* : c'est quand on brûle les corps à l'air libre, il en résulte un résidu, sous le nom de cendres, qu'on lessive ensuite pour en retirer les sels.

5° *Analyse par l'eau* : elle a lieu à l'aide de la macération, de l'infusion et de la décoction, ce qui permet d'extraire des plantes, diverses parties solubles.

6° *Analyse par les acides* : ce qui comprend l'emploi des sels : elle donne lieu à des résultats très-variés, qui ne sont guère recherchés que dans les analyses les plus exactes et les plus compliquées.

7° *Analyse par l'action* connue *de certains produits de végétaux* ; elle a lieu quand on emploie l'éther, l'alcool, les huiles, etc., comme moyens d'analyse.

8° *Analyse par la fermentation* : il s'ensuit conversion de matières fades ou sucrées, en d'autres qui sont alcooliques ou acides.

De toutes ces analyses et des recherches faites jusqu'à ce jour, il résulte une collection de matières que nous devons passer en revue sous le titre générique de *Produits immédiats des végétaux* ; leur nombre est grand, c'est ce qui a obligé à les diviser.

Leur distinction a été successivement fondée sur des bases différentes; nous suivrons cette fois l'ordre créé par M. Thénard, tout en convenant qu'il ne permet point de placer rigoureusement chacun des corps dont nous devrons parler ; car il a divisé ces substances par rapport aux diverses quantités d'oxigène quelles contiennent relativement à leur hydrogène, et l'on ne connaît ces quantités que pour ceux de ces corps qui ont été soumis à une analyse convenable. Or ; comment placera-t-on ceux dont l'analyse n'a point encore été faite ? on se borne à en faire des groupes au nombre de trois, en se réservant de placer plus tard chacun des individus méthodiquement et entre ceux déjà classés, selon que l'exigera l'analyse qu'on en pourra faire,

Cela étant connu, il nous faut admettre deux séries de produits immédiats des végétaux.

1.° Analysés.

2° Non analysés.

Les premiers sont divisés en trois classes.

1° Produits immédiats des végétaux, dans lesquels l'oxigène est surabondant à l'hydrogène pour former de l'eau.

2° Produits immédiats des végétaux, dans lesquels l'oxigène et l'hydrogène sont en quantité convenable pour faire de l'eau.

3° Produits immédiats des végétaux, dans lesquels l'hydrogène est surabondant à l'oxigène pour former de l'eau.

A ces trois classes nous joindrons les trois autres indiquées, encore d'après M. Thénard, savoir :

4° Produits immédiats des végétaux, constituant les matières colorantes, isolées jusqu'à ce jour.

5° Produits immédiats des végétaux non azotés, mais non compris dans les classes précédentes.

6° Enfin, les produits immédiats des végétaux azotés, ils sont dits *végéto-animaux*.

D'après cet exposé, on voit dans quelle succession se présentera l'immensité des produits qui nous occuperont.

Mais il est des produits dont l'histoire entraîne à celle de plusieurs autres, ce qui rend utile de rapprocher les premiers des seconds, pour éviter des recherches en des parties diverses de cet ouvrage ; c'est ce qui devra nous porter à faire quelques déplacemens, en marquant toujours à chaque objet la place qui lui convient.

En outre, il est des parties de végétaux qui devront nous occuper, mais qui ne sont point, à proprement parler, des produits immédiats ; ils nous offrent plutôt des composés de plusieurs de ces derniers ; tels sont la *séve*, les *sucs d'herbes*, les *extraits pharmaceutiques* et les *produits de la fermentation.* C'est ce qui nous porte à en parler isolément ; et nous en placerons l'histoire en première ligne, parce qu'elle doit servir à nous rendre plus facile l'étude des six classes de corps annoncés.

De la Séve.

Liquide clair, avec ou sans couleur, qui coule dans les vaisseaux communs des végétaux, et qu'on a comparé au sang blanc des animaux. M. Deyeux a fait un Mémoire sur la séve ; M. Vauquelin en a traité depuis, et l'on sait maintenant que ce liquide porte avec lui tous les matériaux qui doivent constituer le végétal. Ainsi on y a trouvé de l'acétate calcaire, une matière végéto-animale, de l'acide carbonique, du sucre en assez grande quantité, du tanin, de l'acide gallique, et un extrait brun-marron qui s'applique très-bien sur la laine. Ces trois derniers corps existent surtout dans la *séve du hêtre.*

La *séve de l'orme* est rouge ; elle contient entre

26*

autres substances beaucoup d'acétate de potasse , de mucilage et de carbonate calcaire.

La *séve du charme* est incolore, rougit le tournesol, parce qu'elle contient de l'acide acétique libre , plus des acétates de potasse et de chaux.

La *séve de bouleau* est sucrée ; elle contient de l'acétate d'alumine , et rougit le tournesol ; étant évaporée , elle peut fermenter , et donner de l'alcool (M. Vauquelin).

La *séve de la vigne* contient , selon M. Deyeux , de l'acétate de chaux et un excès d'acide acétique , plus une matière végéto-animale.

C'est par l'ascension de la séve que les végétaux se nourrissent , et qu'ils s'enrichissent de nouveaux produits. Chaque partie s'approprie des matériaux par un choix naturel ; d'où résulte que les naturalistes ont cherché à distinguer la séve selon les temps , et aussi selon les âges et les parties des plantes. La séve qui a parcouru un certain espace dans le végétal , revient, pour ainsi dire , à sa source en rétrogradant ; ce qui a fait distinguer ce liquide en séve ascendante et en séve descendante. C'est en retournant de la cime des plantes aux racines, que la séve dépose dans des *vaisseaux* qu'on appelle *propres* , les matières diverses qui constituent les produits immédiats des végétaux. Ceux-ci , par un séjour plus ou moins long dans ces parties , peuvent changer de nature , et se transformer les uns dans les autres ; leur quantité peut varier ; elle est quelquefois surabondante , ce qui donne lieu à une turgescence des solides, à l'exsudation des liquides , etc. , qu'on peut favoriser par divers moyens ; mais il est rare qu'on parvienne à obtenir chaque produit absolument libre. Il est souvent mélangé avec plusieurs autres dont on le sépare ensuite avec plus ou moins de difficulté. Au reste, ce n'est pas un mal que ces mélanges existent ; on les recherche même dans certains cas, et alors on les recueille par des moyens qui tendent à les réunir ; c'est ce qui est démontré par l'extraction des sucs d'herbes ou de plantes dont nous voulons parler sous les diverses dénominations qui leur sont communément données.

Des Sucs.

On nomme ainsi les produits liquides qu'on obtient par exsudation ou par expression des corps qui les contiennent naturellement.

On distingue des *sucs aqueux*, *acides*, *huileux*, *muqueux*, *sucrés*, etc., etc.

Entre tous, nous ne parlerons maintenant que des premiers, les autres, plus simples, devant trouver leur place dans l'histoire des corps qui les forment.

Des Sucs aqueux, proprement dits Sucs d'herbes.

On les obtient par l'expression des végétaux frais. Ils sont toujours formés de la séve, des parties solubles dans l'eau, comme extraits, sels, sucs, mucilages, etc. De plus, il peut s'y trouver des parties insolubles, qui n'y sont alors que suspendues, telles que des substances résineuses, la matière colorante verte des feuilles, etc. Il s'y trouve aussi une assez grande quantité de parties aromatiques ; mais cet ensemble, choisi relativement aux plantes qui ont dû les donner, est recherché en médecine, moyennant quelques modifications dont ils sont susceptibles. Voyez, à ce sujet, mon Cours de Pharmacie. Ces sucs ne restent point long-temps dans un même état ; ils se détériorent et finissent par se détruire entièrement, en raison des réactions qui se manifestent entre les parties qui les composent ; aussi, dans l'usage qu'on en fait, doit-on les employer peu de temps après les avoir obtenus.

Ils sont le plus souvent verdâtres ; on les purifie par le repos ou par la filtration à travers un papier non collé, mais plus promptement à chaud par la coagulation de l'alumine qu'ils contiennent. Ce dernier procédé est défectueux sous quelques rapports, ce qui fait qu'on le pratique moins que les précédens.

L'évaporation des sucs d'herbes donne lieu à un produit solide, connu sous le nom d'*extrait,* dont nous devons constater ici l'existence.

Des Extraits dits *pharmaceutiques.*

On appelle ainsi le produit fixe de l'évaporation des sucs de plantes, ou des liquides contenant leurs parties solubles.

On opère toujours à l'aide du calorique, et ce qui reste ne retient que peu ou point des parties aromatiques.

On distingue les extraits en plusieurs sortes relativement à leur nature ; ainsi *gommeux, résineux ;* mais ceux dont nous parlons maintenant ne sont que des magmas non encore bien connus, et dans lesquels, outre les variétés de substances que nous venons d'indiquer, il existe des sels, du tanin, etc., etc.

Les extraits pharmaceutiques peuvent être obtenus et conservés à l'état mou ; mais quelquefois on les fait arriver à l'état de siccité ; ils prennent alors le nom impropre de sels essentiels : on les nomme encore extraits secs de Lagaraie.

Si l'on traite une solution extractive par l'ammoniaque, on a un précipité de chaux et d'une partie d'extrait devenu insoluble. L'acide sulfurique dégage une vapeur qui est acétique. D'autre part, si l'on traite un extrait par la chaux, on en dégage de l'ammoniaque. Le sulfate neutre d'alumine et tous les sels métalliques décomposent les extraits ; le chlore les décolore.

Toutes les solutions extractives sont altérables par l'air, mais surtout celles aqueuses.

Les extraits, comme les sucs de plantes, sont des médicamens : on les utilise diversement, comme il est dit ailleurs.

De la Fermentation.

On appelle ainsi un mode d'altération des corps organiques, lequel donne constamment lieu à un certain nombre de phénomènes dont les principaux sont : 1° un mouvement spontané entre les molécules des substances végétales ou animales privées de la vie ; 2° production de chaleur, de gaz, etc. ; 3° formation d'alcool, d'acide acétique ou d'ammoniaque.

On établit qu'il peut exister plusieurs sortes de fermentations, en les désignant en raison des produits qui peuvent en résulter : de là,

1° Fermentation alcoolique,
2°   —   acide,
3°   —   putride.

On a même voulu admettre, d'après Fourcroy,

4° Fermentation pannaire,
5°   —   saccharine.

mais il est bien reconnu maintenant que celle *pannaire* ne résulte que de l'ensemble des deux premières : quant à celle dite *saccharine*, elle partage encore les opinions, mais elle n'est point généralement adoptée, malgré les belles et nouvelles expériences de M. Kirchoff, qui tendent à démontrer, entre autres choses, celle-ci : que la formation incontestable du sucre dans les graines germées n'est point, comme on l'a toujours cru, un résultat de la végétation, mais bien le produitd'une réaction chimique.

De la Fermentation alcoolique, dite vineuse.

Pour qu'elle ait lieu, il faut le concours d'un certain nombre de circonstances : 1° une douce température ; 2° une certaine quantité d'eau ; 3° le contact de l'air ; 4° un corps mucoso-sucré ; 5° enfin, une substance *dite* végéto-animale, parce qu'elle est azotée ; c'est ce qu'on appelle ferment. Fabroni a jeté un grand jour sur tout ce qui se passe dans la fermentation. Voyez Académie de Florence, 1785. M. Thénard s'en est beaucoup occupé depuis, il a démontré la présence du ferment dans le suc de groseilles et de beaucoup de fruits.

On sollicite à volonté la fermentation, en réunissant dans un flacon huit parties de levure de bière, cent parties de sucre et mille parties d'eau ; on adapte au vase un tube courbe, pour recevoir les gaz qui devront se dégager ; on maintient le tout à une température de 15 à 30°, il arrive bientôt qu'il se forme des bulles formant de l'écume à la surface du mélange ; il s'élève un peu de ferment, qui ensuite se précipite et remonte de nouveau, ainsi de suite plusieurs fois ; ce qui paraît être dû au dégagement du gaz, lequel, devenant plus abondant, finit par passer dans les récipiens disposés pour le recevoir ; c'est de l'acide carbonique : la chaleur de la masse peut être augmentée de quelques degrés ; cette sorte d'effervescence ne dure qu'un temps plus ou moins long, relativement à la quantité de matière sur laquelle on opère. Quand elle cesse, le liquide, trouble d'abord, s'éclaircit et donne un sédiment blanchâtre, insoluble, bien reconnu pour ne point contenir d'azote, et se trouvant formé d'ordinaire de la moitié du ferment décomposé ; quant à la liqueur, elle contient *l'alcool* nouvellement produit. On peut donc déduire de ce qui précède, que dans cette fermentation il se présente comme choses plus remarquables,

1° Décomposition du ferment,

2°　　　—　　　du sucre,

3° Formation d'alcool,

4°　　—　　d'acide carbonique,

5°　　—　　d'une matière blanche insoluble.

On a beaucoup varié dans les explications données jusqu'à ce jour de ces phénomènes.

M. Seguin, qui a eu beaucoup de partisans, a pensé que l'eau étant décomposée, l'oxigène se porte sur le carbone du ferment, et donne ainsi une immense quantité d'acide carbonique, tandis que son hydrogène, se portant sur le sucre, le convertit en alcool.

M. Thénard croit que les premières portions de l'acide carbonique formé sont dues à ce que le carbone du ferment enlève de l'oxigène au sucre, et qu'ainsi la fermentation est mise en train ; mais comme le ferment est un corps très-peu carboné, il est probable que par la suite c'est l'hydrogène du ferment qui continue à désoxigéner le sucre ; dans ce cas, quel rôle joueraient donc l'air et l'eau ?... Le même chimiste, ajoute qu'on ignore ce que devient l'azote du ferment, car il n'en existe point dans le résidu blanc et insoluble de cette matière ; il n'est pas éloigné de croire que l'alcool est azoté. Il paraît suffisant d'une à trois parties de ferment pour décomposer 100 parties de sucre.

Suivant M. Gay-Lussac, on peut expliquer la formation de l'alcool et de l'acide carbonique par la seule décomposition du sucre, en considérant le sucre comme formé de carbone et d'hydrogène, de chaque trois volumes, et d'oxigène un volume et demi, tandis que l'alcool peut n'être formé que d'un demi-volume d'oxigène, carbone, deux volumes, et hydrogène, trois ; d'où on conclut aisément qu'il a fallu enlever au sucre un volume de carbone et autant d'oxigène, ce qui représente par la combinaison un volume d'acide carbonique.

De quelque manière qu'on explique la fermentation, il reste encore beaucoup à connaître sur ce sujet, qui peut, plus qu'aucun autre, donner lieu à des recherches curieuses.

Quand les corps à fermenter contiennent, par eux-mêmes, beaucoup plus de ferment qu'il n'en faut pour la décomposition des matières fermentescibles, le superflu se sépare, comme nous l'avons dit, sous forme d'écume. On peut l'enlever, en opérer la dessiccation, et s'en servir ensuite pour l'ajouter aux substances qui n'en contiennent que peu ou point. C'est surtout l'*orge* qui en fournit une surabondance, qu'on utilise et qu'on vend sous le nom de *levain* ou *levure de bière.*

Nous allons en faire de suite l'histoire particulière sous le nom de *ferment*.

Du Ferment.

Ce corps est déjà en grande partie connu par tout ce que nous venons de dire sur la fermentation. Nous avons dit aussi comment on peut l'obtenir des corps qui le contiennent. Voyons ce qu'il nous offre encore d'utile à connaître.

Etant humide, il se présente sous la forme de pâte molle, d'un blanc grisâtre, facile à se gercer, portant une odeur qui lui est propre, mais qui est très-bien rappelée par celle des corps aigres ; il est insoluble dans l'eau, dans l'alcool et dans l'huile. Si on le fait dessécher à une douce chaleur, il peut être mis en poudre et peut ainsi conserver toutes ses propriétés ; mais si l'on le fait bouillir dans de l'eau, il n'est plus propre à la fermentation.

Le ferment soumis à la distillation perd son eau, durcit et finit par se décomposer ; il donne alors divers produits déjà indiqués, comme pouvant provenir de la décomposition du plus grand nombre des végétaux, c'est-à-dire, de l'eau, de l'huile, une immense quantité d'acide carbonique et aussi de l'ammoniaque ; ce qui démontre qu'il est formé d'azote.

On sait que le propre de ce corps est de solliciter ou d'accroître la fermentation de certaines substances ; mais ce qui est très-remarquable, c'est que le *levain de bière*, uni au mucoso-sucré, a la faculté de fermenter, sans le secours du contact de l'air, ce qui n'a point lieu par le ferment retiré de beaucoup d'autres corps : ainsi les sucs de raisin, de pommes, de poires, de cerises, de groseilles, etc., ne fermentent qu'à découvert ; cela porte à penser que le ferment n'est pas toujours semblable à lui-même, et que ses différences viennent des diverses proportions d'oxigène qu'il contient, en considérant comme moins oxigénés ceux qui exigent pour la fermentation le contact de l'air atmosphérique, aux dépens duquel il s'oxigénerait davantage.

Le ferment est seulement employé à produire des fermentations, même quand on s'en sert pour la formation du pain, comme nous le verrons.

Des Vins.

Tous les corps mucoso-sucrés peuvent donner par une fermentation plus ou moins avancée des produits liquides, qui diffèrent entre eux sous plusieurs rapports ; mais tous contiennent de l'alcool en quantité variable, et on désigne leur ensemble sous le nom de liqueurs vineuses ou alcooliques.

Il peut donc exister plusieurs espèces de *vins ;* mais ce qu'on appelle vin proprement dit résulte toujours de la fermentation du moût de raisins : quant aux autres liquides vineux, sous les noms de bière, de cidre, etc., ils ne sont point à beaucoup près d'une aussi grande importance.

Sans faire ici l'histoire des vins, nous signalerons que leur formation se rapporte beaucoup à ce que nous avons dit de la fermentation artificielle ; ainsi, le raisin étant supposé mûr, on le cueille, on le sépare de sa rafle, on le met dans des cuves où on l'écrase ; on l'abandonne à lui-même pendant quatre ou cinq jours, à une température de 10 à 15°, après quoi, on s'aperçoit que la fermentation est arrivée à un point tel qu'on la croit terminée : la matière s'est beaucoup boursouflée, il s'est formé une sorte de chapeau épais et dur, par la réunion des matières grossières : cependant le liquide examiné est encore doux, et peut fermenter davantage ; pour cela on fait fouler la cuve, on y fait entrer des hommes qui détruisent les masses, et renouvellent les surfaces, travail qui n'est point sans danger pour ceux qui le pratiquent, en raison de l'immense quantité d'acide carbonique qui se dégage ; par ce moyen la fermentation se renouvelle, et le liquide devient vers le dixième jour plus coloré, mais transparent, surtout plus sapide, parce qu'il s'est formé plus d'alcool ; alors on sépare le liquide par la presse ou autrement, on le maintient dans des tonneaux, où il fermente encore pendant plusieurs mois ; il arrive pendant ce temps qu'une nouvelle écume se forme, et qu'elle se précipite sous le nom de lie : c'est ensuite qu'on soutire les vins, etc.

Les vins rouges sont toujours faits avec les raisins noirs, mais les vins blancs nous sont donnés en même temps par les raisins sans couleurs et par ceux qui sont noirs, moyennant qu'on prive ces derniers de leur enveloppe ; il suffit pour cela d'en extraire le suc à la presse avant la fermentation ; cela nous montre assez que la partie colorante est dans la pellicule du fruit, qu'il est de nature résineuse, et soluble dans l'alcool.

La fermentation dans les vins est toujours en raison des conditions déjà connues ; ainsi, on peut l'arrêter ou la prolonger à volonté ; c'est en agissant ainsi qu'on obtient des vins si différens entre eux ; par exem-

ple, si on fait chauffer le moût de raisin, on en sépare une certaine quantité d'eau, conséquemment le
sucre qui s'y trouve devient en plus grande quantité
par rapport à la masse, et le vin obtenu est plus doux :
on obtient ce même résultat, en laissant d'abord
sécher le raisin sur le cep, cela n'exige que de tor-
dre la grappe pour obturer les vaisseaux, et empêcher l'ascension des liquides ; c'est ce qui se pratique
dans le midi ; le suc obtenu de ces raisins est plus
sucré, il donne des vins recherchés ; enfin, si au lieu
de permettre le dégagement de l'acide carbonique,
on le force à rester dans le liquide par une pression
convenable, on a des vins mousseux, desquels se dégage cet acide, dès que la pression cesse.

De quelque manière que soient préparés les vins,
quelle que soit leur couleur, ils n'offrent toujours
qu'un mélange de plusieurs substances, dont voici
les principales :

1° *Eau* en grande quantité, retenant les autres
corps.

2° de l'*alcool*.

3° de l'*extractif*.

4° du *tartrate acidule de potasse*.

5° une *substance muqueuse*.

6° — *colorante*.

7° une *partie volatile*, *arôme*.

S'il faut aussi compter ce qui peut y exister accidentellement, nous devons ajouter :

8° de l'acide *carbonique*,

9° — *acétique*.

10° du *sucre*.

Quant aux tartrate de chaux, muriate de soude,

et sulfate de potasse, qui peuvent s'y trouver aussi, leur connaissance nous importe moins.

Les différences dans le nombre de ces corps, et dans la quantité de chacun d'eux, peuvent seules expliquer les variétés de ces liquides. Ce qu'il faut surtout savoir, c'est que, toutes choses égales d'ailleurs, il se trouve plus de tartre dans les vins nouveaux que dans les vins vieux, parce que ce sel est précipité du liquide, à mesure que l'alcool plus soluble s'y développe.

Il est convenu d'appeler *vins généreux* ceux qui sont très-alcooliques. Leur saveur est chaude, franche, piquante, mais agréable. Ils se conservent plusieurs années. Ils sont toniques, stimulans, cordiaux et très-recherchés en médecine pour la préparation de composés participant de résines ou de parties aromatiques.

Les vins qui sont nouveaux et très - chargés de tartre sont dits *vins de cru, vins durs*. Leur saveur est âpre, acerbe; on les emploie étendus d'eau, comme rafraîchissans ou astringens. Ils servent aussi à préparer quelques vins médicinaux.

Le collage ou la clarification des vins s'opère à froid; il suffit pour cela d'y ajouter une solution aqueuse de colle de poisson ou d'albumine (blanc d'œuf), qui paraît se combiner au tanin de la matière extractive, et donner un précipité.

Les vins, quels qu'ils soient, étant obtenus, doivent être maintenus à l'abri de l'air, sans quoi ils continuent à fermenter, et passent à l'état de vinaigre, comme nous le verrons, en traitant de la fermentation acide.

Il est trop fréquent que l'on cherche à falsifier les

vins. Entre les diverses matières qu'on y ajoute pour cet objet, l'une des plus plus nuisibles est sans contredit la litharge, ou protoxide de plomb, dans l'intention de saturer l'excès des acides tartariques ou acétiques. On reconnaît cette fraude par les sulfates ou carbonates solubles, qui donnent alors un précipité blanc de sulfate ou carbonate de plomb. Quant à l'hydrogène sulfuré, que l'on a dit pouvoir être employé, parce qu'il précipite le métal en sulfure noir, son emploi peut être insuffisant, car il tend aussi à précipiter l'extractif des vins très-colorés. Il faut, dans tous les cas, traiter le résidu au feu, dans un petit creuset, avec un peu de graisse. Le plomb, s'il existe, se montre en un petit culot.

Quant à la bière et au cidre, ce sont encore des liqueurs fermentées ; mais nous devons peu nous en occuper. La première s'obtient par l'emploi de l'orge, qu'on a fait germer d'avance ; l'autre avec les pommes, et de préférence avec celles dites *aigres, âpres,* non bonnes à manger.

La préparation de ces liquides exige des soins particuliers dans le détail desquels nous ne croyons pas devoir entrer. Nous dirons seulement qu'on ajoute un peu de houblon à l'orge pour empêcher que la bière ne passe trop promptement à l'état acide.

Toutes les liqueurs fermentées peuvent donner leur alcool par la distillation.

De l'Alcool.

C'est le produit direct de la fermentation *dite* vineuse ou alcoolique. On peut en obtenir par le traitement convenable de tous les corps mucoso-sucrés ;

mais

mais il n'y en a qu'un certain nombre d'employés, et
on les désigne par les noms des substances qui ont dû
les former : c'est de là que l'on dit :

Alcool de *vin*,
— de *bière*,
— de *cidre* ou *poiré*,
— de *cerise*,
— de *grains*,
— de *sucre*,
— de *genièvre*,
— de *lait*, etc.

Quelle que soit la substance employée, l'alcool est
le même ; il est identique, du moins considéré chimi-
quement ; mais il peut entraîner avec lui certaines
substances encore mal connues, parce qu'on n'a pas
pu les isoler, qui lui donnent une odeur ou une saveur particulière, d'où vient qu'on en fait un choix.
On préfère entre tous l'alcool de raisin, dit *esprit-de-
vin*. C'est lui qu'on recueille le plus souvent et en
abondance ; il est aussi celui qui réunit le plus d'avantages pour la préparation du plus grand nombre de
composés alcooliques.

Au reste, les moyens d'obtenir celui-ci sont absolument ceux qui doivent être employés pour obtenir
les autres.

Pour opérer la séparation de l'alcool des corps indiqués, il faut recourir à la distillation. Fabroni pensait
qu'alors seulement l'alcool se formait. Il s'est au moins
élevé des doutes à cet égard ; mais M. Gay-Lussac est
parvenu à les dissiper, en démontrant que ce produit
est tout formé dans les vins. Pour cela, il a traité à
froid du vin par la litharge qui lui a pris en même temps

les acides libres et les matières colorantes ; il en résulte un liquide beaucoup plus clair ; on le sature avec
du sous-carbonate de potasse pour enchaîner l'eau ;
il arrive alors que l'alcool libre vient former une couche à la partie supérieure de la masse. D'une autre
part, si l'on expose du vin dans le vide, il suffit d'une
température de 15° pour que l'alcool se dégage ; or,
cette température est moindre que celle qui se produit
au milieu de la masse qui fermente pour donner le vin.

Nous savons que tous les vins ne contiennent point
également d'alcool ; il est ordinaire que les-plus généreux n'en donnent qu'un cinquième au plus ; les moins
bons peuvent n'en donner qu'un trentième. Quoi qu'il
en soit, on ne prend pas les meilleurs vins pour être
distillés ; on les conserve pour être employés entiers.
On se borne à opérer sur des vins plats ou un peu altérés, et pour cela on suit divers procédés, car on les
a beaucoup multipliés depuis peu de temps.

La distillation des vins s'est beaucoup perfection-
née depuis les progrès de la chimie ; on distille maintenant promptement et à peu de frais. Ce sont surtout
MM. Chaptal, Adam, Lenormant et Duportal qui
ont fait connaître les meilleurs procédés.

Autrefois on se bornait à mettre les vins dans une
cucurbite recouverte de son chapiteau, on poussait le
feu souvent pour ne distiller la masse qu'à moitié,
d'autres fois pour distiller jusqu'à siccité. Dans tous
les cas, on obtenait avec l'alcool beaucoup d'eau ; on
avait seulement séparé les parties fixes des parties volatiles. Il fallait distiller de nouveau, et à plusieurs reprises, le premier produit, pour n'en obtenir à chaque fois qu'une partie, laquelle était plus alcoolique et

plus volatile que ce qui restait ; mais cela demandait un temps très-long, l'emploi d'une immense quantité de combustible, etc., etc.

Maintenant on a trouvé le moyen de ne distiller qu'une seule fois, et d'obtenir à volonté l'alcool à un degré déterminé ; pour cela, on fait bouillir le vin dans la cucurbite, mais on fait arriver les vapeurs qui se dégagent dans des vases qui contiennent du vin ; celui-ci s'échauffe, il s'en sépare aussi des vapeurs qui vont se condenser dans un autre vase, lequel doit être maintenu à une certaine chaleur, qui permet que l'alcool aqueux qui s'y rend, puisse se diviser en deux parties, l'une alcoolique très-volatile, qui va se rendre dans un récipient voisin ; l'autre, qui est presque de l'eau pure, demeure dans le vase qui la contient. L'alcool est reçu en dernier résultat en passant à travers un tuyau en spirale, espèce de serpentin qui plonge dans un tonneau qu'on a aussi rempli de vin : par ce moyen, la condensation ne tarde point à s'opérer, et l'on a ainsi échauffé, sans frais, du vin destiné à remplacer celui de la cucurbite, quand il est entièrement distillé.

On a aussi imaginé de pratiquer cette distillation du vin en ajoutant à l'alambic une suite de ballons vides, au nombre de dix ou douze, réunis par de larges tubes. Ces ballons peuvent être de nature variable, mais on les fait communément en cuivre étamé ; ils portent tous inférieurement un robinet qu'on peut ouvrir à volonté. L'opération étant en train, il arrive que les vapeurs sortant de la cucurbite, se rendent dans les ballons pour s'y condenser ; mais ce qui est plus volatil (l'alcool), restant plus de

temps en vapeurs, passe gazeux dans les derniers vases ; tandis que ce qui est moins volatil (l'eau), se
condense plutôt et demeure dans les vaisseaux plus
près du foyer de chaleur : d'où il résulte que l'alcool
de chaque ballon présente une force différente.

Il est encore des modifications utiles de la distillation des vins, ce serait trop nous étendre, que de
vouloir en traiter ici. Voyez l'Art du distillateur.

Toutes ces opérations qui ont pour objet de traiter
l'alcool par le feu, exposent à de grands dangers, car,
les moindres portions de cette substance peuvent
s'enflammer par le moindre contact avec le feu des
fourneaux, d'une bougie allumée, etc. ; il peut en résulter explosion, incendie, etc.

L'alcool pouvant se trouver chargé d'une plus ou
moins grande quantité d'eau, il a fallu trouver des
moyens d'en préciser la valeur ; pour cela, on emploie
le pèse-liqueur ou aréomètre de Baumé, reproduit
sous le nom de Cartier : c'est un tube en verre gradué,
renflé dans son milieu, et portant inférieurement un
lest en mercure ; son usage est fondé sur ce qu'il s'enfonce d'autant plus dans les liquides, que ceux-ci sont
plus légers et moins denses. Ce pèse-liqueur, plongé
dans de l'eau distillée, s'arrête à une certaine hauteur ;
elle est marquée par 10° ; mis ensuite dans l'alcool le
plus concentré que l'on connaisse, il marque 44° : on
conçoit que ces nombres sont arbitraires, car on
pouvait partir de 0 à 50, ou 100 ; mais nous savons
ce qui existe, et cela nous suffit pour cet objet.

Or, la liqueur obtenue marquant moins de 25°, est
dite *eau-de-vie*, laquelle est faible à 15°, bonne à
boire, de 18 à 20° ; mais plus forte, elle est dite *eau-*

de-vie double ; au-dessus de 25°, c'est de l'alcool proprement dit, et on le désigne par le nombre de degrés qu'il marque à l'aréomètre.

L'eau-de-vie est blanche, si on la conserve dans des vases en verre ; mais par son séjour dans les tonneaux, elle se colore en s'emparant de l'extractif du bois. Elle prend ainsi plus de moelleux, elle est moins brûlante ; c'est pour cela qu'on recherche l'eau-de-vie vieille, et qu'on s'applique à la simuler, en y ajoutant un peu de safran ou du sucre brûlé, sous le nom de *caramel*.

L'alcool le plus concentré ne peut pas être obtenu par la distillation, si parfaite qu'elle soit ; on ne peut le recueillir ainsi que de 38 à 40° : il faut pour l'avoir plus fort, y faire fondre des corps déliquescens, lesquels s'emparent de l'eau : on emploie pour cela, de la potasse caustique, ou du muriate de chaux, ou seulement du sulfate de soude effleuri ; on distille ensuite au bain-marie ; ce qui passe est de l'alcool le plus rectifié possible, il donne 44°. Il est rare qu'on s'en serve, il suffit le plus souvent de l'alcool à 40°, même pour des opérations recherchées.

L'alcool jouit d'un grand nombre de propriétés qui ne dépendent point de sa concentration ; ainsi c'est toujours un produit de l'art, liquide, blanc, limpide, d'odeur agréable, de saveur plus ou moins forte, mais âcre, chaude, piquante. L'alcool est très-volatil, ce qui tient à sa grande légèreté ; il s'unit à l'eau en toutes proportions ; il est très-combustible et brûle avec une flamme jaune, mais qui prend des nuances différentes, si d'abord on a fait fondre certains corps dans ce liquide. L'alcool est surtout décomposé si on le fait passer en vapeurs à travers un tube de porcelaine ; chauffé au rouge, il en résulte, selon que le feu est *plus* ou *moins* fort, hydrogène pur ou hydrogène carboné, mais toujours acide carbonique et formation d'eau.

Si l'on expose l'alcool au plus grand froid, il ne se congèle point, c'est ce qui le rend propre à la formation des thermomètres pour apprécier les basses températures. Cependant M. Hutton assure l'avoir solidifié et cristallisé par un froid très-grand, mais sans indiquer comment on peut le produire.

L'alcool réfracte puissamment la lumière ; il n'est point altéré par l'air, mais il peut être décomposé par l'étincelle électrique ; il dissout un peu do phosphore à chaud que l'on précipite ensuite ; et, selon Boyle, cette addition a lieu avec dégagement de lumière, sensible dans l'obscurité, qui paraît être dû à du gaz *hydrogène perphosphoré.*

Nous avons déjà fait connaître la possibilité d'unir le soufre à l'alcool ; il faut pour cela réunir ensemble les vapeurs de ces corps. Il en résulte un alcool sulfuré, qui précipite en blanc par l'eau. Si l'on se borne à faire chauffer le soufre dans le liquide, l'action est très-lente, souvent presque nulle. On ne fait aucun usage de l'alcool sulfuré.

Le chlore gazeux décompose l'alcool ; il se forme, selon M. Berthollet, de l'eau, de l'acide hydrochlorique, un peu d'acide carbonique, une matière très-charbonnée, plus une huile particulière, d'une odeur forte, assez désagréable, très-volatile, décomposable par l'eau, inflammable, et donnant alors de l'acide hydro-chlorique. Si l'on la traite au tube rouge de porcelaine, on en sépare du chlore. Ce produit très-curieux n'est d'aucun usage.

L'alcool est modifié de manières très-diverses par les acides. Il en résulte des produits très-importans, que nous étudierons sous les noms d'*éther* et d'*acides dulcifiés*.

Les sels très-déliquescens sont solubles dans l'alcool; mais les autres le sont si peu, que l'esprit-de-vin les pré-cipite de leurs solutions, en s'emparant de l'eau; c'est ce qui a lieu pour le plus grand nombre des sulfates.

L'alcool, d'après M. Théodore de Saussure, est formé de carbone 51,98, oxigène 34,32, hydrogène 13,70.

On fait un grand usage de l'alcool. C'est le dissol-vant des résines, des huiles essentielles, du camphre, et de plusieurs des produits que nous étudierons. Il sert en chimie à faire des analyses. On l'emploie en pharmacie pour la préparation des teintures, es-pèces de solutions médicamenteuses. Enfin, seul et pris à différens degrés, on l'utilise en médecine et en chi-rurgie. S'il est faible, au dessous de 18°, il peut être pris intérieurement comme un très-bon tonique, et même stimulant, s'il est donné à forte dose; mais par l'abus qu'on en fait, il devient caustique, désorga-nisateur, et donne lieu à des maladies graves de l'esto-mac. Si, au contraire, on s'en sert extérieurement, il est moins dangereux. On en fait des frictions, lotions, ou fomentations toujours actives, et ranimant la vitalité des parties qu'il touche. On y a recours dans des cas de rhumatismes, d'entorses, de contusions avec échymose. On en appliquait autrefois sur les blessures nouvelles; on sait aujourd'hui qu'il en résulte une surexcitation non nécessaire ; on y a plus souvent recours pour le pansement des plaies atoniques, menacées de pourriture d'hôpital ou de gangrène, et alors on ajoute à l'alcool des corps divers, ordinairement astringens. Si l'alcool est fort, on ne s'en sert qu'à l'extérieur, et encore avec réserve, pour toucher certaines parties qu'on veut fortement stimuler.

L'alcool se comporte d'une manière particulière avec les sels de mercure et d'argent. Il en résulte des produits importans, comme nous allons le voir.

Poudre fulminante de Howard.

Si l'on fait dissoudre une partie de mercure dans sept et demi d'acide nitrique à 30° à l'aréomètre de Baumé, qu'on fasse ensuite bouillir, pendant trois minutes, avec onze parties d'alcool à 36°, il arrive que, par le refroidissement, il se forme des petits cristaux grisâtres, aiguillés : c'est le produit recherché, lequel a la propriété de fulminer par la percussion, ce qui rend sa préparation dangereuse. Howard pense que cette poudre est formée d'acide oxalique 21,28, mercure 64,72, gaz nitreux éthéré 14 ; mais, selon M. Berthollet, ce produit est formé d'ammoniaque, d'oxide de mercure et d'une matière végétale, provenant de l'alcool. La poudre d'Howard détonne sur les charbons allumés ; l'acide muriatique la convertit en chlorure de mercure.

Poudre fulminante d'argent de Brugnatelli.

Pour l'obtenir, on verse dans une capsule douze parties d'acide nitrique rutilant (mélange d'acide nitrique et nitreux) sur une de pierre infernale en poudre (nitrate d'argent fondu). On doit opérer sous un manteau de cheminée. Il y a bientôt dégagement de chaleur et même ébullition du liquide. La solution étant achevée, on ajoute de l'eau distillée, qui donne lieu à la précipitation d'une poudre blanche qui est l'*argent fulminant*, présumé oxide de ce métal, dont la décomposition est si facile, si prompte, et souvent accompagnée d'accidens si graves, que sa préparation peut être regardée comme périlleuse, car il suffit de la moindre pression, d'un léger frottement ou d'une certaine chaleur pour opérer sa décompostion ; aussi n'en doit-on préparer que fort peu à la fois. Il ne faut y toucher qu'avec la plus grande réserve, et l'on doit en diviser la masse par très-petites portions pendant qu'elle est encore humide ; alors l'explosion de chaque partie devient moins à craindre. C'est avec cette pou- dre, employée dans la proportion d'un grain, qu'on prépare les papiers détonnans et les pétards, sous forme de petites balles ou d'araignées, qu'il suffit d'é- craser pour donner lieu à un bruit aussi fort que celui d'un coup de pistolet. L'*argent fulminant* donne lieu aux mêmes phénomènes, quand on le traite par l'acide sulfurique. La nature de ce produit n'est pas encore bien connue.

DES ÉTHERS.

Produits de la réaction des alcools sur les acides, et réciproquement.

Il existe plusieurs éthers ; ils prennent le nom des acides qui ont servi à les former ; ainsi on dit, éther sulfurique, nitrique, acétique, etc., etc.

Tous les éthers sont sans couleur, très - légers,

inflammables, d'une odeur agréable, de saveur fraîche,
piquante : ils sont tous peu solubles dans l'eau. On
a divisé ces produits de plusieurs manières. M. Boulay
les distingue , 1° en ceux qui retiennent de l'acide
employé ; 2° en ceux qui n'en retiennent pas.

Nous ne traiterons maintenant que des éthers obtenus par les acides minéraux déjà étudiés ; quant
aux autres , ils se présenteront nécessairement chacun
placé à la suite de l'acide végétal qui devra servir à le
former.

Ether sulfurique.

C'est celui qui nous intéresse le plus , il est mieux
connu que tous les autres ; c'est lui qu'on emploie
le plus souvent, surtout à l'intérieur. Il est le seul
dont on puisse user avec sécurité.

La préparation de cet éther est fondée , 1° sur la
faculté qu'a l'acide sulfurique très - concentré de
prendre de l'eau dans les corps qui peuvent lui en
fournir ; 2° sur cette connaissance que l'alcool , privé
de son eau par un moyen quelconque, cesse d'être
ce qu'il était. Les principes réagissent les uns sur les
autres ; il en résulte un nouveau produit plus hydrogéné : c'est l'éther.

Pour opérer , on suit trois procédés , que nous décrirons.

Le premier , qui est encore le plus employé,
consiste à mélanger, dans une grande cornue tubulée, poids égal d'alcool à 36°, et d'acide sulfurique
à 66°. On ne doit guère agir sur plus de vingt
livres de masse , et la cornue ne doit être remplie
qu'au quart. Cette réunion des deux liquides exige de

grandes précautions, car il y a un très-grand dégagement de chaleur avec ébullition des matières employées : c'est pourquoi l'on doit commencer par
mettre l'alcool dans la cornue, pour n'ajouter l'a-
cide qu'ensuite et peu à peu, ayant le soin d'agiter
à chaque fois. Quand le mélange est complet, il devient impossible de toucher le vase, parce qu'il est
trop échauffé : on est obligé de l'entourer de linges
pour s'en rendre maître et le déplacer à volonté. La
liqueur s'est colorée ; elle est souvent brune, et déjà
il s'en sépare une vapeur d'une odeur nouvelle et
agréable, que l'on dit être de l'*alcool odorant*. On
place la cornue sur un bain de sable chaud, on bouche la tubulure, et on adapte au col de la cornue
un large tube ou une alonge qui va se rendre dans
un ballon à deux ouvertures ; l'une supérieure, qui
porte un long tube droit de sûreté ; l'autre inférieure, qui communique à un flacon pour y conduire
l'éther à mesure qu'il se forme et qu'il arrive. On lute
les jointures d'appareil. Il est bien que le flacon
plonge dans de l'eau froide, ou même dans la glace ;
mais cela n'est point indispensable, quand il se trouve
placé loin du fourneau. La réaction se continuant par
le secours de la chaleur artificielle, il arrive bientôt
qu'il se forme dans l'alonge des stries ou filets de
liquide, c'est l'éther qui passe et qui se condense ; mais
quand on a obtenu environ deux livres de produit,
on voit ce qui reste dans la cornue devenir plus noir,
et il commence à se dégager des vapeurs blanches qui
s'augmentent et deviennent épaisses ; il se dégage en
outre des gaz acide, carbonique et hydrogène carboné, qui sortent de l'appareil par le tube tenant

au ballon, parce qu'ils ne sont point de nature à se condenser ; l'acide sulfureux lui-même devient plus abondant, et il se trouve être accompagné d'un produit qu'on appelle *huile douce de vin*. Ces deux corps se condensent, et coulent avec l'éther dans le flacon. L'opération étant ainsi plus avancée, il reste moins de matière dans la cornue ; mais elle est épaisse, charbonneuse, et finit par se boursouffler tellement, qu'elle peut augmenter de plusieurs fois son volume.

Cette production de nouveaux produits n'est point favorable à l'éther : aussi a-t-on conseillé de changer le récipient dès qu'on aperçoit les vapeurs d'acide sulfureux. De cette manière on regarde comme pur ce qui est déjà passé, et on se réserve de rectifier plus tard ce qui doit passer encore ; mais il faut savoir qu'il a pu passer de l'acide avant que son dégagement fût sensible, de sorte que la pureté du premier éther n'est que relative à celle du second. Il faut donc le rectifier aussi, au moins est-ce un plus sûr moyen de l'avoir tel qu'il doit être : de là vient l'inutilité de fractionner les produits ; on peut recevoir dans un même vase tout l'éther qu'on peut attendre d'une seule opération, pour le purifier en une seule fois ; ou si l'on change le flacon, ce doit être pour d'autres motifs que font naître des circonstances que nous ne chercherons point à prévoir.

On laisse tomber le feu quand il ne se forme plus de filets liquides dans l'alonge. Il est ordinaire qu'on obtienne en produit le tiers de la masse employée.

Le second procédé consiste à faire une nouvelle addition d'alcool en quantité semblable à celle employée ; cela se pratique alors qu'on a obtenu du premier mélange un dixième d'éther. Ce nouvel alcool s'ajoute sans démonter l'appareil. Ce cas étant prévu, on fait arriver d'avance, presque au fond de la cornue, un long tube qui plonge dans le liquide; ce tube peut être courbé en S ; il permet ainsi de n'ajouter que peu à peu le liquide froid, et sans inconvénient, dans celui qui est bouillant : on continue ainsi avec précaution ; de cette manière l'éthérisation n'est point interrompue, et l'on peut obtenir en produit la moitié de la masse totale. Il est mieux que le tube soit terminé supérieurement en entonnoir, et qu'il présente dans sa hauteur une clef de robinet, par laquelle on puisse faire tomber l'alcool goutte à goutte, ou autrement, mais toujours d'une manière uniforme.

L'éther qu'on obtient ainsi est moins chargé de corps étrangers, mais il faut toujours le purifier.

Quant au dernier procédé indiqué par M. Boulay, il consiste à ne point faire d'avance le mélange des liquides. Il veut qu'on mette d'abord l'acide dans la cornue, que celle-ci soit placée sur un bain de sable, et qu'ensuite on ajoute l'alcool à l'acide, mais peu à peu, au moyen du long entonnoir à robinet ; de plus, l'éther obtenu doit passer à travers un tube nécessairement entouré de glace : enfin, étant obtenu en éther environ le dixième de la masse des liquides, on ajoute dans la cornue, encore peu à peu, et par le même moyen, de l'alcool, pareille quantité que la première fois.

L'éther obtenu veut aussi une rectification, malgré que d'ordinaire il soit encore plus pur que le précédent : ce qui paraît être dû à ce que la réaction de l'alcool sur l'acide n'a pas eu le temps d'être assez grande pour en dégager beaucoup d'acide sulfureux, ou, ce qui est équivalent, l'abondance de l'alcool a pu limiter la réaction de l'acide sulfurique, de manière à ce qu'il n'y ait point trop de carbone de mis à nu, ce qui, joint à l'attention de ne faire le premier mélange que le plus tard possible, a pu faire que le résidu s'est trouvé moins noir : il n'est que brun.

On conçoit aisément qu'une troisième addition ne donnerait point de l'éther, encore moins une quatrième, etc. ; cela est dû à ce que l'acide s'affaiblit à chaque fois par l'eau qu'il prend aux premières portions d'alcool ; et qu'il finit ainsi par ne plus être propre à l'éthérisation.

La théorie de la formation de l'éther se déduit de ce que nous avons exposé en commençant à traiter de ce corps : nous dirons seulement que, d'après M. Gay-Lussac, on peut considérer l'éther comme de l'alcool privé de la moitié de son eau ; en d'autres termes, l'alcool étant admis formé de gaz hydrogène per-carboné, deux volumes et une d'eau en vapeur, il faut admettre qu'il ne peut être converti en éther qu'en perdant la moitié d'hydrogène et d'oxigène qui constituaient son eau.

Quant aux autres produits, ils résultent de l'influence qu'exerce toute la masse de l'acide sur une moindre partie de l'alcool, quand il y en a une portion de convertie en éther : aussi est-il très-avantageux de faire peu à peu la nouvelle addition d'alcool, pour obtenir et plus d'éther, et moins des produits dont nous voulons parler, lesquels sont acide sulfureux ; acide carbonique et hydrogène carboné, tous résultant évidemment de ce que l'acide se décompose et perd de son oxigène. Quant à l'huile douce de vin, c'est le résultat d'un assemblage d'oxigène carboné et d'hydrogène ; en proportions toutes particulières. Ce produit, encore mal connu, mérite bien de fixer plus tard l'attention des chimistes.

La rectification de l'éther consiste à le distiller à une douce chaleur sur de la potasse ou de la magnésie, qui ont le double avantage de retenir l'acide et l'huile.

Le résidu de l'opération, par laquelle on a obtenu l'éther, peut être employé, comme nous le verrons, à la préparation de la liqueur minérale d'Hoffmann ; mais le plus souvent on s'en sert dans les arts à la préparation de plusieurs sulfates ; on pourrait, par une forte distillation, en séparer l'acide sulfurique, lequel, concentré, serait encore propre au même usage.

L'éther pur est très-fluide, sans couleur, limpide, d'odeur forte, mais généralement recherchée, passant même pour être agréable, de saveur fraîche d'abord, ensuite chaude et piquante. Il ne rougit point le tournesol, il est plus léger que l'alcool, il est très-volatil, et peut bouillir à 36°. Il produit du froid quand on en verse sur la main : ce qui est dû à ce qu'il s'empare promptement du calorique. C'est ainsi qu'il peut servir à former de la glace. Pour cela, on remplit d'eau une très-petite fiole qu'on recouvre d'un linge que l'on a le soin de maintenir imbibé d'éther, dont on peut hâter l'évaporation par le mouvement ; il suffit de quelques minutes pour que la glace soit formée.

D'après M. Planche, il paraît que l'éther s'altère à l'air et à la lumière ; il s'y forme de l'acide acétique, il devient âcre, moins odorant : l'éther est inflammable et se décompose ; alors il est peu soluble dans l'eau, il dissout un peu de soufre et de phosphore. Le chlore le détruit. On a parlé dans ces derniers temps d'un acide qu'on dit pouvoir être formé par la réaction du platine sur l'éther ; mais il est encore peu connu.

L'éther s'unit à l'alcool en toutes proportions ; si l'on réunit ces liquides à poids égal, on a *la liqueur minérale d'Hoffmann*. On la préparait autrefois en distillant une grande quantité d'alcool sur le résidu noir du mélange employé pour obtenir l'éther. Aujourd'hui l'on n'emploie plus ce moyen ; on préfère celui dont nous avons d'abord parlé : il est plus simple, et l'on est plus sûr de la valeur du produit. Il est des personnes qui veulent y faire dissoudre quelques gouttes d'huile douce de vin ; cela peut être pratiqué sans inconvenient. Or, pour se procurer cette huile, il faut la recueillir par décantation quand elle surnage à l'éther non rectifié, ou bien on l'enlève par inspiration à l'aide d'un tube capillaire, pour la reporter dans un autre vase, où l'on peut la laver avec un peu d'eau, si l'on le juge convenable.

L'éther peut dissoudre tous les corps que l'on sait être solubles dans l'alcool, et même plusieurs que celui-ci ne dissout point.

On emploie beaucoup l'éther sulfurique en médecine, c'est un des meilleurs calmans dans les affections nerveuses ; il en entre dans les potions antispasmodiques ; on le donne quelquefois sur du sucre,

mais

mais toujours à petite dose, de quatre à dix ou quinze gouttes. Si l'on en abuse, il peut s'ensuivre inflammation de l'estomac et des intestins, et par suite une sorte d'empoisonnement qui peut être mortel. On emploie l'éther à l'extérieur, parce qu'il produit du froid, il devient ainsi propre à diminuer les céphalalgies intenses ; on en applique sur le front ou bien dans les cas de brûlures sans phlictènes, on en mouille des linges qu'on maintient sur les parties malades.

On peut distiller l'éther sur diverses substances odorantes ; c'est ainsi qu'on obtient de l'éther à la rose. On prépare en pharmacie un sirop d'éther, etc.

Nous ne traiterons point à part des éthers phosphorique et arsénique, dont M. Boulay a le premier annoncé l'existence ; ces produits ne diffèrent en rien de l'éther sulfurique, et l'on explique de la même manière leur formation : le procédé pour les obtenir est le même, et les corps sont toujours pris à poids égaux ; seulement l'acide phosphorique doit être liquide, et peser moitié plus que l'eau ; quant à l'acide arsénique, il doit être dissout dans moitié son poids d'eau, dont on ne tient pas compte pour le poids de l'alcool.

De l'Ether nitrique.

C'est toujours un mauvais médicament, par la difficulté de l'avoir très-pur ; il s'altère facilement et peut aussi devenir nuisible. C'est Kunkel qui en a parlé le premier en 1681 ; M. le docteur Navier s'en est beaucoup occupé depuis. On a surtout cherché les moyens d'en séparer l'acide nitreux qu'il peut contenir, et qui a paru se reproduire en lui, après sa formation. M. Deyeux a conseillé de le distiller sur du sucre. Quoi qu'il en soit, ce n'est qu'un produit secondaire, dont l'action seulement apéritive, diurétique, se retrouve dans un produit qu'on obtient plus facilement, et qui offre un état plus constant ; c'est *l'acide nitrique dulcifié*, dont nous parlerons bientôt.

On a proposé un grand nombre de procédés pour préparer l'éther nitrique ; nous ne les passerons point en revue, c'est assez d'indiquer ceux plus nouvellement connus, et que nous croyons devoir être préférés.

Le premier consiste à distiller dans une grande cornue tubulée sur un feu doux, qu'on puisse gouverner à volonté, un mélange fait de suite, à poids égal, d'acide nitrique du commerce et d'alcool à 36° ; on adapte à la cornue plusieurs flacons à moitié pleins d'eau saturée de sel marin, moins le premier qui doit être vide ; on les entoure de glace et on les réunit par des tubes courbes, dont la branche la plus longue doit plonger profondément dans la solution : l'appareil peut être terminé par une cuve propre à recevoir les gaz ; dans le cas contraire, on laisse une issue libre pour leur dégagement ; on lute les jointures d'appareil et on pousse le feu très-modérément. Il arrive que les liquides entrent dans une prompte ébullition, qu'on peut même être obligé de modérer en retirant le feu, ou en refroidissant la cornue ; il se dégage une partie du mélange qui se rend et se condense en une liqueur jaunâtre dans le premier flacon qui est vide ; mais il passe en outre des vapeurs qui arrivent jusque dans la liqueur des autres vases ; elles se condensent aussi, et donnent un liquide verdâtre qui surnage à la solution saline, sans s'y dissoudre ; enfin, il se forme des gaz qui peuvent être recueillis comme il a été dit. Quand la masse dans la cornue est réduite au tiers , l'opération peut être suspendue; on la regarde comme terminée.

Il est arrivé que l'acide a été décomposé par le carbone et l'hydrogène de l'alcool ; il se forme ainsi de l'acide nitreux que l'on suppose devoir se combiner avec de l'alcool non décomposé; d'où résulte l'éther qu'on obtient ; de cette première décomposition résulte azote presque pur , gaz oxide d'azote, acide carbonique et gaz acide nitreux. Il a dû se former de l'eau, il reste dans la cornue alcool et acide non altérés , plus une matière très-carbonée.

On s'applique à recueillir les couches d'éther, qui recouvrent l'eau saline dans les récipiens , et on les réunit dans un même vase pour la rectification ; car c'est toujours un mélange d'alcool , d'éther , d'acide nitreux, nitrique et acétique ; on distille sur de la chaux, à une très-douce chaleur , en recevant cette fois le produit dans des flacons vides , mais plongés dans un bain de glace.

Le second procédé consiste , d'après M. Planche , à mettre dans une cornue tubulée quatorze onces d'oxide noir de manganèse et vingt-huit onces de nitre , le tout en poudre ; on adapte à la cornue plusieurs flacons dont le premier doit être à moitié plein d'alcool, pour condenser l'éther ; quant aux autres, on y met de l'eau distillée, on lute les jointures, et on verse dans la cornue par un tube en S un mélange froid de quatre-vingts onces d'alcool à 36° et de 13 onces d'acide sulfurique à 66° : après un contact de plusieurs heures, on chauffe graduellement et on distille

28*

presque à siccité. Le produit obtenu, doit être distillé de nouveau sur une à deux onces de magnésie pure, on ne recueille en produit que la moitié du liquide employé ; on distille encore sur de la magnésie et l'on ne recueille cette fois que huit à dix onces d'éther qui est alors, selon l'auteur, autant pur que possible. Dans cette opération, l'acide sulfurique a décomposé le nitre pour en dégager l'acide, qui en contact avec l'alcool le décompose ; l'oxide de manganèse est aussi altéré par l'acide sulfurique, d'où résulte oxigène, dont l'office paraît être de limiter la décomposition de l'acide nitrique, en fournissant à une partie de l'alcool de quoi brûler son hydrogène et son carbone.

L'éther nitrique peut être très-blanc d'abord, mais ne tarde point à devenir jaunâtre ; il doit être sans action sur le tournesol, sa saveur est âcre et même caustique, plus forte que celle des éthers déjà connus ; il pèse moins que l'eau, mais plus que l'alcool, il est très-volatil. Il s'y développe au bout d'un certain temps des vapeurs rougeâtres qui sont de l'acide nitreux ; il faut alors le rectifier sur du sucre ; il est altéré de la même manière quand on le mêle à de l'eau.

M. Thénard considère cet éther comme formé d'alcool et d'acide nitreux, il pense qu'il peut y exister de l'acide acétique.

On ne se sert presque plus de l'éther nitrique à l'intérieur, mais plus souvent extérieurement ; car il est plus volatil que l'éther sulfurique, et produit ainsi un plus grand froid. Quand on l'unit aux potions, ce ne doit être qu'au moment de l'administrer au malade, par la raison qu'il est promptement altéré par l'eau.

De l'Ether muriatique (*hydro-chlorique*).

Il n'offre pas plus d'avantage à la médecine que l'éther nitrique ; il n'agit que comme diurétique et peut être remplacé par l'acide muriatique dulcifié.

Sa préparation a été encore l'objet d'un grand nombre de recherches. De tous les procédés connus pour l'obtenir, nous ne décrirons que le suivant, comme le plus simple et celui qu'on doit préférer. Il consiste à distiller ensemble poids égal d'acide muriatique et d'alcool concentrés ; on opère dans une grande cornue tubulée, on adapte à son col un tube de Welter qui va plonger dans un flacon à moitié rempli d'eau, et duquel part un tube qui vient se rendre dans une éprouvette vide et séche, qui doit être entourée de glace ; on bouche ce dernier vase, et du bouchon doit partir un long tube droit pour donner issue à du gaz non condensé, s'il arrive que l'opération marche trop promptement. On lute les jointures d'appareil et on pousse le feu pour produire l'ébullition. Il y a bientôt réaction, et il se dégage des vapeurs, lesquelles passant par l'eau du premier flacon, y déposent l'acide et l'alcool non décomposés, tandis que l'éther, encore gazeux, passe dans le second où il se condense et se liquéfie par un froid suffisant ; c'est ce dernier produit que l'on recherche, il est tel qu'on veut l'obtenir, il n'a point besoin d'être purifié.

On explique diversement la formation de cet éther : on pense généralement qu'il résulte d'une combinaison intime de l'acide avec l'alcool ; cependant

MM. J. Collin et Robiquet assurent que ce produit est décomposé à la chaleur rouge en acide hydro-chlorique 36,79, et hydrogène pur carboné 63,21; ce qui rend mieux compte des phénomènes qui tiennent à l'opération.

L'éther muriatique est extrêmement volatil, il peut rester gazeux à 10°. On ne le maintient liquide qu'en le tenant plongé dans de l'eau de puits, ou dans de la glace: il est incolore, d'une odeur forte, mais agréable et rappelant assez bien celle des pommes de reinette; il a une saveur un peu sucrée, il ne rougit point le tournesol, il est plus lourd que l'éther sulfurique, il suffit d'en verser sur la main pour qu'il entre en ébullition.

L'éther muriatique est très-peu usité; si on le donne intérieurement, c'est à la dose de dix à vingt gouttes, et toujours uni à des liquides appropriés.

Des Acides dulcifiés.

Ils résultent de l'union de l'alcool aux acides en d'autres proportions que celles indiquées pour faire les éthers.

On peut les préparer par le simple mélange à froid, ou par une distillation qui est supposée produire une véritable combinaison: en effet, le produit obtenu a une odeur éthérée.

Ils sont tous avec excès d'acide, d'une saveur très-aigre, piquante, qui oblige de ne les goûter qu'avec précaution; ils sont astringens et sont employés en conséquence, on les désigne par un nom composé de l'alcool et de l'acide qui les forme, comme il suit:

Alcool sulfurique, aussi nommé *Eau de Rabel*.

On réunit dans un flacon une partie d'acide sulfurique à 66°, et trois d'alcool à 36°; on opère à l'air libre, on peut colorer ce produit en rouge par l'addition d'un peu d'orcanette.

On emploie beaucoup l'eau de rabel rouge ou blanche, à la dose de quelques gouttes, dans les gargarismes *dits* astringens ou détersifs; on en met aussi dans des lotions astringentes, et on en mêle à un peu d'eau pour arrêter les hémorrhagies passives.

Alcool nitrique.

On l'obtient en mettant deux parties d'alcool concentré, sur une d'acide, à 36°; on peut faire distiller, mais cela n'est point nécessaire; ce mélange prend avec le temps une odeur éthérée.

On y a recours comme apéritif diurétique, à la dose de dix à douze gouttes, dans des potions.

Alcool muriatique.

On le nomme aussi esprit de sel dulcifié, on le prépare à froid à partie double d'alcool sur l'acide.

Il est apéritif, plus employé que le précédent; on ne le donne point seul, il entre à la dose de dix à vingt ou trente gouttes, dans des potions appropriées.

Nous avons maintenant terminé ce que nous devions dire de la fermentation alcoolique et de ses produits.

Nous traiterons de la fermentation acide, à l'occasion de l'acide acétique lorsque nous en ferons l'étude, comme produit immédiat des végétaux, puisqu'il existe tout formé dans la nature, outre qu'il peut être formé par l'art.

Enfin, la fermentation putride trouve sa place dans la chimie animale, comme nous le verrons.

Quant aux prétendues *fermentations pannaire* et *saccharine*, elles n'existent point réellement, ce que nous démontrerons en traitant des graines céréales et du sucre.

Nous pouvons de suite commencer l'histoire des produits immédiats des végétaux, dont nous connaissons déjà la division en six classes.

Ire CLASSE.

Produits immédiats des végétaux, dans lesquels l'oxigène est surabondant à l'hydrogène pour faire l'eau. Cette classe nous donne les acides *végétaux*.

Des Acides végétaux.

Ils sont tous formés d'hydrogène, carbone et oxigène : tous peuvent être obtenus à l'état solide, excepté l'acide malique, lequel est très-déliquescent ; ils rougissent tous le tournesol, ils s'unissent aux bases, et donnent des sels. Les acides végétaux sont tous décomposés au feu en eau, acide carbonique, hydrogène carboné, etc. Quelques-uns se volatilisent à une douce chaleur, sans altération, d'autres se détruisent en partie et donnent une vapeur qui aide à la sublimation du reste.

Les acides végétaux concentrés sont peu altérables à l'air ; mais s'ils sont très-étendus d'eau, ils sont bientôt décomposés ; ils sont tous solubles dans l'eau et dans l'alcool, il n'y a de différence que du plus au moins.

Ils sont détruits par l'acide nitrique, moins ceux *benzoïque* et *subérique*, dont cet acide peut opérer la solution.

Les acides végétaux peuvent se comporter avec l'alcool de manière à donner des produits qu'on assimile aux éthers. Entre tous, il n'y a que l'éther acétique qui nous occupera en son temps; les autres sont à peine connus, sans usages; il n'en sera point question.

On compte maintenant dix-neuf acides végétaux que M. Thénard divise en trois séries : 1° acides qui sont naturels ou qu'on trouve formés dans les corps qui les fournissent, savoir : acides *tartarique*, *citrique*, *benzoïque*, *gallique*, *quinique*, *morique*, *mellitique*, *succinique*, *fungique*, *méconique*, *sorbique*; 2° acides qui, étant naturels, peuvent aussi être faits par les moyens de l'art, savoir : acides *acétique*, *malique*, *oxalique*; 3° enfin, acides qu'on ne peut obtenir qu'artificiellement, savoir : acides *camphorique*, *mucique*, *pyro-tartarique*, *subérique*, *nancéique*. C'est dans cet ordre que nous allons étudier ces produits, et en traitant de chaque acide en particulier, nous ferons connaître les différens composés auxquels il peut donner lieu; ce qui devra nous conduire à parler des sels végétaux, quelle que soit la base qui les forme.

DES ACIDES VÉGÉTAUX NATURELS.

De l'Acide tartarique ou tartareux.

Il existe combiné à la potasse et à la chaux dans beaucoup de fruits; on le trouve aussi dans le tamarin. On a remarqué qu'il y a moins de cet acide dans les raisins verts, que dans ceux très-mûrs : ce qui rend les premiers si aigres, c'est de l'acide citrique, lequel paraît se changer par la végétation en acide tartarique. Cet acide constitue le tartre qui se précipite des vins pendant la fermentation ; pour obtenir l'acide pur, on fait une solution du tartre à chaud, dans dix parties d'eau bouillante ; on y ajoute quantité suffisante de craie en poudre pour saturer l'excès d'acide ; il y a effervescence, il se dégage de l'acide carbonique, il se forme du tartrate de chaux insoluble, plus du tartrate neutre de potasse qui est soluble ; on traite la liqueur par du muriate de chaux, il en résulte une nouvelle quantité de tartrate calcaire ; on décante le liquide, il contient du muriate de potasse qu'on peut utiliser ; d'autre part, on recueille le précipité de tartrate de chaux, on le traite encore à chaud, par trois cinquièmes de son poids d'acide sulfurique fort, auquel on ajoute quatre à cinq fois autant d'eau ; il se produit promptement du sulfate de chaux insoluble, et l'acide tartarique, devenu libre, reste dans la liqueur qu'on décante et qu'on fait évaporer ; il peut se précipiter encore un peu de sulfate calcaire : on traite cette solution d'acide tartarique par la litharge, pour en séparer le peu d'acide sulfurique qui peut s'y trouver, et ensuite, par l'hydrogène sulfuré, pour précipiter le peu de plomb qui aurait pu passer à l'état de tartrate. On filtre le liquide, et on le fait cristalliser ; on a bientôt des cristaux aiguillés, assez gros, blancs, d'une saveur aigre, très-forte ; il rougit le tournesol, il est inaltérable à l'air, non déliquescent, il est très-soluble dans l'eau, peu dans l'alcool ; il se décompose au feu en perdant de son carbone, et donne ainsi un nouvel acide, dont nous parlerons sous le nom d'acide *pyrotartarique*.

L'acide nitrique distillé sur de l'acide tartarique se décompose, et change celui-ci en acide oxalique.

L'acide tartarique a offert par l'analyse des résultats variables; mais, selon M. Berzélius, il contient carbone 35,98, oxigène 60,28, hydrogène 3,74.

On peut employer cet acide dans tous les cas où l'on recherche l'usage du vinaigre et des citrons: on en fait des limonades, la dose est d'un à deux gros sur une pinte d'eau qu'on peut édulcorer; on en mêle en poudre à du sucre, de dix à trente grains par once, pour en faire des tablettes contre la soif, au moyen du mucilage de gomme adragant.

Des Tartrates.

Sels résultant de la combinaison de l'acide tartarique avec les bases; ils sont tous décomposables au feu, ils se comportent de manière très-variée avec les agens connus, ce qui nous empêche de donner des généralités à cet égard.

Tartrate acidule de potasse, ou Crême de tartre.

C'est la portion cristalline qui se dépose au fond des tonneaux par la fermentation des vins; il est impur et plus ou moins rouge, selon les corps qui l'accompagnent; sa purification s'opère en le faisant bouillir dans de l'eau avec de la terre argileuse, du sang de bœuf ou autres matières albumineuses; on fait passer la liqueur à travers un linge très-serré; on pousse à l'évaporation pour avoir des cristaux qui peuvent se former, même à la surface du liquide encore chaud; on les enlève alors comme une sorte de crême, il s'en forme davantage par le refroidissement.

La *crême de tartre* est blanche, soluble dans quinze parties à chaud, et dans soixante à froid. Cette solution s'altère à l'air, se moisit et se change en sous-carbonate de potasse.

Ce sel est toujours mêlé d'un peu de tartrate de chaux, mais qui ne nuit point à ses usages ordinaires; il peut s'y trouver aussi de l'alumine, silice, fer et manganèse; on n'en tient point grand compte.

La crême de tartre est employée en solution pour limonade. Il n'en faut mettre que d'un à quatre gros par pinte d'eau. Il en entre quelquefois dans les médecines, mais c'est à tort; car elle s'y dissout difficilement. Il est plus ordinaire d'en mettre un ou deux gros sur une pinte de petit lait. On fait des tablettes et des opiats de crême de tartre.

On a tenté divers moyens de rendre ce sel plus soluble; on n'y est parvenu qu'en le dénaturant. Il est d'usage d'y ajouter par once un gros de borate de soude; il en résulte alors un tartrate de potasse et de soude. Il est encore usité de faire bouillir dix parties de crême de tartre avec une d'acide borique dans quarante parties d'eau; on remarque alors qu'il se fait un précipité de tartrate de chaux. On filtre et on fait évaporer la liqueur à siccité pour avoir une poudre blanche, fine, sèche, qui est une variété de crême de tartre soluble, dont la préparation est attribuée à M. Lartigue. On ne connaît pas encore bien ce qui se passe dans cette opération. Ce nouveau produit est le plus souvent employé comme doux purgatif, à la dose de quelques gros à une once.

C'est avec le tartre brut ou purifié qu'on prépare le *flux noir* et le *flux blanc*. Pour cela on jette dans

un creuset rouge un mélange de ce sel et de nitre, parties égales pour le flux noir , et le double de nitre pour
le flux blanc. Il y a décomposition des corps employés,
d'où résulte sous-carbonate de potasse avec plus ou
moins de charbon. Ces flux sont employés pour hâter
la fusion de quelques métaux , et pour faciliter la
réduction de leurs mines.

Tartrate neutre de potasse, ou Sel végétal.

C'est toujours un produit de l'art. On l'obtient en
saturant à chaud la solution de crême de tartre par de
la potasse carbonatée, ou, par raison contraire, on
peut verser peu à peu de la crême de tartre en poudre
dans une solution bouillante de sous-carbonate de
potasse. Il arrive que le tartrate de chaux se précipite;
on filtre et on fait cristalliser. On a des prismes à quatre
pans. Ce sel est blanc, très-soluble dans l'eau, de saveur
peu amère ; il est employé comme doux purgatif,
de quelques gros à une once.

Tartrate de potasse et de soude (sel de Seignette et sel de la Rochelle).

On l'obtient absolument comme le précédent, excepté qu'au lieu de potasse carbonatée, on prend de la
soude.

Etant cristallisé, ce sel est en beaux prismes à huit
ou dix pans , il est très-soluble, de saveur légèrement
amère. Il est formé, selon M. Vauquelin, de tartrate
de potasse 54 , et tartrate de soude , 46. On l'emploie
comme le sel végétal.

Tartrate de potasse et de fer.

C'est lui qui constitue un assez grand nombre de produits, connus sous des noms divers. Pour l'obtenir, il suffit de faire bouillir dans de l'eau parties égales de tartre et de limaille de fer. On filtre le liquide, pour le faire évaporer et cristalliser; on a de petites aiguilles de couleur verdâtre, très-solubles. C'est ce produit qui est appelé *tartre martial soluble* et *tartre chalibé.*

On s'en sert peu comme médicament. Quand on y avait recours, c'était comme tonique, dose de quelques grains à un gros, dans des pilules.

Ce qu'on appelle *teinture de mars tartarisée* n'est autre chose qu'une solution concentrée du sel précédent, à laquelle on a dû ajouter un peu d'alcool pour sa conservation.

On s'en est servi comme du dernier produit, mais de préférence dans les potions.

Les *boules de Nanci* se rapportent beaucoup aux produits que nous venons d'étudier. Pour les faire, on mêle ensemble une partie de fer en poudre fine, et deux de tartre; on humecte le tout avec de l'eau-de-vie ou du vin blanc; on laisse sécher; on humecte encore en malaxant fortement, et ainsi de suite à plusieurs reprises, jusqu'à ce que le tout paraisse être homogène, lisse et noir. On en fait alors des boules qu'on fait sécher lentement, sans quoi elles se gerceraient et pourraient se rompre. Ce qu'on obtient ainsi est encore un tartrate de potasse et de fer, mais avec excès de ce dernier corps. Pour s'en servir, on fait macérer dans l'eau qui dissout le sel formé. On emploie l'*eau de boule* en boisson et aussi en lavage, pour des parties contuses.

On peut voir en pharmacie la préparation du *vin chalibé;* c'est encore une solution du sel double qui nous occupe. On en fait un grand usage dans la chlorose, etc.

La *teinture de mars de Ludovic*, dont on abandonne aujourd'hui l'usage, participe encore de la crême de tartre et du fer, mais on opère avec le sulfate de ce métal calciné. C'est un mauvais médicament, parce que son action est très-variable.

Tartrate de potasse et de protoxide d'antimoine
(émétique) et tartre stibié.

C'est à M. Barruel que l'on doit le meilleur procédé pour obtenir ce sel. Il faut prendre parties égales de crême de tartre et de verre d'antimoine en poudre très-fine. On fait bouillir le tout pendant quelques minutes, dans dix fois autant d'eau de rivière. On filtre, on fait évaporer à siccité, mais à une douce chaleur, pour ne point décomposer l'émétique; on délaie ensuite dans un peu d'eau distillée bouillante; on filtre encore et on fait cristalliser. Ce qui reste sur le filtre est un ensemble de soufre, de tartrate de chaux et de silice. Il se peut qu'il reste du tartrate calcaire dans l'émétique; mais alors il cristallise sur ce dernier en houppes soyeuses, qu'on peut enlever avec la barbe d'une plume. Il est à remarquer qu'on obtient l'émétique plus blanc, quand l'ébullition est peu prolongée. Il faut aussi prendre le verre d'antimoine le moins coloré possible. L'eau-mère, qui surnage aux cristaux d'émétique, est ordinairement verdâtre; elle retient du tartrate de potasse peu antimonié, qui est très-soluble et moins cristallisable. Quand les cristaux d'émétique sont colorés, on les purifie par de nouvelles solutions, filtrations et cristallisations.

Il est arrivé dans cette opération que l'eau est décomposée ; son hydrogène prend du soufre au verre d'antimoine, et l'oxigène oxide le métal ; lequel se combinant à l'acide libre donne du tartrate de ce métal, qui se combine en sel double avec le tartrate de potasse devenu neutre. L'hydrogène sulfuré, formé, se dégage en partie ; mais une autre portion se combine à de l'oxide d'antimoine, et donne ainsi du kermès qui se précipite ; comme il y a toujours un excès de soufre, il s'en précipite aussi.

L'émétique pur cristallise en tétraëdres ou en octaëdres ; il est blanc, demi-transparent, sans odeur, de saveur âcre ; il rougit le tournesol, il se décompose au feu et donne pour résidu le métal pur et du sous-carbonate de potasse. L'émétique s'effleurit à l'air et devient pulvérulent ; il est alors plus actif. Ce sel est très-soluble dans l'eau sans s'y décomposer ; l'acide sulfurique seul, ou les sulfates acides, le précipitent en sous-sulfate d'antimoine blanc ; les alcalis purs l'altèrent aussi ; les hydro-sulfures le décomposent en kermès qui se précipite. C'est surtout la teinture alcoolique des noix de galle qui est propre à déceler l'émétique dans les solutions ; il en résulte un précipité blanc-grisâtre, floconneux et abondant. Tous les sucs extractifs et les corps tanifères décomposent l'émétique, c'est ce qui porte à prendre le soin de n'ajouter ce sel que dans des liquides choisis, qui ne puissent pas le décomposer et en changer ainsi l'action ;

tion ; l'émétique est converti en oxide d'antimoine, uni au tanin dans l'opiat fébrifuge de Desbois de Roche-fort ; il s'y trouve mêlé en grande quantité au quinquina.

Par ce qui vient d'être dit, on voit quels seraient les moyens d'arrêter les mauvais effets de l'émétique, lorsqu'il a été pris volontairement ou non, en trop grande quantité, auquel cas il peut agir comme poison et causer la mort.

L'émétique est décomposé dans l'eau de tamarin, dans la limonade au citron et dans le petit lait ; cependant ou l'unit souvent à ces liquides, c'est parce qu'il en résulte toujours un nouveau sel d'antimoine soluble et vomitif, de sorte que l'action est la même ; dans ces trois cas, il se forme du tartrate acide de potasse, mais dans le premier, il y a du tartrate neutre d'antimoine qui reste libre ; dans le second, c'est du citrate de ce métal, et dans le troisième, il se forme un acétate : le tartrate antimonié de potasse est formé d'acide 34, oxide 58, potasse 16, eau 8, perte 4.

L'émétique est le plus souvent employé comme vomitif ; c'est un des plus forts stimulans de la fibre musculaire, et sa présence trop prolongée dans l'estomac, mais surtout son absorption, peut donner lieu à de vives inflammations, ce qui doit en rendre l'usage plus à craindre dans certains cas. Il est ordinaire de le donner en solution dans de l'eau distillée, ou encore dans une solution des sulfates neutres de soude ou de magnésie qui ne le décomposent point ; il en résulte dans ces derniers cas ce qu'on appelle *émético-cathartique.*

Il faut toujours l'administrer par portions, d'heure en heure, ou à des instants plus rapprochés, pour donner lieu à des évacuations supposées nécessaires ; il suffit communément de deux à trois grains pris en plusieurs fois ; on en double quelquefois la dose, comme dans les asphixies, apoplexies, etc.; on l'a même donné jusqu'à soixante grains en solution dans une pinte d'eau pure, pour l'administrer par cuillerée de deux en deux minutes, dans le cas d'empoisonnement par les corps stupéfians, surtout par les champignons.

Quand on donne l'émétique pour tenir le ventre libre, c'est à dose très-petite, par fractions de grains.

L'injection des solutions d'émétique dans les veines produit le vomissement.

Comme perturbateur, on a donné avec succès l'émétique à l'approche des accès de fièvre intermittente. Il convient toujours au début des fièvres bilieuses, etc.

De l'*Acide citrique*.

Il existe dans beaucoup de fruits, tels que les abricots, les cerises, le verjus, le tamarin, les oranges, mais surtout dans les limons et les citrons ; il est souvent uni dans ces corps à l'acide tartarique. C'est Schéèle, qui le premier a obtenu cet acide libre et cristallisé.

Entre les différens moyens de l'obtenir, il faut citer celui de Richter, qui consiste à saturer le suc de citron par du carbonate de potasse ; on a un citrate alcalin, qu'on précipite ensuite par l'acétate de plomb ; il se forme du citrate de plomb insoluble qu'on décompose par de l'acide sulfurique, lequel, s'emparant du plomb, laisse l'acide citrique libre dans la liqueur ; on filtre, on fait évaporer pour avoir des cristaux.

On a simplifié ce procédé comme il suit : on sature le suc de citron par de la craie, pour avoir un citrate insoluble, qu'on fait sécher pour le décomposer ensuite par trois parties d'acide sulfurique à 45°. On forme ainsi un sulfate calcaire, et l'acide nitrique reste en solution dans la liqueur qu'on filtre et qu'on fait cristalliser. On peut d'avance la traiter par la litharge et l'hydrogène sulfuré, comme il a été dit pour l'acide tartarique, afin d'en séparer d'abord l'acide sulfurique s'il s'y en trouvait, et par suite le plomb ajouté.

L'acide citrique cristallise en rhombes ; il est âcre et presque caustique s'il est concentré, d'une saveur acidulée, fraîche, agréable, s'il est étendu d'eau : il est très-soluble dans ce liquide, décomposable au feu, et transformé en acide oxalique par l'acide nitrique.

L'acide citrique desséché est formé, selon M. Berzélius, de carbone 41,37, oxigène 54,83, hydrogène 3,80.

Cet acide peut être employé, comme le tartarique, en limonade ; il est plus agréable que ce dernier, mais beaucoup plus cher et plus coûteux, ce qui en fait négliger l'usage. Au reste, il est préférable d'employer le suc de citron tel que nous le donne la nature, parce qu'il porte un arôme très-recherché ; il contient en outre une partie muqueuse, qui en rend l'action moins directe sur l'organe digestif, et qui permet d'en continuer l'usage plus long-temps.

Il peut exister des *citrates* ; plusieurs sont solubles, on les prépare directement ; les autres se font par la voie des doubles décompositions : ils sont tous décomposés par le feu ; il n'en est aucun d'usité ; nous n'en ferons point l'étude.

De l'Acide benzoïque.

Il en existe dans l'urine de quelques enfans et des herbivores, mais on va plus souvent le chercher dans les produits naturels qu'on appelle *baumes*, et dans lesquels il se trouve uni à la résine. Ainsi on en trouve dans la vanille, dans le storax, la cannelle, le castoréum, le baume de Tolu, et même dans l'ambre gris et dans l'agaric blanc ; mais il est surtout retiré du benjoin, d'où il prend son nom. Il est divers moyens de le mettre à nu : voici les principaux.

1° Pour le séparer des urines, il suffit de verser de l'acide muriatique dans ces liquides concentrés. On décompose ainsi le benzoate de chaux, et l'acide benzoïque se précipite en petites paillettes.

2° On fait bouillir du benjoin en poudre avec de la chaux vive pour avoir un benzoate qu'on décompose comme dessus.

3° Le plus souvent on l'obtient par sublimation du benjoin, qu'il suffit d'exposer à une douce chaleur, dans une terrine surmontée d'un cône en papier, dans lequel vient se condenser l'acide. A mesure qu'il se volatilise, il ne faut point trop chauffer, car on décompose l'acide, et il prend une couleur noire.

L'acide benzoïque pur doit être sans odeur ; mais tel qu'on l'obtient des baumes, il porte un arôme suave très-recherché, ce qui paraît être dû à ce qu'il retient toujours un peu de résine à l'état de combinaison. Il est toujours cristallisable en belles aiguilles brillantes, comme nacrées, légères, friables, non altérées par les acides nitrique et muriatique. Il a une saveur piquante, il rougit le tournesol; il est soluble dans l'eau, beaucoup plus à chaud qu'à froid : ce qui fait que sa solution saturée cristallise par le refroidissement. Il est plus soluble dans l'alcool, duquel il est précipitable par l'eau. Cet acide est formé, selon M. Berzélius, de carbone 74,41, oxigène 20,43, hydrogène 5,16.

On a beaucoup employé l'acide benzoïque pur en médecine, comme stimulant; on en faisait entrer à la dose de quelques grains dans des loochs ou liquides dits vulnéraires, pour la fin des rhumes ou catarres; mais maintenant on ne s'en sert plus, on ne l'utilise qu'avec les substances qui les contiennent, comme il est dit dans l'histoire de chacune.

Il peut exister des *benzoates*; il ne nous intéressent pas plus que les *citrates*. Nous dirons seulement que l'acide benzoïque, dans les urines des animaux, peut exister uni aux bases, et donnant le plus souvent des benzoates de chaux, de potasse et de soude.

De l'Acide gallique.

Il existe en abondance dans les *noix de galle*, produites sur les feuilles du *quercus cenis*, par l'insecte *cynips*. Cet acide se trouve aussi dans beaucoup de corps dits astringens, tels que café, quinquina, simarouba, écorce de grenade, brou de noix, racines de fraisier, de tormentille, de scrophulaire, fleur de camomille romaine, nénuphar, sumac, etc.

Pour avoir cet acide, il suffit, selon M. Deyeux, de distiller les noix de galle à un feu doux; mais par ce moyen on en obtient très-peu, car si l'on chauffe trop, on décompose l'acide. Le procédé le plus suivi est plus compliqué, il donne plus de produit. Il consiste, selon Schéèle, à faire une forte décoction de noix de galle dans l'eau, ou seulement on fait une macération de plusieurs jours; on a ainsi une solution qui contient du tanin et de l'acide gallique; on passe et on abandonne la liqueur à elle-même pendant plusieurs semaines : il ne tarde point à se former une moisissure résultant du tanin en partie décomposé. Il se trouve inférieurement des cristaux d'acide gallique. Ce dernier corps forme presque entièrement un dépôt grisâtre, qui se trouve au fond du vase : il est accompagné de tanin non altéré. On recueille à part ce dépôt et la croûte moisie; on lave ces parties par de l'eau chaude, qui dissout tout l'acide; on filtre et l'on fait cristalliser.

L'acide gallique, ainsi obtenu, est en petites aiguilles brunes, brillantes, sans odeur, de saveur âcre, astringente, rougissant le tournesol, soluble à froid dans 25 parties d'eau, plus soluble à chaud; il se dissout aussi dans l'alcool. Il est transformé en acide oxalique par l'acide nitrique.

L'acide gallique s'unit aux bases; il précipite en bleu-noirâtre les sels de protoxide de fer : c'est en raison de cela qu'il sert à faire l'encre et les teintures en noir. Il y a un grand nombre de procédés pour obtenir l'encre. Voici celui donné par M. Chaptal.

Faites bouillir pendant une ou deux heures une livre de bois de Campêche et deux livres de noix de galle dans soixante-quinze livres d'eau; passez, ajoutez, sur six pintes de cette solution, quatre pintes d'une forte solution de gomme arabique commune; plus, trois ou quatre pintes d'une solution saturée de proto-sulfate de fer, dans laquelle on doit avoir ajouté deux à quatre onces de sulfate de cuivre : cet ensemble devient noir et constitue l'encre.

Un autre procédé un peu plus coûteux, mais plus simple et plus prompt, consiste à mettre ensemble dans un vase une livre de noix de galle, gomme arabique et vitriol vert, de chaque six onces, et six pintes d'eau. On laisse le tout macérer à froid pendant plusieurs jours, après quoi on peut employer l'encre, soit qu'on la filtre ou qu'elle reste sur son marc.

Pour avoir de l'encre instantanément dans les laboratoires, il suffit de verser une solution de sulfate de fer dans une décoction de noix de galle ; il se forme de suite un précipité noir qui paraît être du gallate de fer insoluble. Il ne manque plus à cette encre qu'un peu de gomme pour lui donner du liant, plus de consistance, et du sucre pour faire prendre à l'écriture plus de brillant.

Il est un très-grand nombre de recettes pour la fabrication de l'encre. Il est admis que l'encre la meilleure ne doit pas être très-noire d'abord ; ce n'est qu'à la longue et exposée à l'air qu'elle noircit, ce qui peut être dû à une suroxidation du fer.

Toutes les sortes d'encres qui doivent leur couleur à l'acide gallique et au tanin sont décomposées, décolorées, détruites, comme nous l'avons dit, par le chlore, qui devient acide hydro-chlorique en prenant l'hydrogène de ces produits végétaux : dès-lors, plus de gallate de fer et plus d'encre. Ces phénomènes, observés et connus depuis long-temps, ont d'abord été expliqués, en disant que le chlore, que l'on croyait être acide muriatique oxigéné, cédait son oxigène à l'hydrogène de ces substances pour former de l'eau, et qu'ainsi l'acide muriatique redevenait simple. Dans tous les cas, et de quelque manière qu'on explique ces réactions, il faut toujours savoir que, voulant enlever par le chlore, de l'écriture ou des taches d'encre sur des estampes, tissus, etc., il se peut qu'il reste des taches jaunâtres : c'est de l'oxide de fer qui exige le lavage avec de l'acide muriatique simple.

Ce qu'on appelle *encre indélébile* porte des matières grasses ou charbonneuses, qui ne sont point attaquées par les moyens que nous venons d'indiquer.

Il est très-rare que l'on use de l'acide gallique pur ; on se borne à employer les substances qui le contiennent, comme il est dit dans leur histoire naturelle.

L'acide gallique, obtenu par le moyen de Schéèle, peut encore être purifié par la sublimation, et donner alors des petites lames transparentes et sans couleur.

Cet acide ne précipite point les sels de platine, de zinc, d'étain, de cobalt, de manganèse et d'arsenic ; mais il précipite tous les autres comme il suit : le fer en noir ; c'est ce que l'on vient de voir ; l'or, l'argent et le cuivre en brun ; le mercure, le bismuth en orange ; le plomb et l'antimoine en blanc ; le nikel en vert, etc.

Les sels d'acide gallique ou les gallates ne nous intéressent point : ceux alcalins sont verdâtres, très-solubles, et non cristallisables ; celui de fer insoluble et noir, etc., etc. Ils ne sont d'aucun usage.

Les autres acides naturels ne sont point, à beaucoup près, aussi bien connus que les précédens ; leur histoire est incomplète, et leur usage est absolument nul, c'est ce qui nous porte à n'en parler que très-succinctement.

De l'*Acide quinique* ou *kinique*.

Découvert par M. Vauquelin dans le quinquina où il se trouve combiné à la chaux : il cristallise en aiguilles, rougit le tournesol et s'unit aux bases. Il est remarquable en ce qu'il ne précipite point les nitrates d'argent, de mercure et de plomb.

De l'*Acide morique*, aussi nommé *moroxalique* et *morolinique*.

M. Thompson a recueilli sur le mûrier blanc une concrétion, dans laquelle M. Klaproth a trouvé de la chaux unie à l'acide en question. Il peut cristalliser ; il est soluble dans l'alcool ; il rougit les couleurs bleues végétales, et forme des sels alcalins très-solubles.

De l'*Acide mellitique* ou *honigstique*.

Découvert par M. Klaproth dans un fossile, couleur de miel jaune, appelé par Werner *honigstein*, et *mellite* par le chimiste cité. On trouve ce minéral à Arten, en Thuringe. Il contient alumine 16, eau 38, acide mellitique 46.

Pour isoler cet acide, il suffit de broyer la pierre et de laver dans beaucoup d'eau. On filtre et l'on fait évaporer. On a, par le refroidissement, de très-beaux cristaux aiguillés, d'une saveur aigre et amère ; il peut former des sels alcalins très-solubles et cristallisables. Cet acide ne précipite point le nitrate d'argent ; mais il donne, avec le nitrate de mercure, un précipité d'un beau bleu, et soluble dans l'acide nitrique. Il

précipite le nitrate, mais non le muriate de cuivre ;
il n'est point changé en acide oxalique par le nitrique.
Cet acide pourrait mériter qu'on s'en occupât davantage. On a cru que l'acide mellitique n'était qu'une
modification de l'acide oxalique, parce qu'il peut,
comme ce dernier, précipiter la chaux de tous ses
composés, excepté de son oxalate ; mais on trouve
qu'il en diffère par la manière dont il se comporte en
beaucoup d'autres circonstances, dans le détail desquelles il serait trop long d'entrer.

De l'Acide succinique.

Entre les chimistes, il en est quelques-uns qui le
regardent comme un produit de l'art ; mais en général,
il est adopté que, si l'on fait chauffer doucement du
succin en poudre, on en sépare cet acide qui se sublime en petits cristaux aiguillés. On cesse de chauffer
lorsque la masse ne se boursoufle plus. Cet acide,
ainsi obtenu, est toujours mêlé d'un peu d'huile brune :
on la purifie, en la faisant bouillir, dans une solution de
potasse, avec du charbon. La liqueur filtrée est traitée
par le nitrate de plomb, ce qui donne un succinate
insoluble, qu'on décompose ensuite par l'acide sulfurique ; enfin on purifie la nouvelle solution d'acide
succinique, comme il a été dit pour les acides citrique
et tartarique. On filtre encore et l'on fait cristalliser.

L'acide succinique, supposé pur, donne des prismes
aplatis, sans couleur, transparens, de saveur âcre, il
rougit le tournesol. Il est peu soluble dans l'eau. On
ne s'en sert point. Quant aux succinates, ils sont
à peine connus.

De l'Acide fungique.

Il a été découvert par M. Braconnot dans les champignons. Il est incolore, très-soluble dans l'eau, déliquescent, non cristallisable, insoluble dans l'alcool. Il décompose l'acétate de plomb, dont le précipité est soluble dans un excès d'acide acétique.

De l'Acide de la laque en bâton.

C'est encore un nouvel acide, à en juger par ce qu'en a dit M. John. Il est jaunâtre, cristallisable, soluble dans l'eau, dans l'alcool et dans les terres; du reste il est peu connu.

De l'Acide méconique.

Il est nouvellement indiqué par M. Sertuerner, qui a dit l'avoir trouvé dans l'opium. Ce produit, trop peu étudié jusqu'à ce jour, mérite assez d'être à l'avenir un objet de recherches. Il paraît être solide, incolore, cristallisable en belles aiguilles. L'auteur annoncé regarde la matière cristalline de l'opium, découverte par M. Derosnes, comme n'étant qu'un composé de *morphine* et d'acide *méconique*.

Selon M. Robiquet, voici comment on obtient l'acide méconique. On fait bouillir l'extrait muqueux d'opium dans de l'eau, avec de la magnésie pure. Il se forme un précipité de morphine et de méconate de magnésie. On le traite par ébullition dans de l'alcool qui dissout la morphine. On prend le résidu pour le traiter par de l'acide sulfurique faible. Il se forme du sulfate de magnésie, et l'acide recherché reste en solution dans la liqueur. On traite le tout par du mu-

riate de baryte. Il se forme du sulfate et du méconate
de baryte , tous deux insolubles. Quant au muriate
de magnésie , il reste dans le liquide. On prend le précipité pour le traiter par l'acide sulfurique , dont
l'action est nulle sur le sulfate , mais décompose le
méconate , dont l'acide , libre dans la liqueur, peut
ensuite être obtenu à part, au moyen de la filtration.
Si l'on craint qu'il retienne de l'acide sulfurique, on le
purifie par la litharge , et ensuite par l'hydrogène
sulfuré, comme il a été dit pour plusieurs autres acides.

L'acide méconique paraît avoir une très - grande
attraction pour le fer; il précipite en beau rouge l'hydro-chlorate de ce métal ; il est indécomposable par
l'acide sulfurique , et son action ne paraît pas devoir
être grande sur l'économie animale.

De l'Acide sorbique.

Découvert par M. Donovan en 1814, dans beaucoup de fruits âcres, en plus grande quantité dans
ceux du sorbier où il se trouve uni à d'autres acides.

Il est liquide , incolore, non cristallisable, soluble
dans l'eau et dans l'alcool ; il paraît pouvoir décomposer à chaud le malate de plomb. Il n'est d'aucun
usage, il peut former des sels , mais très-peu connus.

DES ACIDES VÉGÉTAUX

qui peuvent être naturels ou produits de l'art.

De l'Acide acétique.

Cet acide se trouve tout formé dans la nature, il
en existe dans presque tous les fruits verts, et de plus
dans la sueur, le lait et l'urine humaine ; mais il est

ordinaire de l'obtenir par les moyens de l'art en prolongeant la fermentation alcoolique comme il suit.

De la Fermentation acide.

Elle résulte de la réaction des corps végéto-animaux ou azotés sur les principes de l'alcool ; il paraît certain que l'action de l'air n'est pas toujours nécessaire pour déterminer cette fermentation. Ainsi M. Chaptal a obtenu de très-bon vinaigre, en maintenant pendant cinq jours de la levure de bière et de l'eau-de-vie dans une bouteille pleine et bien bouchée. Mais l'action de l'air rend cette transformation plus prompte, et c'est probablement alors en fournissant de l'oxigène ; on n'explique pas encore comment agit le corps végéto-animal.

Toutes les liqueurs fermentées et dites vineuses peuvent être changées en vinaigre, mais avec des phénomènes variables, toujours moins sensibles que dans la fermentation alcoolique ; il y a peu de chaleur de produite ; il se dégage de l'acide carbonique en moindre quantité, etc. Il se forme un sédiment qui tombe au fond du vase, et de plus une espèce de chapeau surnageant au liquide et prenant le nom de *mère* du vinaigre, parce qu'il suffit d'en ajouter à des liquides alcooliques pour en opérer l'*acétification* ; il arrive toujours que l'alcool a été détruit, ou s'il en reste, c'est très-peu.

Tout porte à croire que l'acide acétique n'est autre chose que l'alcool beaucoup moins carboné.

On fait plusieurs sortes de vinaigres, mais on doit préférer ceux de vin. On les prépare surtout à Orléans, ils sont rouges ou blancs ; pour les faire, il est d'usage de verser une partie de vinaigre bouillant sur quatre de vin nouveau ; il arrive qu'au bout de dix jours, et moyennant une température de 20°, la masse entière est convertie en vinaigre ; on en retire une partie tous les huit ou dix jours, et on la remplace par une égale quantité de vin, de sorte que l'appareil est comme en permanence.

Le vinaigre offre un liquide mixte, dans lequel on trouve une grande quantité d'eau, de l'acide acétique, du tartre, de la matière colorante, de l'extractif, et un peu d'alcool.

- Quand le vinaigre est trouble, on peut le clarifier en y versant quelques cuillerées de lait bouillant ; il se forme un coagulum, que l'on sépare ensuite par la filtration ; le vinaigre peut être décoloré par le charbon.

Le vinaigre de bière que font les brasseurs, surtout à Paris, peut être très-bon, moyennant que pour l'obtenir, on ait fait addition d'un peu de mélasse ou de sucre ; il est rarement clair.

- Il est trop fréquent que les vinaigres inférieurs soient falsifiés, et rendus plus forts par l'addition du poivre, du gingembre, du galanga ou du poivre long ; ces moyens, toujours blâmables, donnent au vinaigre un goût âcre, désagréable, et peuvent en rendre l'usage nuisible pour beaucoup de personnes, en ce qu'il devient beaucoup trop excitant. C'est encore plus mal d'y ajouter, par fraude, des acides sulfurique et muriatique. On reconnaît la présence du premier par les sels solubles de baryte, et celle du second par le nitrate d'argent.

Le bon vinaigre doit avoir une odeur forte, piquante, mais agréable; la saveur doit être d'une acidité franche, sans laisser d'arrière-goût. Il doit suffire d'une once de bon vinaigre blanc pour saturer, ou neutraliser, un gros de potasse du commerce.

Le vinaigre ou acide acétique s'altère à l'air, il finit par se convertir en eau et en acide carbonique, c'est pourquoi il faut le maintenir à couvert.

On a cherché à donner de la force au vinaigre par différens moyens; on y parvient en l'exposant à un froid de quelques degrés sous zéro; ce qui se congèle est de l'eau peu acide, et ce qui reste liquide offre du vinaigre plus fort. On réussit également à bonifier le vinaigre par une courte ébullition, parce que l'eau est plus volatile que l'acide acétique; c'est pourquoi il est fréquent de le faire bouillir avant d'y faire séjourner des cornichons ou d'autres végétaux.

On emploie le vinaigre ordinaire dans les arts, pour décaper les métaux, aviver des couleurs, etc. Dans l'économie domestique, on s'en sert pour assaisonner les alimens; pour en conserver d'autres, parce qu'il en prend l'humidité. On y a aussi recours en pharmacie pour en faire des teintures acéteuses, des oximels et des vinaigres médicinaux. Enfin, en chimie, on le traite par différens moyens pour en avoir d'abord du vinaigre distillé, puis des acétates et par suite du vinaigre radical, etc.

Vinaigre distillé : pour l'obtenir, il suffit de faire bouillir le vinaigre dans des vaisseaux clos (alambics); le premier quart qui passe est très-faible, on peut le rejeter ou le destiner à des usages particuliers, en le considérant comme formé de beaucoup d'eau, de très-peu d'acide et d'alcool. Ce qui vient ensuite est plus fort et peut être recueilli ; on distille jusqu'à ce qu'il ne reste dans la cornue que le quart de la masse employée ; ce résidu est très-coloré, il peut laisser déposer du tartre par le refroidissement ; le liquide est du vinaigre très-propre à la préparation de l'extrait de saturne.

Quant au vinaigre distillé, il est clair, limpide, sans couleur, d'une odeur qui lui est propre ; il pèse plus que l'eau, il est volatil ; s'il est concentré, il peut se congeler à zéro. D'après M. Boudet, il peut dissoudre le phosphore et en retenir après le refroidissement. On ne s'en sert guère qu'en chimie pour la préparation de plusieurs composés ; il peut être mêlé aux alimens, et si l'on ne s'en sert point pour cela, c'est qu'il n'a plus, à beaucoup près, la saveur du vinaigre ordinaire.

L'acide acétique est formé, d'après MM. Gay-Lussac et Thénard, de carbone 50,224, hydrogène et oxigène formant de l'eau 46,911, oxigène en excès 2,865.

En médecine, on utilise le vinaigre comme rafraîchissant et astringent : on le donne en boisson et on s'en sert à l'extérieur comme résolutif ; il paraît convenir pour arrêter ou diminuer les mauvais effets de l'opium et des autres narcotiques, après que les vomissemens ont fait rejeter ces corps au dehors, car avant cela ce liquide est très-nuisible. On y a recours avec un succès plus constant contre les spasmes, les asphixies, et dans tous les cas d'atonie ; on en fait boire ou respirer, on en frotte les tempes, etc. ; on en donne aussi en lavemens.

Si le vinaigre est très-concentré, comme nous dirons

rons qu'il peut l'être, il prend le nom de vinaigre radical, alors il est caustique et peut être lui-même poison.

Le *vinaigre radical* est l'acide acétique le plus pur et le plus privé d'eau qu'il est possible.

Pour l'obtenir, on décompose à la cornue de l'acétate de cuivre (cristaux de Vénus); il passe dans le récipient une liqueur verdâtre, c'est l'acide, plus, un peu d'acétate non décomposé; il se dégage aussi des gaz acide carbonique et hydrogène carboné; il se forme un peu d'eau, plus, de l'esprit pyro-acétique, ce qui reste comme résidu est un mélange de cuivre pur, de protoxide de ce métal et de charbon : le produit obtenu peut être purifié par une nouvelle distillation à un feu plus doux.

Le *vinaigre radical* peut être blanc, d'une odeur très-pénétrante, difficile à respirer; sa saveur est âcre, caustique, vénéneuse. On ne s'en sert qu'à l'extérieur dans les cas de syncopes et toutes les fois qu'il faut ranimer l'acte de la respiration.

Ce que l'on vend sous le nom de *sel de vinaigre* n'est autre chose que du sulfate de potasse en petits cristaux, sur lequel on a versé, dans un flacon, du vinaigre radical, qui est ainsi plus retenu, moins mobile, mais non combiné. On est ainsi plus maître d'indiquer l'action.

Il existe depuis peu d'années une nouvelle manière de se procurer l'*acide acétique :* nous devons en tenir compte.

Pour cela, on décompose du bois dans des fours en briques ou dans des tuyaux en fonte. Il en résulte divers produits que nous indiquerons en traitant du *ligneux ;* mais, entre tous, est un liquide huileux et acide qu'on sature avec de la craie pour avoir un acétate calcaire qu'on traite ensuite par du sulfate de soude. Il en résulte sulfate de chaux et acétate de soude. On filtre la liqueur pour la faire cristalliser. On a des aiguilles qui peuvent être colorées par de l'huile, qu'on décompose en les faisant chauffer un peu fortement ; après quoi on traite le sel à la cornue par l'acide sulfurique, lequel dégage l'acide acétique pur concentré.

L'acide acétique se combine aux bases, et peut donner des sels dont un grand nombre mérite bien de nous occuper, comme on va le voir.

Des Acétates.

Ces sels sont tous solubles, décomposables au feu, excepté celui d'ammoniaque, lequel se volatilise. Ils donnent alors de l'eau, un gaz inflammable dit *esprit pyro-acétique,* de l'huile, de l'acide carbonique et de l'hydrogène carboné : le résidu est toujours du charbon, plus la base du sel. Quelques acétates sont réduits par le feu à l'état métallique ; quelques autres se changent en carbonates, etc., etc. Ils sont décomposables par un grand nombre d'acides. L'hydrogène sulfuré les décompose aussi.

Acétate d'alumine.

Il s'obtient directement par l'acide et l'alumine en gelée, ou encore en traitant le sulfate de cette terre par l'acétate de plomb.

Ce sel est très-soluble ; il n'est employé qu'en teinture pour fixer les matières colorantes.

Acétate de chaux.

Il s'obtient, comme on l'a vu, en saturant par la chaux l'eau acide que fournit la décomposition du bois. Ce sel est employé en grand pour la préparation du carbonate de soude, car il suffit de le mêler au sulfate de soude pour qu'il en résulte un précipité insoluble de sulfate calcaire et une solution d'acétate de soude qu'on fait dessécher et calciner : il se décompose alors et donne le carbonate alcalin en question, lequel, pouvant être noirci par du charbon, est dissout, filtré, pour cristalliser ensuite.

Acétate de potasse.

Aussi nommé *terre foliée végétale* ou *du tartre.* C'est Raimond Lulle qui, le premier, en a traité longuement. M. Vauquelin en a démontré la présence dans la séve de beaucoup de végétaux ligneux. On peut le faire à peu de frais, en décomposant le sulfate de potasse par l'acétate de plomb ; mais ce moyen est dangereux, parce que ce sel qu'on emploie en médecine intérieurement peut retenir de l'acétate de plomb qui en rendrait l'usage très-dangereux. Il est mieux de saturer le carbonate de potasse par l'acide acétique distillé. On fait dessécher la solution pour la dissoudre encore, avec addition d'un peu de charbon qui en sépare une matière rousse, glutineuse. On filtre et l'on a de nouveaux cristaux plus blancs et lamelleux. Ce procédé est de M. Fremy de Versailles.

Ce sel est très-soluble, déliquescent, de saveur âcre, piquante ; il s'offre en petits feuillets brillans, opaques. Chauffé dans un creuset avec de l'arsenic blanc,

il donne divers produits, entre lesquels il faut distinguer un liquide volatil, jaune; huileux, fumant et
d'une odeur fétide : c'est ce qu'on nomme *liqueur
fumante de Cadet*, considérée par M. Thénard comme une espèce d'*acétate oléo-arsenical*.

L'acétate de potasse est employé comme hygromè-
tre, et pour dessécher les gaz, en raison de ce qu'il
attire puissamment l'humidité de l'air. On l'emploie
aussi en médecine, mais à petite dose, comme de
quelques grains à deux gros par jour dans des solutions appropriées. C'est un très-bon fondant, apéritif,
résolutif, qui convient dans la jaunisse et dans quelques fièvres.

Acétate de soude.

On le trouve rarement dans la nature. On le nomme
aussi *terre foliée minérale* ou *de soude*.

Pour le faire, il suffit de saturer le carbonate de
soude par le vinaigre distillé. Il cristallise mieux que
le précédent; il donne des prismes transparens, très-
solubles, mais non déliquescens; la saveur est piquante, amère. On s'en sert, comme de l'acétate de potasse,
dans les mêmes cas et aux mêmes doses.

Acétate d'ammoniaque ou Esprit de Mindérerus.

On le trouve dans plusieurs liquides animaux, après
leur putréfaction, mais sur-tout dans les eaux croupies des fumiers ou dans les urines anciennes.

Pour le faire, on sature le carbonate d'ammoniaque avec du vinaigre distillé. On conserve ce sel à l'état
liquide, parce qu'il est difficile de le faire cristalliser.
Il est très-soluble, de saveur piquante. Il ne doit point
rougir le tournesol; il est mieux qu'il soit avec un pe-

tit excès de base qu'il finit par perdre avec le temps.

On s'en sert en médecine comme d'un très-bon diaphorétique ; il porte beaucoup à la peau. On le donne aussi contre les spasmes, d'un gros à une once, dans des potions. Il est surtout vanté pour favoriser la suppuration tardive de la petite vérole.

Acétate de zinc.

On le fait de toutes pièces ; il est cristallisable, on l'a proposé à la dose d'un gros, sur quatre onces d'eau pour injections astringentes, sur la fin des écoulemens blancs.

Acétate de fer.

Il peut varier, selon l'oxide qui le forme : nous n'entendons parler que du *peracétate* (rouge), on peut le faire directement ; mais comme il est très-employé dans les arts pour la teinture, on a cherché les moyens de le faire en grand à moins de frais ; on y est parvenu en saturant, par la tournure de fer, l'eau acidule provenant de la distillation du bois, et comme on appelle encore son acide pyro-ligneux, on dit pyro-lignite de fer.

Cet acétate est liquide, si soluble, qu'il est déliquescent et non cristallisable ; l'eau bouillante le transforme en peroxide pur.

On emploie ce sel, comme nous l'avons dit, dans les arts pour la coloration des tissus, des étoffes, indiennes, etc.

Quand il est pur, on peut l'employer en médecine, comme tonique, et seulement à la dose de quelques grains, comme il a été dit, pour toutes les préparations de fer, moins le sulfate.

Deuto-acétate neutre de cuivre.

Il est un produit de l'art, on le nomme aussi *cristaux de Vénus*, et *verdet cristallisé*; pour l'obtenir, on fait dissoudre à chaud du vert-de-gris du commerce, dans du vinaigre; on filtre et l'on fait cristalliser ; il donne des rhombes, de grosseur variable, on les rassemble à volonté sur des bâtons, qu'on maintient dans le liquide pendant la cristallisation.

Ce sel est vert - bleuâtre, efflorescent, et devenant ainsi blanchâtre à l'air ; il est très-soluble, on l'a conseillé en médecine, à l'extérieur et à l'intérieur, comme il a été dit pour les autres sels solubles de ce métal; mais son usage est également dangereux, ce qui doit le faire négliger; il est plus recherché en chimie pour en séparer l'acide acétique pur, ou vinaigre radical, dont nous avons parlé.

On se sert encore de ce sel, pour avoir une couleur dite *vert d'eau.*

Ce sel est des plus vénéneux que l'on connaisse, aussi doit-on prendre les plus grandes précautions quand on le touche, pour n'en point respirer la poudre, ou de n'en point porter à la bouche.

Sous-deuto-acétate de cuivre.

C'est le vert-de-gris, si connu par ses nombreux usages dans les arts; nous n'avons fait que l'indiquer à l'occasion des oxides de ce métal.

Nous dirons maintenant qu'il se trouve être un mélange d'acétate neutre, de carbonate et de deutoxide hydraté.

Pour l'obtenir, on expose des lames de cuivre entre

des couches de marc de raisins; au bout d'un mois ou deux, on enlève le vert-de-gris formé, pour agir de même sur le cuivre qui reste non altéré; il arrive que l'eau se décompose, le métal s'oxide et s'empare de l'acide résultant de la fermentation du marc de raisins. Quelques chimistes pensent qu'il suffit de l'oxigène de l'air, pour oxider le cuivre dans cette opération, et que l'eau n'est point décomposée; c'est surtout à Montpellier que l'on prépare en grand le vert-de-gris.

On emploie ce sous-sel dans la peinture, dans les arts et en chimie, mais peu en médecine, si ce n'est à l'extérieur comme stimulant. Il en entre dans le baume vert de Metz, dans l'onguent égyptiac, dans l'emplâtre divin, etc. C'est un violent poison, dont l'antidote est l'albumine de l'œuf étendu d'eau, sauf les moyens secondaires, tendant à remédier aux effets déjà produits, comme inflammation, etc.

Acétate de plomb.

Il peut en exister plusieurs, le seul qu'il nous importe de connaître est nommé extrait de saturne, qu'il faut regarder comme un *sous-acétate.*

Pour l'obtenir, on fait bouillir pendant une demi-heure de la litharge dans du vinaigre; on varie beaucoup les quantités de l'oxide, pourvu que celui-ci soit en excès; pour le vinaigre ordinaire, il suffit d'une once d'oxide par livre de liquide; on filtre, on a une liqueur jaune, qui est le produit recherché; on peut aussi employer les autres oxides de plomb pour préparer ce sel : de même, on peut le faire avec du vinaigre distillé; alors la liqueur est blanche: dans tous les cas, on peut porter à la cristallisation, et ce qu'on obtient alors prend le nom de *cristaux* ou *sucre de saturne*.

L'acétate de plomb est très-soluble, il donne des prismes. Il n'est point altéré par l'air, il se comporte par les réactifs comme tous les sels de plomb, dont nous avons traité d'une manière générale à l'occasion du plomb.

On ne connaît point d'analyse rigoureuse de ce sel.

Il paraît qu'on peut charger ce sous-acétate d'une nouvelle quantité d'oxide, il est alors insoluble ; on ne s'en sert point à cet état.

On a conseillé l'usage de ce sel à l'intérieur, à la dose d'un à deux grains, contre les fleurs blanches et les anciennes diarrhées ; mais il faut en craindre l'action sur les poumons ; on s'en est aussi servi comme sédatif dans quelques cas de *satyriase* ; on y a plus souvent recours à l'extérieur, seul, comme résolutif, dans le cas d'entorse et plus souvent étendu d'eau, pour qu'il soit moins astringent, qu'il produise une astriction moins forte. Cette solution aqueuse d'extrait de saturne est claire, limpide, si l'eau employée est pure ; mais elle est trouble, opaque et blanche quand l'eau contient des sels terreux ou alcalins ; il en résulte alors ce qu'on appelle *eau blanche* de *Goulard*, ou *végéto-minérale*, dite siccative. Il est arrivé dans ce cas, que le sel de plomb a été décomposé ; il s'en est formé un nouveau, qui est un sulfate ou un carbonate ; cette altération ne nuit point à l'usage de ce liquide, et même on la recherche quelquefois ; on la produit en choisissant l'eau en conséquence, ou en ajoutant à de l'eau distillée quelques grains d'un sulfate ou carbonate soluble.

On employe surtout *l'eau blanche* dans le cas de brûlures nouvelles, et aussi pour laver des plaies anciennes, les piqûres d'insectes, etc. Ces préparations de plomb sont toujours vénéneuses, on en arrête l'action par l'usage des sulfates alcalins.

On employe depuis peu le sous-acétate de plomb soluble, ou extrait de saturne, à la préparation de la céruse, proprement dite et considérée comme carbonate de plomb pur. Pour cela on fait passer un courant d'acide carbonique dans de l'extrait de saturne, il se forme un précipité qui est le produit recherché ; le premier sel n'est point entièrement décomposé par ce moyen ; on l'a seulement changé en *acétate neutre*, encore cristallisable, mais non usité ; on peut le traiter par de la litharge, qui s'y dissout et forme un nouveau sous-acétate qui peut servir comme nous l'avons dit.

La céruse, dont nous parlons maintenant, diffère, comme on peut le voir, de celle qu'on obtient en beaucoup de lieux, et, comme nous l'avons dit ailleurs, en exposant des lames de plomb à la vapeur de matières en fermentation ; dans ce dernier cas, il se forme trois choses, oxide, carbonate et acétate de plomb.

En considérant la céruse telle qu'elle existe dans le commerce, quant au métal qui la forme, plutôt que relativement aux états de ce métal dans ce composé, nous dirons qu'on falsifie souvent ce corps par l'addition non avouée de la craie ou carbonate de chaux. On reconnaît cette fraude, 1° par le poids qui est moindre ; 2° en traitant une partie de la masse

par de l'acide nitrique, lequel doit dans tous les cas
donner une solution complète ; mais s'il y a de la
chaux, l'addition d'un oxalate la précipite.

Acétate de mercure.

Il peut en exister deux, mais on n'emploie que celui
qui porte le *protoxide*.

Pour le faire, on peut avoir recours aux doubles
décompositions (proto-nitrate de mercure, acétate de
potasse). Le nouveau sel se précipite en paillettes, car
il est très-peu soluble.

On peut aussi l'obtenir en faisant d'abord le *deuto-
acétate*, que l'on décompose ensuite, comme nous le
dirons; dans ce cas, on fait digérer de l'oxide rouge
de mercure très-divisé, il s'y dissout, et l'on obtient
des cristaux par le refroidissement, ou par une évaporation très-lente à l'air libre : il ne faut point le faire
chauffer, car on ramènerait le sel à l'état de protoxide
par la décomposition d'une partie de l'acide.

Le deuto-acétate de mercure, qui n'est d'aucun
usage, est aussi décomposable par l'eau; il donne ainsi
le sel dont nous avons parlé d'abord.

On voit donc qu'il y a quatre moyens d'obtenir le
proto-acétate de mercure; nous les avons indiqués,
parce qu'ils peuvent être tous également usités.

Ce sel est toujours en écailles brillantes, peu soluble
dans l'eau froide, de saveur âpre et mercurielle; il fait
la base des *dragées de Keyser*, si vantées contre la
syphilis. Quand on y a recours, c'est à la dose d'un
huitième de grain par jour, jamais seul, mais uni à
des corps muqueux : il ne paraît pas qu'il agisse autrement que le sublimé corrosif; on le donne dans les

mêmes circonstances, avec les mêmes précautions, et sous les mêmes formes.

Le *proto-acétate de mercure* a été substitué au nitrate de mercure dans le *sirop de Belet*, ce qui ne paraît point inconvenant.

Les autres acétates possibles sont si peu importans, qu'il serait déplacé d'en traiter dans cet ouvrage.

De l'Acide oxalique.

Il existe dans l'oseille (oxalis), où il se trouve combiné en excès à la potasse. MM. Proust et Deyeux en ont trouvé dans le pois chiche : selon MM. Bouillon-Lagrange et Vogel, il en existe dans les jeunes feuilles de rhubarbe ; il peut aussi être obtenu par l'action de l'acide nitrique sur certains corps.

Pour se procurer cet acide, il est divers moyens.

1° On prend une solution de sel d'oseille (oxalate acidule de potasse), pour la traiter par de l'acétate de plomb ; on obtient de l'oxalate de plomb, qu'on traite ensuite par l'acide sulfurique et les autres moyens indiqués pour les acides tartarique et citrique ; on fait cristalliser.

2° On l'obtient le plus souvent artificiellement ; pour cela, on distille à plusieurs reprises, dans une cornue de verre tubulée, cinq à six parties d'acide nitrique à 22°, sur une de sucre ou d'amidon, de résines, manne, gomme, etc. ; il se dégage de l'acide nitreux, ce qui annonce que le nitrique a été décomposé de manière à perdre son oxigène ; on soutient la distillation pour réduire la masse de liquide aux deux tiers : on a par le refroidissement des cristaux qu'on étend sur du papier joseph ; puis on le dissout dans l'eau pour enlever ce qui reste d'acide nitrique ; on fait évaporer pour cristalliser de nouveau.

Nous verrons plus tard que les substances animales, *chair*, *soies*, *poils*, etc., traitées par le même acide, peuvent aussi donner de l'acide oxalique.

Cet acide peut donner de très-beaux prismes quadrangulaires, sans couleur, transparens, très-acides, rougissant fortement le tournesol ; si on le chauffe suffisamment, il se fond, se desséche, et peut se volatiliser en partie sans se décomposer ; mais à un plus grand feu, il est réduit en eau et en acide carbonique, etc. L'acide oxalique est très-soluble dans l'eau, moins dans l'alcool ; c'est un des meilleurs réactifs que nous ayons, en ce qu'il précipite la chaux de tous ses composés, et que le nouvel oxalate n'est point soluble dans un excès de son acide ; il s'unit très-bien au fer avec lequel il fait des sels incolores ; ce qui rend cet acide propre à enlever les taches d'encre ; il est formé, d'après MM. Gay-Lussac et Thénard, de carbone 26,566 oxigène 70,689, hydrogène 2,745.

On peut employer cet acide à faire des limonades ; mais il est très-bien remplacé par l'acide tartarique, et mieux par l'oxalate acidule de potasse dont nous parlerons.

Des Oxalates.

Ils sont décomposables au feu, comme tous les acides végétaux.

Dans ces derniers temps, M. Dulong a proposé une nouvelle théorie, qui tend à faire considérer l'acide oxalique comme étant formé d'acide carbonique et d'hydrogène. Il s'appuie sur ce que, voulant combiner le deutoxide de plomb avec l'acide oxalique, il en résulte un produit pesant vingt centièmes de moins que la masse des corps employés ; ce qui le porte à croire qu'une partie d'oxigène fournie par le métal forme de l'eau avec l'hydrogène de l'acide, laquelle eau se dégage ; il ne reste ensuite que du protoxide de plomb s'unissant à l'acide carbonique, restant de l'altération de l'oxalique altéré ; enfin, le produit salin obtenu se décompose de manière à ce qu'il ne se dégage que de l'acide carbonique, tout au plus mêlé de gaz oxide de carbone, ce qui fait croire que, dans ce dernier cas, le métal a retenu un peu d'oxigène de l'acide carbonique.

Les oxalates neutres solubles le sont encore quand ils sont acides.

Il est peu de ces sels qui doivent nous occuper.

Oxalate acide de potasse ou *Sel d'oseille.*

On en trouve dans les *rumex*, les *oxalis*, dans les feuilles de rhubarbe, etc.

Pour l'obtenir, on brise ces plantes, on en extrait le suc, lequel doit être traité à chaud par de l'argile ; on filtre et l'on fait évaporer pour avoir des cristaux qu'on redissout s'ils ne sont pas très-purs.

On a aussi conseillé d'abandonner à la cuve pendant plusieurs mois le suc filtré de l'oseille ; on prend seulement le soin de le recouvrir d'une couche d'huile, pour intercepter le contact de l'air et s'opposer ainsi à la fermentation. Il est vrai qu'on peut obtenir à la longue des cristaux, mais ce moyen n'est point usité.

Ce sel peut donner de beaux cristaux blancs, opaques : c'est, de tous les oxalates, celui qui est le plus chargé d'acide. On le nomme en Angleterre *sel essentiel de citron.*

On s'en sert peu, si ce n'est pour faire quelques limonades. Il donne, comme on le sait, son acide. Il enlève les taches d'encre, et avive les couleurs de carthame, etc.

Oxalate neutre d'ammoniaque.

On le fait directement. Il donne des prismes : c'est lui qu'on emploie de préférence comme réactif pour décéler la chaux.

Les oxalates de chaux, de baryte et autres insolubles, etc., se font par voie de double décomposition ; ils ne sont d'aucun usage et ne nous offrent rien d'assez remarquable pour en parler séparément.

De l'Acide malique.

Créel et Schééle, en 1785, en ont parlé les premiers ; ils l'ont trouvé uni à l'acide citrique dans les groseilles et dans beaucoup de fruits non mûrs, pommes, poires, etc.; il existe sans mélange dans le berbéris, les prunes, etc. Fourcroy en a trouvé dans le pollen du dattier d'Egypte, dans l'ananas et beaucoup dans le pois chiche. M. Vauquelin a trouvé beaucoup de malate acide de chaux dans le suc de joubarbe.

Le meilleur procédé pour obtenir cet acide pur est celui de M. Vauquelin. On opère sur le suc de joubarbe filtré, auquel on ajoute de l'alcool fort pour précipiter tout le malate de chaux ; on fait sécher le précipité à l'air pour en séparer l'alcool qu'il peut retenir, on le fait fondre dans de l'eau pour y ajouter de l'acétate de plomb ; il en résulte malate de plomb insoluble, qu'on recueille et qu'on fait bouillir avec moitié d'acide sulfurique, étendu de cinq fois autant d'eau, on a un liquide contenant l'acide recherché; on filtre, on traite par la litharge et par l'hydrogène, comme nous l'avons dit pour plusieurs autres acides. Il reste en dernier résultat une liqueur filtrée, jaunâtre, non cristallisable, peu sapide; cet acide est fixe, déliquescent, soluble dans l'eau et dans l'alcool. Sa solution s'altère à l'air; l'acide nitrique peut convertir l'acide malique en oxalique.

On a contesté l'existence de l'acide malique, en le regardant comme un ensemble d'acide acétique et d'extractif, qu'on peut isoler par la baryte; il faut de nouvelles expériences pour constater les faits.

Les *malates* sont peu connus, ils ne sont d'aucun usage : nous n'en parlerons point.

Des Acides végétaux qui sont toujours des produits de l'art.

Ces acides nous intéressent très-peu, ils ne sont point usités, et l'on n'en fait aucun sel. Ils sont peu nombreux, et cependant il s'en trouve dont l'existence n'est point encore bien avérée.

Acide camphorique.

Il a été annoncé par Kosegarten dans le journal de Créel, puis dans les Annales de chimie, T. 23; c'est surtout M. Bouillon-Lagrange qui a examiné cet acide.

Pour l'obtenir, on fait distiller dans une cornue de verre, et à un feu doux, quatre parties d'acide nitrique à 30° sur une de camphre; il se dégage de l'acide nitreux et de l'acide carbonique ; un peu de camphre se volatilise ; on continue de distiller, en ajoutant de l'acide nitrique autant qu'il en faut pour que tout le camphre disparaisse ; il suffit ordinairement de vingt parties d'acide, et pour diminuer la consommation de celui-ci, on se borne souvent à remettre dans la cornue ce qui a pu passer par la distillation dans le récipient, ce qui est dit alors cohober et re-cohober. On arrête l'opération quand il ne reste plus que le cinquième de la masse d'acide employée ; ce qui reste donne, en se refroidissant, des cristaux ai-guillés, c'est l'acide recherché ; on peut le laver dans de l'eau, le dissoudre et le faire cristalliser.

Cet acide offre des aiguilles d'une odeur analogue à celle du safran, il rougit le tournesol ; il est très-soluble dans l'alcool, mais moins dans l'eau. Les acides minéraux le dissolvent, de même que les huiles essentielles ; ce qui est particulier à cet acide, c'est qu'il peut décomposer les sulfate et muriate de fer (Bouillon-Lagrange, Journal de physique, T. 70).

Cet acide est sans usage, de même que les *cam-phorates*.

Acide mucique (*muqueux* ou *saccholastique*).

Découvert par Schéèle : on l'obtient en traitant la gomme, la manne ou le sucre de lait à la cornue, par trois parties d'acide nitrique à 22°. Il se précipite bientôt une poudre blanche ; c'est l'acide recherché. Si le feu est trop fort, on a de l'acide oxalique.

L'acide mucique est soluble, blanc, pulvérulent, peu sapide, peu soluble dans l'eau, et point du tout dans l'alcool ; il rougit peu le tournesol. Sa solution pré-

cipite

cipite les eaux de chaux et de baryte. Il décompose les carbonates alcalins, et précipite les sels solubles de plomb.

Les sels que peut former l'acide mucique sont sans intérêt pour nous.

De l'Acide pyro-tartarique.

Découvert par Rose ; il resulte de la distillation de l'acide tartarique à la cornue. Il se volatilise, mêlé de divers produits, dont on le sépare avec peine.

Étant supposé pur, il est solide, très-acide, et rougit fortement le tournesol. Très-soluble dans l'eau, cristallisable, il diffère de l'acide tartarique, en ce qu'il ne précipite point les acétates de baryte, de chaux et de plomb.

Les pyro-tartrates sont nuls pour nous.

Acide subérique.

Obtenu du liége, et ainsi nommé par M. Bouillon-Lagrange, qui a rectifié le procédé de Brugnatelli.

Pour opérer, on distille, à plusieurs reprises, six parties d'acide nitrique à 30°, sur une de liége râpé en poudre fine ; on recohobe l'acide jusqu'à ce qu'il ne se dégage plus de vapeurs rouges. Le feu doit être doux, car la matière ne doit point noircir. On verse le liquide chaud dans une capsule, pour faire aussitôt évaporer lentement ; on s'arrête dès qu'il se dégage une vapeur blanche et piquante ; on retire du feu, et l'on agite jusqu'au refroidissement, pour avoir une masse mielleuse, d'un jaune citron, qu'on délaie à une douce chaleur, dans cinq ou six parties d'eau distillée. On filtre la liqueur obtenue encore tiède ; elle est claire,

ambrée, d'une odeur particulière ; elle se trouble en se
refroidissant, se couvre d'une pellicule ; et laisse déposer un sédiment, qui est *l'acide subérique.*

Cet acide subérique est pulvérulent, d'abord jaunâtre ; mais lavé à plusieurs fois dans l'eau, il peut être
blanc (M. Chevreul). Il est peu sapide, rougit peu
le tournesol ; il se fond comme du beurre et peut
cristalliser ; il est sublimable en aiguilles. Il est plus
soluble dans l'alcool que dans l'eau.

Cet acide précipite le nitrate de plomb, de mercure
et d'argent, le muriate d'étain, le proto-sulfate de fer
et l'acétate de plomb. Il n'agit point sur les sulfates
de cuivre et de zinc.

Les *subérates* sont peu connus et sans usage ; nous
n'en dirons rien.

Acide nancéique.

C'est M. Braconnot qui l'a fait connaître comme
existant dans les substances végétales qui sont passées
à l'état acide, comme riz aigre, suc de betterave altéré,
pois et haricots bouillis, maïs fermentés, etc.

L'*acide nancéique* est liquide, incristallisable,
très-acide. Il ne mérite point de nous occuper ; cest
assez d'en avoir constaté l'existence.

IIᵉ CLASSE.

Produits immédiats des végétaux, dans lesquels l'oxigène et l'hydrogène sont dans un rapport convenable
pour faire l'eau.

Tous ces corps sont décomposés au feu, et donnent un résidu plus charbonneux ; ils ne rougissent
point le tournesol ; aucun d'eux n'est volatil : en les

brûlant complètement , ils laissent un résidu qu'on appelle *cendres;* ces produits ne se comportent point tous également avec l'eau.

Tous ces produits étant traités à la cornue par l'acide nitrique, peuvent être oxigénés , et ainsi convertis en acides; lesquels sont d'autant plus forts ou oxigénés , que les corps employés ont perdu plus d'hydrogène et de carbone.

Du Sucre.

Produit immédiat des végétaux , pouvant exister dans plusieurs de ces corps : ses propriétés principales sont d'être solide , d'une saveur douce , agréable, soluble dans l'eau , de fermenter et de donner ainsi de l'alcool ; en outre , le sucre ne donne point d'acide mucique par l'acide nitrique.

Le sucre de canne est le plus recherché , il se distingue en deux sortes : 1° sucre cristallisé ; 2° sucre non cristallisable , c'est la mélasse. Voyez dans mon Cours d'histoire naturelle, l'histoire du sucre.

Le sucre cristallisé peut aussi être obtenu des betteraves, de la séve d'érable ; il en existe aussi dans la châtaigne, dans les carottes , etc., etc.

Le sucre uni à l'eau constitue le sirop , pourvu que la solution ait une consistance un peu plus grande que l'huile ; si elle est plus étendue , il y a bientôt altération , surtout par le contact de l'air.

Les solutions de sucre sont altérées par le plus grand nombre des sels métalliques, et notamment par le sublimé corrosif.

Le sucre est formé, selon MM. Gay-Lussac et Thé-

31 *

nard , de carbone 42,47 , d'oxigène 50,63 , d'hydrogène 6,90.

Le sucre est très-employé, comme agrément et
aussi pour la confection d'un grand nombre de composés en pharmacie ; on a cru pendant long-temps
qu'il était un très-bon aliment , mais, selon les expériences de M. Magendie sur de jeunes chiens , ce
corps serait peu alimentaire et ne pourrait entretenir
la vie que pendant peu de temps.

Il paraît, d'après M. Vogel, que le sucre décompose
en tout ou en partie les sels de cuivre , ce qui semble conduire à l'employer comme contre-poison de
ces corps ; mais il ne faut point trop y compter, et
ce ne doit être qu'un des moyens accessoires.

Ce qu'on appelle *sucre de raisin* est un sirop difficilement cristallisable ; on l'emploie toujours liquide.

Pour obtenir ce *sirop de raisins*, on suit des procédés très-divers , qui sont l'objet de différens traités
qu'on peut consulter au besoin. Voyez surtout ce
qu'en a dit Parmentier. Qu'il nous suffise de dire ici
que ces opérations ont pour objet de saturer l'acide
tartarique par la craie ; on décante le liquide , on le
traite par le sang de bœuf, ou autres corps albumineux ; on filtre et l'on fait évaporer en consistance
convenable. Il arrive quelquefois que l'on fait subir
au suc de raisin ce qu'on appelle *mutisme* ; pour
cela , on l'agite dans un tonneau où l'on a d'avance
brûlé des mèches soufrées , ce qui a pour objet d'empêcher que le suc ne fermente.

On n'emploie guère le sucre ou sirop de raisin , que
pour édulcorer des boissons , etc.

Le *sucre de betteraves* a été l'objet de travaux très-étendus que nous ne croyons point utile de reproduire ici.

Les betteraves étant supposées mûres, on les écrase en pulpe pour en obtenir le suc par la pression ; c'est lui que l'on traite ensuite, et l'ensemble des opérations qu'on lui fait subir, se rapporte à tout ce qui se pratique sur le vesou. (suc de canne) ; c'est en les variant qu'on peut obtenir des cassonades ou du sucre très-blanc. Seulement, il est d'usage d'ajouter du charbon au liquide, pour lui enlever une grande partie de sa matière colorante.

Le sucre de betteraves peut être blanc, cristallin ; on s'en sert comme du sucre de canne , mais à dose un peu peu plus grande, parce qu'il sucre moins.

La *mélasse* est le sucre liquide non cristallisable , qui s'écoule des moules où l'on achève la purification des sucres de canne et de betteraves. M. Chevreul considère ce produit comme un mélange de sucre ordinaire et d'un principe encore inconnu. On emploie la mélasse à sucrer les liquides ; on en obtient par fermentation le rum. M. Chaptal ayant ajouté de la levure de bière dans cent litres de mélasse de betteraves , a obtenu trente-trois litres d'alcool à 22°.

M. Braconnot a trouvé du sucre dans les champignons ; il est possible d'en trouver aussi dans un grand nombre d'autres corps dont la saveur est sucrée.

Il paraît incontestable qu'il s'est formé du sucre dans les graines céréales germées , c'est ce qui a donné lieu d'admettre une *fermentation saccaharine* ; on n'en tient aucun compte aujourd'hui , parce que cette transformation n'a point de terme fixe, et qu'on ne peut point la régler.

Nous verrons, en traitant de l'urine, qu'elle peut contenir du sucre.

Du Miel.

Produit végeto-animal, recueilli par les abeilles dans le nectar des fleurs et modifié dans leur estomac, avant d'être déposé dans la ruche. Pour obtenir le miel, on le laisse dégoutter des alvéoles qui le contiennent, les premières portions sont les plus pures.

Le miel peut être très-blanc, et seulement formé de sucre, dont une portion est toujours liquide, et l'autre cristallisable ; plus, une matière aromatique et une autre muqueuse ; mais si le miel est moins pur, il peut s'y trouver de l'acide acétique et de la cire, plus, une matière colorante, ordinairement jaune.

Entre les miels connus, on préfère ceux de Narbonne et de Mahon ; quant aux miels de Bretagne, ce sont les moins purs : les miels peuvent être actifs comme les plantes qui ont contribué à leur formation.

Pline parle d'un miel vénéneux des environs d'*Héraclea Pontica*. On connaît des miels délétères dans la Pensylvanie, près de l'Ohio, et aussi dans la Caroline, dans la Géorgie, dans la Floride, etc. Bartóu en a trouvé dans les montagnes de l'Écosse. Il existe en Sardaigne un miel qui est très-amer.

Pour séparer le sucre du miel, il suffit de délayer ce corps dans un peu d'alcool ; on passe à travers un linge serré, qui retient le sucre en cristaux, tandis que l'autre, plus soluble, est entraîné sous forme liquide.

Les miels, surtout ceux qui sont impurs, peuvent fermenter, ce qui donne un liquide recherché sous le nom d'*hydromel vineux*.

Le miel est employé comme agrément, il remplace très-bien le sucre dans un grand nombre de circonstances. On en fait surtout un sirop qui peut être blanc, sans odeur ni saveur ; on le prépare comme il suit :

On prend miel, six livres ; craie, trois onces ; on fait bouillir pendant deux ou trois minutes dans deux livres d'eau ; on y ajoute ensuite charbon pulvérisé, lavé et desséché, cinq onces ; on fait jeter quelques bouillons, puis on clarifie avec trois blancs d'œufs battus dans quatre onces d'eau, on passe le tout à travers un linge très-serré ; on a un liquide, lequel évaporé convenablement, donne un sirop ; il est même possible que l'évaporation ne soit point utile.

Le miel est un relâchant, on le donne pour tenir le ventre libre ; il en entre dans les lavemens laxatifs ; la dose est variable, et doit être d'autant moins forte, que le miel est plus jaune, plus impur.

L'hydromel simple, qu'on emploie si souvent en tisane, est une solution de miel dans l'eau ; l'hydromel vineux n'en diffère que par une légère fermentation qui a dû développer de l'alcool.

Ce qu'on nomme *oximels* nous offre des solutions de miel à chaud dans des vinaigres simples et médicinaux. Voyez mon Cours de pharmacie.

Manne et Mannite.

La manne est un produit sucré qui coule naturellement des frênes et des mélèses ; elle nous vient de la Calabre; on en distingue trois variétés : 1° en larmes; 2° en sorte; 3° grasse. Il est surtout question de la première, comme plus pure; elle est solide, blanche, cristalline, d'un goût fade, mais sucré, très-soluble dans l'eau, moins dans l'alcool; on s'en sert comme laxatif.

On appelle *mannite* un produit *sui generis* contenu dans la manne, dont nous venons de parler; pour l'obtenir, il faut, selon M. Thénard, faire dissoudre la manne dans de l'alcool bouillant; on laisse ensuite refroidir; il se fait un précipité blanc qui est le produit recherché, qu'on peut faire bouillir une seconde fois dans l'alcool, pour l'obtenir en cristaux par un second refroidissement.

Principe doux des huiles.

Ce n'est point, comme on l'a cru, un produit particulier, c'est le résultat de l'action de la litharge sur les huiles, comme il sera dit en parlant de ces derniers corps.

De la Fécule.

Substance qui peut exister libre dans beaucoup de corps végétaux, mais elle se trouve souvent unie à une autre qu'on appelle *gluten,* et, dans ce dernier cas, il est plus difficile de se la procurer.

Fourcroy en distinguait plusieurs sortes; ainsi : 1° *fécule glutineuse* dans les graines céréales; 2° *fécule extractive* dans les légumineuses; 3° *fécule muqueuse* dans les amandes et graines céréales non mûres; 4° *fécule sucrée,* c'est un mélange de fécule et de sucre; 5° *fécule huileuse* dans les semences émulsives; 6° *fécule âcre*, *piquante* dans les crucifères, dans le manioc récent.

Cette division est contestée avec raison : il ne faut plus l'employer, et si l'on s'en occupe, ce ne doit être que pour apprécier les grands progrès qu'a faits la chimie végétale depuis peu d'années ; on sait aujourd'hui que la *fécule* est une ; on peut l'amener à un état toujours le même, quel que soit le corps qui la fournisse.

On trouve de la fécule dans les racines de bryone, d'arum, de squine, de bistorte, dans le manioc, la pomme de terre, l'orchis ou salep, dans les tiges du palmier landan qui donne le sagou, dans les fruits des légumineuses, des graminées, dans les lichens, etc. Fourcroy regardait comme fécule la pâte du papier.

Quand la fécule n'est point unie au gluten, on l'isole plus facilement ; il suffit alors de râper, de moudre ou d'écraser la substance dans de l'eau froide qui dissout tout ce qui est soluble, et laisse précipiter la fécule en poudre blanche, grise ou jaunâtre ; on la purifie par des lavages réitérés, jusqu'à sa blancheur parfaite : c'est ainsi qu'on agit pour les racines, il faut alors les prendre fraîches ; si l'on ne lavait point ainsi, on retiendrait des parties actives souvent très-âcres, surtout pour les fécules de *bryone* et d'*arum* qui seraient alors purgatives ; on obtient de la même manière la *fécule de pomme de terre*, mais elle n'exige point autant de lavages.

Quand la fécule est accompagnée de gluten, il est plus difficile et plus long de l'isoler ; on opère dans ce cas comme il suit.

Amidon, dit *fécule amylacée*.

On l'obtient de l'orge et du blé froment ; son extraction constitue l'art de l'amidonnier, qui ne laisse point d'être compliqué. Selon Pline, c'est à l'île de Chio qu'on a d'abord obtenu ce produit. Quoi qu'il en soit, on l'obtient maintenant presque partout.

Sans entrer dans tous les détails qui tiennent à la préparation de l'amidon, nous dirons qu'on a pour objet d'altérer, de détruire même certaines parties des graines citées, pour mettre à nu la fécule qu'on recherche.

Pour cela, on prend ces substances en poudre grossière, on les fait séjourner dans des tonneaux avec de l'eau acidule, aigre ou sure, provenant de l'altération primitive d'un peu de ces corps qui ont dû fermenter dans ce liquide ; les farines ne tardent point à fermenter à leur tour, le sucre et le gluten se décomposent en alcool, en eau et en acide carbonique, et il se forme plus tard de l'acide acétique ; enfin, comme le gluten fournit de l'azote, il se produit aussi des composés ammoniacaux, comme carbonate et acétate. Le liquide portant ces corps, constitue une nouvelle eau sure, dite *grasse*, parce qu'elle est gluante et trouble ; son odeur est infecte au bout de quatre ou cinq semaines. On décante le liquide, on trouve au fond du vase un magma blanchâtre, c'est la fécule mêlée de *son* ; on lave à diverses reprises dans de l'eau froide jusqu'à ce qu'on l'ait obtenue très-blanche ; alors on la coule dans des paniers d'osier garnis de linges ; on la divise ensuite pour la faire sécher à l'air ou mieux à l'étuve.

L'amidon pur et sec est en petits cristaux très-fins, brillant comme pulvérulent ; il est sans odeur ni saveur, insoluble dans l'eau froide, à moins qu'il n'ait été légèrement torréfié ; il se dissout très-bien dans l'eau chaude, il en résulte une solution qui se prend en gelée par le refroidissement, ce qui donne lieu à la préparation des bouillies, des coulis, des diverses sortes d'empois que l'on colore à volonté, produits qui ensuite se décomposent à l'air et deviennent acides.

M. Kirschoff a trouvé qu'on peut transformer l'amidon en sucre ; pour cela, il faut faire bouillir ensemble une partie d'amidon, quatre d'eau et une d'acide sulfurique concentré, ayant le soin de remplacer l'eau à mesure qu'elle s'évapore ; on a ainsi un sirop analogue à celui qu'on obtient du raisin. On n'explique pas très-bien cette transformation.

Les acides forts décomposent l'amidon de diverses manières, selon leur nature et leur degré de concentration ; il en résulte ou destruction complète avec charbon de mis à nu, ou seulement changement en acide malique ou oxalique, mais jamais en acide mucique.

On a fait plusieurs analyses de l'amidon, elles ne se ressemblent point par le nombre des élémens, ni par leurs proportions. Entre tous les chimistes, on cite Théodore de Saussure, comme y ayant trouvé de l'azote, tandis que MM. Thénard, Gay-Lussac, Berzélius, etc., n'y ont trouvé qu'hydrogène 8, carbone 43, et oxigène 49.

L'amidon est nutritif, et fait partie du pain dont

la préparation devra nous occuper à l'occasion du *gluten*, qui en fait la partie essentielle.

On emploie l'amidon comme poudre à poudrer, avec ou sans odeur; on s'en sert en pharmacie pour dessécher les tablettes, les pâtes, etc. L'amidon, légèrement grillé, se délaye mieux dans l'eau froide, et donne un produit qui remplace très-bien le muci-lage pour donner du liant aux teintures noires, à l'encre; il sert aussi à l'apprêt des toiles, etc.

De l'Inuline.

Produit fourni par la racine d'aunée, et découvert par M. Rose, chimiste de Berlin.

Pour l'obtenir, on fait bouillir de la racine d'au-née dans de l'eau; on filtre, on fait évaporer en consistance d'extrait qu'on traite par de l'eau froide; il se précipite aussitôt une poudre qu'il faut laver à plusieurs reprises, c'est l'inuline. Elle est insoluble et ne donne point de gelée par l'eau chaude, ce qui la distingue assez de l'amidon; mais en outre cette substance peut être décomposée au feu sans donner de produit huileux; ce qui est très-remarquable. Enfin l'inuline se dissout dans l'acide sulfurique sans l'alté-rer, et peut en être précipitée par l'ammoniaque. On n'en fait aucun usage.

De la Gomme.

On appelle ainsi un produit végétal qui, humecté, est visqueux, collant, très-soluble dans l'eau, inso-luble dans l'alcool, non susceptible de la fermenta-tion alcoolique, et pouvant donner de l'acide mu-cique.

Le corps gommeux ou muqueux peut se présenter sous un grand nombre d'états, solide, sec, friable, sous les noms de *gomme arabique* et *adragant*.

La première nous est fournie par le *mimosa niloteca*, espèce d'acacia aussi très-commun au Sénégal. Cette gomme nous est envoyée séche, blanche ou jaunâtre, selon qu'elle contient ou non de l'extractif; on la réduit en poudre assez facilement. *Voyez* son histoire naturelle. M. Vauquelin dit que la gomme arabique la plus pure contient de l'acétate ou du malate de chaux, plus une très-petite quantité de phosphates de fer et de chaux, et beaucoup d'eau.

La gomme adragant est plus séche, c'est-à-dire, qu'à volume égal, elle donne vingt-cinq fois plus de densité à l'eau que ne le fait la gomme arabique, ce qui rend la première propre à des usages particuliers. Elle nous est fournie par l'astragalus tragacantha qui croît surtout dans l'île de Crète. Elle est opaque et ductile; on ne peut la réduire en poudre qu'après l'avoir fait préalablement chauffer, de même que le mortier qui doit la recevoir.

Ce qu'on appelle *gomme nostras* ou *gomme du pays*, est un ensemble de diverses gommes qui découlent de nos pruniers, cerisiers et autres arbres dont les fruits sont à noyaux. Ces dernières gommes sont très-aqueuses, molles, sans adhérer aux doigts quand on les touche; elles sont le plus souvent impures, et ne servent que dans les arts pour l'apprêt des chapeaux, des étoffes, etc.

Enfin il est des graines de lin, de psyllium, des semences de coing, des racines de guimauve, de consoude, qui fournissent un grande quantité de matière gommeuse dite mucilagineuse , toujours très-humide et facilement altérable. On peut cependant faire évaporer leur solution pour obtenir à part, et sec , le principe gommeux; mais il s'humecte ensuite facilement, ce qui empêche de le conserver.

Toutes ces variétés de principe gommeux se comportent, à très-peu de chose près, de la même manière avec les agens chimiques ; il n'y a de différence qu'en raison de l'abondance de la gomme dans chacun de ces produits.

Ces gommes sont toutes sans odeur , de saveur fade, plus solubles à chaud qu'à froid, mais seulement dans l'eau comme nous l'avons dit , un peu dans les huiles , point dans l'alcool. Toutes se décomposent au feu, et donnent les produits accidentels que fournissent les végétaux traités par ce moyen, mais principalement de l'eau, de l'acide carbonique , de l'huile , de l'acide acétique et un résidu charbonneux, fourni abondamment surtout pour la gomme adragant.

Toutes ces gommes peuvent être employées dans les arts pour donner du lustre, du brillant aux étoffes, etc. On s'en sert en médecine comme béchiques, pectorales. La gomme arabique fait la base des pâtes de jujube et de guimauve. On en donne aussi en tisane , etc.

La gomme adragant est plus recherchée sous forme de mucilage humide pour faire les loochs , les tablettes, etc.

Les gommes du pays ne servent point comme médicamens.

Quant aux graines et racines mucilagineuses, on

en fait des décoctions, dites émollientes, pour boissons, bains et lavemens.

La gomme arabique, analysée par MM. Thénard et
Gay-Lussac, paraît être formée de carbone 42,23,
oxigène 50,84, hydrogène 6,93.

Il existe dans le commerce de la droguerie une
gomme analogue à celle adragant, et qu'on appelle
gomme de Bassora. Elle est blanche comme la première, mais moins soluble, et pour cela moins recherchée. On n'en connaît pas très-bien l'origine. M. Des-
veaux pense qu'elle est fournie par une espèce de
cactus.

Dans ces derniers temps, M. J. Pelletier a considéré cette gomme de Bassora comme un principe
sui generis, et il l'a nommée *bassorine*. Elle donne
au feu tous les produits des gommes précédentes, mais
l'eau ne fait que la gonfler sans la dissoudre. Elle se
dissout dans les acides, et peut en être précipitée par
l'alcool en une substance analogue à la gomme arabique.

On ne fait aucun usage de la bassorine. On doit éviter de la trouver mêlée à la gomme adragant, avec laquelle on a le soin d'en mêler une certaine quantité,
parce qu'elle est beaucoup moins chère.

Du Ligneux.

C'est le plus abondant des produits immédiats des
végétaux. Il constitue le bois presque en entier, de
même que le papier, autrefois regardé comme une fécule séche.

Pour se procurer le ligneux, il suffit de traiter la
sciure de bois par les agens qui peuvent lui enlever

successivement les principes qu'elle peut contenir. Ainsi, on la fait d'abord macérer dans l'eau , puis dans l'alcool, ensuite dans une eau acidule, et enfin dans une nouvelle eau légèrement alcaline. On peut aussi traiter cette sciure de bois par l'eau , à l'appareil distillatoire ; on aura enlevé ainsi les parties solubles , extractives et résineuses , les sels et les parties aromatiques ; on termine par laver le résidu dans de l'eau distillée : on a ainsi le *ligneux* proprement dit.

Le chanvre et le lin contiennent beaucoup de ligneux dont on fait des fils propres à former les tissus de toiles diverses.

Le ligneux pur est toujours solide , incristallisable , formé de fibres de couleur grise ou noirâtre, insoluble dans aucun des liquides connus , mais décomposable par les acides forts. Il forme avec l'acide nitrique une gelée qui finit par se convertir en acide oxalique.

Le ligneux est à peine altérable par les alcalis concentrés. Il est formé, d'après MM. Thénard et Gay-Lussac , de carbone 51,45 , oxigène 42,73 , hydrogène 5,82.

Le ligneux, tel que nous l'offre la nature, c'est-à-dire, à l'état de bois, est destiné au chauffage ; il se décompose alors , et donne tous les produits que nous avons dit résulter de l'altération des végétaux par le feu. C'est en brûlant le bois avec certaines précautions qu'on le convertit en charbon. Il y a pour cela diverses pratiques. Entre toutes, la plus usitée n'est pas la meilleure , parce que, 1° on ne charbonne le bois qu'imparfaitement ; 2° il se perd des produits utiles qu'on pourrait recueillir et mettre à profit : ce procédé , encore trop répandu , consiste à entasser en forme de

cône

cône des fragmens de bois de la grosseur du bras au plus, et de la longueur d'un à trois pieds. On dispose les choses de manière à ce que le tas conique soit creux à l'intérieur, et qu'il présente supérieurement une ouverture qui correspond avec une autre inférieure, ce qui établit une sorte de cheminée; on recouvre le tas avec des mottes de terre, afin d'intercepter les autres courans d'air, parce qu'on ne veut produire qu'une combustion ménagée; on met ensuite le feu au tas, il s'allume inférieurement, et se trouve être assez entretenu par le courant d'air qu'on a établi. Bientôt tout le bois se trouve échauffé; il se desséche, perd son eau, et finit par s'altérer sans brûler entièrement, ou du moins il n'y en a qu'une petite portion qui est sacrifiée à fournir au foyer de chaleur. A mesure que de nouveaux produits se forment, ils se dégagent par l'espèce de cheminée pratiquée au centre de la masse, et c'est quand il ne se dégage presque plus rien qu'on cesse de chauffer. On laisse refroidir; on trouve alors le bois ou ligneux converti en charbon qui est noir, friable, et d'autant plus sec, plus sonore et plus léger, qu'il a été mieux préparé. Mais il est ordinaire qu'une partie du bois n'est pas assez brûlée: il en résulte ce qu'on appelle des fumerons; c'est un mal, car ils nuisent à l'emploi du charbon; ajoutez que tout ce qui s'est dégagé du bois s'est répandu dans l'air en pure perte.

Aujourd'hui, et près Paris (Choisi-sur-Seine, établissement de M. Mollerat), on suit un autre procédé qui est de beaucoup préférable. On a d'immenses cornues en fonte, pouvant contenir une à deux voies de bois qu'on y place avec ordre pour y en mettre davantage; on fait chauffer; il arrive que les nouveaux produits formés sont conduits par des tuyaux dans un condensateur, où se liquéfient tous les corps liquéfiables, comme eau, huile et oxide acétique. Quant aux corps gazeux, acide de carbone, acide carbonique et hydrogène carboné, ils remontent par un tuyau vertical, et vont se rendre dans le foyer du fourneau pour alimenter le feu, de sorte que le bois lui-même fournit ce qui doit servir à le détruire. Ces gaz peuvent d'autant mieux servir à nourrir la combustion, qu'ils entraînent toujours avec eux, par leur force expansive, une portion des matières huileuses qui les accompagnaient en passant par le condensateur. On peut chauffer jusqu'à ce qu'il ne se dégage plus rien. Cependant le charbon pouvant être alors un peu trop friable, on préfère ne point attendre aussi tard pour laisser tomber le feu. On retrouve dans la cornue du bois complètement charboné, sans fumerons et surtout sans perte, ce qui n'a point lieu dans les forêts par le procédé précédent.

Quant aux liquides qui ont été condensés, ils donnent une immense quantité d'huile qu'on emploie diversement dans les arts : plus, de l'eau très-chargée d'acide acétique, lequel peut être fixé par la craie. On a un acétate qu'on peut décomposer ensuite par l'acide sulfurique.

Cette *carbonisation* du *ligneux* ou du *bois* demande des soins dans le détail desquels nous n'avons pas cru devoir entrer. On peut consulter à ce sujet les Traités de chimie applicable aux arts.

Le *papier*, que l'on considère maintenant comme du ligneux pur, se prépare avec des soins qu'il n'est point de notre objet de faire connaître : nous dirons seulement que, pour le faire, on emploie les chiffons qui doivent être lavés, desséchés et ensuite humectés pour les faire pourrir. On les écrase dans beaucoup d'eau, moyennant des instrumens convenables; on finit par avoir une pâte blanche très-fine, laquelle est destinée à constituer le papier. La paille peut aussi être convertie en papier.

De la Subérine ou du Liége (suber).

Substance particulière constituant l'écorce de certains arbres, et dont le caractère est de fournir, par l'acide nitrique, l'acide subérique dont nous avons parlé. Son nouveau nom lui a été donné par M. Chevreul.

Le même chimiste a regardé comme un produit particulier la moelle du sureau, comme analogue à la subérine; mais elle donne 0,25 de charbon, et ne fournit point d'acide subérique.

Ce qu'on appelle *olivile* est un principe trouvé par M. Pelletier dans la gomme d'olivier; poudre blanche, peu soluble dans l'eau, etc. Cette substance, encore peu connue, n'est d'aucun usage.

IIIᵉ CLASSE.

Produits immédiats des végétaux, contenant une surabondance d'hydrogène par rapport à l'oxigène pour faire l'eau.

Il se trouve dans ces corps d'autant plus de carbone, que l'hydrogène y est en plus grande quantité.

Ils se comportent tous au feu comme les matières précédentes.

32*

Des Huiles.

On leur a contesté le caractère de produit immédiat, en les regardant comme des composés de plusieurs corps ; mais ce qu'on a dit sous ce dernier rapport n'est encore que peu connu, il faut attendre de nouvelles expériences pour faire valoir ces données.

Nous ne prétendons point faire ici l'histoire naturelle ou pharmaceutique des huiles, mais seulement en constater l'existence comme produits végétaux, et en indiquer les caractères chimiques.

Toutes les *huiles* sont des corps très-hydrogénés, tous formés dans la nature, on les obtient au moyen de l'expression ou de la distillation : les huiles, quelle que soit leur composition, peuvent être liquides, ou solides à la température ordinaire de l'atmosphère ; elle s'unissent aux alcalis pour former des savons plus ou moins parfaits. On distingue les huiles en huiles grasses ou fixes, et en huiles qui sont volatiles.

Les *huiles grasses* ont seulement leur siége dans les semences des fruits ; il y a peu d'exception (olive). On les obtient par la pression, plutôt à froid qu'à chaud, car alors elles s'altèrent et rancissent.

Les *huiles grasses* ou *fixes*, supposées pures, sont presqu'inodores ; leur couleur peut être jaunâtre ou blanche, elles s'oxigènent à l'air, deviennent âcres et acides, ou rances ; entre toutes ces huiles, celle d'olive peut se congeler à cinq degrés au dessus de zéro ; d'autres sont fluides à cinq degrés au dessous, comme l'huile de Béhen. Elles sont toutes absolument insolubles dans l'eau ; quand elles sont chaudes, elles prennent feu par l'approche d'un corps enflammé; elles se décomposent alors et se charbonnent, mais plus ou moins, selon que l'on prolonge peu ou beaucoup la combustion; ce mode d'altération est recherché jusqu'à un certain point par les imprimeurs en taille-douce pour la préparation de leur noir. L'huile devient ainsi plus épaisse, plus colorée; ils l'appellent huile cuite. Quand ils jugent utile d'éteindre la flamme de l'huile qui brûle, il leur suffit de recouvrir le vase de son couvercle, qui doit fermer hermétiquement. Cette opération n'est pas sans danger, elle est au moins désagréable par l'odeur vive et pénétrante des gaz qui se dégagent; les huiles grasses peuvent dissoudre le phosphore et le soufre. Ce sont ces huiles surtout qui se combinent bien aux alcalis pour former du savon, dont nous parlerons.

C'est dans les *huiles grasses* que M. Chevreul dit avoir trouvé le principe particulier qu'il appelle *acide oléique*, mais dont nous croyons inutile de faire l'histoire, d'autant qu'il passe pour exister aussi dans la graisse de plusieurs animaux, et qu'on ne cherche en aucun cas à en opérer l'isolement. Les huiles grasses récentes sont employées à graisser les alimens; on les emploie aussi dans les arts.

Les peintres qui s'en servent beaucoup distinguent entre elles et préfèrent les plus siccatives. Ce sont celles de noix et de lin, qui, plus oxigénables, se densifient facilement à l'air; souvent même ils les modifient en les faisant chauffer sur un huitième de litharge. Le mastic des vitriers est formé de cette huile peu cuite et de craie.

Les huiles employées pour l'éclairage ne doivent

point porter trop de mucilage, car dans ce cas il y a un résidu charbonneux qui nuit au jet de lumière ; c'est pour les rendre moins muqueuses et plus fluides qu'on les purifie ; on suit pour cela le procédé de M. Thénard. Ainsi on agite une demi-once d'acide sulfurique fort dans deux livres d'huile ; on lave ensuite avec quatre livres d'eau pour arrêter l'action de l'acide. On laisse reposer pour enlever l'huile qui surnage au liquide aqueux ; celui-ci retient les impuretés qui sont des flocons muqueux, en partie charbonnés par l'acide.

On emploie les huiles grasses en chimie, en médecine; ce sont des émolliens, des adoucissans : on en fait des frictions, des lavemens, des pommades, des onguens, savons et emplâtres. Entre les huiles grasses les plus usitées, il faut distinguer celles d'*olive*, d'*amandes douces*, de *faîne*, de *colza*, de *noix*, de *lin*, d'*œillet* ou de *pavot*; le *beurre de cacao* est une huile plus dense ; celle de ricin est liquide, mais plus active que les précédentes ; elle est purgative. Quant aux huiles de palme et de laurier, employées en pharmacie, ce sont des composés. Voyez leur histoire.

Ce qu'on appelle *principe doux des huiles* paraît n'être qu'une combinaison, encore mal connue, d'oxide métallique et d'huile ; on l'obtient en préparant les emplâtres par l'oxide de plomb ; c'est un liquide épais, visqueux, d'une saveur sucrée, de couleur variable. Ce produit n'est d'aucun usage.

L'*huile d'olive* paraît être formée de carbone 78, hydrogène 13, oxigène 9.

Les *huiles essentielles* sont contenues dans toutes les parties des plantes, mais non dans les cotylédons ou fruits proprement dits ; elles sont le plus souvent fluides, toujours volatiles à la chaleur de l'eau bouillante ; aussi les obtient-on par la distillation. Elles ne sont point visqueuses ; elles sont odorantes ; elles se dissolvent entièrement dans l'alcool, ce qui donne les esprits, et seulement en partie dans l'eau, d'où résultent les eaux aromatiques. Elles sont âcres, souvent même caustiques ; elles ne s'unissent qu'imparfaitement aux alcalis, et ne donnent ainsi que des savonules ; elles s'enflamment par la simple approche d'un corps en ignition ; elles dissolvent aussi le soufre et le phosphore. Plusieurs de ces huiles essentielles sont décomposées à froid avec flamme, par la seule addition d'un mélange d'acide sulfurique fort, et moitié d'acide nitreux, ce qui peut donner lieu à des accidens. C'est pourquoi il est d'usage d'agir sur peu d'huile dans un verre, et l'on y verse les acides, au moyen d'une fiole attachée au bout d'un long bâton. On opère d'ordinaire sur l'huile essentielle de térébenthine, parce qu'elle est peu coûteuse ; si l'on fait passer du chlore gazeux dans une huile essentielle, on voit former des cristaux, comme il sera dit en traitant du camphre artificiel.

La couleur des huiles essentielles n'est qu'accidentelle, car, en les distillant de nouveau à un feu très-doux, on les ramène toutes à l'état de parfaite blancheur ; leur nuance paraît tenir à une portion secondaire qu'elles entraînent avec elles. Il est de ces huiles qui sont moins volatiles que d'autres, on les distille alors par une chaleur plus grande.

Quelques huiles essentielles peuvent être denses,

congelées à quelques degrés au dessus de zéro, comme les huiles de roses, d'anis, etc.

Enfin les huiles essentielles s'altèrent à la longue, elles se durcissent et peuvent s'acidifier ; ce qui est plus fréquent, c'est qu'elles se convertissent en une substance dure et résineuse, à laquelle se trouve mêlé du camphre, comme on l'a observé pour l'huile de cannelle.

Les *huiles essentielles* sont d'un grand usage, comme aromates dans la parfumerie. On s'en sert dans les arts, pour opérer la solution de substances diverses : on y a aussi recours en médecine, comme toniques, à petite dose ; et comme stimulans, à dose plus forte. Voyez mon Cours de pharmacie.

Des Savons.

On appelle ainsi des composés qui résultent de l'action des corps sur les alcalis, et réciproquement ; mais cette action a lieu avec des nuances très-diverses.

Il résulterait des expériences de M. Chevreul, que les savons seraient de véritables sels ; car il les considère comme offrant l'alcali uni à ce qu'il nomme *acide oléique*, *margarite* et *cétique*, le premier contenu dans l'huile, le second dans les graisses animales, dans l'axonge, et le troisième dans le blanc de baleine. Quoi qu'il en soit, nous ne chercherons point à examiner les nombreuses espèces de savons qu'il est possible de former. Il devra nous suffire d'exposer la théorie de leur formation, et de nous arrêter aux espèces qu'il nous importe le plus de connaître.

MM. Pelletier et Darcet, qui ont beaucoup traité

des savons, ont constaté qu'il n'est pas possible de mettre ces produits dans un même état de solidité par le même alcali et toutes les huiles, et que la même huile se comportait différemment avec les différens alcalis. Il en est résulté un choix nécessaire des substances.

La potasse ne donne toujours que des savons mous; cependant on en prépare sous le nom de *savon noir*, peu recherché en France, et seulement usité dans les autres pays. Il peut être fait avec des huiles ou avec des graisses d'animaux, comme cela se pratique en Allemagne, en Prusse et en Angleterre.

Les *savons de toilette* sont le plus souvent faits avec la potasse et du sain-doux. On aromatise à volonté.

Les *savons verts* sont faits avec la potasse et des huiles communes. On peut les colorer par des additions convenables.

Les *savons de potasse* peuvent être traités par une solution concentrée de muriate de soude. Il en résulte un savon de soude plus dur. Cela se pratique dans les pays où la soude est rare.

Les *savons de soude* sont plus denses, plus usités que les précédens. On les emploie surtout en France. Pour les obtenir, on a des lessives de soude à des concentrations différentes; on fait d'abord bouillir une lessive faible avec de l'huile d'olive. Il se forme un magma blanchâtre laiteux; on ajoute ensuite une lessive plus forte; il se forme alors des grumeaux nageant dans un liquide aqueux. C'est le savon qu'il suffit de recueillir et de placer dans des moules, pour lui faire prendre des formes diverses. Pour être sûr que la saturation de l'huile par la soude soit parfaite , on peut mettre un grand excès de forte lessive , qu'on retrouve ensuite pour une nouvelle opération. Quelquefois , au lieu d'enlever le savon du liquide qui le porte , on soustrait ce dernier par une ouverture inférieure ou latérale, pratiquée au vase dans lequel on opère.

Le savon obtenu est toujours coloré en bleu ou gris ; il contient de l'alumine , plus du fer, et souvent du manganèse, toutes substances qui se trouvent communément dans la soude du commerce.

Pour purifier ce savon , il suffit de le faire bouillir de nouveau et fondre dans une lessive très-chargée de soude. Il arrive qu'il se fait bientôt un précipité, qu'on regarde comme un savon insoluble de la terre et des métaux annoncés. Ce qui surnage est le savon plus blanc, que l'on recueille, comme il a été dit. On le destine à des usages plus recherchés.

Le *savon marbré* s'obtient en ajoutant au premier savon une moindre quantité d'eau alcaline, que pour avoir le savon tout-à-fait blanc ; alors il y a isolement de certaines parties blanches, sans précipitation complète de celui qui est coloré en bleu-noirâtre. On enlève la masse à cet état ; elle donne par le refroidissement cette espèce de marbrure , que l'on sait appartenir aux savons de Marseille. On peut à volonté produire cet effet, en faisant certaines additions au savon blanc ; mais on conçoit qu'il doit être bien rare de se comporter ainsi , puisque l'on opère dans ce cas une altération. Il paraît que le savon blanc contient soude 4,6 , eau 45,2 ; le reste en huile. Quant au dernier , on le signale comme portant seulement 6 de soude et 5o d'eau.

D'après M. Collin, il paraît certain que le savon

ne peut pas se former sans eau, et que l'huile, privée de mucilage, ne donne que des savons inférieurs.

Tous les savons dont nous venons de parler sont avec excès d'alcali, toujours âcres, verdissant le sirop de violettes, et brunissant le curcuma; ils ne sont qu'en partie solubles dans l'eau, en se décomposant selon l'avis de plusieurs chimistes modernes, en laissant libre leur acide, et d'autre part, offrant à nu leur alcali qui agit mieux sur les graisses, pour les enlever de dessus les tissus qui les portent; mais, selon l'opinion générale, on n'admet de réactions des savons sur les graisses, que par leur excès d'alcali, et l'on n'est point ainsi conduit à admettre leur décomposition par l'eau.

La solution des savons ne peut avoir lieu dans les eaux impures, contenant surtout des sels métalliques ou terreux, parce qu'il se forme alors des savons nouveaux qui sont solubles. C'est pour cela que l'eau des puits de Paris et toutes les eaux crues, portant de la sélénite (sulfate de chaux) sont impropres au savonage. On peut faire à volonté ces savons terreux ou métalliques; mais on ne les recherche point.

Les savons alcalins sont entièrement solubles dans l'alcool. Il en résulte ainsi ce qu'on appelle l'*essence de savon*, qu'on peut aromatiser à volonté. On a peu d'occasions d'utiliser ces solutions, si ce n'est à l'extérieur, pour la toilette.

Les savons sont employés dans les arts et dans l'économie domestique, pour le blanchîment des toiles, des laines, etc.; mais on doit en ménager l'emploi pour ces derniers corps; car l'excès d'alcali peut agir sur ces parties animales, de manière à les dissoudre surtout par l'ébullition; de même on ne doit user qu'avec réserve du savon pour se laver les mains ou autres parties du corps, parce qu'il enlève la partie grasse ou onctueuse qui résulte de la transpiration insensible, et qui recouvre si utilement les papilles nerveuses. On remédie assez bien à cet inconvénient, en frottant ensuite ces mêmes parties avec de la pâte d'amande, qui retient toujours un peu d'huile.

Les savons ont aussi une action médicamenteuse. On les donne à l'intérieur, quand ils sont purs, et pour cet usage, on prépare dans la pharmacie un savon particulier, comme il suit :

Savon médicinal : on l'obtient en mêlant à froid une partie de solution de soude caustique, marquant 35°, et le double en poids d'huile d'amandes douces ; on agite convenablement dans un mortier pour couler ensuite dans un moule en papier ou en bois ; la masse devient dense au bout de quelques jours et peut être employée. Elle est très-blanche, d'une odeur agréable, d'un goût alcalin, moins fort que pour le savon du commerce ; il est aussi plus pur.

Le savon est un résolutif, un fondant très-vanté contre les obstructions du foie ; il est aussi très-recommandé pour dissoudre les calculs urinaires ou les graviers. On le donne seul en pilules à la dose de quatre à douze ou vingt grains par jour, mais plus souvent mêlé à d'autres corps, surtout des extraits, pour en continuer l'usage pendant plusieurs semaines. On y a recouru dans quelques cas de dyssenterie. L'eau de savon est l'un des meilleurs neutralisans contre les empoisonnemens par les acides forts.

Toutes les variétés de savonules sont des produits de l'union des huiles à l'ammoniaque ; il en résulte des composés, toujours moins durs que les savons, et qu'on prépare en pharmacie sous le nom de *liniment*. Ils peuvent varier par les proportions des parties ou par l'addition de divers corps, tels que laudanum, camphre, baume tranquille, etc.

M. Boulay a obtenu un savon ammoniacal plus dense, en faisant passer cet alcali gazeux dans l'huile, et mieux encore en le combinant à de la graisse.

Ce qu'on appelle *savon de starkey* est un composé très-imparfait, dont on a beaucoup varié la composition; entre tous les procédés, celui que l'on préfère consiste à triturer ensemble à une douce chaleur une partie de potasse du commerce et mieux de la potasse caustique, avec trois parties d'huile essentielle de térébenthine, qu'on a le soin de n'ajouter que peu à peu pour avoir une masse de consistance molle, égale à celle du miel épais. Il est d'autant mieux préparé qu'il s'unit mieux à l'eau. On l'emploie intérieurement, mais en très-petite quantité, comme quelques grains; il passe pour être l'antidote des mauvais effets de l'opium et des purgatifs résineux; on l'a aussi employé à l'extérieur par simple application, sur les glandes, engorgemens, etc. On s'en sert maintenant fort peu.

De la Cire.

On ne s'accorde pas très - bien sur la nature de cette substance; mais l'opinion générale est qu'on peut l'assimiler aux huiles, ce qui fait que nous en traitons à la suite de ces derniers corps. On sait que depuis long - temps la cire existe dans le pollen de toutes les fleurs; mais M. Proust a démontré qu'il en existe aussi dans la fécule des plantes, dans le chou, dans l'enveloppe de plusieurs fruits, etc. Le vernis qui recouvre beaucoup de feuilles d'arbres paraît être formé de cire ; les chatons de plusieurs arbres en contiennent aussi. Le *péla*, en Chine, est de la cire formée par un insecte. Enfin, pour l'Europe, la cire existe comme substance, accompagnant le miel dans les ruches, et M. Hubert pense qu'elle est un produit d'animalisation dans l'estomac des abeilles. Cette dernière sorte de cire est la seule qui nous intéresse.

Pour l'obtenir, on prend des gâteaux alvéolaires, desquels on a obtenu le miel ; on les met dans des sacs de toile claire pour les maintenir pendant plusieurs heures dans de l'eau bouillante. La cire se fond et surnage à l'eau, elle se fige par le refroidissement ; elle est alors jaune, mais on peut la rendre blanche : pour cela on l'agite dans de l'eau pendant qu'elle est encore liquide ; elle se refroidit et se condense en petits rubans ou fragmens déliés, qu'on expose ensuite sur des linges à la rosée, dans les champs, ou bien on met cette cire, par un moyen quelconque, en contact avec du chlore ; de toute manière la matière colorante est détruite ; dans le premier cas, l'oxigène en a pris l'hydrogène pour former de l'eau ; dans le second, le chlore en prenant aussi l'hydrogène s'est changé en acide hydro-chlorique. Ainsi, la substance jaune est toujours détruite ; il en résulte une cire très-blanche, qui n'a besoin que d'être lavée à grande eau, soit pour en séparer les corps étrangers que l'air y a portés, soit pour enlever un peu de l'acide nouvellement formé qui peut y adhérer. Cette *cire blanche* est dite *cire vierge*.

La cire jaune a une odeur et une saveur qui lui sont particulières, mais qui peuvent offrir des nuances : nous ne chercherons point à les préciser.

La cire blanche n'a ni goût ni arôme ; elle est insoluble dans l'eau et dans l'alcool, liquéfiable à 68° ; elle reprend sa dureté par le froid, à moins qu'on ne l'ait fait trop chauffer ; elle peut même se décomposer entièrement au feu et brûler avec flamme, c'est ce qui la rend propre à servir comme bougie pour l'éclairage. La cire s'unit aux huiles et à chaud pour former des onguens et des cérats ; il paraît que l'huile essentielle peut aussi la dissoudre par une douce chaleur.

Les usages de la cire sont très-multipliés, mais trop généralement connus pour qu'il soit utile de les rappeler ici.

D'après MM. Gay-Lussac et Thénard, la cire est formée de carbone 81,784, hydrogène 12,672, oxigène 5,544.

Des Résines.

Produits qui découlent naturellement des végétaux. Les résines peuvent être liquides ou séches ; mais les premières tendent toujours à prendre l'état des secondes, en perdant leur eau de végétation, ou l'huile essentielle qui les accompagne.

Les *résines*, dans leur état ordinaire, sont séches, dures, cassantes, et même friables, sans odeur, de saveur âcre, liquéfiables à une douce chaleur, insolubles dans l'eau, mais solubles dans l'alcool ; ce qui donne les teintures dites *résineuses*, lesquelles sont précipitées en blanc jaunâtre par l'eau : les résines s'unissent aux graisses; elles sont fixes, décomposables au feu, inflammables : elles paraissent résulter de l'oxigénation des huiles essentielles; car en traitant ces huiles par l'acide nitrique, on obtient un produit très-analogue aux résines : on peut hâter l'exsudation des résines, en faisant des incisions aux arbres qui doivent les fournir.

Les résines s'unissent aux huiles pour former des onguens.

Les *vernis gras* sont des solutions de résines dans les huiles fixes rendues siccatives par la litharge.

Les alcalis peuvent dissoudre les résines; il en résulte, selon M. Hatchett, des espèces de savons : elles se dissolvent aussi dans l'acide sulfurique, dont on peut ensuite les précipiter par l'eau.

L'acide nitrique dissout les résines, mais la solution n'est point précipitée par l'eau, et si l'on la fait évaporer, elle se prend en une masse mielleuse jaunâtre, soluble dans l'eau et dans l'alcool. C'est en traitant de nouveau ce produit par de l'acide nitrique à chaud, qu'on obtient ce qu'on appelle *tanin artificiel*. Il ne se forme point d'acide oxalique.

Les résines sont diversement employées dans les arts et en médecine; il est fréquent de les trouver mêlées de substances différentes, comme extractif muqueux, et acide benzoïque; dans le premier cas, elles prennent les noms de résine-gomme, ou gomme-résine, selon les proportions des parties qui les forment; dans le second cas, elles portent le nom de baume.

Nous n'avons point à traiter particulièrement de ces produits mixtes, leur connaissance peut se déduire de de celle déjà prise des gommes, des résines, et de l'acide benzoïque : c'est assez de signaler ces produits. Voyez leur histoire naturelle.

Les résines pures, ou considérées comme telles, sont la *résine* ou *poix commune*, obtenue des pins ou sapins, et constituant en grande partie la *térébenthine*, la *résine animée*, le *copal*, le *mastic*, la *sandaraque*, le *sang-dragon*, etc. On doit rapporter aux résines ce qu'on appelle improprement *baume de la Mecque et de Copahu*.

Les *gommes-résines*, et *résines-gommes*, découlent naturellement des arbres, ou bien on les obtient par suite d'incisions. Ces produits sont solubles dans des liquides mixtes, comme vin, vinaigre et eau-de-vie; les plus usités sont l'*encens*, l'*euphorbe*, l'*assafœtida*, le *galbanum*, le *sagapénum*, la *gomme ammoniaque*, la *gomme gutte*, la *myrrhe*, le *bdellium*, etc.

Quant aux *baumes*, la manière de les obtenir est celle indiquée pour les produits précédens. Ces composés participent toujours de résine et d'acide benzoïque : ils sont solides, odorans, solubles dans l'alcool, dans les liquides mixtes, et même en partie dans l'eau bouillante. Les plus usités sont : le *benjoin*, le *baume de Tolu*, le *storax*, la *vanille*.

Du Camphre.

Produit dont les Arabes ont parlé les premiers sous le nom de *kamphur*. Il est analogue, sous plusieurs rapports, aux huiles essentielles et aux résines. Il existe dans beaucoup de plantes, mais surtout dans les labiées, les lauriers. Il nous vient de la Chine et du

Japon, où l'on l'obtient par distillation des débris du *laurus camphora*. Le premier produit obtenu doit être purifié par des distillations séches ou des sublimations réitérées.

Il existe à Bornéo et près de Sumatra un arbre peu connu, qui offre, dit-on, dans sa cassure des grains de camphre préférable à celui des Chinois.

Les huiles essentielles des plantes indiquées peuvent, en vieillissant, donner du camphre qu'on sépare aussi par sublimation.

Le camphre pur est blanc, léger, cristallin, demi-transparent, d'une odeur forte et qui lui est particulière. Il est très-volatil, insoluble dans moins de mille parties d'eau, très-soluble dans l'alcool et dans l'éther, dont on le sépare au moyen de l'eau. Il est très-soluble dans les huiles et dans l'acide acétique. Il est très-inflammable, et traité, comme nous l'avous dit, par l'acide nitrique, il donne de l'acide camphorique ; mais si, au lieu de distiller le mélange, on le conserve, il ne tarde point à se former une couche huileuse qui constitue ce qu'on appelle *huile de camphre*. Il s'y trouve beaucoup de camphre et d'acide concentré ; l'autre liquide est aqueux, un peu acide et peu camphré.

Le *camphre* est un très-bon médicament, surtout employé comme anti-spasmodique et sudorifique. *Voyez* son histoire comme médicament simple.

On a beaucoup parlé d'un camphre artificiel, découvert par Kind, mais dont MM. Thénard, Cluzel, Chômet, etc., se sont occupés depuis.

On l'obtient en traitant les huiles essentielles par le chlore, et, selon quelques chimistes, par l'acide hydro-chlorique ; pour opérer, on fait passer l'acide gazeux dans de l'essence de térébenthine ; il arrive au bout d'un certain temps que la masse prend un état de mollesse et cristallin ; on arrête alors l'opération, pour verser le tout sur du papier gris, qui absorbe une partie du liquide ; l'autre se dégage, il ne reste que les cristaux formés qu'on peut laver à grande eau, car ils sont insolubles dans ce liquide.

Ce prétendu *camphre artificiel* est très-soluble dans l'alcool, dont il est aussi précipité par l'eau ; il est volatil et décomposable au feu ; mais traité par l'acide nitrique, il ne donne point d'huile de camphre ni d'acide camphorique : il est insoluble dans l'acide acétique.

Ce produit, comme on le voit, est bien loin de ressembler à la substance dont il porte le nom, c'est encore un objet de recherche.

IVe CLASSE.

Substances non encore assez bien connues pour être placées dans les classes précédentes : elles passent pour ne point contenir d'azote.

Ces matières peu nombreuses sont pour la plupart nouvellement découvertes, elles sont sans usages, et employées seules ; mais comme elles font partie de substances très-connues et très-usitées, il devient par cela même plus important d'en faire l'histoire.

De l'Emétine.

MM. Magendie et Pelletier l'ont retirée des racines d'ipécacuanha ; pour l'obtenir, on traite cette racine en poudre par l'éther, pour séparer une substance qui est dite *grasse* : on filtre, on traite à chaud le résidu à diverses reprises par l'alcool très-concentré ; on réunit les dissolutions ; on filtre de nouveau et bouillant, pour avoir une liqueur qui en refroidissant laisse précipiter une matière analogue à la cire ; on filtre encore, on fait évaporer le liquide au bain-marie, il reste une masse rougeâtre formée d'émétine, d'acide gallique, de cire et d'une matière grasse ; on traite par l'eau froide qui ne dissout que les deux premières substances ; on filtre, on traite la liqueur par les carbonates de baryte ou de magnésie ; l'émétine se trouve isolée, on la redissout par l'alcool ; on filtre pour faire évaporer la solution à siccité. Ce qui reste est le produit recherché.

L'émétine est solide, d'un rouge-brun, inodore, amère et âcre, non nauséeuse, soluble dans l'eau et dans l'alcool, non cristallisable, insoluble dans l'éther.

Il résulte des observations faites sur cette substance qu'elle est la *partie active de l'ipécacuanha*, et qu'on doit s'en servir en conséquence, 1° en plus petite quantité ; deux à quatre grains pour les adultes ; 2° avec plus de sécurité, parce que l'effet est plus constant en raison de l'absence des corps étrangers.

Douze à quinze grains de cette substance ont suffi pour empoisonner et faire mourir en moins de vingt heures des chiens de taille ordinaire.

De la Picrotoxine.

Matière vénéneuse du menispermum cocculus (coque levant), nous en devons la découverte à M. Boulay.

Pour l'obtenir, on traite la décoction de coque levant par l'acétate de plomb ; on filtre et l'on fait évaporer en extrait, que l'on fait macérer dans de l'alcool à 40°; on filtre, on évapore pour redissoudre encore, et successivement jusqu'à ce que le produit de l'évaporation soit parfaitement soluble dans l'eau et dans l'alcool; il ne reste au plus qu'une matière jaune, qu'on sépare ensuite par l'agitation dans l'eau; alors la picrotoxine se précipite en très-petits cristaux blancs brillans.

Cette substance est blanche, aiguillée, très-amère, soluble dans l'eau et plus dans l'alcool, soluble aussi dans les alcalis; elle peut être convertie en acide oxalique, il suffit de trois à six grains de cette substance pour tuer en moins d'une heure des chiens robustes.

Le *daphne alpina* peut fournir une substance analogue à la précédente (M. Vauquelin).

Du Tanin.

Ce corps est contesté comme produit immédiat des végétaux : quoi qu'il en soit, il joue un grand rôle en chimie, par la manière dont il se comporte avec beaucoup de corps ; mais ce qu'il offre de plus notable, c'est la manière dont il agit sur la gélatine, qu'il précipite et qu'il convertit en un corps très-dense, difficilement altérable par l'eau, transformation sur laquelle est fondé le changement des peaux d'animaux en cuirs.

C'est M. Séguin qui le premier a traité le *tanin* comme un corps particulier; depuis lui MM. Hatchett et Chevreul l'ont présenté comme un mélange d'acide gallique et de principe colorant.

Le tanin, de quelque manière qu'on le considère, se trouve très-répandu dans la nature, il paraît faire partie du plus grand nombre des végétaux ; il existe surtout dans les écorces d'arbres, de chêne, du maronnier, etc. Il fait partie de la noix de galle, du cachou, de la gomme kino, du sumac, du thé, etc., etc. ; il donne à tous ces corps une saveur âpre dite *astringente*.

Ce qui tend à faire croire que le tanin n'est pas un corps *sui generis*, c'est la difficulté de l'obtenir pur. Presque tous les chimistes ont leur procédé pour se le procurer : nous n'indiquerons ici que ceux qui nous ont servi avec succès, et qui sont en même temps les plus simples.

1° Selon M. Bouillon-Lagrange, on traite la décoction de noix de galle par du sous-carbonate d'ammoniaque ; il se fait un précipité, on le recueille sur un filtre, on le fait chauffer doucement dans de l'alcool, pour évaporer ensuite à siccité : ce qui reste passe pour du tanin libre.

2° Selon M. Mérat-Gaillot, on doit précipiter l'infusion de noix de galle par l'eau de chaux ; on lave le produit insoluble par de l'acide nitrique ou muriatique faible.

3° Enfin, d'après M. Davy, on traite le cachou à chaud par l'alcool, on filtre pour faire évaporer à siccité, on traite le résidu par l'eau qui dissout le tanin.

Le tanin obtenu à l'état de siccité est blanchâtre, il brunit à l'air, il est sans odeur, d'une saveur âpre qui produit une forte astriction ; il est soluble dans l'eau, mais moins seul que quand il est mêlé d'acide gallique, il est insoluble dans l'alcool, il peut être converti en acide oxalique ; le tanin décompose et précipite les

sels métalliques en s'emparant de leurs oxides; il noircit les sels de fer.

Nous verrons, en parlant de la gélatine animale,
comment le tanin sert au tanage.

Le tanin n'est guère employé seul, il n'est usité
qu'avec les substances qui le fournissent; elles sont
dites tanifères et astringentes, les principales sont celles déjà indiquées. *Voyez* mon Cours d'Histoire
naturelle des médicamens.

De la Gelée végétale.

Matière que fournissent beaucoup de fruits, elle
est très-soluble, plus à chaud qu'à froid, ce qui fait
que ses solutions se densifient par le refroidissement,
à moins que l'ébullition n'ait été prolongée; car alors
la condensation est beaucoup moindre, elle peut devenir nulle. On trouve la gelée surtout dans les groseilles, les pommes, les abricots; il en existe aussi
dans la mousse de Corse, dans les lichens, etc.

La gélatine végétale tire son nom de sa ressemblance avec un produit animal qu'on appelle aussi
gélatine; mais cette dernière contient de l'azote.

La gelée est considérée comme une substance gommeuse unie à un acide; on s'en sert comme objet d'a-
grément; on la dit nutritive, il faut y ajouter du
sucre pour la conserver.

Ce qu'on appelle *extractif proprement dit* n'est
pas encore bien connu; quelques chimistes n'en admettent point l'existence, et nous croyons en effet
qu'on a décrit sous ce nom un corps dont l'isolement n'est pas démontré, ce qui nous dispense de

rapporter comme son histoire tout ce qu'on en a pu dire jusqu'à présent.

Quant à *l'ulmine*, substance étudiée par M. Klaproth, elle n'est pas encore assez connue pour en traiter ici, on ne s'en sert point ; elle est fournie, par exsudation naturelle, par une espèce d'orme, *ulmus nigra*.

<h3 style="text-align:center">Ve CLASSE.</h3>

Matières colorantes végétales, entre lesquelles plusieurs paraissent être azotées.

Ce sont évidemment des produits immédiats, mais ils sont peu importans pour le médecin, et même les chimistes s'appliquent peu à la pratique des moyens d'utiliser autant que possible ces substances : leur emploi constitue un art particulier, que MM. Chaptal et Berthollet ont régénéré. Voyez leurs travaux pour avoir sur les matières colorantes, et sur les teintures, des détails qui ne doivent point trouver place ici ; nous indiquerons seulement quels sont ces produits, ce qui devra nous conduire à citer quelques faits relatifs à leur usage.

<h3 style="text-align:center">De l'Hématine.</h3>

Partie essentiellement colorante du bois de Campêche ; pour l'obtenir, on traite ce bois en poudre par l'eau à 60°, on fait évaporer la solution à siccité pour traiter le résidu par l'alcool à 36° ; on filtre, et l'on fait évaporer la liqueur en extrait mou ; on y ajoute un peu d'eau, et l'on fait évaporer très-doucement, il se dépose des cristaux par le refroidissement.

Ce produit, indiqué par M. Chevreul, est d'un

blanc rosé, peu soluble dans l'eau; sa solution chaude est pourpre; on ne s'en sert qu'avec la substance que nous avons dit la contenir, et alors son usage est de donner les couleurs noires et violettes, moyennant des additions convenables.

Rouge de carthame.

Il s'obtient de la fleur du carthame, dans laquelle ce produit est mélangé avec une autre matière colorante qui est jaune: on lave le carthame à grande eau, jusqu'à ce que celle-ci, jaune d'abord, devienne sans couleur ; alors on fait macérer la substance dans poids égal d'eau, et o,15 de sous-carbonate de soude qui dissout la matière rouge ; on filtre, on sature l'alcali par du suc de citron ; le rouge se précipite, on peut le recevoir sur du coton, qui alors le retient, ou bien on le laisse se précipiter dans le vase.

Le *rouge de carthame* est très-altérable à l'air, il est surtout employé à la toilette, comme rouge végétal, moyennant qu'on le mêle avec du *talc* en poudre très-fine ; il sert aussi en teinture pour donner des couleurs roses ou rouges.

De l'Indigo.

Substance qui existe dans l'*isatis tinctoria*, dans quelques espèces de *nérium*, et probablement dans beaucoup d'autres plantes; mais on la retire surtout de l'*anil indigofera*.

Pour cela, on expose ces feuilles à la fermentation, avec de l'eau dans des baquets; la masse devient bientôt verte et acide; on décante le liquide pour le traiter par de l'eau de chaux, qui en précipite l'*indigo* retenant un peu de chaux, dont on le débarrasse en le lavant par un mélange d'eau et d'acide hydro-chlorique ; on fait ensuite sécher le précipité à l'ombre, il doit être d'un beau bleu ; mais alors même, l'indigo n'est point pur, malgré qu'il puisse à cet état servir dans les arts.

Pour le purifier, on fait chauffer l'indigo guatimala dans un creuset de platine ; il s'en sublime environ la moitié en cristaux, c'est le produit recherché ; on peut encore se borner à laver cet indigo, d'abord avec de l'alcool, puis avec de l'acide muriatique.

L'indigo du commerce offre des variétés qui dépendent des substances qui s'y trouvent à l'état de mélange ; les teinturiers en font un choix en conséquence, et les distinguent par différens noms : le plus—beau nous vient de Guatimala, il est dit aussi *indigo flore*, il a un aspect cuivreux dans sa cassure ; viennent ensuite les indigos *serquisse*, *d'Agra*, etc.

L'indigo parfaitement pur est solide, d'un bleu foncé avec des ondulations jaunâtres, qui font croire au premier abord qu'il contient du cuivre ; il peut cristalliser en aiguilles, il est sans odeur ni saveur ; traité à la cornue, la moitié se volatilise, l'autre se décompose et donne des produits ammoniacaux, ce qui démontre que cette substance contient de l'azote, l'indigo est inaltérable à l'air, insoluble dans l'eau et dans l'éther ; mais l'alcool en prend un peu à chaud, il s'en sépare en refroidissant ; l'acide sulfurique le dissout mieux à chaud qu'à froid ; l'acide nitrique le décompose en une matière analogue aux résines, et en deux autres qui sont amères, détonnantes (M. Chevreul). Les alcalis, le chlore et l'acide hydro-chlorique lui donnent une couleur jaune : il paraît que c'est dû à une désoxigénation ; car on produit le même effet par les corps qui ont la propriété de prendre de l'oxigène partout où ils en trouvent ; on regarde le produit jaune obtenu comme de l'*indigo protoxide*, lequel est soluble dans l'eau, et bleuit en s'oxidant à l'air ; auquel cas, il se précipite du liquide aqueux.

L'indigo est l'une des matières qu'on emploie le plus dans la teinture pour avoir un très-beau bleu ; quand on en mêle au curcuma qui est jaune, on en a du vert.

Pastel guède.

Il s'obtient d'une plante (*isatis*) très-abondamment cultivée aux environs de Toulouse.

Les feuilles de pastel étant flétries, on les pile pour en faire des petits pains, qu'on réduit d'abord en poudre, qu'on traite ensuite par l'eau, et successivement, comme il a été dit pour l'indigo.

Le *pastel* est aussi d'une couleur bleue, mais que les teinturiers emploient pour des nuances très-diverses avec des additions convenables.

De la Polycroïte.

Matière colorante du safran, obtenue par Messieurs Bouillon-Lagrange et Vogel, par le procédé suivant :

Faites macérer le safran dans l'eau ; faites évaporer en extrait mou ; traitez par l'alcool ; filtrez et faites évaporer à siccité : le résidu est le corps en question.

La *polycroïte* est en écailles brillantes, jaune-rougeâtre, s'humectant à l'air, soluble dans l'eau et dans l'alcool ; la solution se décolore entièrement par la lumière ; elle devient bleue par l'acide sulfurique , et verte par le nitrique ; on ne fait aucun usage de cette substance seule ; elle n'est usitée qu'avec le safran qui la contient.

Orcanette.

Racine dont la matière colorante a pu être isolée comme il suit. On fait une teinture éthérée de cette substance ; on filtre et l'on fait évaporer : on a un résidu fixe qui est le produit recherché.

Cette matière est solide , rouge-foncé, cassure résineuse , se fond à 60° ; elle peut donner de l'acide oxalique par l'acide nitrique ; elle se dissout dans l'alcool et dans les huiles.

La solution alcoolique est précipitée en cramoisi par les sels d'étain , et en très-beau bleu par l'acétate de plomb. On doit toutes ces expériences à M. J. Pelletier.

Le *santal rouge* porte aussi une matière colorante, dont on s'est occupé , mais qui n'est pas encore assez bien connue pour qu'il en soit ici question.

Enfin, il est un grand nombre de substances qui sont employées en teinture, mais dont on n'a point encore séparé les élémens.

Nous nommerons les plus importantes, qui sont les suivantes : pour la teinture en rouge, la garance , (*rubia tinctorium*), le bois de Brésil ou de Fernambouc (*Cœsalpina christa*) la cochenille, etc. ; pour le jaune , la gaude , le quercitron ; c'est l'écorce de *quercus nigra*, le bois jaune (*morus tinctoria*) ; pour le bleu, outre l'indigo, le campèche et le pastel, on em-

ploie encore le tournesol en pain et le bleu de Prusse ;
pour la teinture en noir, la noix de galle et autres
corps tanifères, auxquels on ajoute des sels de fer.
Quant aux couleurs composées, elle exigent l'emploi
de substances diverses, dont le mélange offre de grandes difficultés.

- Les tissus que l'on soumet à la teinture sont de
coton, de lin, de chanvre, de laine et de soie ; ils ne
peuvent bien recevoir et retenir les matières colorantes, qu'après avoir été soumis à certaines opérations sous les noms de *blanchîment*, de *décreusage* et de *désuintage*. Il faut y joindre aussi l'application de *mordans*.

Le *blanchîment* n'est pas autant nécessaire pour
teindre en couleurs fortes que pour teindre en couleurs faibles. Quand on le pratique, c'est d'une manière différente, selon la nature des tissus que l'on
traite ; ainsi, pour les *fils* de *coton*, de *chanvre* et de
lin, on suit maintenant le procédé de M. Berthollet,
qui consiste à maintenir ces corps pendant quelques
jours dans l'eau ; puis on les passe à la lessive de potasse ou de soude, pour enlever la plus grande partie
de la matière jaune qui les couvre ; après cela, on
les plonge à diverses reprises dans des solutions de
chlore, et mieux de muriate oxigéné de chaux, avec
des précautions que nous ne cherchons point à faire
connaître ici, pour les raisons déjà dites. Il arrive en
dernier résultat que les tissus sont très-bien blanchis,
sans que leur nature ait subi la moindre altération.

Autrefois, pour blanchir ces tissus, on les étendait
sur des prés, ayant soin de les arroser ; mais cela de-

mandait un temps très-long. Il est peu d'endroits où l'on agisse encore ainsi.

Si l'on doit opérer le blanchîment de la *laine* ou de la *soie*, ces moyens ne peuvent pas être employés, parce qu'ils tendraient à détruire ces substances.

On les expose à la vapeur de l'acide sulfureux ; et l'opération réussit mieux, si ces fils ont passé d'abord au décréusage et au désuintage.

Le *décreusage* est une espèce de blanchîment moins parfait que les précédens ; il consiste pour le lin, le chanvre et le coton en deux ébullitions, dont la première dans l'eau pure, et la seconde dans une faible solution alcaline ; quant au décreusage de la soie, il s'opère, selon M. Roard, par l'ébullition dans quinze fois pesant d'eau de savon.

Le *désuintage* a lieu sur la laine, pour lui enlever un enduit gras, qu'on appelle *suint*, et que M. Vauquelin dit être formé de carbonate, acétate et muriate de potasse ; plus, de la chaux, un savon à base de potasse, et une matière animale particulière. Pour enlever le *suint*, il est ordinaire de maintenir la laine dans de l'eau bouillante, à laquelle on ajoute un tiers d'urine pourrie, et devenue ammoniacale ; on y ajoute aussi du savon.

Ces opérations préliminaires ayant eu lieu sur les corps qu'on veut teindre, on les traite comme il suit, pour les rendre plus propres à fixer les matières colorantes.

Des Mordans.

En teinture, on appelle *mordans* toutes les substances qui ont la faculté de s'unir aux tissus, et de les rendre ainsi plus capables de fixer les couleurs. C'est par les mordans qu'on varie les nuances, qu'on leur donne plus d'éclat, qu'on les rend plus durables. Ceux qu'on emploie le plus souvent sont : l'*alun*, l'*acétate d'alumine*, le *tartre*, les *solutions éthérées*, le *savon*, la *potasse*, la *soude*, le *pyro-lignite de fer*, les *sulfates de fer* et de *cuivre*, l'*acétate de cuivre*, le *sulfure d'arsenic*, les *acides sulfurique, nitrique, muriatique, acétique, citrique*, les *sels d'étain*, la *noix de galle*, etc., etc.

Leur nombre est grand, et la manière de les employer varie à l'infini ; cependant, ce qui est le plus ordinaire, c'est de faire une solution de ces corps, et d'y tremper les fils ou tissus à chaud ou à froid, et pendant un temps différent.

L'*alunage* n'est autre chose que l'immersion des corps dans des solutions d'alun. Il faut observer ici que, pour certaines couleurs, il faut éviter avec soin que ce sel contienne du fer, car il suffirait d'un millième de cette dernière substance pour donner une fausse nuance.

Quant à l'application directe des couleurs, on fait une solution aqueuse de celles-ci, soit seules, si elles sont solubles dans l'eau, soit, dans le cas contraire, par des additions convenables.

On plonge dans ce bain les corps qu'on veut teindre, et l'on agit à des températures très-diverses ; on lave ensuite à l'eau froide pour enlever l'excès de matières colorantes.

VIe CLASSE.

Produits végétaux azotés.

Ces produits sont décomposables au feu comme tous ceux qui précèdent ; mais, de plus, ils donnent des vapeurs ammoniacales, et se rapprochent ainsi des substances animales dont nous parlerons plus tard.

Du Caoutchouc (gomme élastique).

Produit qui découle naturellement ou par suite d'incisions, du *jatropha elastica* de Linnée ; mais, selon M. Doublet, on l'obtient de l'*hœvœa guiada-nensis.* M. Richard dit que cet arbre est de la famille des euphorbes. Il paraît que la gomme élastique peut être fournie par le *ficus indica* et l'*artocarpus inte-grifolia.*

Ce produit est d'abord liquide, sous forme d'un suc laiteux, qu'on applique par couches sur un moule en terre friable ; on fait sécher à la fumée pour en appliquer une nouvelle dose, et ainsi de suite ; après quoi l'on brise les moules. Il n'est pas rare de faire des dessins sur cette substance encore molle ; on les re-trouve après la dessiccation.

La gomme-élastique est dense, brune au dehors, blanchâtre au dedans ; elle se présente sous des formes diverses, mais le plus souvent formant des sortes de vases dont les parois sont de l'épaisseur d'une à deux lignes. Cette substance se ramollit par la chaleur ; elle jouit d'une grande élasticité ; elle se boursoufle au feu et brûle avec une flamme blanche ; il se forme alors une grande quantité de carbonate d'ammoniaque. Elle est insoluble dans l'eau froide, mais elle se ramollit

dans

dans l'eau chaude, au point que plusieurs morceaux peuvent s'y unir ensemble. A cet état, elle se fond dans l'éther et dans les huiles essentielles, mais surtout dans celles d'aspic et de térébenthine, auxquelles il est bien d'ajouter un peu d'alcool, malgré que ce liquide seul ne dissolve point le caoutchouc.

Toutes les solutions de gomme élastique ne paraissent être que des altérations de cette substance, car par l'évaporation, ce qu'on obtient est glutineux et bien différent de la matière employée. Ces solutions, portées sur des étoffes ou tissus, y forment un vernis souple, peu gluant et peu écailleux,

On a employé le caoutchouc pour faire des sondes, des bougies, des pessaires, des vases, différens instrumens, etc. On s'en sert dans les bureaux pour enlever par le frottement le crayon de dessus le papier.

Fourcroy considère la gomme élastique comme se rapprochant plus du gluten que des résines.

Albumine végétale.

Substance dont la nature a été précisée par Fourcroy. C'est la partie des sucs de plantes qui peut se coaguler par la chaleur. Il en existe dans presque toutes les parties herbacées des végétaux; mais surtout dans la séve de certains arbres et dans le suc de quelques fruits. On en trouve abondamment dans le suc du papayer.

L'*albumine végétale* est précipitée en brun par les corps tanifères. La plupart des sels formés par les métaux blancs peuvent précipiter l'albumine de ses solutions en une poudre blanche.

Ce produit paraît être azoté, mais peu.

Ce qu'on appelle *fibrine végétale* est une autre substance qui existe dans le suc du papayer: elle est trop peu connue pour qu'il en soit longuement question.

Nous ne traiterons pas davantage de ce qu'on appelle *fungine*, matière particulière des champignons : son histoire est encore imparfaite et ne nous intéresse point.

De l'Asparagine.

Substance particulière découverte par MM. Vauquelin et Robiquet dans le suc d'asperge, qu'il suffit de faire chauffer pour en séparer l'albumine. On filtre et l'on fait évaporer le liquide avec soin; il se forme des cristaux qui sont le produit recherché.

L'*asparagine* donne des rhombes transparens, durs, sans couleur, de saveur peu marquée, mais augmentant la salivation. Elle est très-soluble à chaud dans l'eau, mais peu à froid et point dans l'alcool ; sans action sur le tournesol et sur les violettes. Elle donne de l'ammoniaque au feu. On n'en fait aucun usage.

De la Morphine.

C'est l'un des produits les plus importans que l'on ait découvert depuis plusieurs années. Nous en devons la connaissance à M. Sertuerner ; mais, depuis lui, M. Robiquet a perfectionné le moyen d'isoler cette substance du composé qui la retient.

Pour l'obtenir, on fait macérer huit onces d'opium pendant deux jours dans une pinte d'eau distillée ; on filtre ; on ajoute à la liqueur deux gros de magnésie pure ; on fait bouillir pendant quelques minutes ; on filtre de nouveau : il reste sur le papier un composé de morphine et de magnésie que l'on fait sécher pour traiter ensuite par l'alcool bouillant, et l'on a par le refroidissement des cristaux de *morphine*.

Cette substance est remarquable en ce qu'elle jouit au plus haut degré des propriétés alcalines : elle est solide, inodore, sans couleur ; elle cristallise en prismes ; elle est insoluble dans l'eau à froid et peu soluble à chaud. Ses dissolvans sont l'alcool et l'éther. Ces solutions brunissent le curcuma, mais encore mieux l'infusion de rhubarbe. Elles rétablissent la couleur bleue du tournesol, changée en rouge par les acides.

La morphine se liquéfie à une douce chaleur et cristallise par le refroidissement : chauffée plus fort, elle se décompose et donne du carbonate d'ammoniaque. Si on la chauffe à l'air, elle peut s'enflammer.

La morphine se combine très-bien aux acides pour former des sels qui cristallisent. On en a formé des carbonate, acétate, sulfate, etc. Elle décompose un grand nombre de sels métalliques, ce qui fait que l'auteur de sa découverte est disposé à la regarder comme une nouvelle base salifiable, qu'il croit exister dans l'opium à l'état de combinaison avec l'acide méconique dont il a déjà été question.

Les expériences faites par divers auteurs sur les effets de la morphine sur l'économie animale tendent à la faire regarder comme l'un des plus violens poisons.

Substance cristallisable de l'opium.

Entre les divers moyens d'obtenir ce corps, le plus simple consiste à traiter l'opium à chaud par l'alcool. On filtre ; on a des cristaux par le refroidissement ; ils sont colorés par une matière résineuse, mais on dissout de nouveau pour filtrer encore, et ainsi de suite jusqu'à ce que les cristaux soient très-blancs.

Ce produit, découvert en 1802 par M. Derosne, se trouve seulement dans l'opium ; il donne des prismes disposés en houppes, insipides, sans odeur, pesant plus que l'eau, peu soluble dans ce liquide, mais plus dans l'alcool et dans les acides faibles. C'est ce produit que M. Sertuerner considère comme formé de morphine et d'acide méconique ; mais il reste à faire des expériences concluantes à cet égard.

On n'a pas encore bien déterminé quelle est l'action de ce corps, on n'en fait jusqu'à présent aucun usage.

Du Gluten.

Matière très-importante par le rôle qu'elle joue dans les farines céréales, dont on fait le pain.

C'est Beccaria qui nous a fait connaître le gluten, il l'a trouvé dans le froment, dont il fait la partie essentielle ; il en existe aussi dans l'orge, le seigle, etc., dans les pois, les féves, les marrons, etc. Rouelle et M. Proust en ont trouvé dans les plantes, uni à leur partie verte. Ainsi, en faisant coaguler au feu les sucs des crucifères, on en retire des flocons de gluten par le simple lavage ; il paraît certain que le gluten abonde encore dans les éponges, dans les glands, les pommes, les raisins, le lupin, les choux, les joubarbes, les pétales de roses, etc. Il n'y en a point dans la pomme de terre.

Pour isoler le gluten, il est d'usage d'opérer sur la farine de froment, on en fait une pâte un peu ferme et bien liée avec de l'eau tiède ; on la malaxe ensuite, mais sans la briser, sous un très-petit filet d'eau froide, qui entraîne tout ce qui est soluble, plus, l'amidon qui la rend blanche et opaque. On continue ainsi jusqu'à ce que le liquide n'entraîne plus rien de sensible ; ce qui reste alors entre les mains est le gluten recherché.

Le gluten pur offre un corps mou, brun, glutineux, très-élastique, de saveur fade, insoluble dans l'alcool et dans l'eau, mais soluble dans l'acide acétique concentré ; il se dessèche à l'air et devient cassant, cassure vitrée. Le gluten fermente avec le sucre et donne ainsi de très-bon vinaigre, il peut en résulter formation de carbonate d'ammoniaque ; abandonné à lui-même dans un air humide, il s'altère, se décompose et peut, selon M. Proust, répandre une odeur de fromage, et donner de l'acétate d'ammoniaque. Si l'on le maintient dans l'eau et à l'air, il se ramollit, tombe à l'état de bouillie et peut servir ainsi à coller fortement les faïences fines. M. Cadet de Vaux a trouvé que le gluten, qui a subi la fermentation acide, devient soluble dans l'alcool, et que cette solution amenée à l'état sirupeux est propre à vernir certains objets.

Le gluten n'a point d'usage particulier, si ce n'est de favoriser la fermentation des farines qui le contiennent et de servir ainsi à faire de bon pain ; en effet, la farine qui ne contient pas de gluten ne peut point faire de pain : la masse ne prend point de liant, elle ne lève point ; on peut bien y déterminer la fermentation, mais elle n'est pas de même nature ; autrement dit, les produits qui en résultent ne sont pas les mêmes ; c'est ce qui a fait particulariser cette *fermentation* en la nommant *panaire* ; mais on néglige aujour-

d'hui cette distinction. C'est en mêlant des farines glu-
tinifères avec celles qui ne le sont point qu'on rend ces
dernières plus propres à faire du pain, lequel est
encore inférieur à celui que fournissent les premières
farines.

La farine étant choisie, on en fait une pâte avec de
l'eau qui peut être tiède ou non, mais dans laquelle on
a dû délayer soit de la levure de bière, soit du levain de
pâte, c'est-à-dire, un peu de pâte déjà aigre, parce qu'elle
vient d'une masse qui a été précédemment exposée à la
fermentation ; dans tous les cas, on pétrit bien la
masse, et on l'abandonne à elle-même pendant plusieurs heures, à une température de 12 à 15°. Il y a
bientôt réaction, formation d'alcool, d'acide acétique,
et de gaz acide carbonique, lequel tendant à se dégager,
soulève la pâte, augmente le volume et la légèreté ;
il s'y loge et se forme ainsi des cavités qu'on remarque dans le pain bien pétri. Dans le cas où l'o-
pération ne réussit point, le pain est mat, dur, lourd,
moins facile à digérer.

D'après un travail de M. Vogel sur la panifica-
tion, il paraît que l'addition du carbonate de magnésie aux farines moins bonnes peut donner un pain
meilleur, comme l'avait annoncé M. E. Davy.

Si l'on abandonnait la pâte à la fermentation, il se
formerait bientôt des liquides, etc. ; mais on arrête
les changemens par la cuisson ; en outre, l'action de
la chaleur opère une combinaison plus intime entre
les parties, ce qui rend l'usage de la masse plus salutaire. La cuisson a un terme fixe, en-deçà ou au-delà
duquel le pain ne peut point être employé ; mais ceci

rentre dans un ensemble d'objets trop connus pour en traiter davantage.

Nous terminerons ce qui a rapport à la chimie végétale en parlant de certains produits, sous le nom de bitumes, de houille, etc.; leur nature n'est pas encore bien connue; on sait que plusieurs d'entre eux contiennent de l'azote, et, selon quelques naturalistes, ils peuvent tous provenir de l'altération des corps organiques, végétaux et animaux, à la vérité, plus souvent des premiers que des seconds.

La *tourbe* est le résultat de la décomposition des plantes par l'eau croupie; sa formation paraît exiger un grand nombre d'années. Il existe ce qu'on appelle des *tourbières* que l'on fouille depuis long-temps sans pouvoir les épuiser. La tourbe est ordinairement un mélange de végétaux, en partie charbonnés de terre et de substances très-diverses, entre lesquelles on a souvent trouvé des débris d'animaux. On emploie la tourbe comme combustible à l'entretien des fourneaux.

Ce qu'on nomme *lignite* est un ensemble de substance charbonnée, qu'on trouve dans le sein de la terre, mais avec de si nombreuses variations, que nous ne cherchons point à les indiquer ici. Il en est de densités différentes, la couleur est noire ou brune, mais toujours la substance est-elle combustible; elle brûle avec flamme et répand une odeur âcre. Il faut rapporter au lignite ce qu'on appelle *jayet*, d'un très-beau noir, et dont on fait des bijoux de deuil. La terre de *Cologne* est encore une sorte de lignite; on l'emploie en peinture, etc.

La *houille* ou *charbon de terre* qu'on trouve si

abondamment dans le sein de la terre, et dont on fait
un si grand usage dans les forges, n'est pas très-connue
dans son origine; mais l'opinion la plus générale est
qu'elle provient de la destruction lente des végétaux
enfouis dans le globe par suite de révolutions terrestres.
La *houille* se présente en fragmens plus ou moins
volumineux, toujours noirs, friables et pouvant offrir
dans la cassure des couleurs irisées. Sa substance peut
être sèche ou grasse. Dans ce dernier cas, elle donne,
en brûlant, une chaleur plus forte; mais aussi elle
répand alors des vapeurs infectes, ce qui a fait rechercher sa purification, laquelle a lieu, en distillant
la houille. On a ainsi des produits gazeux, aqueux
et huileux, lesquels, recueillis convenablement, peuvent être utilisés. M. Pelletan fils a écrit un très-bon
mémoire sur le traitement des houilles et sur l'emploi
des gaz qu'on en obtient pour l'éclairage.

Quant aux *bitumes*, on les connaît encore moins.
On se borne à en constater l'existence comme produits
fossiles, combustibles, d'apparence huileuse ou résineuse. Inflammables, insolubles dans l'eau et dans
l'alcool, ils passent pour provenir aussi de la destruction des corps organisés. Il faut rapporter au bitume
le *naphte*, liquide huileux, d'un blanc jaunâtre, qu'on
trouve en Amérique, en Perse et aussi dans le duché
de Parme. Il est d'une odeur forte, de saveur âcre
et chaude : on peut s'en servir pour la préparation des
vernis ; on en a aussi conseillé l'usage en médecine
contre les vers, mais à dose très-petite, et encore
en néglige-t-on l'usage. C'est dans ce liquide rectifié
qu'on doit conserver le potassium.

Le *pétrole* est un liquide huileux aussi, mais noir et paraissant n'être que le résidu moins volatil du naphte, qui a dû s'en séparer par une sorte de distillation naturelle; on en trouve dans l'Inde, en Italie, en Sicile, et même en France, près de Clermont. On cite qu'il s'en trouve abondamment à la surface des eaux de la mer, près le Cap Vert, dans le voisinage des volcans.

L'*asphalte* ou *bitume de Judée* offre un produit solide, sec, noir, friable, qui surnage sur les eaux du lac de Judée. Cette substance est combustible; on ne s'en sert point.

Le *succin*, aussi nommé *ambre jaune*, *electrum* et *karabé*, est encore une sorte de matière bitumineuse, mais plus appréciée et plus recherchée. On en trouve surtout aux rivages de la mer Baltique; il en existe aussi dans le sein de la terre. Il est ordinairement solide; mais il paraît avoir été mou d'abord, car on trouve dans l'intérieur des masses, des débris de végétaux non altérés, des animaux entiers, etc., ce qui en augmente d'autant plus le prix, qu'il est très-difficile de ramollir le succin pour y faire ces additions volontaires, et le retrouver ensuite avec sa densité naturelle, sa transparence, etc. Il paraît cependant que, dans ces derniers temps, on est parvenu en Italie à imiter ces accidens naturels.

Le *succin* peut être de diverses couleurs, selon les matières qui l'accompagnent. Il peut être opaque et comme laiteux; il est ordinairement jaune, d'une belle eau; il peut être bleu. Dans tous les cas, il jouit de l'électricité résineuse. Il est dense, cassant, et peut prendre un très-beau poli; il se décompose au feu, et ne paraît point donner d'ammoniaque. D'après MM. Gehlen et Bouillon-Lagrange, le *succin* contient de l'acide succinique tout formé, qu'on peut obtenir en partie par la seule ébullition de ce bitume dans l'eau.

Ce *succin* n'est que ramolli, attendri par l'eau chaude; il est inaltérable par ce liquide à froid. L'alcool bouillant le réduit en pâte et le dispose ainsi à se fondre entièrement dans les huiles essentielles.

On emploie le *succin* à faire des bijoux, à donner de l'acide succinique. Il entre aussi dans la composition de quelques vernis gras.

Le *succin* en poudre est quelquefois jeté sur des charbons allumés pour fumigations; il se décompose alors, et répand une odeur forte et piquante, qui, sans purifier l'air, le modifie agréablement; mais on ne pourrait pas le respirer long-temps sans inconvéniens.

Si l'on distille du *succin* à la cornue, on obtient un produit liquide qu'on appelle *huile volatile de succin;* c'est un mélange d'eau, d'huile, et d'acide succinique. On emploie ce liquide à la préparation de l'eau de luce.

CHIMIE ANIMALE.

Ce qui fait le caractère de l'animalité, c'est la présence d'un tube digestif; les animaux jouissent de la locomobilité dans des degrés divers; ils sont plus sensibles et plus irritables que les végétaux.

Les substances animales sont pour le plus grand nombre formées des quatre substances, oxigène, hydrogène, carbone et azote; mais de même que certains végétaux sont azotés, de même aussi quelques corps animaux ne le sont point : en outre, il en est un qui ne contient point d'oxigène (acide prussique). On trouve des portions du cerveau contenant du soufre, une autre contenant du phosphore ; d'après cela on voit qu'il est difficile de trouver le caractère des substances animales dans la nature, ou le nombre des élémens qui les composent.

Il s'en faut de beaucoup qu'on soit bien instruit des réactions qui ont lieu entre ces corps dans l'état de vie et même à l'état d'inertie après la mort; aussi cette branche de la chimie est-elle encore l'objet de recherches nombreuses.

Toutes les *matières animales* se décomposent au feu, comme celles végétales, avec ou sans production de composés ammoniacaux, selon qu'il s'y trouve ou non de l'azote ; il reste toujours un résidu, le plus souvent charbonné, pouvant contenir des sels, phosphate, sulfate et muriate de soude, sulfate et muriate de potasse, du phosphate de chaux et du fer. Ces résidus charbonneux animaux sont presque toujours boursoufflés, brillans, très-légers et difficiles à incinérer.

L'acide sulfurique altère, noircit et détruit les matières animales, l'acide nitrique donne lieu à des phénomènes très-variés, suivant sa force. Nous ne ferons point ici l'étude suivie de ces altérations, nous dirons seulement qu'il peut en résulter formation d'acide carbonique, malique, oxalique, acétique et prussique, de l'ammoniaque ou dégagement d'azote ; il y a en outre de la graisse et une substance particulière qui est jaune et amère ; les autres acides produisent des phénomènes moins sensibles.

Les alcalis caustiques attaquent et dissolvent les matières animales ; il se forme une substance grasse qui s'y combine et donne ainsi des sortes de savons, comme l'a démontré M. Chaptal.

Putréfaction ou *fermentation putride*.

Les matières organisées, abandonnées à elles-mêmes et dans certaines circonstances, se décomposent et se putréfient ; cela demande : 1° une certaine humidité ; 2° une température au dessus de 15° ; 3° présence de l'azote. Il résulte de cette *putréfaction* changement d'odeur, de couleur, de volume, de consistance, etc. Le froid et la sécheresse sont des moyens conservateurs de ces substances.

L'enfouissement des substances animales dans la terre ne suffit pas toujours pour en arrêter la destruction, elles peuvent encore s'y altérer par le concours des causes indiquées, et alors le carbone s'unit à l'oxigène pour former de l'acide carbonique ; le phosphore passe à l'état d'acide phosphorique ; le soufre devient acide sulfurique, il peut se former de l'hydrogène phosphoré qui, se dégageant à l'air, y brûle avec flamme, ce qui paraît produire les *feux follets* dans les cimetières. Il peut encore se former de l'hydrogène sulfuré, carboné, etc. Quelquefois, mais plus rarement, il se forme de l'acide nitrique, de là les nitrates, etc.

Si les matières animales, surtout charnues, sont maintenues pendant long-temps dans de l'eau ou dans un terrain humide, elles passent au gras, et donnent ce que nous signalerons sous le nom de cholestérine ou adipocyre que M. Chevreul regarde comme une espèce de savon.

Les moyens de prévenir ou d'arrêter la putréfaction sont en grande partie connus : d'après tout ce qui vient d'être dit, nous ajouterons que l'on peut encore, selon M. Chaussier, conserver indéfiniment les substances animales, en les plongeant et les faisant séjourner à différentes reprises dans des solutions salines, et de préférence dans celles de sublimé corrosif ; il se fait une combinaison du sel avec la substance animale, qui devient dure, sans être difforme ; on la fait sécher ensuite.

L'ordre dans lequel on étudie les produits animaux est très-variable : nous ne suivrons point ici la marche la plus rigoureuse, parce que nous n'aurons point à traiter également de tous ces corps ; il en est beaucoup qui ne devront pas être indiqués ; quant aux autres plus importans, il deviendra utile de les présenter chacun environné des objets qu'on en peut extraire, ou qu'ils servent à former. Nous traiterons d'abord des liquides, en commençant par le *sang*, parce qu'il est la source de tous les autres ; puis viendront les solides distingués entre eux, comme il sera dit.

Du Sang.

C'est un liquide qui peut être blanc chez quelques animaux, mais qui est rouge chez le plus grand nombre ; c'est de ce dernier que nous devons surtout nous occuper. Il est essentiel à la vie et prend le nom de *chair coulante* ; il émane du cœur et circule dans deux ordres de vaisseaux, veines et artères, dont les capillaires ne sont que les dernières et les plus déliées ramifications. C'est dans les poumons que le sang est modifié d'une manière favorable à la vie par l'action de l'air pendant l'acte de la respiration : en effet la vie ne peut avoir lieu sans le concours de l'air, et tout nous porte à croire que celui-ci n'agit que par son oxigène, car l'air expiré est évidemment formé de moins d'oxigène et de plus d'acide carbonique, plus d'une grande quantité d'humidité provenant de la transpiration pulmonaire. On observe comme constant que le sang veineux, ayant été ainsi en contact avec l'air dans les poumons, devient rouge et vivifiant; mais c'est tout, car on est loin d'expliquer aujourd'hui comment s'opère ce changement qu'on peut appeler une bonifaction. Depuis Lavoisier, on s'est cru autorisé à penser que l'oxigène de l'air oxidait en plus le fer du sang et brûlait le carbone de ce liquide, d'où résultait l'augmentation de couleur, plus grande fluidité du sang et dégagement d'acide carbonique; mais on se refuse maintenant à ces explications, en considérant, 1° que l'air ne perd qu'un ou deux centièmes d'oxigène, 2° qu'il ne se dégage que trois ou quatre centièmes d'acide carbonique : on est surtout disposé à croire que ce dernier corps peut se trouver tout formé dans le sang pour ne se dégager que pendant son passage par l'organe pulmonaire ; cette opinion trouve un appui dans les expériences de M. Vogel, qui déterminent la présence de l'acide carbonique dans le sang du bœuf. On voit d'après ce qui précède qu'on doit être sur la réserve, quand il s'agit d'expliquer les phénomièmes de la respiration : nous en sommes encore à l'examen des faits qu'il n'appartient pas moins aux physiologistes qu'aux chimistes d'expliquer par des recherches à ce sujet. Il reste même à connaître la juste cause de la chaleur produite pendant la respiration , car elle ne paraît pas seulement due à l'absorption de l'oxigène de l'air.

Le sang, nouvellement sorti des vaisseaux qui le renferment , est chaud à 32°; plus rouge s'il vient des artères , plus noir s'il vient des veines. Il porte une légère odeur aillacée ou fade. Il est d'abord assez liquide; mais en se refroidissant il perd son arôme et se condense.

Le sang peut offrir un grand nombre de variétés , selon l'espèce et l'âge de l'animal qui le fournit, et aussi selon l'état de santé.

Le sang , pris dans son état le plus ordinaire , étant abandonné à lui-même , se partage en deux parties, sans qu'on en connaisse bien la cause. L'une de ces parties est dure : c'est le *caillot,* qu'on nomme aussi *cruor, insula ,* rouge, formé de partie colorante et de fibrine ; l'autre est un liquide jaunâtre qu'on appelle *sérum.* Si, au lieu de laisser le sang en repos, on l'agite fortement à la main , il reste en plus grande partie liquide et rouge ; il ne se sépare que de la fibrine qui s'offre en petits fragmens filamenteux.

Le sang , ainsi privé de fibrine , devient d'un rouge rose par l'oxigène , rouge-cerise par l'ammoniaque , rouge-violet par l'hydrogène carboné, ou rouge-brun par l'hydrogène sulfuré, etc. , etc.

Le sang est coagulé par les acides forts qui s'emparent de l'albumine , tandis que les alcalis le rendent plus fluide ; l'alcool en précipite les sels en s'emparant de son eau.

On s'est appliqué à l'examen du sang humain pris dans certains cas de maladies, dans l'espoir d'en tirer quelques conséquences pour le traitement. Il ne paraît point qu'on ait rien observé d'important à cet égard: on n'a pu jusqu'à présent que constater les faits qui suivent, sans les utiliser. Ainsi, le *sang des scorbutiques* est évidemment moins riche en fibrine (Fourcroy, Parmentier, M. Deyeux). Le *sang des diabétiques* est très-séreux, peu fibrineux (MM. Nicolas et Guedeville); il ne paraît point qu'il contienne du sucre, du moins en quantité notable.

Le *sang* évacué dans le cours *des maladies inflammatoires* donne, en se coagulant, une couche blanche, épaisse, dite *couenne*, partie qui paraît être presque entièrement formée de fibrine, souvent mêlée d'albumine concrète (M. Vauquelin). Le *sang des hystériques* ne donne point de couenne par le refroidissement, et le sérum, quoique jaune, peut ne point contenir de bile.

Il ne paraît pas que le sang, dans les fièvres dites *putrides*, contienne de l'ammoniaque, comme on l'avait annoncé.

On ne fait aucun usage du sang humain, malgré qu'on en ait dans un temps conseillé la transfusion et ensuite l'emploi intérieur en poudre, ayant eu le soin de le faire dessécher au bain-marie.

Quant au sang des autres animaux, on l'utilise diversement. Ainsi, le sang de bœuf et de porc servent comme aliment, moyennant une coction et des additions. M. Vauquelin a trouvé dans le sang du bœuf une huile grasse.

Le sang, quel qu'il soit, peut servir par son albumine à clarifier un grand nombre de liquides : on y a recours en conséquence dans les arts. M. Carbonel a trouvé le moyen d'utiliser le sérum du sang; il y

délaye

délaye de la chaux vive pour avoir une sorte de peinture propre à recouvrir les parties d'édifices qui sont exposées à l'air : c'est un moyen économique, et qui a l'avantage de ne point répandre de mauvaise odeur.

Selon Fourcroy, le sang des oiseaux est le plus rouge ; celui des poissons est pâle et se change facilement en huile.

Les analyses de sang faites jusqu'à ce jour offrent entre elles tant de différences, que nous n'en citerons aucune en particulier ; nous dirons seulement que, par leur ensemble, on a pu connaître que le sang est formé de beaucoup d'eau, d'albumine, de fibrine, d'un principe colorant, et de différens sels de potasse, de soude et de chaux formés par les acides carbonique, phosphorique, sulfurique et muriatique. Ce qui a été indiqué sous le nom de *tomeline* par MM Deyeux et Parmentier, paraît n'être, selon plusieurs autres chimistes, qu'une sorte de mucus.

Le sang étant divisé en *caillot* et en *sérum*, voyons ce que ces parties nous offrent d'utile à connaître.

Le *caillot* est rouge et mou. Si l'on le lave à l'eau sur un tamis avec précaution, pour ne pas le briser, on en sépare tout ce qui est coloré ; il reste une matière blanche, filamenteuse, qu'on peut malaxer facilement dans l'eau, car elle y est insoluble. L'eau du lavage entraîne la matière colorante unie à de l'albumine, et un peu des substances solubles que le sérum n'a pas pu retenir. Ce liquide précipite en noir par la noix de galle ; il peut falloir un contact de vingt-quatre heures, ce qui annonce la présence du fer, mais en très-petite quantité.

La *fibrine* ainsi libre peut être aussi obtenue, comme nous l'avons déjà signalé, en agitant fortement avec un balai de bouleau le sang nouvellement retiré de ces vaisseaux ; mais alors il faut laver le produit à l'eau froide jusqu'à blancheur parfaite.

La fibrine existe aussi dans le *chyle* et dans les *muscles*, comme il sera dit, mais on ne cherche point à l'en extraire ; et si cela était nécessaire, on s'y prendrait comme il vient d'être dit. Dans tous les cas, la *fibrine pure* est blanche, solide, flexible, élastique, en petits brins retournés sur eux-mêmes comme la laine, insipide, inodore, plus pesante que l'eau, insoluble dans ce liquide ; elle jaunit en se desséchant, et devient dure, cassante. Elle se décompose au feu et donne beaucoup de carbonate d'ammoniaque.

Si l'on fait putréfier la fibrine dans l'eau, il ne se forme point de gras, ce qui semble annoncer que celui fourni par les muscles y existait tout formé ; il n'a fait que se trouver isolé (Gay-Lussac).

La fibrine se dissout dans l'acide acétique, à moins qu'on ne l'ait fait bouillir d'avance dans l'eau. L'alcool et l'éther transforment à la longue et à froid la fibrine en *adipocyre,* que l'eau peut ensuite précipiter. L'acide nitrique affaiblit, altère la fibrine ; il en résulte au bout d'un jour ou deux un produit pulvérulent, jaunâtre, qui, lavé à grande eau, constitue ce que MM. Fourcroy et Vauquelin ont appelé *acide jaune.* La potasse et la soude caustique dissolvent la fibrine à froid, qui peut être ensuite précipitée par l'acide muriatique.

D'après MM. Thénard et Gay-Lussac, la fibrine est formée de carbone 53,360, oxigène 19,685, hydrogène 7,021, azote 19,934.

La fibrine paraît faire la partie essentielle des muscles.

Le *sérum* est la partie liquide du sang, on sait
comment on l'obtient. Il est de couleurs variables,
du gris-sale au jaune-verdâtre; il est alcalin, car il
verdit le sirop de violettes; sa consistance est plus
grande que celle de l'eau, sa saveur est celle de la
soude. Ce liquide est essentiellement albumineux, on
dit qu'il ne contient point de gélatine, cependant
M. Deyeux assure y en avoir trouvé.

La *matière colorante du sang* peut être obtenue
à part, au moyen d'un procédé indiqué par M. Vauquelin; il consiste à laver le caillot rouge par l'acide
sulfurique, étendu de huit parties d'eau; on expose
à une douce chaleur pendant quelques heures, on
filtre à chaud pour faire évaporer le liquide à moitié
de son volume, on y verse de l'ammoniaque pour saturer presque entièrement l'acide; il se forme un précipité rouge, pourpre, qui doit être bien lavé; on le
fait sécher sur du papier non collé. On ne connaît
pas encore très-bien la nature de ce produit.

C'est en décomposant le sang au feu qu'on obtient
un produit remarquable, connu depuis long-temps
sous le nom d'acide *prussique*, lequel, uni aux bases,
donne les *prussiates*; ce produit a été regardé pendant
long-temps comme formé d'azote, d'oxigène, de carbone
et d'hydrogène; mais M. Gay-Lussac l'a particulièrement examiné dans ces derniers temps, et il le considère comme formé d'hydrogène 3,90, et de 96,10
d'un composé qu'il appelle *cyanogène*, lequel est
formé d'azote 51,71 et de carbone 44,39, d'où il
résulte qu'on dit maintenant *acide hydro-cyanique*,

au lieu de dire *acide prussique*. On voit donc que ce composé ne contient point d'oxigène ; cependant non seulement on pensait jusqu'à ces derniers temps que l'acide prussique était formé d'oxigène , mais encore on admettait l'existence d'un *acide prussique oxigéné*. Or , ce dernier constitue ce que M. Gay-Lussac appelle *acide chloro-cyanique* , c'est-à-dire, produit résultant de la combinaison du chlore avec le cyanogène.

On voit déjà par cet exposé en quoi consistent les changemens apportés dans l'étude de *l'acide prussique* ; ils tendent à l'admission d'un azote nouveau, composé d'azote et de carbone (cyanogène), qui peut se combiner avec l'hydrogène ou avec le chlore , pour former, dans le premier cas , l'acide hydro-cyanique (prussique simple), et dans le second, de l'acide chloro-cyanique (prussique oxigéné).

Voyons maintenant à étudier ces corps , non pas dans l'ordre qui paraît le plus rigoureux , mais dans celui qui enchaîne mieux les opérations , à l'aide desquelles on obtient les produits dont il devra être question.

De l'Acide prussique , dit *Hydro-cyanique*.

Il existe tout formé dans la nature , dans le *prunus pradus* (merisier à grappes), dans le laurier-cerise, le laurier-amandé , les fleurs de pêcher , les amandes amères , etc. ; cependant ce n'est point de ces corps qu'on le retire , parce qu'il ne s'y trouve qu'en trop petite quantité, ensuite son extraction offre des difficultés ; mais toutes ces substances ont une grande action sur l'économie animale , en raison de l'acide qu'elles contiennent, et l'on ne doit en user qu'avec réserve ; elles peuvent devenir des poisons violens.

L'acide prussique se retire ordinairement des *prussiates* ; mais d'où vient-il, et comment l'a-t-on fixé sur les bases ?... le voici. On l'a formé par la décomposition du sang dans un creuset chauffé au rouge, ayant le soin d'y ajouter de la potasse du commerce : on a ainsi un *prussiate alcalin*, qui sert ensuite à la production de tous les composés de cet acide. Étudions donc cette opération première.

Elle consiste à faire d'abord coaguler par ébullition le sang de bœuf ou de tout autre animal, on le fait ensuite dessécher. On en prend cent livres en poudre avec autant de potasse blanche, on fait calciner à un très-grand feu ; on traite la masse par deux cents pintes d'eau bouillante ; on filtre, on passe au bout de huit jours, en versant le tout sur des linges serrés ; on a ainsi ce qu'on appelle *lessive colorante prussique*, tirant son nom de ce qu'elle sert le plus souvent à préparer un bleu de Prusse, comme nous le verrons. Cette liqueur sert également à former les autres prussiates ; nous ne l'indiquerons ici que comme matière première, offrant l'acide en question ; mais comment se fait-il que l'acide prussique se soit formé par la décomposition du sang ? il faut savoir que, selon M. Gay-Lussac, il ne s'est produit dans le creuset que du *cyanogène*, lequel uni à la potasse ne donne qu'un *cyanure* ; mais celui-ci délayé dans l'eau, surtout à chaud, passe à l'état d'*hydro-cyanate* ou de *prussiate*. Dans tous les cas, l'isolement du carbone et de l'azote vient de ce que dans la décomposition du sang, l'oxigène s'est uni en plus grande partie avec l'hydrogène pour faire de l'eau, et tout annonce que la présence de la potasse n'a pas peu contribué à déterminer la réunion de l'azote au carbone, en quantités convenables pour constituer le cyanogène; qu'elle fixe aussitôt sa formation; ce qui rappelle assez la force d'attraction prédisposante de Fourcroy.

Maintenant que nous savons comment se forment le cyanogène et l'acide *hydro-cyanique* (prussique), voici comment on peut isoler l'un et l'autre.

Le prussiate de potasse pouvant servir à en former un grand nombre d'autres, on choisit, entre tous, le prussiate de mercure, comme étant plus convenable pour nous donner l'acide que nous recherchons, toutefois qu'on l'aura traité par certain moyen; car si l'on agit autrement, on aura du *cyanogène*, au lieu d'*acide hydro-cyanique*. Voyons à obtenir le premier corps.

Le *cyanogène* est un composé d'azote et de carbone, qui, uni aux bases, constitue ce qu'on appelle des *cyanures* ou *prussiates secs*.

Pour se le procurer, on opère sur le *cyanure de mercure*; on le fait chauffer sans addition dans une petite cornue de verre, la matière noircit et se fond; il s'en sépare un corps gazeux que l'on doit recueillir par la cuve à mercure : ce gaz est permanent, sans couleur, plus pesant que l'air, d'odeur vive, pénétrante, de saveur forte; il rougit le tournesol, il ne s'altère qu'à une très-haute température; si l'on le mêle à l'oxigène et qu'on l'enflamme, il brûle avec une couleur bleue; il est un peu soluble dans l'eau, plus dans l'alcool.

L'*acide prussique* ou *hydro-cyanique* s'obtient en décomposant à la cornue le *cyanure de mercure* par l'acide hydro-chlorique; on opère à un feu doux, et l'on oblige le gaz qui se volatilise, à passer par un premier tube contenant du carbonate de chaux, et par un second portant du muriate de chaux bien sec : il finit par se rendre dans un récipient vide, qui doit plonger dans un bain de glace ; il arrive que l'acide ajouté est décomposé, son hydrogène s'unit au *cyanogène*, et le chlore s'unit au mercure pour former un chlorure : l'*acide hydro-cyanique* à peine formé se dégage, entraîne avec lui de l'acide muriatique et de l'eau ; le premier corps est retenu par le carbonate calcaire, le second par le muriate ; quant à l'acide recherché, il arrive pur et gazeux à l'extrémité de l'appareil, où il se condense.

Cet acide ainsi obtenu est liquide, incolore, d'odeur forte, de saveur fraîche d'abord, puis brûlante; il rougit le tournesol, se volatilise facilement, se congèle à 15° sous zéro, et cristallise alors en filets ; phénomènes qu'on peut produire instantanément à la température ordinaire, pourvu qu'on opère sur une petite masse: ainsi, on se borne à verser un peu de cet acide sur une carte, une portion se volatilisant, enlève le calorique de l'autre qui se trouve assez refroidie pour se solidifier et donner des aiguilles ; cet acide se décompose au tube rouge, et aussi par la pile voltaïque.

On ne conserve que difficilement cet acide, même dans des flacons bien bouchés. Il se décompose au bout de plusieurs jours ; mais particulièrement il se forme un peu d'ammoniaque, qui se combine à la portion d'acide non décomposé.

Cet acide est décomposé par le chlore, qui en prend l'hydrogène. Il reste du cyanogène qui, s'unissant à un excès de chlore, donne *l'acide chloro-cyanique* ou *prussique oxigéné* de Berthollet.

L'acide *hydro-cyanique* paraît se décomposer aussi par son contact, avec les oxides métalliques, dont l'oxigène donne de l'eau avec l'hydrogène. Il se forme par suite un cyanure.

Cet acide est l'un des forts poisons que nous connaissions. Il a suffi d'en appliquer deux gouttes sur la conjonctive d'un fort chien, pour produire une mort prompte. Il paraît agir en stupéfiant le cerveau.

Schéèle, qui a le premier obtenu l'acide prussique à l'état liquide, opérait comme il suit; savoir : traiter à froid une solution de prussiate de mercure avec de la limaille de fer pure et de l'acide sulfurique, puis en soumettre le liquide à la distillation. C'est le produit volatilisé, qui est l'acide recherché, mais alors il est mêlé de beaucoup d'eau. Il est arrivé dans cette operation, que le fer s'est oxidé aux dépens de l'eau, dont l'hydrogène s'est uni au cyanogène; il y a aussi formation de sulfate de fer, et le mercure reste libre.

Si actif que soit l'acide prussique, on l'a pourtant conseillé à l'intérieur, et dans ce cas, on préfère celui de Schéèle, parce que l'eau qu'il contient, permet de mieux en régler l'emploi; cependant il faut dire qu'il peut offrir des variétés d'action; car il n'est pas toujours également aqueux. Il est mieux d'employer celui obtenu par le premier procédé, avec l'attention de le mêler à une quantité constante d'eau; c'est le plus souvent mille parties, afin de pouvoir en donner des fractions plus petites; ainsi quand on y a recours, c'est seulement à la dose d'un millième de goutte dans des potions, toujours pour diminuer des surexcita-tions, surtout celles des poumons.

De l'Acide prussique oxigéné, dit chloro-cyanique.

Sa découverte est due à M. Berthollet. On l'obtient en faisant passer un courant de chlore dans une solution d'acide prussique. Le produit obtenu doit pouvoir décolorer la solution sulfurique d'indigo.

Cet acide est le plus souvent mêlé d'acide carbonique. Il précipite en vert les sels de fer, et le précipité vient d'un très-beau bleu, par l'addition d'un sulfite, d'un nitrite, ou seulement d'acide sulfureux.

Des Cyanures et des Hydro-cyanates.

On nomme cyanures les composés formés de cyanogène et d'une base. Quelques-uns décomposent l'eau dont ils prennent l'hydrogène, pour devenir hydrocyanates; mais tous, traités par l'acide hydro-chlorique, éprouvent ce changement. Il est peu de cyanures qui devront nous occuper.

Les hydro-cyanates résultent, comme on vient de le voir, de ce que le cyanogène est passé à l'état d'acide hydro-cyanique, pour se combiner aux bases.

Cyanure de Potassium.

Il peut être fait de toutes pièces; mais il se forme plus fréquemment dans les creusets où l'on traite le sang par la potasse. On ne fait aucun usage de ce produit, si ce n'est pour donner le sel suivant.

Hydro-cyanate, ou Prussiate de potasse.

Pour l'obtenir, il suffit de traiter par l'eau chaude la masse que nous avons signalée, comme con-

tenant le cyanure de cette base ; autrement dit, l'hydro-cyanate se trouve tout formé dans la *lessive colorante prussique* (*Voyez* pag: 349).

On fait cristalliser ce liquide ; on a des cristaux jaunes qui retiennent toujours un peu de fer.

C'est le prussiate de potasse ordinaire, si employé
comme réactif.

Prussiate de fer, ou *Bleu de Prusse.*

Il passe pour n'être qu'un cyanure de fer.

On peut l'obtenir par le simple mélange des solutions de prussiate de potasse et de deuto-sulfate
de fer ; mais il est d'usage d'opérer en grand, comme
il suit. On fait fondre 21 livres de sulfate de fer dans
suffisante quantité d'eau ; on fait bouillir sur de la tôle
pendant un quart-d'heure, on passe, pour y mêler à
chaud une solution filtrée de cent livres d'alun, et
l'on ajoute au tout les deux-cents pintes de liquide que
nous avons dit provenir du lavage du produit fourni
par cent livres de potasse et de sang desséché, le tout
traité au creuset rouge ; il résulte de la réunion de
tous ces corps les uns sur les autres, un précipité
bleu insoluble, qui se rend au fond du vase, et qui
constitue le bleu de Prusse recherché. On ignore encore si ce nouveau corps contient ou non de la potasse ; et quelques chimistes le regardent comme un
hydro-cyanate ; on recueille ce précipité sur des toiles,
on le fait dessécher pour en former des petits pains
et s'en servir ensuite en peinture, pour teindre les
soies, papiers, etc.

Le *bleu de Prusse* retient constamment de l'alumine ; on l'en sépare au moyen d'une ébullition dans

de l'acide sulfurique qui dissout cette terre ; on lave ensuite le précipité bleu.

Quand il est pur, le bleu de Prusse est dense, foncé en couleur, sans odeur, plus pesant que l'eau ; il se décompose au feu, et donne de l'acide hydro-cyanique, sans qu'on puisse assurer s'il était tout formé dans ce composé. Ce bleu est insoluble dans l'eau et dans l'alcool ; il est décomposé par les alcalis fixes, qui deviennent prussiates triples ; il se forme un résidu jaunâtre, qui est, selon M. Berthollét, un sous-prussiate de fer, et selon M. Proust, comme un simple oxide de ce métal ; le bleu de Prusse, traité par le chlore, devient plus foncé ; c'est un chlore cyanate.

Prussiate de potasse et de fer.

Pour l'obtenir, on traite le bleu de Prusse pur par ébullition dans l'eau avec de la potasse ; il se forme un précipité ; on filtre, et l'on fait cristalliser ; on a ainsi, et promptement, un sel qui supplée très-bien au prussiate pur de potasse comme réactif, et qu'on emploie en conséquence. Il n'est d'aucun usage en médecine.

Cyanure de mercure.

On fait bouillir une partie d'oxide rouge de mercure, et deux de bleu de Prusse dans huit parties d'eau. Le mélange prend bientôt une couleur jaune ; on filtre et l'on fait bouillir à plusieurs reprises sur de nouvel oxide, pour filtrer encore, et faire ensuite cristalliser ; on peut, s'il y a un excès d'oxide, le saturer par de l'acide prussique. Ce sel étant neutre donne de belles aiguilles jaunâtres, quadrangulaires ; il est très-fusible, sans saveur ni odeur, plus pesant que l'eau, soluble dans ce liquide ; il n'est point décomposé par la potasse, ni, à ce qu'il paraît, par les autres bases, mais il est détruit par l'acide *hydro-chlorique*.

L'acide nitrique le dissout sans l'altérer ; le sulfurique est transformé par lui en sulfureux ; enfin, l'hydrogène sulfuré décompose ce sel ; il en résulte un sulfure et de l'acide hydro-cyanique.

Le cyanure de mercure est formé, d'après M. Gay-Lussac, de 79,9 de mercure, et de cyanogène 20,1.

On a beaucoup vanté ce sel comme antivénérien en quantité très-petite, car il est très-vénéneux ; on s'en sert aux mêmes doses, et sous les mêmes formes que le sublimé corrosif. Il paraît offrir cet avantage, qu'il est moins décomposable que ce dernier par les sels que ces eaux peuvent contenir, puisque, comme on l'a vu, il n'est point altéré par les acides sulfurique et nitrique.

Du Chyme.

C'est, en physiologie, la matière molle ou pulpeuse, résultant de l'ensemble des alimens ingérés dans l'estomac, et modifiés par la mastication, la salive et le mucus, qui lubrifient les premières voies digestives ; c'est le chyme qui donne ensuite dans les intestins grêles, 1° le *chyle* destiné à la nutrition, à l'entretien de la vie ; 2° les *excrémens*, matières hétérogénées, qui doivent être expulsées hors de l'animal.

Le chyme offre trop de variétés pour qu'il devienne utile de les signaler ici. Un grand nombre d'auteurs en ont parlé ; ils ne s'accordent point ; il devait en être ainsi à cause de la différence des animaux, et surtout des alimens employés, de leur quantité, etc.

Du Chyle.

Ce liquide est à peine connu, malgré les nombreuses expériences de MM. Vauquelin, Dupuytren, et Magendie; d'abord, parce que le chyle qu'on examine est toujours mêlé de lymphes, ensuite, à cause des premières sources de variations indiquées pour le chyme; enfin, le chyle paraît pouvoir varier selon les parties qui le contiennent dans le même animal. Cependant on s'accorde à admettre dans le chyle, de l'albumine analogue à de la fibrine, une matière blanche, laiteuse, une substance grasse, du muriate de potasse, et des phosphates de fer et de chaux.

Pris dans son état ordinaire, le chyle est fluide, blanc comme du lait, s'il provient d'alimens animaux; tandis qu'il est clair, séreux s'il provient de végétaux: tous deux se coagulent; ils sont décomposables au feu, et donnent des produits ammoniacaux. Le chyle paraît être en plus grande partie albumineux, et ne point contenir de gélatine.

Gélatine.

Substance particulière, que l'on a, jusqu'à ces derniers temps, regardé comme toute formée dans les animaux; mais que l'on croit maintenant se former, quand on traite ces corps par l'eau pour l'en extraire.

Quoi qu'il en soit, on s'en procure plus particulièrement des *membranes*, des *tendons*, des *cartilages*, des *ligamens*, des *aponévroses*, et de toutes les parties blanches des animaux, et même de la peau, outre qu'on peut encore en retirer des diverses autres parties animales non citées.

Pour avoir de la gélatine de ces corps, on les fait bouillir dans de l'eau, en clarifiant le tout par l'addition d'alun ou de chaux ; on passe, et l'on fait évaporer pour avoir par le refroidissement une masse demi-solide, qu'on peut au besoin dessécher complètement ; c'est ainsi qu'on obtient la colle de Flandre, la colle forte, etc. La colle de poisson est formée de la membrane interne des vessies natatoires des esturgeons ; mais on en obtient une autre moins pure, par la décoction de plusieurs espèces de poissons sans écailles.

La gélatine pure est demi-transparente, sans odeur ni saveur ; si elle est sèche, elle est inaltérable à l'air ; mais liquide, elle s'aigrit et se décompose ; l'eau chaude la dissout très-bien, une partie de gélatine sur cent d'eau, peut se prendre en gelée par le froid ; le chlore la décompose et la change en des filamens élastiques, insolubles et insipides ; le nitrate de mercure la précipite aussi : il en est de même, à la longue, par le sublimé corrosif, ce qui est dû à la décomposition de ce sel, c'est ce qui rend la gélatine un bon contre-poison des sels mercuriaux ; l'alcool précipite une forte solution de gélatine ; mais l'eau dissout le précipité ; c'est surtout le tanin qui précipite plus fortement la gélatine, comme il sera dit en traitant de la peau.

La *gélatine* est très-usitée, elle fait la plus grande partie nutritive du bouillon de viande, on l'a conseillée comme un très-bon fébrifuge ; mais on n'y a plus recours sous ce rapport.

On se sert des colles fortes pour lier ensemble des pièces de menuiserie ; on s'en sert encore pour clarifier les gros vins, pour savonner les soies, et pour la fabrication des taffetas gommés, etc.

Selon MM. Thénard et Gay-Lussac, la gélatine est formée de carbone 47,881, azote 16,998, hydrogène 7,914, et oxigène 27,207.

Nous ne chercherons point à énumérer toutes les variétés de colle ou gélatine séche qu'on trouve dans le commerce, car cela est étranger à la médecine.

De l'Albumine.

Produit animal ordinairement liquide, et constituant presqu'entièrement le blanc d'œuf; il s'y trouve des sels, etc. : si l'on veut avoir ce corps solide, on le précipite par l'alcool de sa solution aqueuse ; on a des filamens blancs, denses.

Il en existe abondamment dans le *sérum* du *sang*. Le *chyle* en est en grande partie formé, de même que la *lymphe*, le *sperme*, l'*eau* des *hydropiques*, et aussi l'*eau* de l'*amnios* des *femmes*, tous produits dits *albumineux* que nous étudierons briévement, parce que leur composition étant très-variable, il doit en résulter, que ce qu'on en peut dire est peu utile à la médecine.

L'albumine supposée liquide et pure (blanc d'œuf), peut s'offrir transparente, filante, gluante, inodore, sans saveur ; elle est soluble dans l'acide acétique, mais mieux dans la potasse ou la soude, dont on la sépare ensuite par les acides qui s'emparent de l'alcali.

L'albumine liquide est coagulable dans l'eau à chaud 74°; mais il ne faut pas que la solution soit trop étendue, à moins qu'alors on ne la laisse bouillir pour qu'elle se concentre. On ignore encore quelle est la cause directe de cette coagulation : est-ce bien une oxigénation, comme le pensait Fourcroy ?... L'albumine liquide est nutritive ; mais étant cuite, condensée, elle est indigeste, et peut devenir très-nuisible.

Le tanin la coagule aussi, et forme avec elle un composé particulier.

L'albumine décompose tous les sels métalliques, particulièrement ceux de cuivre et de mercure ; il en résulte un précipité qui paraît être sans action sur l'économie animale, ce qui a porté à s'en servir comme contre-poison de ces corps (Orfila).

L'albumine est formée, selon MM. Thénard et Gay-Lussac, de carbone 52,883, d'oxigène 231,872, d'hydrogène 7,540, et d'azote 15,705 ; il paraît qu'il s'y trouve aussi du soufre, car les blancs d'œufs noircissent les vases d'argent dans lesquels on les fait cuire, et qu'en outre ils donnent, en se putréfiant, de l'hydrogène sulfuré.

L'albumine donne au feu tous les produits déjà indiqués, comme résultant de la décomposition des corps azotés.

On emploie beaucoup l'albumine pour la clarification des liquides, à froid, comme à chaud ; elle se coagule dans le premier cas par le tanin ou l'extractif, ou l'alcool qu'elle rencontre ; et dans le second cas, elle est condensée par le calorique ; il arrive toujours qu'elle forme une espèce de nappe ou de réseau, qui entraîne, en se précipitant, les corps grossiers qui se trouvent sur son passage. Unie à la chaux, l'albumine forme un très-bon lut employé en chimie.

La *synovie* est un liquide onctueux, visqueux, qu'on

trouve

trouve dans les cavités articulaires. Ce liquide est transparent, verdâtre, plus pesant que l'eau, de saveur salée, d'odeur nulle ; il verdit le sirop de violettes, trouble l'eau de chaux, il s'unit bien à l'eau. Il contient beaucoup d'albumine, de la soude et des sels. Il est putréfiable. Fourcroy y soupçonne la présence de l'acide urique.

Humeurs de l'œil.

L'*humeur aqueuse* est très-liquide, transparente, elle se dessèche à siccité sans se coaguler même par les acides ; elle est un peu salée ; elle est putréfiable.

L'*humeur vitrée* est moins connue, elle est un peu soluble dans l'eau. Le *cristallin* est coagulable par la chaleur ou l'eau bouillante.

Les *larmes*, d'après Fourcroy et M. Vauquelin, contiennent du mucilage et plusieurs sels, quelquefois de la soude pure. Les larmes s'oxigènent promptement et donnent alors des flocons très-durs et insolubles.

Le *mucus nasal* est visqueux, incolore, limpide, salé, inodore ; il peut se putréfier, et donne de l'ammoniaque. Ce mucus exsude de toutes les membranes dites *muqueuses.*

La *salive*, examinée par M. Lachenay, contient aussi des sels ; la chaux en dégage de l'ammoniaque. Les *calculs salivaires* sont en grande partie formés de phosphate de chaux.

La *lymphe*, liquide incolore, transparent, est donnée par un ordre de vaisseaux nommés lymphatiques, lesquels se réunissent pour former des troncs qui vont se rendre dans le canal thorachique. On considère ce liquide comme très-semblable au sérum du sang. C'est un des liquides les plus répandus dans l'économie animale ; cependant il est peu connu ; on sait seulement qu'il est albumineux, et qu'il se concrète par la chaleur.

L'eau de l'amnios, liquide encore albumineux, très-aqueux, porte une matière *caséiforme*, qui est, selon M. Vauquelin, une dégénérescence de l'albumine ; il s'y trouve aussi des sels, et souvent un acide libre, dit *acide amniotique*.

Le *sperme*, en grande partie formé d'albumine, se divise en deux portions : l'une blanche, épaisse, est supposée venir des vésicules séminales, tandis que l'autre, plus aqueuse, est attribuée à la glande prostate. Le sperme humain paraît être formé, d'après M. Vauquelin, de 900 parties d'eau, mucilage animal 60, soude 10, phosphate calcaire 50 (Voyez Annales de chimie, T. 9). Abandonnée à elle-même, cette liqueur se liquéfie entièrement ; elle donne au feu du carbonate d'ammoniaque.

Nous réunissons en grouppe les sucs *pancréatique* et *gastrique*, la *matière* de la *transpiration*, et *l'eau des hydropiques*, comme des liquides mixtes qui ont aussi beaucoup occupé les chimistes, sans qu'on en connaisse bien la nature. Ces produits sont extrêmement variables, ils sont le plus souvent albumineux ; leur office est en général de lubrifier les parties qui en sont le siége ; et leur histoire physiologique est le seul rapport sous lequel ces liquides intéressent le médecin. Quant au chimiste, il ne peut qu'effleurer la description de ces corps, dont chacun diffère d'avec lui-même en mille occasions de la vie. Ces liquides peuvent être très-aqueux, salins, etc. On n'en utilise aucun hors des organes qui en sont la source ou le réceptacle. Il n'en est point de même pour les produits qui suivent ; aussi vont-ils nous occuper plus longuement.

Du Lait.

Liquide propre aux femelles des mammifères. Il est sécrété par les glandes mammaires.

MM. Deyeux et Parmentier ont donné un très-bon Mémoire sur le lait ; ils ont surtout examiné le lait de vache, de femme, de brebis, de chèvre, de jument, d'anesse.

Le *lait de vache* est celui qui mérite le plus notre attention, parce que c'est lui qu'on obtient le plus abondamment, et qu'on emploie le plus souvent, à part l'usage de tous, qui est de servir d'aliment aux jeunes nourrissons des animaux indiqués.

Le *lait de vache*, nouvellement trait, offre un liquide plus dense que l'eau, toujours blanc, opaque, portant un arôme particulier, qu'il ne tarde point à perdre. Il est doux, sucré, agréable ; il rougit le tournesol. Si l'on l'abandonne à lui-même, il se partage en deux parties : l'une supérieure, plus blanche, plus légère, plus épaisse, on l'appelle *crème* ; l'autre inférieure, plus aqueuse, plus fluide ; c'est le *lait* proprement dit.

Le *lait* distillé donne une grande quantité d'eau sous le nom de *flegme*. Le résidu s'épaissit et finit par donner ce qu'on appelle *frangipane*, auquel produit on ajoute des amandes et du sucre, pour en faire une sorte de pâtisserie, objet d'agrément. Si l'on fait bouillir du lait à l'air, il se boursouffle, et l'on obtient le même résultat. Si, au lieu de produire l'ébullition, il n'y a qu'une faible évaporation, le liquide se couvre d'une pellicule épaisse, qui se renouvelle à mesure qu'on l'enlève. On a cru que c'était une oxigénation; mais cela n'est point démontré.

Le lait entier est un ensemble de corps très-disparates. On y trouve constamment : 1° une partie grasse ou butireuse (beurre); 2° une matière dense dite *caséeuse* ou *fromage;* 3° une autre dite *sérum,* qui retient de l'acide acétique libre, et la plus grande partie des sels que le tout contient, lesquels réunis forment ce qu'on appelle *sel* ou *sucre de lait.*

Le lait ne peut pas demeurer long - temps sans s'altérer, outre sa séparation d'avec la crême, il arrive plus tard qu'il se forme des caillots, des magmas plus ou moins durs, nageant au milieu d'un liquide clair, jaunâtre ou verdâtre, c'est qu'il s'est fait alors ce qu'on appelle *coagulation* ; la partie butireuse est unie au caséum, et le sérum est libre sous le nom de *petit-lait.* Il a pu suffire de trois jours pour ce changement, il en faut quelquefois davantage. On a pensé que l'air était nécessaire à ce changement, on sait aujourd'hui que sa présence n'est point indispensable ; on ne trouve la cause de cette décomposition que dans la multiplicité des corps qui forment le lait.

On peut, à volonté, produire et hâter ces changemens ; comme on peut aussi les éviter ou les retarder. Ainsi, pour le premier cas, on a recours à l'addition des acides, des corps astringens, tandis que pour le second cas il suffit de faire un peu chauffer le lait tous les jours.

Le *lait* décomposé à la cornue donne de l'huile fétide ou empyreumatique, du carbonate d'ammoniaque, de l'hydrogène carboné, de l'acide carbonique, et un charbon qui contient des muriates de potasse et de soude, phosphate calcaire, etc.

On doit à M. Deschamps de Lyon d'avoir fait connaître en 1814, que si l'on coagule à chaud du lait par moitié poids de vinaigre, et qu'on filtre, on a un liquide qui, abandonné au repos, donne au bout d'un mois une pellicule très-épaisse, dure, élastique, laquelle desséchée, devient très-mince et transparente. Elle peut servir, comme le parchemin, pour l'écriture, etc. ; mais cette sorte de membrane artificielle a l'inconvénient d'être très-friable par la sécheresse.

Tous les acides, l'alcool et la plupart des sels décomposent le lait, et en séparent le caséum. C'est en raison de cela qu'on ne doit point donner ce liquide comme véhicule des solutions de sublimé corrosif, si ce n'est pour servir à l'instant même du mélange.

Il paraît, d'après les expériences de M. Orfila, que le lait est le meilleur contre-poison des préparations d'étain.

On emploie le lait de vache à la nourriture des jeunes enfans, mais alors en le modifiant, selon certaines circonstances ; ainsi, on le préfère en général nouvellement tiré de l'animal qui le fournit ; il passe alors pour avoir plus de vitalité. On le mêle quelquefois d'un peu d'eau pour le rendre plus léger, plus facile à digérer. On peut aussi l'aromatiser ; on l'unit aux farineux pour en faire divers alimens ; on s'en sert surtout pour les adultes et avec moins de choix, moins de précautions.

Le lait est très-recherché pour en extraire, comme nous le dirons, les diverses parties qu'il peut fournir. On emploie le tout pour clarifier les liqueurs alcooliques, le sirop de betterave, etc. ; on le donne en médecine comme adoucissant, émollient, et aussi dans beaucoup de cas d'empoisonnement, outre ceux dans lesquels nous avons dit qu'il convient davantage. Enfin, on se sert du lait dans les arts pour la peinture en détrempe, moyennant diverses additions.

Le *lait de femme* contient beaucoup de sucre, peu de caséum et presque point de beurre ; de plus, tous les sels que l'on trouve dans les produits animaux. Il ne peut être coagulé.

Le *lait de chèvre* donne du beurre plus dur ; il ressemble d'ailleurs assez bien au lait de vache pour le remplacer dans un grand nombre de circonstances.

Le *lait de brebis* fournit plus de crême et de matière butireuse, laquelle est molle ; il donne autant de caséum que le lait de vache et moins de sérum.

Le *lait de jument* est très-peu butireux, son caséum est très-dense.

C'est en faisant fermenter le lait de jument avec certains corps, que les Tartares en font une liqueur vineuse, car il ne paraît point que le lait seul soit fermentescible.

Le *lait d'anesse* est celui qui a le plus de rapport avec le lait de femme ; il contient très-peu de beurre qu'on en sépare avec beaucoup de difficultés. Sa matière caséeuse est molle.

Du Beurre.

Matière grasse, contenue en quantité variable dans les différens laits, mais qu'on retire abondamment du lait de vache. Il s'obtient par une forte agitation de la crême, dans un flacon ou dans un tonneau par un moyen quelconque; il se forme des parties plus solides qu'on enlève et qu'on lave à grande eau; ce qui reste est dit *lait de beurre*. On s'en sert pour nourrir les bestiaux.

Le beurre est, d'après M. Chevreul, un composé d'*élaïne*, de *stéarine*, d'*acide butirique* ou principe *odorant*; enfin, d'une matière colorante. Ces produits nouveaux ne sont point de nature à devoir nous occuper. Voyez les ouvrages de l'auteur cité; plus, le Mémoire de M. Braconnot sur les corps gras.

Le beurre, tel qu'il se présente et tel qu'on l'emploie, peut être blanc; mais le plus souvent il est jaune, ce qui paraît dû à la nature des alimens dont se nourrissent les animaux qui le donnent. On peut aussi le colorer à volonté par des fleurs de souci ou de safran, ou encore par les baies d'alkékenge, le suc de carottes, etc., qu'on ajoute au lait avant de le battre. Le beurre étant frais peut retenir du lait. Il faut le pétrir pour l'en débarrasser; autrement, l'altération est plus prompte; le beurre étant pur, est doux, de saveur agréable, mais moins fade. Il est insoluble dans l'eau et dans l'alcool; il se combine aux alcalis, et donne ainsi des espèces de savons; il se fond à une douce chaleur et se débarrasse ainsi des corps étrangers qu'il peut contenir, ce qui fait qu'on recherche ce moyen pour le purifier; on a ainsi ce qu'on appelle *beurre fondu* : on le dit à son point, quand étant encore chaud et liquide, il a pris une grande transparence et qu'on peut voir à travers la masse le fond de la bassine ; on le coule ainsi dans des vases où il se condense ; on le conserve à l'abri de l'air, ou encore l'on y ajoute du sel marin, ou enfin, comme cela se pratique en Angleterre, on y ajoute du sucre et un peu de nitre.

Si l'on laisse refroidir très-lentement du beurre fondu, il arrive qu'il reste une partie liquide, en grande partie formée de ce qu'on appelle *élaïne*, tandis que d'autre part il s'est formé des cristaux qui sont presqu'entièrement de la *stéarine*. Si, au contraire, on opère un refroidissement rapide, on a une masse entièrement solide.

Le beurre étant très-fortement chauffé, se décompose et noircit, comme cela se voit, dans l'emploi des fritures : les produits de cette altération ne nous intéressent point.

Si l'on abandonne le beurre à l'air libre, il se rancit à la manière des graisses, dont nous parlerons.

Le *beurre* a des usages si connus, que nous ne les rappellerons point ; nous dirons seulement qu'il peut servir à la préparation des pommades et des onguens.

Du Caséum, ou Fromage.

C'est la partie dense et blanche du lait ; on l'obtient en laissant le lait se coaguler de lui-même ; on lave le caillot à l'eau froide, ce qui reste est le caséum pur. On peut aussi l'obtenir en coagulant le lait, au moyen des acides, ou par les divers corps qui suivent, savoir : les fleurs d'artichaut, le cardon d'Espagne, la cassonnade rouge, les sulfates neutres et tous les acidules ; ou encore par la présure ; c'est du lait caillé retiré de l'estomac des jeunes veaux que l'on vient de tuer. Il arrive par l'un ou l'autre de ces moyens, qu'on isole très-bien la portion solide qu'on recherche, tandis que l'autre, liquide, dite *séreuse*, reste libre, et peut, en même temps, être obtenue séparément.

Le caséum est nutritif ; il fait la partie essentielle des fromages, dont nous ne prétendons point ici faire l'histoire : c'est assez de dire que ceux-ci résultent toujours d'une altération plus ou moins avancée de cette partie caséuse, qu'on expose à cet effet dans des lieux choisis pour la température. On y fait aussi diverses additions pour favoriser un commencement de fermentation dite *putride* ; il en résulte changement d'odeur, de consistance, de goût, etc., d'où diverses sortes de fromages. Il se peut aussi que la décomposition soit assez avancée pour qu'il se dégage de l'ammoniaque. Il y a presque toujours formation d'acide acétique ; une foule de circonstances qu'on peut faire naître à volonté font beaucoup varier les propriétés des fromages. Les plus recherchés de ces produits sont ceux de Gruyère, de Hollande et de Roquefort ; ce dernier est fait avec du lait de brebis, qui est plus gras que les autres. Les fromages sont en général propres à faciliter la digestion ; mais leur excès peut nuire, surtout s'ils sont trop poussés, trop altérés ou trop faits. Ils finissent toujours par se décomposer entièrement. Les alcalis les dissolvent et en dégagent l'ammoniaque. Il s'en trouve aussi qui donnent de l'hydrogène sulfuré.

Du Sérum, ou *Petit-lait*.

Nous venons de dire, à l'occasion du *caséum*, comment s'obtient le *sérum* ou *petit-lait*. Ce produit liquide est d'abord blanchâtre et trouble, mais si l'on le clarifie par l'ébullition et l'addition du blanc d'œuf, comme il est dit en pharmacie, qu'ensuite on le filtre, on finit par l'obtenir plus pur, clair, transparent. On en use, à cet égard, comme tisane ; il agit en raison des sels qu'il contient. Il est ordinairement laxatif.

Le *petit-lait clarifié* s'altère à la longue et se trouble de nouveau. C'est du caséum plus délié qui s'en sépare. Il finit par se putréfier.

C'est par l'évaporation du petit-lait nouvellement préparé qu'on obtient le produit suivant.

Du Sel, ou *Sucre de lait*.

Produit qui n'est pas encore bien connu : on sait seulement qu'il résulte de l'évaporation du petit lait. On le prépare en Suisse, d'où il nous vient en grande quantité. Il se présente en masses cristallines, blanches, opaques. Ce sel est peu soluble dans l'eau, il en est ensuite précipité par l'alcool. Sa solution n'est point altérable par la noix de galle, ni par les alcalis, ni par les acides.

Le *sel de lait* est décomposé à chaud par l'acide nitrique ; il en résulte d'abord de l'acide mucique, dit *saccholastique* ; puis, par la continuité d'action, il se forme des acides malique et oxalique. Il ne fermente point avec la levure ; mais, en 1812, M. Vogel nous à fait connaître qu'on le convertit en une substance très-sucrée, si l'on le fait bouillir pendant plusieurs heures avec quatre parties d'eau et deux ou trois centièmes d'acide sulfurique ou muriatique. Ce qui est remarquable, c'est que ce nouveau produit sucré peut fermenter par le levain de bière et donner de l'alcool.

On a conseillé l'usage de ce sel à la dose de quelques grains sur un verre d'eau de chicorée pour tenir le ventre libre; mais donné ainsi, son action est presque nulle; on en abandonne l'usage. On avait aussi proposé d'en faire fondre un gros sur une pinte d'eau sucrée pour substituer au petit-lait ordinaire; mais c'était mal, car l'action n'est pas la même. Enfin, ce sel n'est guère versé dans le commerce que comme un moyen de fraude pour en mélanger aux cassonades, on ne reconnaît sa présence qu'en traitant la masse par très-peu d'eau; il reste ainsi un résidu qui, traité par une plus grande quantité de ce liquide, s'y dissout et donne ensuite des cristaux par une évaporation convenable.

Ce qu'on appelle *acide lactique* ne paraît point être propre au petit-lait; sa nature d'ailleurs n'est pas très-bien précisée, ce qui empêche d'assigner une juste valeur à ce qu'on en a dit. Enfin, les chimistes les plus recommandables ne s'accordent pas plus sur les sources qui peuvent nous le fournir, que sur les moyens de l'isoler.

De la Bile.

Liquide secrété par le foie, mais accumulé dans un réservoir qu'on nomme *vésicule du fiel*. Tous les animaux n'ont pas cette poche; elle manque dans le cheval, dans le cerf. La bile se rend dans le duodénum, quelquefois dans l'estomac; mais toujours son office est-il d'agir en stimulant et d'aider ainsi à la digestion. Ce liquide varie beaucoup selon les animaux qui le fournissent, et aussi selon les différens temps de la vie du même individu : c'est du moins ce qu'on peut conclure des nombreuses analyses qu'on en a faites. Ainsi M. Thénard dit avoir trouvé de la résine dans la bile humaine; M. Berzélius dit qu'il n'y en a point ; M. Cadet y a reconnu de l'hydrogène sulfuré dont les premiers chimistes ne parlent point, etc., etc. Cependant nous dirons que nous devons à M. Thénard un travail très-apprécié, dans lequel il parle très-longuement de la bile : c'est d'après lui que nous indiquerons tout ce qui va suivre.

La *bile de bœuf* est celle qu'on se procure le plus facilement et en plus grande quantité : elle s'offre sous forme d'un liquide jaunâtre ou verdâtre, souvent clair, transparent, quelquefois trouble, mais toujours visqueux, gluant, d'odeur fade, nauséabonde, de saveur très-amère, d'une pesanteur plus grande que celle de l'eau, sans action précise sur le tournesol et les violettes, si ce n'est dans quelques cas où elle contient de la soude à nu. La bile s'unit à l'eau en toutes proportions.

Si l'on soumet la bile à une lente évaporation, il s'en dégorge un liquide aqueux qu'on appelle *flegme,* mais qui précipite l'acétate de plomb ; la masse, claire d'abord, se trouble, il se forme une écume qui finit par se durcir ; enfin, le liquide diminue, prend plus de densité ; il se change en extrait de bile ou fiel épaissi, qu'on emploie en médecine, comme nous le dirons : il est très-soluble dans l'eau et dans l'alcool. Si l'on chauffe davantage cet extrait, il se décompose et donne tous les produits que l'on sait devoir être fournis, dans ce cas, par les substances azotées ; mais il faut dire qu'il se forme peu de carbonate d'ammoniaque.

La bile liquide est altérée par les acides, qui en précipitent une *matière jaune insoluble*, mêlée à une certaine quantité de *résine verte*, et il paraît qu'ils agissent alors en s'emparant de la soude qui était unie à ces corps ; l'acétate de plomb précipite avec les corps précédens des sels de plomb ; enfin, si l'on opère par le sous-acétate do plomb, le précipité contient une matière particulière de la bile qu'on appelle *picromel*.

La bile de bœuf paraît être composée, sur 800 parties, d'eau 700,15 de matière verte résineuse, picromel 69 et quantité très-variable de matière jaune, 4 de soude, 2 de phosphate de soude, 3,5 d'hydrochlorate de potasse et de soude, 0,8 de sulfate de soude, 1,2 de phosphate de chaux et quelques traces de fer et de magnésie.

On emploie la bile du bœuf dans les arts, pour dégraisser les étoffes en raison de ce qu'elle peut se charger d'une certaine quantité de corps gras ; on emploie aussi son extrait en pilules, à la dose de deux à quatre ou six grains par jour, dans les cas de digestion lente.

La *bile humaine* est très-albumineuse ; elle est plus verte que la précédente ; elle est moins amère, et plus souvent trouble. Il ne paraît pas qu'elle contienne de picromel, malgré que cette substance ait été trouvée dans des calculs biliaires chez l'homme.

Du Picromel.

Substance qui se trouve constamment dans la bile du plus grand nombre des animaux ; il en existe accidentellement chez l'homme. On en trouve surtout en abondance dans la bile du bœuf, des oiseaux et de quelques poissons, raie, saumon, etc.

Pour l'obtenir, on verse de l'acétate de plomb ordinaire dans de la bile étendue d'eau, pour en séparer la matière jaune et résineuse, plus les acides sulfurique et phosphorique ; on filtre la liqueur pour la traiter ensuite par du *sous-acétate de plomb ;* il se forme un précipité de picromel et d'oxide de plomb, qu'on lave à l'eau froide, pour faire fondre ensuite dans l'acide acétique ; on traite la solution par le gaz hydrogène sulfuré, pour précipiter le métal à l'état de sulfure ; on filtre et l'on soumet le liquide à l'évaporation qui donne lieu à la volatilisation de l'eau de l'acide et de l'hydrogène sulfuré ; ce qui reste est le *picromel ;* il a une consistance molle, un aspect jaunâtre ou blanchâtre, une odeur nauséabonde, une saveur âcre d'abord, ensuite amère, et enfin sucrée ; il pèse plus que l'eau, il se décompose au feu et donne peu d'ammoniaque. Le picromel est déliquescent, très-soluble dans l'eau et dans l'alcool ; il n'est précipité en totalité que par le moyen ci-dessus indiqué ; tous les autres sels de mercure et de fer ne le précipitent qu'en partie.

Le *picromel* n'a point d'usage connu, on ignore quel est son rôle dans la bile, il ne paraît pas qu'il y soit indispensable.

Matière jaune de la bile.

Pour l'obtenir, on étend la bile de huit à dix parties d'eau ; on y verse ensuite quelques gouttes d'acide
nitrique ; aussitôt la matière jaune se précipite, retenant un peu de la résine ; on lave par l'alcool qui ne
dissout que cette dernière. Cette substance jaune est
solide, pulvérulente, sans odeur ni saveur ; elle est
insoluble dans l'alcool, elle prend une couleur verte
par l'acide muriatique, sans s'y dissoudre. Cette matière qui n'existe pas chez tous les animaux, se trouve
abondamment dans la bile de l'homme, du bœuf et
du chien : elle forme presqu'entièrement, les calculs
biliaires de ces animaux.

Résine de la bile (matière verte).

Pour l'obtenir, il faut commencer par précipiter
de la bile la matière jaune par l'acide nitrique, comme
il a été dit ; on filtre, ou l'on y ajoute de l'acétate de
plomb ; on a un précipité formé d'oxide de plomb et
de résine ; on le traite par l'acide nitrique, lequel ne
dissout que l'oxide.

Cette substance résineuse étant isolée, s'offre en
petits filamens mous, verdâtres ; elle est difficilement
soluble dans l'eau, très-soluble dans l'alcool, dans les
alcalis et dans le *picromel*.

Calculs biliaires.

C'est encore M. Thénard qui a jeté un grand jour
sur la nature de ces produits ; il en a décomposé un
très-grand nombre ; il les a trouvés en plus grande
partie formés d'adipocyre, comme l'avait annoncé

Fourcroy, en 1785. Il s'y trouve de plus, environ un dixième de matière jaune.

On devra remarquer que cette adipocyre que nous étudierons sous le cholestérine, n'a point été indiquée comme partie constituante de la bile de l'homme; c'est qu'en effet, il n'y en a point; M. Thénard pense qu'elle se forme dans le foie, ou qu'elle est le résultat de la décomposition de la résine.

M. Orfila ayant analysé, en 1812, un calcul biliaire, venant d'une jeune fille ictérique de naissance, y a trouvé beaucoup de matière jaune, peu de résine, et une petite quantité de picromel.

On ne connaît pas très-bien comment agissent les médicamens qui sont accrédités et employés dans les cas où l'on suppose la présence des calculs biliaires : agissent-ils en les dissolvant, ou seulement en favorisant leur expulsion par les selles ?... entre tous les moyens connus pour ces cas pathologiques, il faut distinguer pour ses bons effets le remède de Durande, qui consiste à faire prendre par gouttes dans les potions, un mélange d'éther et d'huile essentielle de térébenthine.

Les *calculs biliaires du bœuf* sont entièrement formés de la matière jaune insoluble.

De l'Urine.

Liquide secrété par les reins, et coulant par les uretères dans la vessie d'où elle est ensuite expulsée, en passant par le canal de l'urètre. C'est en grande partie par elle que l'animal se débarrasse des matériaux qui ne lui sont point utiles. On urine d'autant plus qu'on boit davantage, et que l'on sue moins.

La

La composition de l'urine est très-variée, selon les espèces d'animaux, et pour chacun d'eux, selon les diverses circonstances de la vie. Les analyses de l'urine ne sont pas moins multipliées que celles du sang, du lait et de la bile. Nous dirons que, d'après le plus grand nombre, il se trouve dans ce liquide une immense quantité d'eau, environ les neuf dixièmes. Le reste est formé d'une matière particulière qu'on nomme *urée*, laquelle, selon certaines conditions, peut se changer en *acide urique*. Il s'y trouve de plus des sulfates de potasse et de soude, des phosphate et muriate de soude, phosphate et muriate d'ammoniaque. On y a trouvé de l'acide phosphorique libre, de l'acide acétique, de la silice, de la gélatine, de l'albumine, du soufre, de l'oxalate de chaux, des sels de magnésie, de l'acide rosacique, etc.

L'urine chez l'homme en santé peut varier, selon le temps qu'elle a pu rester dans la vessie; c'est ce qui donne lieu à distinguer l'urine de la boisson d'avec l'urine de la digestion. La première, que l'on rend peu après les repas, est plus aqueuse, claire, transparente, peu chargée des principes que nous avons énumérés; la seconde, au contraire, n'est rendue que plusieurs heures après avoir pris les alimens. Elle est plus dense, plus colorée, plus riche en matériaux, et plus altérable, quand on l'abandonne à elle-même.

L'urine est miscible à l'eau en toute proportion; son odeur lui est particulière; la saveur est âcre, salée : la couleur varie du jaune-clair au rouge-foncé. Le plus souvent l'urine rougit le tournesol.

L'urine, rendue nouvellement, est chaude à 30°; elle peut se troubler par le refroidissement, et laisser déposer un sédiment jaunâtre ou rougeâtre, qui est de l'acide urique. En la laissant exposée à l'air, elle se décompose plus promptement ; il se forme alors des produits ammoniacaux, qui lui donnent une odeur infecte ; c'est l'urée qu'elle contient, qui est très-altérable, et qui est la première cause de ces change-mens.

L'urine est troublée par l'alcool qui en précipite les sels peu solubles. Les alcalis en précipitent les terres. Si l'urine est évaporée en consistance de sirop, et qu'on y verse de l'acide nitrique, il se forme des cristaux de nitrate acide d'urée.

Comme l'urine offre un grand nombre de variétés dans le cours des maladies, on en a fait une étude exclusive, pour diriger le mode de traitement ; mais on n'en obtient pas toujours les heureux succès que plusieurs médecins ont paru en attendre. On ne peut qu'en certaines circonstances utiliser la connaissance qu'on a des états possibles de ce liquide dans les mala-dies graves ; ainsi l'on sait, par exemple, que l'urine des ictériques peut contenir de la bile ; que dans l'ana-sarque, elle est albumineuse et contient peu d'urée ; que celle des rachitiques est très-chargée de phosphate calcaire, ce qui explique pourquoi les os de ces malades portent moins de ce sel. L'urine des gout-teux ne contient que peu ou point d'acide phos-phorique. Celle des hystériques porte beaucoup de muriate et phosphate de soude ; celle des diabétiques est presqu'entièrement privée d'urée, d'acide urique, tandis que le muriate de soude et une matière sucrée y abondent, ce qui a conduit à traiter avec succès le diabetès par un régime animal. Le retour de l'urée dans l'urine annonce la guérison. Dans les fièvres inflammatoires intenses, l'urine est trouble et donne un sédiment rougeâtre ; enfin on sait avec quelle promptitude l'urine peut prendre les qualités des corps qu'on insère dans l'estomac, soit qu'on mange des asperges, ou qu'on use de la térébenthine, etc.

Nous ne chercherons point à signaler ici les nombreuses différences que peut présenter l'urine dans un grand nombre d'animaux, parce que cela ne nous offre point une assez grande utilité, nous dirons seulement, comme plus remarquable, que l'on trouve du benzoate de chaux dans les urines de cheval et de vache. Il n'existe pas d'acide urique dans les urines de lapin et de chameau, tandis qu'il en existe près de moitié dans l'urine des oiseaux. Enfin les urines des herbivores portent une sorte d'huile qui les colore.

De l'Urée.

Matière propre à l'urine, surtout chez les hommes et les carnivores ; sa découverte est due à Rouelle, le cadet.

Pour l'obtenir, on suit le procédé de MM. Fourcroy et Vauquelin, qui consiste à faire évaporer l'urine en consistance de sirop. On y ajoute peu à peu, un volume égal d'acide nitrique à 24°, ayant le soin de plonger le vase dans un bain de glace. Il se forme bientôt des cristaux rougeâtres de nitrate acide d'urée, qu'on lave avec de l'eau très-froide. On les décompose ensuite par un excès de carbonate de potasse ; on évapore le tout pour traiter le résidu par de l'alcool qui ne dissout que l'urée, on fait évaporer

37 *

la nouvelle solution pour avoir l'urée qui cristallise.

L'urée pure s'offre en petites lames brillantes, incolores, transparentes, d'odeur d'urine, de saveur piquante, sans action sur le tournesol. Décomposée, elle se convertit, presque en totalité, en carbonate d'ammoniaque; ce qui fait regarder cette substance comme la plus animalisée. Il se forme aussi dans ce cas un peu d'acide urique.

L'urée est soluble dans l'eau et dans l'alcool; sa présence dans les solutions salines fait beaucoup varier la cristallisation, ainsi elle fait que le muriate de soude cristallise en octaèdres, et celui d'ammoniaque en cubes, etc.

L'urée est formée, d'après MM. Fourcroy et Vauquelin, de carbone 14,7, hydrogène 11,8, azote 52,5, oxigène 28,5, le reste en perte.

De l'Acide urique.

Produit annoncé par Schéèle, en 1776, sous le nom d'acide lithique. Il ne se trouve que dans quelques animaux, mais surtout chez l'homme; il forme la partie blanche de l'urine des oiseaux. On en trouve aussi uni à la soude dans les concrétions arthritiques; il peut former entièrement des calculs urinaires, et faire partie de beaucoup d'autres; il paraît se former dans les reins, et c'est son excès qui donne lieu aux concrétions uriques.

Pour l'obtenir, on recueille les dépôts urinaires, ou les calculs qui sont jaunes et peu durs, on les fait bouillir avec de la potasse; on filtre, on a une solution d'urate de potasse, qu'on traite par l'acide muriatique lequel s'empare de l'alcali, et laisse précipiter l'acide recherché, qu'il suffit de laver par l'eau froide.

L'acide urique est sans couleur, en petites paillettes; il rougit peu le tournesol, est insoluble dans moins de quinze cents parties d'eau froide, et dans moins de mille à chaud; il est également insoluble dans l'alcool; l'acide nitrique le décompose à la cornue, et finit par l'enflammer, si l'on évapore jusqu'à siccité.

Il peut exister des *urates*, mais ils ne méritent point de nous occuper.

Acide rosacique.

Découvert par M. Proust : on l'obtient en lavant par l'alcool, le résidu rouge de l'urine dans le cours des fièvres ardentes; on fait ensuite évaporer cette solution, le résidu est l'acide recherché; il est solide, de couleur du cinabre; il rougit le tournesol, il se comporte au feu comme les corps non azotés; il est déliquescent, soluble dans l'eau et dans l'alcool; l'acide nitrique le convertit en acide urique.

Des Calculs urinaires.

Ce sont des concrétions de sels, ou d'acides peu solubles, que l'on trouve le plus souvent dans la vessie, quelquefois dans les reins, mais rarement dans les uretères; ou dans le canal de l'urètre. Les calculs vésicaux peuvent être de grosseur très-variable, de même que leur forme et leur couleur; il en est de durs (oxate de chaux), de tendres (phosphates terreux): c'est surtout leur nature qui varie; ainsi, on en trouve qui sont entièrement formés : 1° d'*acide urique*; ils sont jaunes, peu durs, faciles à scier, solubles dans les alcalis étendus d'eau, et brûlant sans résidu;

2° d'*urate d'ammoniaque* ; ils sont gris-cendré ; traités au feu, ils perdent leur alcali ; 3° d'*oxalate calcaire* ; ils s'offrent avec des rugosités qui les font appeler *cal-culs muréaux* ; ils sont décomposables au feu, et laissent un résidu de chaux ; 4° de *phosphate ammoniaco-magnésien*, blanc, soluble dans l'acide sulfurique, et précipitable par les alcalis ; 5° de *phosphate de chaux*, indécomposable au feu, soluble dans l'acide nitrique.

Ces substances sont celles qui forment le plus souvent les calculs vésicaux ; mais il se peut que plusieurs se trouvent réunis, et qu'il existe un ensemble de petite masse, au lieu d'une seule plus grosse ; dans tous les cas, leur formation s'explique par la surabondance de ces corps peu solubles dans la quantité ordinaire de l'urine ; il se peut aussi que des corps étrangers aient été introduits dans la vessie, et qu'ils y déterminent la précipitation de ces sels : quoi qu'il en soit, il s'en faut que le traitement de ces calculs puisse être déduit de la connaissance qu'on peut avoir de leur nature ; ainsi, on néglige aujourd'hui les boissons et les injections alcalines ou acides : tout au plus, peut-on utiliser les eaux contenant de l'acide carbonique, encore n'est-ce que quand il y a gravelle ou disposition aux calculs ; car quand ils sont bien formés, il faut recourir aux moyens chirurgicaux.

Nous n'avons pas plus de raisons d'étudier quelle peut être la nature des calculs chez un grand nombre d'animaux, que nous n'en avons eu pour étudier la diversité de leurs urines ; aussi, n'en parlerons-nous point.

Nous ne dirons rien non plus des *excrémens* ou *ma-*

tières fécales, dont l'étude n'est encore qu'ébauchée, en raison des nombreuses variations qu'elles ont offertes aux chimistes qui s'en sont occupés.

De la Graisse.

Substance onctueuse rarement solide, souvent molle ou liquide, semblable aux huiles, en ce qu'elle ne contient point d'azote; elle peut exister dans presque toutes les parties du corps.

La graisse, nouvellement examinée par M. Chevreul, paraît être formée de deux substances qu'il nomme l'une *stéarine*, l'autre *élaïne*.

La *stéarine* s'obtient en faisant bouillir une des graisses, d'homme, de mouton, d'oie, de bœuf, ou de jaguar avec de l'alcool; il reste un résidu plus chargé de *stéarine* que d'*élaïne*; on traite encore à diverses reprises par de l'alcool bouillant, on finit par n'avoir plus qu'un résidu solide qui est la *stéarine* pure.

L'*élaïne* s'obtient par le refroidissement, à quelques degrés sous zéro, des solutions alcooliques précitées; on précipite ainsi le peu de stéarine que le liquide avait pu retenir; ce qui reste fluide est une solution d'*élaïne* pure.

La *stéarine* est solide à 38°, en petits cristaux; celle de porc est plus dense que les autres.

Cette substance s'unit très-bien aux alcalis, et se convertit alors en ce qu'on appelle *acide margarique*.

L'*élaïne* est la partie liquide, huileuse de la graisse; elle est insoluble dans l'eau, plus légère que ce liquide soluble, surtout à chaud, dans l'alcool. Ce corps s'unit aussi aux alcalis pour former du savon.

La *graisse* offre un grand nombre de variétés ; mais en nous arrêtant ici à celle de porc, parce qu'elle est la plus usitée, nous dirons qu'on l'emploie aussi sous les noms de *sain-doux* et d'*axonge*. Elle est renfermée dans les vésicules du tissu cellulaire, dont on la sépare au moyen d'une douce chaleur ; si elle est pure, elle doit être dense, très-blanche, douce et sans odeur. Elle se décompose à une chaleur au dessus de 80° ; elle donne alors de l'acide acétique, entraînant avec lui de l'élaïne ; cet ensemble a été regardé comme un produit particulier, nommé acide *sébacique*.

On utilise la graisse comme nous l'avons dit, en pharmacie, à faire des pommades et des onguens. On la traite par l'acide nitrique pour avoir la pommade oxigénée ; par le nitrate de mercure pour avoir l'onguent citrin, etc. La graisse dissout le phosphore, le soufre et un grand nombre de matières colorantes ; enfin elle s'unit aux alcalis pour faire du savon.

Ce qu'on appelle *acide margarique* est un corps résultant de la transformation de la graisse, au moment où elle se combine aux alcalis, de sorte que l'on considère maintenant les savons comme des *margarates*, que l'on rapporte aux composés salins. Ce qui est indiqué à cet égard ne nous paraît pas encore assez bien établi pour en traiter plus longuement.

De l'*Adipocyre* ou *Cholestérine*.

Matière qui se trouve abondamment dans les calculs biliaires de l'homme ; pour l'obtenir, il suffit, selon

M. Chevreul, de faire bouillir ces calculs dans de l'alcool. La *cholestérine* se dissout et se cristallise par le refroidissement ; cette substance est blanche, en écailles brillantes, insoluble dans l'eau, elle se décompose au feu sans donner d'ammoniaque.

MM. Caventon et Pelletier ont pu acidifier cette substance par l'acide nitrique.

L'*acide cholestérique* et les *cholestérates* ne sont encore qu'à peine étudiés.

Blanc de baleine ou Cétine.

Elle se trouve former en partie la graisse de beaucoup de poissons, mais elle existe surtout entre les membranes du cerveau des cachalots, particulièrement du *physetère macro-cephalus* ; on l'obtient par la pression de ces graisses, dont on sépare ainsi toute la partie liquide et huileuse.

La cétine ou blanc de baleine est solide, d'un beau blanc, brillant, doux au toucher, soluble à chaud dans l'alcool, mais non dans l'eau.

C'est en combinant ce corps aux alcalis, pour en faire un savon, qu'on en forme l'*acide cétique*, dont parle M. Chevreul, nous n'en dirons rien en particulier. La cétine n'est point acidifiée par l'acide nitrique.

On a fait usage du blanc de baleine comme adoucissant, on en donnait dans les loochs huileux et dans les pilules, à la dose de quelques grains par jour. On ne s'en sert plus sous ce rapport ; on en fait des bougies, comme il a été dit de la cire.

Les *muscles* sont un ensemble de plusieurs parties organiques, offrant comme produits plus remarquables de la gélatine, de l'osmazone et de la fibrine. On y a trouvé de plus un acide libre, qui n'est pas encore bien connu; plus, tous les sels que l'on sait pouvoir exister dans les produits animaux. En faisant chauffer les muscles ou les viandes, on en sépare de l'eau et un peu de la matière odorante. Les autres principes se combinent probablement d'une manière nouvelle, mais bien certainement ils ne s'échappent point; aussi les viandes grillées ou rôties sont-elles les plus nutritives.

Si l'on traite les viandes par l'eau, surtout à l'aide d'une chaleur progressive, on en sépare la gélatine, l'osmazone et les sels, ce qui constitue le bouillon. Quant à l'albumine, elle se concrète sous forme d'écume. La fibrine reste libre sous le nom de viande bouillie.

Lorsque l'on veut conserver les muscles, c'est presque toujours par les moyens de dessiccation, et quelquefois par le secours de dissolutions salines.

Si l'on abandonne les viandes à l'action de l'air, de la chaleur et de l'humidité, elles ne tardent point à s'altérer; elles se décomposent et passent à la fermentation putride.

Osmazone. Ce produit, indiqué par M. Thouvenel, étudié par M. Thénard, mais contesté par M. Berzélius et autres, paraît former la partie active, nutritive et odorante du bouillon. Pour l'obtenir, on traite les viandes à froid par l'eau qui dissout les sels, l'osmazone, la gélatine et l'albumine. On fait bouillir la solution pour coaguler l'albumine; on passe et l'on fait évaporer en sirop qu'on traite par l'alcool. Celui-ci ne dissout que l'osmazone, qu'on en sépare ensuite par une douce évaporation du liquide. Il reste alors un extrait rougeâtre, aromatique, de saveur forte. Cette matière se décompose au feu, et donne du carbonate d'ammoniaque. L'osmazone est soluble dans l'eau et dans l'alcool ; ses solutions sont précipitées par la noix de galle.

Selon M. Thénard, le bouillon contient une partie d'osmazone contre sept de gélatine.

Le *bouillon* précipite l'eau de chaux en phosphate calcaire ; l'acide oxalique y démontre la chaux, et le nitrate d'argent y décèle l'acide muriatique. On y découvre l'acide phosphorique par le nitrate de mercure qui donne un précipité blanc d'abord, de sorte qu'on peut le prendre pour un muriate ; mais desséché, il devient rose.

Les alcalis caustiques dissolvent les viandes ; il se dégage d'ordinaire de l'ammoniaque, et s'il ne s'en dégage point, c'est que cet alcali se combine de suite avec la matière grasse.

Les acides réagissent plus ou moins sur la fibre des muscles et la dissolvent quelquefois. La chair, traitée à nu par l'acide nitrique à 25° et à une douce chaleur, a été entièrement décomposée en azote et en acide carbonique ; mais en passant successivement à plusieurs états qui dépendent de la soustraction de son azote et de son hydrogène, l'acide lui-même est détruit.

Le *derme*, le *tissu réticulaire* et l'*épiderme* constituent la *peau*, dont la composition est presque entièrement gélatineuse, ce qui fait qu'on la modifie d'une manière favorable par le tanin, pour en former des cuirs.

M. Davy pense que l'épiderme est de la même couleur chez les hommes, et qu'il ne contient point d'oxigène , tandis que le mucus qu'il recouvre contient azote , hydrogène , oxigène et carbone. Il pense que la différence des couleurs est due à la disproportion des parties qui forment la substance muqueuse , lesquelles proportions varient en raison de l'action plus ou moins prolongée de la lumière , qui tend à désoxigéner les corps. Ainsi , moins les hommes sont exposés à la lumière , moins le mucilage a dû perdre de son oxigène , et alors la peau est plus blanche , comme on peut le voir chez les habitans du nord , qui sont en général peu exposés aux rayons solaires. Quand , par un moyen quelconque, on enlève au mucus animal de l'oxigène , il se colore et tend à se noircir : c'est ce qui a lieu quand on touche la peau avec du sulfure de potasse.

L'alcool est sans action sur *l'épiderme* , les alcalis caustiques la dissolvent , la chaux agit ainsi , mais plus lentement ; si l'on plonge dans une infusion de tan , une peau revêtue de son épiderme , le tan ne pénètre que par le côté de la chair ; mais si l'épiderme est enlevé par le débourrement, ou autre opération, il arrive que le tanage a lieu des deux côtés.

Les *poils* , les *cheveux* , les *ongles* , les *cornes* , ou *sabots* d'*animaux* et les *plumes* des *volatiles* , paraissent être à peu près de la même nature que l'épiderme ; ils ne s'altèrent point à l'eau, et résistent plus longtemps à une décomposition lente, que toutes les autres parties animales , même les os.

Toutes ces parties se décomposent au feu avec bruit, répandent une fumée forte , d'une odeur toute particulière , et fournissent beaucoup de carbonate d'ammoniaque ; il se forme aussi une huile, de l'eau , de l'acide carbonique, etc.; il reste un charbon très-léger, brillant, dans lequel il se trouve beaucoup de phosphate calcaire : le chlore blanchit les cheveux, l'acide nitrique les jaunit, le nitrate d'argent les noircit, l'acide muriatique les détruit, surtout à chaud, ce que ne fait point l'acide acétique; mais les alcalis les dissolvent.

Les cheveux ne sont point altérés par l'eau bouillante. On admet la présence de l'acide prussique dans les cheveux rouges, et celle du phosphate de magnésie dans les cheveux blancs.

La *matière cérébrale* a été successivement analysée par MM. Thouret, Fourcroy et Vauquelin. Ce dernier, qui en a parlé plus nouvellement, regarde cette substance comme formée d'eau 80,00, matière grasse, blanche 14,53, matière grasse, rouge 0,70, osmazone 1,12, albumine 7,00, phosphore 1,50; le reste formé de soufre, phosphate acide de potasse, phosphate de chaux et magnésie, un peu de muriate de soude.

Le *cérumen* est une matière grasse, visqueuse, qui exsude de la muqueuse de l'oreille; cette substance est molle, jaunâtre, insoluble dans l'eau; elle peut durcir et former un corps nuisible à l'audition, ce qui oblige à l'enlever de temps en temps pendant qu'elle est molle. Ce produit a été peu étudié.

Les *os,* parties solides, forment le squelette, la charpente de l'animal. Ils sont d'abord gélatineux, mais ensuite ils durcissent en raison des phosphate et carbonate de chaux qui viennent les former; ils sont souples, flexibles chez les enfans, plus solides chez les adultes, friables ou cassans chez les vieillards. Les os exposés à l'air blanchissent d'abord, puis ils laissent suinter un corps gras, huileux; ils jaunissent.

Les os, chauffés fortement, brûlent avec flamme; ils noircissent; chauffés plus fortement encore, ils deviennent très-blancs et friables; c'est qu'ils ne contiennent plus rien d'animal. C'est à cet état qu'on les recherche pour en extraire le phosphore. Cette décomposition des matières que contiennent les os, a lieu dans des tuyaux en fonte qui conduisent les produits dans des récipiens respectifs; c'est ainsi qu'on retrouve tout ce qui est formé par les réactions; ainsi, acide carbonique, carbonate d'ammoniaque, de l'huile et surtout un liquide très-volatil d'une odeur forte, qu'on appelle huile animale de Dippel. Fourcroy et M. Vauquelin ont trouvé du phosphate de magnésie dans les os. M. Berzélius a trouvé du sulfate de chaux dans des os frais.

Si l'on traite les os dans la machine à Papin, c'est-à-dire, dans une marmite en cuivre, qu'on puisse fermer à vis, dont les parois soient très-épaisses, et dans laquelle on expose l'eau à la chaleur rouge, on obtient alors de ces os, par très-peu d'eau, toute la gélatine qu'ils peuvent contenir: il ne reste que des sels terreux; mais si, par opposition, on fait macérer des os dans de l'acide nitrique affaibli, on en sépare les sels; il ne reste que la gélatine, et les os, durs d'abord, deviennent mous, flexibles.

Il en est pour les os comme pour plusieurs autres des produits animaux, desquels nous avons parlé. On en a fait une multitude d'analyses qui ne se rapportent point; ce qui nous apprend assez combien ces composés peuvent varier, soit par la nature de leurs composans , soit par les proportions de chacun d'eux.

Les *dents* peuvent être rapportées aux os; elles semblent avoir des fibres, puisqu'on peut les scier plus facilement en long qu'en large. Les dents sont recouvertes d'une matière blanche, d'un beau poli, qui s'écaille par la sécheresse ou par une trop grande chaleur ; c'est ce qu'on appelle *émail*. Il paraît avoir pour objet de garantir les dents de l'action des corps étrangers ; l'émail des dents s'attendrit par les acides, il devient alors agacé , plus sensible au froid ; il paraît pouvoir se reproduire jusqu'à un certain âge. D'après Fourcroy , cet émail est formé de phosphate de chaux 72 , gélatine et eau , 28.

Le *tartre des dents* est à peu près de même nature que les dents qui le portent.

Les *concrétions arthritiques* ont été analysées par MM. Wollaston, Vauquelin, Vogel, etc. ; on y a constamment trouvé de l'urate de soude , mais en quantité variable , il s'y est trouvé quelquefois de l'urate de chaux et du muriate de chaux.

Les *concrétions accidentelles* ou *ossifications* des glandes thyroïde et mésentérique , de l'aorte , etc., sont en général formées de phosphate calcaire , uni à du mucus animal.

Les *bézoards* sont des concrétions de nature trèsvariable , trouvées dans l'estomac ou dans les intestins de divers animaux, c'est assez que nous en constations l'existence , car ils ne sont d'aucun usage.

Nous ne croyons point devoir parler dans cet ouvrage de quelques autres productions d'animaux, comme les œufs, le musc , la civette, le castoréum , l'ivoire, la corne de cerf, la laite des poissons, les coquilles, les perles, etc., soit parce que ces corps sont assez connus, soit, au contraire, parce que leur étude est trop peu avancée pour qu'on en puisse parler d'une manière utile, soit enfin, parce que plusieurs d'entre eux trouvent mieux leur place dans les traités d'histoire naturelle.

FIN.

TABLE DES MATIÈRES,

Par ordre alphabétique.

A.

Acétate d'alumine,	466	Acide molybdique,	257
d'ammoniaque,	468	morique,	457
de chaux,	467	mucique,	480
de cuivre,	470	muriatique,	118
de fer,	469	nancéique,	482
de mercure,	474	nitreux,	116
de plomb,	471	nitrique,	112
de potasse,	467	oxalique,	475
de soude,	468	phosphatique,	104
de zinc,	469	phosphoreux,	102
Acétates (des),	466	phosphorique,	101
Acide acétique,	460	prussique,	548
arsenieux,	248	pyro-tartarique,	481
arsenique,	251	quinique,	457
azotique,	112	rosacique,	581
benzoïque,	453	sorbique,	460
borique,	92	subérique,	481
camphorique,	479	succinique,	458
carbonique,	95	sulfureux,	110
chloreux,	129	sulfurique,	104
chlorique,	128	sulfurique glacial,	109
chromique,	258	tartarique,	441
citrique,	450	tungstique,	254
columbique,	260	urique,	580
fluorique,	132	Acides,	89
fungique,	459	dulcifiés,	438
gallique,	453	végétaux,	440
hydriodique,	160	Adipocyre, ou cholestérine,	
hydro-chlorique,	118		584
hydro-cyanique,	548	Air atmosphérique,	51
hydro-phtorique,	132	Albumine animale,	559
hydro-sulfurique,	129	végétale,	529
hypo-phosphoreux,	103	Alcaest de Vanhelmont,	212
iodique,	159	Alcalis,	149
de la laque en bâton,	459	Alcool,	416
malique,	ibid.	nitrique,	439
margarique,	584	muriatique,	ibid.
méconique,	459	sulfurique,	ibid.
mellitique,	457	Alumine,	159

Alun,	193	Bitumes (des),	536
calciné,	195	Blanc de baleine,	585
Amidon,	490	Bleu de cobalt,	294
Ammoniaque,	160	de Prusse,	554
Analyse (de l'),	4	Borate d'alumine,	176
fausse,	ibid.	de baryte,	177
vraie,	ibid.	de chaux,	ibid.
Anti-hectique de Potérius,	324	de glucine,	176
Antimoine,	275	de magnésie,	ibid.
diaphorétique lavé,	281	de potasse,	177
diaphorétique non lavé,	ib.	de silice,	176
Arbre de Diane,	371	de strontiane,	177
Argent,	364	d'yttria,	176
fulminant de Berthollet,		de zircone,	ibid.
	370	Borates (des),	ibid.
Arseniate de cobalt,	297	Borax,	177
de cuivre,	557	Bore,	94
de potasse,	252	Boules de Nanci,	446
Arseniates (des),	ibid.	Briquet à air,	51
Arsenic,	244	phosphorique,	69
blanc,	248	C.	
Arsenite d'ammoniaque,	249	Calculs biliaires,	575
de cuivre, ou vert de		salivaires,	561
Schéele,	557	urinaires,	581
de potasse,	249	Calorique (du),	18
de soude,	ibid.	latent ou combiné,	26
Arsenites (des),	ibid.	rayonnant,	25
Asparagine,	530	Camphre,	513
Asphalte, ou bitume de Ju-		artificiel,	514
dée,	537	Caoutchouc,	528
Attraction d'aggrégation,	2	Carbonate d'alumine,	178
de composition,	3	de baryte,	182
Azote,	48	de chaux,	181
Azur,	294	de cobalt,	
B.		de cuivre,	354
Baryte,	149	de glucine,	178
Bases alcalines,	143	de magnésie,	179
salifiables,	135	de potasse,	183
terreuses,	136	de soude,	185
Baumes,	513	de strontiane,	181
Beurre,	566	d'yttria,	178
d'antimoine,	285	de zircone,	ibid.
d'arsenic,	250	Carbonates (des),	ibid.
Bezoards,	591	Carbone,	59
Bile,	571	Caséum,	568
Bismuth,	264	Cérumen,	589
Bitume de Judée,	537	Cétine ou bl. de baleine,	585

Cérium , 264
Charbon (du), 61
Chaux (de la), 144
Cheveux , 588
Chyme , 556
Chimie (de la) , 1
  animale , 538
  végétale , 538—596
Chlorate de mercure , 307
  de potasse , 231
Chlorates (des) , 229
Chlore , 123
Chlorure d'antimoine , 285
  d'arsenic , 250
  de bismuth , 268
  de cobalt, 296
  d'étain , 322
  de mercure , 308
Chlorures (des) , 171
Cholestérine on adipocyre 585
Chromate de plomb , 334
Chromates (des) , 259
Chrôme , 258
Chyle , 557
Cinabre , 302
Cire , 509
Cobalt , 293
Columbium , 260
Concrétions accidentelles, 591
  arthritiques , ibid.
Corps (des) , 1
  organiques , 394
  pondérables , 34
  non pondérables , 15
  simples , 13
  simples non métalliques, 37
Crême de tartre , 443
  de tartre soluble, 444
Cristallisation, 173
Cristaux de Vénus , 470
Cuivre , 348
Cyanogène , 551
Cyanure de mercure , 555
  de potassium , 554
Cyanures (des) , ibid.

D.

Déliquescence , 173

Deuts , 591
Derme , 587
Deutoxide d'azote , 117
Diamant, 59

E.

Eau , 78
  d'Aix-la-Chapelle , 389
  de l'amnios , 562
  de Bagnères , 590
  de Balaruc , ibid.
  de Baréges , 389
  de Bonnes , ibid.
  de Bourbonne , 591
  de Bussang , ibid.
  de Chateldon , ibid.
  de Cotterets , 389
  d'Enghein , ibid.
  de Forges , 591
  forte , 113
  à l'état de la glace , 85
  des hydropiques , 563
  de javelle , 127
  liquide , 81
  du Mont-d'Or , 392
  de Plombières , 394
  de Pyrmont , 393
  de Seltz , 591
  en vapeur , 84
  de Vichi , 393
Eaux minérales , 384
Efflorescence , 172
Elaïne , 583
Emétine , 515
Emétique , 447
Encre , 455
Epiderme , 587
Esprit de Mendérérus , 468
Etain , 314
Ether muriatique , 437
  nitrique , 433
  sulfurique , 426
Ethers (des) , 425
Ethyops martial , 342
  minéral , 302
Extraits (des), 406

F.

Fécule (de la), 488
Fer, 334
Ferment (du), 411
Fermentation, 407
  acide, 461
  alcoolique, 408
  putride, 540
Fleurs argentines d'anti-
  moine, 280
Fluates, ou hydro-phto-
  rates, 237
Fluide électrique, 31
  galvanique, 33
  magnétique, ibid.
Flux noir et blanc, 444
Foie d'antimoine, 283
  de soufre, 168
Fondant de Rotrou, 281
Froid, 28

G.

Gadolinite, 141
Gaz (des), 34
  oxide d'azote, 118
  oxide de carbone, 100
  nitreux, 117
  oléfiant, 64
Gélatine animale, 557
Gelée végétale, 519
Glucine, 140
Gluten, 539
Gomme, 490
  élastique, 528
Graisse, 583

H.

Hématine, 520
Huiles (leur principe doux),
  488
Hypo-phosphites (des), 191
Hydro-chlorate d'alumine 220
  d'ammoniaque, 226
  d'antimoine, 286
  d'arsenic, 250
  de baryte, 222
  de bismuth, 268
  de chaux, 220
  de cobalt, 296

Hydro-chl. de cuivre, 357
  de fer, 347
  de glucine, 220
  de manganèse, 275
  de magnésie, 220
  de mercure, 312
  d'or, 376
  de palladium, 382
  de platine, 381
  de potasse, 223
  de silice, 220
  de soude, 224
  de strontiane, 221
  d'yttria, 220
  de zircone, ibid.
Hydro-chlorates (des) ou
  muriates, 219
Hydrogène (de l'), 44
  arsenié, 246
  carboné, 64
  phosphoré, 70
  sulfuré, 129
Hydriodates, 237
  iodurés, ibid.
Hydro-phtorate de chaux, 236
Hydro-phtorates ou fluates, ib.
Hydro-sulfate d'antim. 287
Hydro-sulfates (des), 233
  sulfurés, 234
Houille, 535
Huiles (des), 500
Humeurs de l'œil, 561

I.

Indigo, 521
Inuline, 492
Iodates, 237
Iode, 158
Iodure de mercure, 302
Iridium, 383

K.

Kermès minéral, 287

L.

Lait, 565
Larmes, 561
Liége (subérine), 499

Ligneux, 495
Lignite, 535
Liqueur fumante de Boyle, 233
de Libavius, 523
de Lampadius, 75
minérale d'Hoffmann, 452
Lois chimiques, 6
Lumière, 15
Lymphe, 561

M.

Magistère de bismuth, 267
Magnésie, 141
Manganèse, 269
Manière de recueillir les gaz, 35
Manne et mannite, 487
Matière cérébrale, 589
jaune de la bile, 575
perlée de Kerkringius, 282
de la transpiration, 562
Mercure, 299
doux, 308
Métaux, 238
Miel, 486
Molécules, 1
Molybdates, 257
Molybdène, 255
Mordans, 526
Morphine, 530
Moxa japonais, 50
Moyens de développer le calorique, 27
Mucus animal, 561
Muriates, ou hydro-chlorates, 219
Muscles, 585

N.

Nickel, 297
Nitrate d'alumine, 207
d'ammoniaque, 217
d'argent, 371
de baryte, 210
de bismuth, 266
de chaux, 208
de cobalt, 296
de cuivre, 356

Nitrate d'étain, 321
de glucine, 207
de magnésie, 208
de mercure, 306
de plomb, 333
de potasse, 210
de soude, 217
de strontiane, 209
d'yttria, 207
de zinc, 363
de zircone, 207
Nitrates (des), ibid.
Nitrites, 218

O.

Opium sa substance cristallisable, 531
Or, 372
Orcanette, 524
Orpiment, 247
Os, 590
Osmazone, 586
Osmium, 381
Oxides (des), 77
d'antimoine, 278
sulfuré d'antimoine, 282
d'argent, 369
de cobalt, 294
de cuivre, 352
d'étain, 319
de fer, 341
de manganèse, 271
de mercure, 303
non métalliques, 78
de nickel, 298
d'or, 375
de palladium, 382
de platine, 380
de plomb, 329
de zinc, 360
Oxigène, 39
Oxalates (des), 476
neutre d'ammoniaque, 478
acidule de potasse, 477

P.

Pèse-acide, 108
Palladium, 382

Particules, ou molécules, 1
Pastel-guède, 523
Peau, 587
Phosphates (des), 187
  d'alumine, ibid.
  d'ammoniaque, 189
  ammoniaco-magnésien, 190
  de baryte, 188
  de chaux, 187
  de cobalt, 296
  de glucine, 187
  de magnésie, ibid.
  de plomb, 533
  de potasse, 188
  de silice, 187
  de strontiane, 188
  d'yttria, 187
  de zircone, ibid.
Phosphites (des), 190
Phosphore (du), 66
Phosphures (des), 165
  d'argent, 368
  de soufre, 76
Phtore, 134
Picromel, 574
Picrotoxine, 516
Pierre à cautère, 152
  infernale, 571
Platine, 378
Plomb, 525
Poils, 588
Polycroïte, 533
Potasse, 151
  purifiée à l'alcool, 152
  purifiée à la chaux, ibid.
Potassium, 154
Poudre d'algaroth, 287
  de soude et d'ammoniaque, 205
  de strontiane, 200
  d'yttria, 192
  de zinc, 362
  de zircone, 192
  fulminante de Brugnatelli, 424
  de Cassius, 377

Poudre de fusion, 212
  fulminante d'Howard, 424
  fulminante nitreuse, 212
  à tirer, 215
Protoxide d'azote, 118
Prussiate de fer, 554
  de potasse, ibid.
  de potasse et de fer, 555
Putréfaction, 540
Pyromètres, 22
Pyrophore d'Homberg, 195

R.

Réalgar, 247
Résine de la bile, 575
Résines (des), 511
Rhodium, 383
Rouge de Carthame, 521

S.

Safran des métaux, 283
Salive, 561
Sang, 511
Savon médicinal, 508
  de Starkey, 509
Savons (des), 504
Sel ou sucre de lait, 570
Sels (des), 171
  d'antimoine, 284
  d'argent, 370
  de bismuth, 266
  de cérium, 264
  de cobalt, 295
  de cuivre, 353
  d'étain, 321
  de fer, 345
  de manganèse, 273
  de mercure, 305
  de nickel, 298
  d'or, 376
  d'oseille, 477
  de platine, 381
  de plomb, 531
  de seignette, 445
  de tellure, 263
  de titane, 262
  d'urane, 268
  végétal, 445

Sel de zinc , 362
Schorl rouge , 261
Sérum , 570
Séve , 403
Silice , 137
Sodium , 157
Soude , 156
Soufre , 72
doré d'antimoine, 291
Sperme , 562
Sous-borate d'ammoniaq. 178
de soude , 177
Sous-carbonate d'ammo-
niaque , 185
de plomb , 332
de potasse , 182
de soude , 184
Sous-hydro sulfate d'antimoine sulfuré , 291
Sous-phosphate de soude, 189
Stéarine , 585
Strontiane , 148
Subérine (liége) , 499
Sublimé corrosif , 310
Suc gastrique , 562
pancréatique , ibid.
Sucs de végétaux , 405
Succin , 537
Sucre , 483
Sulfates (des) , 191
d'alumine , 192
d'ammoniaque, 204
d'argent , 370
de baryte , 200
de chaux , 199
de cobalt , 296
de cuivre , 354
de fer , 346
de glucine , 192
de magnésie , 197
de magnésie et d'am-
moniaque , 205
de manganèse , 274
de mercure , 305
de plomb , 553
de potasse , 201

Sulfates de potasse et
d'ammoniaque , 205
de silice , 192
de soude , 202
Sulfures (des) , 167
d'antimoine, 277
d'argent , 369
d'arsenic , 247
de baryte , 169
de chaux , ibid.
d'étain , 318
de fer , 340
de manganèse , 270
de mercure , 302
de molybdène , 255
d'or , 375
de plomb , 328
de potasse , 168
de soude , 169
de strontiane , ibid.
de zinc , 360
Sulfites (des) , 205
sulfurés , 206
Sur-phosphate de chaux , 187
Synthèse (de la) , 5

T.

Tanin (du) , 517
Tautale, ou columbium , 260
Tartrate (du) , 443
acidule de potasse , ibid.
de potasse et d'anti-
moine , 447
de potasse et de fer , 446
neutre de potasse , 445
neutre de potasse et de
soude , ibid.
Tartre martial soluble , 446
Teinture de mars de Lu-
dovic , 447
de mars tartarisée , 446
Tellure (du) , 263
Thermomètres , 20
Thermoscopes , 23
Titane , 261
Tourbe , 554

Tungstates,	255	Vert-de-gris,	470
Tungstène,	253	de Schéele,	357
Turbith minéral,	306	Vinaigre distillé,	463
Tuthie,	561	ordinaire,	462
		radical,	465

U.

Urane (de l'),	262	Vins (des),	413
Urée,	579		
Urine,	576		

Y.

Usages du calorique,	29	Yttria (de l'),	141
de l'eau,	87		

V.

Z.

		Zinc (du),	358
Verre d'antimoine,	283	Zircone (de la),	140

FIN DE LA TABLE ALPHABÉTIQUE.

CATALOGUE

De quelques LIVRES DE FONDS *qui se trouvent chez* ANCELLE, *Libraire, rue de la Harpe, n° 44, à Paris.*

COURS ÉLÉMENTAIRE de Pharmacie appliquée à la médecine, par Laurent Sallé, Docteur en Médecine, Maître en Pharmacie, Professeur, Membre de plusieurs Sociétés Médicales ; avec cette épigraphe : *L'art d'instruire est d'être court, mais clair* ; un vol. in-8° de 526 pag. . . . . . 6 fr.

DICTIONNAIRE Botanique et Pharmaceutique, contenant les principales propriétés des minéraux, des végétaux et des animaux, avec les préparations de pharmacie, internes et externes, les plus usitées en médecine et en chirurgie, d'après les meilleurs auteurs anciens, et surtout d'après les auteurs modernes ; par une société de médecins, de pharmaciens et de naturalistes. Ouvrage utile à toutes les classes de la société, orné de 17 grandes planches représentant 278 figures de plantes gravées avec le plus grand soin ; deuxième édition, revue, corrigée et augmentée de beaucoup de préparations pharmaceutiques et de recettes nouvelles. 2 vol. in-8 de 928 pages, bien imprimés sur beau papier. Prix, figures en noir . . . . 15 fr.

Le même Dictionnaire, fig color. d'après nature . . 25 fr.

HISTOIRE DE L'ANATOMIE et de la Chirurgie, contenant l'origine et les progrès de ces sciences ; avec un tableau chronologique des principales découvertes, et un catalogue des ouvrages d'anatomie et de chirurgie, des mémoires académiques, des dissertations insérées dans les journaux, et de la plupart des thèses qui ont été soutenues dans les facultés de médecine de l'Europe ; par M. Portal, professeur de médecine. 7 forts vol. in-8. . . . . . 21 fr.

On vend séparément :

LE TABLEAU Chronologique des ouvrages et des principales découvertes d'anatomie et de chirurgie, par ordre de matières, pour servir de table et de supplément à l'histoire de ces deux sciences, avec un *index* de tous les auteurs qui y ont été cités, formant les tomes 6 et 7 . . . 9 fr.

HISTOIRE DE LA MÉDECINE CLINIQUE, depuis son origine jusqu'à nos jours, sur l'existence, la nature et la communication des maladies syphilitiques dans les femmes enceintes, dans les enfans nouveau - nés et dans les nourrices ; par P. A. O. MAHON, docteur de la faculté de médecine de Paris, etc. ; et Manière de traiter les maladies syphilitiques chez les femmes enceintes, les enfans nouveau-nés et les nourrices ; par Louis LA MAUVE, docteur en médecine, professeur d'anatomie et de médecine, prevôt de l'école pratique de Paris, etc. 1 vol. in-8 de 526 pages. . . . . 4 fr. 50 c.

TRAITÉ DE L'ANATOMIE DU CERVEAU, par VICQ-D'AZIR, nouvelle édition. 1 vol. in-4 contenant 150 pages de texte et 40 planches, dont 32 in-4 et 8 in-fol. . . . . . 15 fr.

CONSULTATIONS DE MÉDECINE, ouvrage posthume de P. J. Barthez, docteur-médecin, ancien chancelier de l'université de médecine de Montpellier, etc. ; publié par J. Lordat, docteur en médecine, etc. 2 vol. in-8. . . . . . . 9 fr.

LA VACCINE combattue dans le pays où elle a pris naissance. 1 vol. in-8 trad. de l'anglais . . . . 3 fr. 50 c.

ESSAI SUR LA DIGITALE POURPRÉE ; par James Sanders, président de la société médicale d'Edimbourg, etc. ; traduit de l'anglais par A. F. G. Murat, docteur-médecin, etc., avec des notes et des réflexions sur la matière médicale par le traducteur. 1 vol. in-8. . . . 2 fr. 25 c.

MANUEL DE MÉDECINE et de Chirurgie domestique, contenant un choix de remèdes les plus simples et les plus efficaces pour la guérison de toutes les maladies, etc. 1 vol. in-18 de 378 pages . . . . 2 fr.

TABLE ALPHABÉTIQUE et analytique des matières contenues dans les dix tomes du Système des Connaissances Chimiques, par Fourcroy ; rédigée par madame Dupiery. 1 vol. in-8, grand papier formant le onzième tome dudit Système des Connaissances Chimiques . . . . 5 fr.

Nota. On trouve aussi, chez le même Libraire, des volumes séparés du Système des Connaissances Chimiques, par Fourcroy.

AVENTURES de Télémaque, fils d'Ulysse ; par Fénélon. Nouvelle édition, avec des notes et 25 fig. en taille-douce. 2 vol. in-8. . . . . 12 fr.

L'ART D'AIMER D'OVIDE, suivi du Remède d'amour ; traduction nouvelle, avec le texte en regard et des remarques mythologiques et littéraires, par M. de Loizerolles. 1 vol. in-8 bien imprimé et orné d'une belle gravure. . . 7 fr.

On trouve chez le même Libraire.

COURS ÉLÉMENTAIRE d'Histoire naturelle des médicamens, ouvrage dans lequel se trouvent les classifications botaniques des substances, la description de leurs propriétés physiques, chimiques et médicinales, avec l'indication de leur usage sous des formes et à des doses variées, selon les circonstances des maladies ; pour servir d'introduction au Cours de Pharmacie appliquée à la Médecine ; Par Laurent Sallé, de Brest. 1 vol. in-8. . . . . 4 fr. 50 c.